高功率脉冲光纤激光器

李平雪　姚传飞　孟祥昊　王云朋　著

科学出版社

北　京

内 容 简 介

高功率脉冲光纤激光器一直以来就是国内外激光技术领域研究的热点之一，近年来得到了快速发展与广泛应用。本书内容丰富、深入浅出，针对几种类型的高功率脉冲光纤激光器，从基础理论到激光器实例再到拓展应用，分层次进行了介绍与论述，专业性与可读性兼备。主要内容包括脉冲光纤激光技术及关键器件、纳秒脉冲光纤激光器、超短脉冲（皮秒/飞秒）光纤激光器与中红外脉冲光纤激光器。

本书主要面向相关专业方向的高年级本科生、硕士和博士研究生，以及从事超快激光、光纤激光领域工作的研究人员，可作为相关人员的学习参考资料。

图书在版编目（CIP）数据

高功率脉冲光纤激光器 / 李平雪等著. —北京：科学出版社，2025.6

ISBN 978-7-03-074831-7

Ⅰ. ①高…　Ⅱ. ①李…　Ⅲ. ①大功率激光器-纤维激光器-研究　Ⅳ. ①TN248.05

中国国家版本馆CIP数据核字（2023）第029419号

责任编辑：张海娜　纪四稳 / 责任校对：任苗苗
责任印制：肖　兴 / 封面设计：蓝正设计

科 学 出 版 社 出版
北京东黄城根北街 16 号
邮政编码: 100717
http://www.sciencep.com
三河市骏杰印刷有限公司印刷
科学出版社发行　各地新华书店经销
*
2025 年 6 月第　一　版　开本：720 × 1000　1/16
2025 年 6 月第一次印刷　印张：19
字数：381 000

定价：168.00 元

（如有印装质量问题，我社负责调换）

序

近年来，随着光纤制造工艺的日趋完善和激光技术的不断发展，光纤激光凭借其光光转换效率高、光束质量好、系统简单小巧、抗干扰能力强等优点，在军民两用领域受到越来越广泛的重视，并开拓了日益广阔的应用前景。目前，连续光纤激光器单纤输出功率已经达到数万瓦，通过合束后已达数十万瓦量级，已经在激光加工及增材制造等工业领域展现出巨大的优势，极大地提高了生产效率；在激光干扰、损伤、对抗等军事领域，光纤激光有望为未来战争提供新的作战模式。相对于连续光纤激光器，脉冲光纤激光器具有大的单脉冲能量、高的峰值功率、灵活可控的脉冲宽度等特点，是未来具有重要发展潜力和应用前景的发展方向。但是，新技术发展的同时也面临着新的技术挑战和新的问题，激励着研究人员不断探索新方法、改进新工艺和研制新器件，从而推动脉冲光纤激光技术的不断发展。

北京工业大学超短脉冲激光及应用研究团队撰写的《高功率脉冲光纤激光器》一书，呼应这一领域的发展，较为系统地介绍了高功率脉冲光纤激光器的技术发展现状、面临的主要问题、具体的实际案例和潜在的应用方向。该书作者李平雪老师现任北京工业大学激光工程研究院教授、博士生导师，超短脉冲激光及应用研究所所长，长期从事先进激光技术及应用方面的研究工作，在脉冲近红外、中红外以及紫外波段等研究方面成果显著，特别是在光纤激光研究方面经过多年系统深入的研究，积累了丰富的经验，取得了丰硕的成果。

该书以李平雪教授及其研究团队多年在脉冲光纤激光领域教学和科研工作的积累为基础，结合近年来该领域的最新研究进展和应用成果撰写而成，重点从纳秒脉冲光纤激光、超短脉冲光纤激光、中红外脉冲光纤激光三个方面进行了系统的阐述，内容深入浅出，便于读者学习和理解。希望通过该书的出版，能给该领域感兴趣的研究人员以及在校研究生提供系统而前沿的学习和参考资料。

中国科学院物理研究所

前　　言

光纤激光器凭借其光光转换效率高、光束质量好、系统简单小巧、环境适用性强等优点，在军用和民用领域获得广泛应用。而脉冲光纤激光器具有大的单脉冲能量、高的峰值功率、窄的脉冲宽度等特点，在激光加工、生物医疗、军事国防和前沿科学等应用中独具优势并发展迅速。近年来，随着新方法的探索、新工艺的改进和新器件的研制，光纤制造工艺日趋完善，器件性能大幅提高，关键技术不断突破，目前，脉冲光纤激光器输出功率已突破千瓦，单脉冲能量达到百毫焦，脉冲宽度短至飞秒，光谱范围进一步拓展至中红外甚至长波红外，这些优越的性能将进一步扩大光纤激光器的应用范围，尤其在高精制造、远程探测、光电干扰等高精尖创新领域将发挥重要作用。

北京工业大学超短脉冲激光及应用研究团队多年来开展了大量高功率脉冲光纤激光技术的研究工作，在本领域积累了一些研究经验和心得，借此契机撰写本书，希望与该领域研究人员进行分享。本书在时域和频域维度将高功率脉冲光纤激光器划分为纳秒、皮秒和飞秒脉冲光纤激光器，以及近红外与中红外几类脉冲光纤激光器，分别从基本原理和研究实例方面对纳秒脉冲光纤激光器、超短脉冲光纤激光器以及中红外脉冲光纤激光器进行详细的介绍和讨论，大部分研究实例来自研究团队多年来积累的工作成果，并结合国内外高功率脉冲光纤激光器的前沿进展，力求给相关读者提供一些高功率脉冲光纤激光知识体系的参考资料。

本书主要内容包括纳秒脉冲光纤激光器、超短脉冲(皮秒/飞秒)光纤激光器与中红外脉冲光纤激光器。第 1 章介绍脉冲光纤激光器的基本概念、发展现状及趋势；第 2 章介绍脉冲光纤激光器的基本原理和脉冲激光的产生与放大技术，并介绍脉冲光纤激光器中使用的光纤和常用光学元件；第 3 章围绕纳秒脉冲光纤激光器，重点介绍纳秒脉冲光纤激光的产生、放大及应用情况；第 4 章介绍超短脉冲光纤激光器，包括皮秒和飞秒脉冲光纤激光器的研究现状、发展趋势、面临的挑战，以及超短脉冲锁模光纤激光振荡器、光纤激光放大器和超短脉冲光纤激光相干合成；第 5 章主要介绍中红外脉冲光纤激光器，包括中红外光纤器件、中红外脉冲激光的产生方法，以及中红外脉冲激光的应用情况。

本书主要内容依托于作者及其研究团队多年来的研究积累与科研成果，姚传飞、孟祥昊和王云朋三位老师和团队中十几位在读博士、硕士研究生参与了稿件的撰写、整理与审校工作。其中第 1、2 章由姚传飞、孟祥昊、王云朋撰写，李平雪审校；第 3 章由李平雪和王云朋撰写，王云朋审校；第 4 章由李平雪和孟祥昊撰写，孟祥昊审校；第 5 章由李平雪、姚传飞撰写，姚传飞审校。全书由李平雪统稿。协助参与整理书稿的研究生有王萱、杨光道、张东明、吴永静、任国川、王凯旋、谢鑫鑫、毛顿、杨林京、王超、赵向龙、熊晨。此外，本书内容也参考了作者指导的历届博士和硕士研究生在校期间的部分研究工作和论文成果，他们是池俊杰、胡浩伟、李舜、刘建国、马春媚、苏宁、王络、王鸣晓、王萱、吴永静、辛承聪、徐子鹏、杨敏、于可新、张月、章曦、赵自强、朱云晨。本书既是研究团队十几年来在激光领域努力奋斗的结晶，也是近期科研成果的总结。在此，对所有参与本书撰写工作的老师和研究生表示感谢，也对研究团队所有科研人员表示敬意，同样感谢为本书提出宝贵建议的专家，他们中肯的建议使本书在多个方面得到提高，在此向他们表示由衷的感谢。

感谢中国科学院物理研究所魏志义研究员为本书作序。

本书获得了国家技术转移领域研究生培养相关教材（专著）及大规模开放在线课程建设立项，希望能为高功率脉冲光纤激光器的技术发展与应用提供一定的推动作用。

本书的内容不一定是全面的，特别是那些作者在研究工作中涉足不深的领域，并无过多着墨，读者可以参考其他书籍。

限于作者的水平和经历，本书可能存在不足或疏漏之处，请读者不吝赐教、批评和指正。

李平雪

2025 年 1 月于北京工业大学

目　录

序

前言

第 1 章　绪论 ……1

第 2 章　脉冲光纤激光技术及关键器件 ……5

2.1　脉冲光纤激光产生技术……5

2.1.1　腔外调制技术……5

2.1.2　光纤锁模技术……7

2.2　脉冲光纤激光放大技术……9

2.2.1　主振荡功率放大技术……9

2.2.2　啁啾脉冲放大技术……10

2.3　脉冲光纤激光关键器件……12

2.3.1　石英光纤……12

2.3.2　中红外光纤……12

2.3.3　光纤布拉格光栅……14

2.3.4　光纤合束器……21

参考文献……23

第 3 章　纳秒脉冲光纤激光器……25

3.1　概述……25

3.1.1　纳秒脉冲光纤激光概述……25

3.1.2　纳秒脉冲光纤激光研究现状……26

3.1.3　纳秒脉冲光纤激光面临的挑战……32

3.2　纳秒脉冲光纤激光产生……33

3.2.1　电光调制产生窄线宽纳秒脉冲光纤激光……33

3.2.2　声光调制产生窄线宽纳秒脉冲光纤激光……37

3.2.3　电光和声光同步调制产生窄线宽纳秒脉冲光纤激光……38

3.3　纳秒脉冲光纤激光放大器……41

3.3.1　纳秒脉冲光纤激光放大器理论研究……41

3.3.2　纳秒脉冲光纤激光放大器关键问题……47

3.3.3　纳秒脉冲光纤激光放大器输出特性……57

3.4　纳秒脉冲光纤激光器的应用……72

3.4.1 高功率纳秒脉冲光纤激光器在工业加工中的应用……72
3.4.2 单频脉冲光纤激光器在激光雷达中的应用……78
3.5 本章小节……83
参考文献……84
第 4 章 超短脉冲(皮秒/飞秒)光纤激光器……89
4.1 概述……89
4.1.1 超短脉冲光纤激光概述……89
4.1.2 超短脉冲光纤激光研究现状……90
4.1.3 超短脉冲光纤激光发展趋势及面临的挑战……99
4.2 超短脉冲锁模光纤激光振荡器……100
4.2.1 超短脉冲锁模光纤激光振荡器基本理论……100
4.2.2 NALM 和 SESAM 锁模掺镱光纤激光振荡器……105
4.2.3 大模场掺镱光子晶体光纤混合锁模光纤激光振荡器……111
4.2.4 其他类锁模光纤激光振荡器……114
4.3 飞秒光纤激光啁啾脉冲放大技术……117
4.3.1 光纤激光放大器基本理论……117
4.3.2 基于 CFBG 展宽器的啁啾脉冲放大器……124
4.3.3 基于 CVBG 压缩器的啁啾脉冲放大器……132
4.3.4 其他波段飞秒光纤激光放大器……137
4.4 超短脉冲光纤激光相干合成……144
4.4.1 相干合成基本原理……144
4.4.2 超短脉冲光纤激光相干合成方法……145
4.4.3 超短脉冲光纤激光相干合成研究……152
4.5 超短脉冲光纤激光的应用……170
4.5.1 超短脉冲激光在国防领域的应用……170
4.5.2 超短脉冲激光在医学领域的应用……173
4.5.3 超短脉冲激光在工业领域的应用……178
4.5.4 超短脉冲激光在超快科学领域的应用……182
参考文献……188
第 5 章 中红外脉冲光纤激光器……196
5.1 概述……196
5.1.1 中红外脉冲光纤激光概述……196
5.1.2 中红外脉冲光纤激光研究现状……197
5.1.3 中红外脉冲光纤激光面临的挑战……199
5.2 中红外光纤简介……201
5.2.1 中红外光纤基质玻璃材料……201

5.2.2 中红外光纤种类及其特点……205
5.2.3 中红外光纤制备技术……207
5.3 中红外脉冲激光直接产生方法……213
5.3.1 Er^{3+}和 Ho^{3+}等稀土离子的中红外光学特性……213
5.3.2 中红外 Er^{3+}: ZBLAN 光纤激光器理论……219
5.3.3 中红外脉冲调制光纤激光器……234
5.4 基于非线性技术的中红外脉冲激光产生方法……244
5.4.1 非线性效应理论……244
5.4.2 基于受激拉曼散射效应的中红外纳秒脉冲激光……252
5.4.3 基于色散波的中红外皮秒脉冲激光……253
5.4.4 基于孤子自频移中红外飞秒脉冲激光……258
5.5 中红外超连续谱光纤激光器……263
5.5.1 超连续谱概述……263
5.5.2 高功率中红外超连续光源……264
5.5.3 宽光谱中红外超连续光源……267
5.5.4 高相干性中红外超连续光源……269
5.5.5 高平坦性中红外超连续光源……274
5.6 中红外脉冲光纤激光器的应用……276
参考文献……286

第1章　绪　　论

高功率脉冲光纤激光器作为一种重要的应用光源，与传统的固体激光器相比，具有更高的电光转换效率、更高的光束质量、更好的稳定性和更高的功重比等优势，在激光加工、生物医学、军事国防和前沿科学等众多领域具有重要的应用价值。随着光纤关键器件及技术的突破，脉冲光纤激光技术发展日新月异，在时域上由纳秒脉冲向超短脉冲方向快速发展，在频域上进一步向窄线宽和宽光谱等方向极大拓展。

纳秒脉冲光纤激光技术是激光领域的一个重要发展方向，除了具有光纤激光器本身的电光转换效率高、增益带宽宽、光束质量高、稳定性好、体积小等优点，还具有脉冲宽度、重复频率及输出波段灵活可控等独特优势。随着纳秒脉冲光纤激光的功率、能量、效率及稳定性等性能不断攀升，其在激光加工、激光雷达、军事国防、医疗卫生等领域具有广阔的应用前景。通常在主振荡器后采用腔外调制技术实现纳秒脉冲光纤激光输出，该方法灵活简便，能够获得脉冲形状、脉冲宽度和重复频率可控的纳秒激光脉冲。单一振荡器结构受限于泵浦耦合效率低、调制损耗大、非线性阈值低等因素，难以实现高功率或大能量的纳秒脉冲光纤激光输出，而主振荡功率放大(master oscillator power amplification，MOPA)结构是提升能量/功率的有效手段。随着超大模场光纤(百微米芯径)、光子晶体光纤(photonic crystal fiber，PCF)的出现及相应器件承受功率的提升，纳秒脉冲光纤激光放大器目前已经实现了百毫焦量级的单脉冲能量、千瓦量级的平均功率和兆瓦量级的峰值功率。然而，在进一步放大的过程中，受限于光纤中极强的非线性效应(受激拉曼散射(stimulated Raman scattering，SRS)、受激布里渊散射(stimulated Brillouin scattering，SBS)等)，在高功率下会产生新频率的激光和反向激光脉冲，造成脉冲质量下降、转换效率降低甚至损伤等问题。另外，放大过程中产生的自发辐射光放大成分也会对放大器的信噪比、增益和稳定性造成影响。针对以上问题，在纳秒脉冲光纤激光光源中，发展光纤固体结合方式，以光纤级联放大器作为前端，利用光纤结构的小信号放大能力，通过固体放大器作为后端有效避免了光纤中的非线性效应，从而大幅度提升纳秒激光的单脉冲能量。除此之外，设计与制备新型增益光纤等器件、通过光纤激光同带泵浦方式减小量子亏损、通过相干合成技术提高激光功率等技术手段也会在提升纳秒脉冲光纤激光性能方面体现重要价值，并成为纳秒脉冲光纤激光发展的新趋势，从而使纳秒脉冲光纤激光在现代军事国防、工业、医疗等领域发挥出更大的作用。

高功率高能量超快激光技术的发展与应用成为当前国际上最为活跃的科学前沿研究领域之一。自 20 世纪 80 年代以来，随着锁模理论的发展和实验验证以及大模场双包层光纤和光子晶体光纤制作工艺的完善，同时结合啁啾脉冲放大(chirped pulse amplification，CPA)技术，显著促进了高功率高能量超短脉冲光纤激光的研究进展。包层泵浦思想的提出，以及大芯径双包层光纤、光子晶体光纤和棒状光纤的研制成功使得高功率的多模泵浦激光高效率地转换为单模纤芯模式，激光输出功率或者能量都得到有效提高。光纤激光器的迅猛发展打破了气体和固体激光器的长期垄断，以光纤作为增益介质的激光器除了性能可靠稳定，还弥补了固态、薄片和板条激光器在散热性、增益和光束质量上的严重缺陷，成为超快激光领域的研究热点。相比于其他稀有元素掺杂的增益光纤，由于较低的量子缺陷和高的光光转换效率，Yb 掺杂的增益光纤是最有潜力的实现高功率激光运转的一种增益介质。尽管光纤激光器具有诸多优势，但是其较小的模场面积和激光脉冲需在其中传输较长的距离，即使对于峰值功率较低的激光脉冲，其在传输过程中都会累积大量的非线性相位，导致压缩后的脉冲质量变差，因此使得其在实际的超短脉冲激光领域中对功率、能量和脉冲宽度等激光参数的进一步扩展受到阻碍。对于光纤中非线性效应的产生，考虑到光纤的各向同性和轴对称等特征，其主要起源于三阶极化率$\chi^{(3)}$，主要包括自相位调制(self-phase modulation，SPM)、参量过程和受激非弹性散射等过程。因此，在光纤激光系统中若对功率和能量做进一步扩展，为了尽可能减少非线性相位累积，目前常用的方法主要是基于脉冲时域展宽和空域增大纤芯有效横截面积两种方法。时域展宽主要是基于成熟的 CPA 技术，即将待放大的种子源脉冲在时域上尽可能扩展以降低其峰值功率，从而降低其在放大过程中引入的非线性相位，最后通过反常色散的压缩元件将其进一步压缩获得高功率和高能量的超短脉冲激光输出。光纤放大中 CPA 技术需要比较大的展宽量，目前受到展宽器件和压缩器技术限制，以及增益窄化、色散失配和非线性积累的影响，压缩后的脉冲宽度和脉冲质量有所牺牲。但是，非线性也可以被有效地利用，目前抛物线型脉冲放大(parabolic pulse amplification，PPA)技术、预啁啾管理放大(pre-chirp managed amplification，PCMA)技术及增益管理非线性放大(gain-managed nonlinear amplification，GMNA)技术在放大过程中利用色散和非线性的相互作用，可以实现更宽的输出光谱和更窄的脉冲宽度。此外，各种相干合成技术的出现，突破了单根光纤的功率和能量限制，使得放大器的输出平均功率可以到千瓦(kW)量级、峰值功率可以到吉瓦(GW)量级。对于空域，主要是靠增加增益光纤的纤芯直径或者有效截面积和减小增益光纤的长度来实现。因此，高掺杂的大芯径双包层光纤、大模场光子晶体光纤以及棒状光子晶体光纤的出现对高功率高能量超快光纤激光放大器的发展注入了新的活力。近几年来，光纤激光器各个方面的性能逐步提升，如新的工作波长、更短的脉冲宽度和更高的输出功率及能量。如今，光纤激光器的发射波长范围已从紫外波段到可见-近红外波段，甚至到中红外波段。在脉冲光纤激光器中，由于光纤具有良好的散热能力和较宽的荧光发射谱线，具有千瓦量级平均功率的飞秒脉冲以及短于10fs的超短脉冲均已经实现。因此，超短脉冲光纤激光器具有简单紧凑的结构、高效的散热性和高质量的脉冲输出等优点，广泛应用于光通信、时间分辨光谱学等领域，在生物医学诊断领域取得了常规手段不可比拟的成绩。例如，飞秒脉冲是探测原子内部超快反应过程的重要手段；超高峰值功率的脉冲可用于激光微加工、激光惯性约束核聚变等领域；超宽光谱特性促进相干断层扫描成像和宽带激光通信等领域的发展。

近年来，超短脉冲光纤激光器从频域上正在由近红外向中红外波段发展，中红外波段包含了重要的大气透过窗口和许多分子的特征吸收谱，因此该波段的超短脉冲激光在痕量气体测量、生物医疗、光电对抗和前沿物理等领域显示出重要应用前景。得益于此，人们对中红外波段(2～5μm)的脉冲光纤激光技术也越发重视，且在过去十几年发展迅速。与近红外波段脉冲光纤激光器不同，中红外脉冲光纤激光辐射所对应的能级间隔非常小，辐射过程很容易受到光纤基质玻璃多声子辅助无辐射跃迁的影响，导致中红外光辐射效率很低，无法采用稀土掺杂石英光纤作为激光增益介质实现激光产生，而必须选择声子能量更低的中红外光纤。因此，在中红外超短脉冲光纤激光的早期研究阶段，人们主要致力于探索高质量的中红外玻璃基质材料，力求寻找到低声子能量且易制备成低损耗光纤的玻璃。直到20世纪70年代，一种高质量氟化物玻璃(ZBLAN玻璃)的出现，使中红外脉冲光纤激光技术进入了蓬勃发展的阶段。迄今为止，人们在中红外脉冲光纤激光技术领域取得了显著的成果，已实现了多个波长、不同脉冲参数的中红外脉冲光纤激光输出。在输出波长方面，基于稀土掺杂的氟化物光纤，已获得了多个波段(2.3μm、2.8μm、3.5μm、3.9μm等)的中红外脉冲光纤激光输出，近年来，得益于硫系玻璃(声子能量更低)光纤技术的突破，在光纤中直接产生的最长激光波长已达5.2μm。在中红外脉冲激光器方面，已有关于中红外波段调Q和锁模激光相关的研究工作报道。然而，中红外超短脉冲光纤激光器的研究仍存在许多关键技术问题和科学难题亟待解决，主要体现在：中红外波段量子亏损严重，电光转换效率低；放大系统中极强的非线性效应造成脉冲的严重畸变；全光纤中红外器件的严重缺失，使中红外脉冲光纤激光的性能提升与实际应用均非常受限。除此以外，人们也探索其他可用于产生中红外脉冲激光的技术方法，尤其是随着光纤制备技术的快速发展，人们可以精确调控光纤的色散、非线性和模式特性等参数，使光纤中的非线性效应成为一种产生中红外脉冲激光的有效手段。与稀土掺杂光纤激光器不同，非线性效应中红外脉冲光纤激光器输出波长更加丰富，且激光产生过程不需要复杂的脉冲调制技术，所产生的中红外脉冲光纤激光的性质主要取决于前端的泵浦光源。最常用的非线性效应主要是孤子自频移效应、受激拉曼散射效应、红移色散波，以及综合了多种非线性效应的超连续谱产生技术。在间接产生方案中，作为泵浦源的近红外光纤激光技术相对较为成熟，输出功率已达千瓦级甚至万瓦级，脉冲参数也极尽丰富。相对而言，作为非线性介质的中红外光纤各方面性能尚存在较大差距，主要是中红外玻璃材料普遍存在玻璃化转变温度低(比石英玻璃低数百摄氏度)、机械强度低等缺点，导致其很难承受较高功率的激光传输(普遍低于数十瓦)。因此，间接产生的中红外脉冲光纤激光器的研究重点大多集中于新型中红外玻璃材料探索和优化、光纤结构设计与制备、异种光纤低损耗熔接、非线性效应精确调控等方面。中红外脉冲光纤激光技术显示出快速的发展趋势，尽管中红外脉冲光纤激光器当前在激光技术和市场中占有量较小，但中红外脉冲光纤激光的技术研究和产业应用，将带动激光手术、激光美容、材料处理、自由空间光通信、战场光电对抗等体量巨大的产业发展，是激光领域的下一个新机遇。

随着科技水平和工业水平的不断发展，越来越多的领域对脉冲光纤激光器提出新的更高的需求，如更高的输出功率、更高的光光转换效率、更好的光束质量、更便捷的使用性、更好的稳定性等。高功率脉冲光纤激光器作为第三代激光技术的代表之一，正在激光技术领域和人类生产生活中迸发出新的活力。

第 2 章　脉冲光纤激光技术及关键器件

2.1　脉冲光纤激光产生技术

在光纤激光器中，激光脉冲产生方式主要有腔内调 Q、腔外调制和被动锁模。腔内调 Q 和腔外调制技术主要用来实现纳秒脉冲光纤激光输出，其中，腔外调制技术可以通过腔外直接幅度或强度调制获得脉冲形状、脉冲宽度和重复频率可控的纳秒脉冲光纤激光输出；被动锁模技术可以实现皮秒到飞秒量级超短脉冲激光输出。本节主要介绍腔外电光调制、腔外声光调制和被动锁模的基本原理。

2.1.1　腔外调制技术

在光纤激光器中，由于腔内调 Q 获得的纳秒脉冲光纤激光稳定性较差，且光纤 Q 开关器件承受功率有限，难以在腔内实现高功率纳秒脉冲光纤激光输出。当前光纤中获得纳秒脉冲光纤激光输出的主要手段是采用腔外直接调制技术，能够得到脉冲形状、脉冲宽度和重复频率可控的纳秒脉冲光纤激光输出。目前，大多数激光器中使用的调制方式都是强度调制，即以光的强度作为调制对象，光载波电场振幅的平方与外加调制信号强度成正比。因此，若加载到载波上的调制信号按照特定的规律变化，则载波信号也会随之改变，从而达到激光调制的目的。目前，常用的激光强度调制器件是电光调制器(electro-optic modulator，EOM)和声光调制器(acousto-optic modulator，AOM)，调制后获得脉冲输出的示意图如图 2.1 所示。

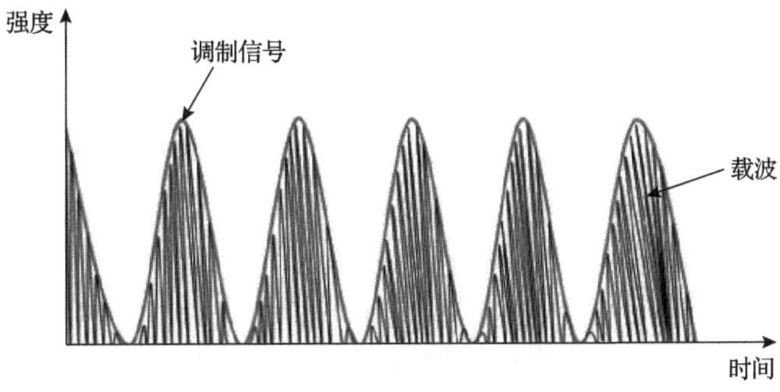

图 2.1　激光强度调制原理示意图

1. 电光调制

EOM 主要是利用晶体的克尔效应，通过外加电场来改变调制器内晶体的折射率，经过晶体的不同偏振方向的激光之间产生相位差，使激光的偏振态发生变化，从而实现对激光的强度调制，其具有技术成熟、对调制信号响应速度快和输出稳定等优点。EOM 的强度调制工作原理如图 2.2 所示，入射激光经偏振器后变成线偏振光，再通过加载四分之一波电压的电光晶体后分解为相位差为 π/2 的两束等幅值线偏振光，然后这两束线偏振光再经过一个四分之一波片(1/4 波片)，两束光的相位差再增加 π/2，此时合成的偏振光相比入射时刚好旋转 90°，经过检偏器后得到强度调制的激光脉冲输出。EOM 强度调制通过调制信号控制电光晶体上的电压，使激光输出的强度按调制信号变化，因此调制信号决定了调制后的激光输出特性。脉冲形状、脉冲宽度和重复频率可控的调制信号可以由任意波形发生器(arbitrary waveform generator，AWG)来提供，不同参数的调制信号控制电光晶体上的电压，实现不同特性的激光强度调制。

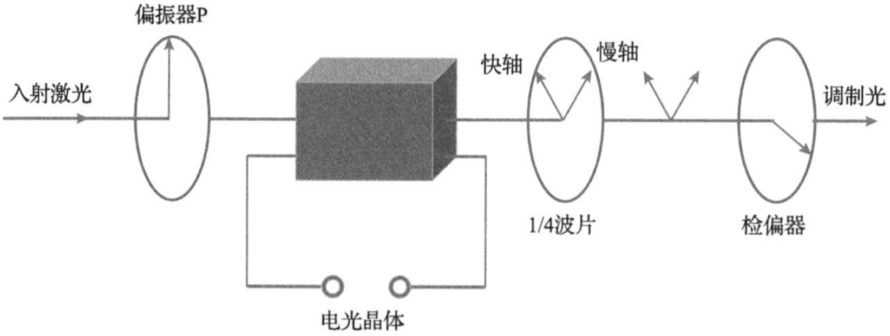

图 2.2　EOM 强度调制工作原理

2. 声光调制

AOM 利用声光效应将外部信息加载到光频载波上，产生了一个不断变化的超声场，激光经过该声光介质，光载波因为调制作用而形成一个随着外部信息变化的强度调制波，控制激光束的强度变化。AOM 由声光晶体、压电换能器、反射(吸声)装置和驱动电源构成，其强度调制工作原理如图 2.3 所示，当射频信号加载到声光晶体上的压电换能器上时，将产生声波。光波经过声光介质时，介质密度将发生一定规律的变化，同时它的折射率也在不断变化，因此可以将声光介质看成一个等效的“相位光栅”，其中光栅的周期与声波的波长相同。任何入射激光将被光栅所衍射，衍射光的强度、频率及方向等都随着超声场而变化。

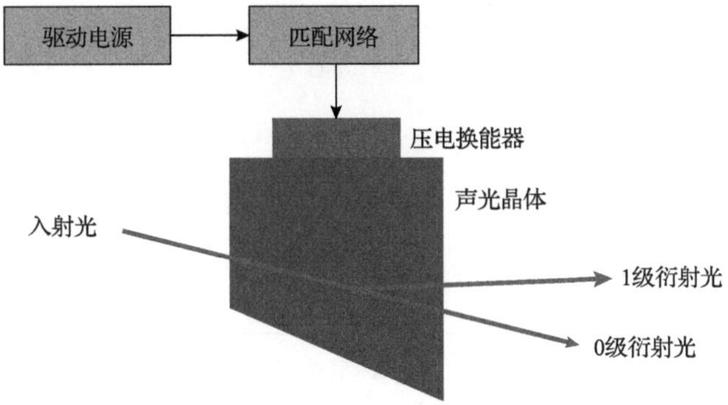

图 2.3　AOM 强度调制工作原理

2.1.2　光纤锁模技术

锁模光纤激光振荡器从锁模方式上可以分为三类：主动锁模光纤激光振荡器、被动锁模光纤激光振荡器和混合锁模光纤激光振荡器[1]。主动锁模光纤激光振荡器，顾名思义就是在激光腔内加入调制器件，主动对激光腔内的光波进行调制来达到锁模的目的。被动锁模光纤激光振荡器具有低成本、高稳定性和紧凑性等优点，是常用的超短脉冲激光实现手段，能够获得稳定的皮秒和飞秒脉冲激光输出，主要分为两种：一种是利用光纤本身的克尔非线性效应形成一种近似可饱和吸收体(saturable absorber，SA)作用的快速开关，进而使激光器达到锁模的状态；另一种是在激光腔内加入半导体可饱和吸收体[2]，达到锁模的效果，如半导体可饱和吸收镜(semiconductor saturable absorption mirror，SESAM)、石墨烯(graphene)、碳纳米管(carbon nanotube)、拓扑绝缘体(topological insulator)等。混合锁模光纤激光振荡器，又称主被动联合锁模光纤激光振荡器，该类激光器能够提高主动锁模光纤激光振荡器输出的脉冲质量，将一个振幅调制器或相位调制器直接置于被动锁模光纤激光振荡器中，其中的主动锁模元器件起到提供周期性的间隙来产生规则脉冲的作用，被动锁模元器件起到窄化脉冲的作用，这种技术主要用于高重复频率的锁模光纤激光振荡器，重复频率可以高达 10GHz，脉冲宽度可以窄化到皮秒甚至百飞秒量级。

1. NPR 被动锁模技术

非线性偏振旋转(nonlinear polarization rotation，NPR)锁模光纤激光振荡器一般为环形腔，其锁模的物理机制与克尔效应锁模的物理机制类似，都是利用了非线性双折射效应。典型的 NPR 锁模环形腔振荡器示意图如图 2.4 所示，其中，主要锁模元件由两个偏振控制器(polarization controller，PC)及一个具有起偏作用的光隔离器(ISO)构成，激光经过光隔离器后由随机偏振光变为线偏振光，调节之后的 PC 可以将线偏振光变为椭圆偏振光。由于非线性相移是强度相关的，脉冲

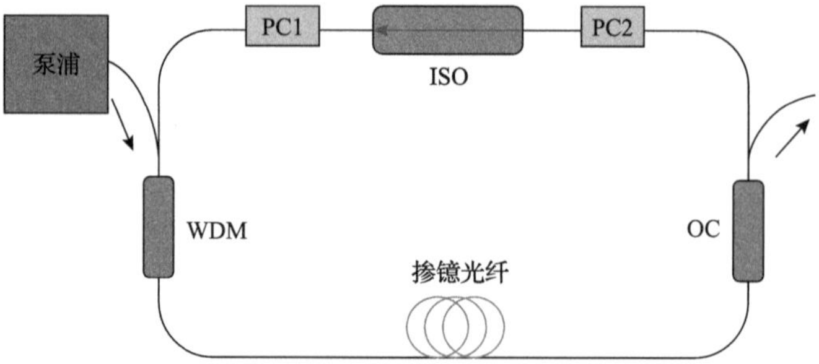

图 2.4　NPR 锁模环形腔振荡器示意图

OC 指输出耦合器，WDM 指波分复用器

激光在传播过程中发生偏振态的非线性演化，不同位置的激光偏振态是变化的。这时调节另一个 PC，可以迫使脉冲中心处的偏振方向与光隔离器的起偏方向一致。因此，当光脉冲再次通过光隔离器时，脉冲两侧边沿偏振态与隔离器起偏方向不一致而被阻挡，而脉冲中心处可以无损耗通过，导致中心部分的透过率最大，而两翼部分的透过率比较小，这样的作用就相当于一个等效的可饱和吸收体，可以在谐振腔中起到锁模调制的作用，实现超短脉冲的锁模激光输出。

2. 可饱和吸收体被动锁模技术

作为应用最普遍的一种锁模技术，可饱和吸收体被动锁模技术的锁模原理是利用可饱和吸收体对入射光的可饱和吸收特性进行锁模，当强光入射时，可饱和吸收体达到饱和处于漂白状态，光脉冲可以无损耗通过，经过一定时间后，可饱和吸收体的吸收就会得到部分恢复，光脉冲损耗变大，从而实现锁模脉冲激光输出。SESAM 的基本结构由可饱和吸收体和底、顶部反射镜组成，如图 2.5 所示。其中，顶部反射镜镀有高反射率介电膜层，底部反射镜一般是生长在半导体衬底材料(通常为 GaAs)上的多层结构的布拉格反射镜，底、顶部反射镜之间为可饱和吸收体层。整个 SESAM 的结构类似于法布里-珀罗(Fabry-Perot)腔，可饱和吸收体层的调制深度和反射镜的带宽可以通过改变可饱和吸收体层的厚度以及底、顶部两个反射

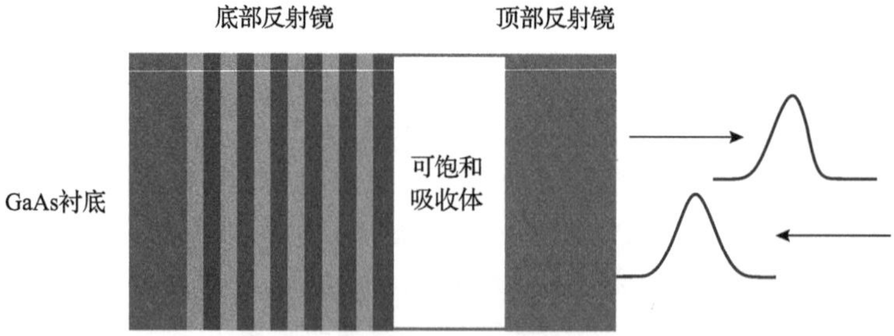

图 2.5　SESAM 结构

镜的反射率来调节[3,4]。典型的全光纤保偏 SESAM 锁模光纤激光振荡器结构如图 2.6 所示，通过在激光器腔内插入 SESAM 可饱和吸收体，可实现超短脉冲激光输出。

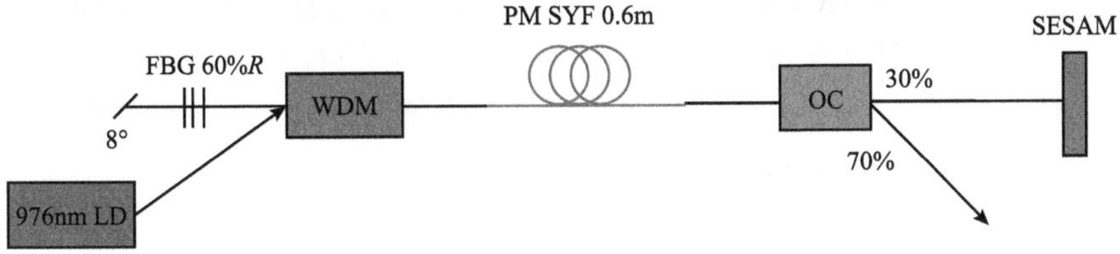

图 2.6　全光纤保偏 SESAM 锁模光纤激光振荡器结构

LD 指半导体激光器，FBG 指光纤布拉格光栅，*R* 指反射率，PM SYF 指保偏掺镱光纤

近年来科学家发现了多种具有可饱和吸收特性的新型材料，由于其独特的光电物理性质，被认为是下一代光子技术发展的重要材料[5,6]，如石墨烯[7]、碳纳米管[8]和拓扑绝缘体[9,10]、过渡金属硫化物(TMDs)等[11,12]。使用二硫化钼(MoS_2)作为可饱和吸收体的锁模光纤激光振荡器结构如图 2.7 所示。

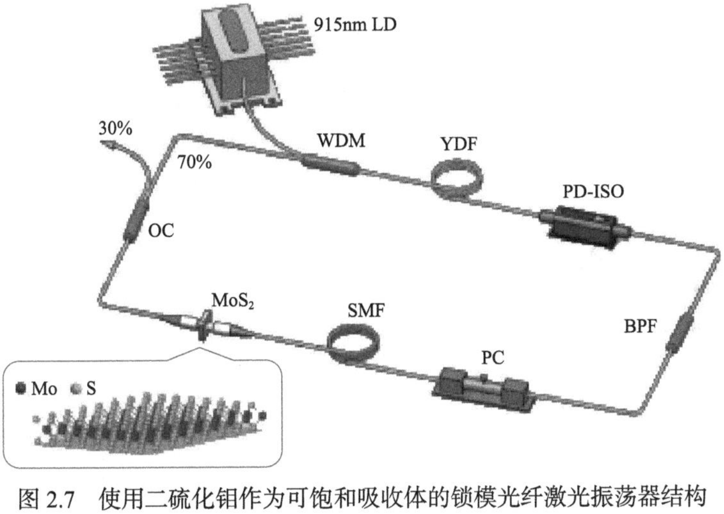

图 2.7　使用二硫化钼作为可饱和吸收体的锁模光纤激光振荡器结构

YDF 指掺镱光纤，PD-ISO 指偏振相关光隔离器，BPF 指带通滤波器，SMF 指单模光纤

2.2　脉冲光纤激光放大技术

2.2.1　主振荡功率放大技术

主振荡功率放大(MOPA)系统通常由主振荡器和功率放大器两部分构成，主振荡器产生低功率高光束质量的信号光，然后通过多级功率放大器实现高功率激光输出。MOPA 技术可以很好地保持信号光的高信噪比、高偏振消光比、光谱线

宽等优良特性，同时又能提升光纤激光器的输出功率、能量等特性，因此成为当前获得高功率光纤激光器的重要方法。

全光纤皮秒脉冲 MOPA 系统如图 2.8 所示，主要包括百皮秒脉冲锁模光纤激光振荡器和掺镱光纤激光放大器两个部分。采用全光纤 NPR 锁模光纤激光振荡器实现锁模脉冲激光输出，然后信号光通过两级光纤激光放大器进行放大，实现高功率、高单脉冲能量的皮秒脉冲激光输出。

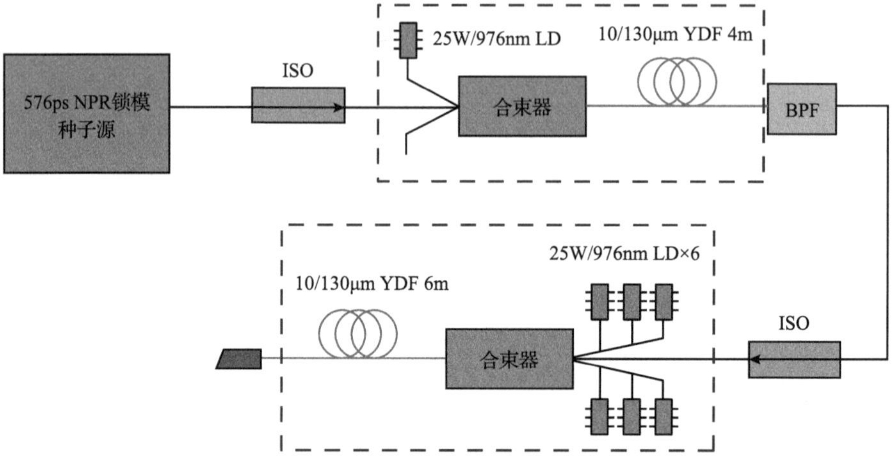

图 2.8 全光纤皮秒脉冲 MOPA 系统

在高功率/大能量纳秒脉冲光纤激光级联放大器中，通常采用腔外直接调制方式产生重复频率、脉冲宽度、脉冲轮廓灵活可控的纳秒脉冲光纤激光作为种子源，由于直接调制会损失大部分激光功率，首先采用单模/少模增益光纤进行预放大，然后为了抑制非线性效应，进一步采用光纤级联放大的方式实现高功率/大能量的纳秒脉冲光纤激光输出。采用直接电流调制的窄线宽半导体激光器作为种子源，依次经过三级光纤预放大和一级主放大进行功率提升。基于电流调制半导体激光器的高重复频率窄线宽纳秒脉冲光纤激光放大器结构示意图如图 2.9 所示。

2.2.2 啁啾脉冲放大技术

啁啾脉冲放大（CPA）技术[13-15]依靠脉冲宽度的展宽降低放大器中的峰值功率，防止相关的脉冲畸变和光学损伤，从而实现高功率的超短脉冲激光输出。啁啾指光脉冲瞬时频率随时间的变化而变化，意味着脉冲在时域的展宽。振荡器输出的飞秒脉冲经过色散元件展宽为皮秒甚至纳秒量级的光脉冲，大大降低了峰值功率，减小了放大过程中的非线性效应，避免了放大过程中光学元件的损伤。展宽的脉冲经过放大后，再使用与展宽放大过程中总色散符号相反、大小相等的压缩器件对脉冲进行色散补偿，得到脉冲宽度飞秒量级的压缩脉冲。基于 SMF-CFBG

展宽器和 LMA-30/250-CFBG 压缩器的光纤啁啾脉冲放大(fiber chirped-pulse amplification, FCPA)系统如图 2.10 所示，PCF 用以展宽频谱。PCF 后连接 SMF-CFBG 展宽器，经过两级预放大和一级主放大后，连接 LMA-30/250-CFBG 压缩器。系统中的展宽器和压缩器均为 CFBG 结构，以分别实现对脉冲的展宽和压缩。

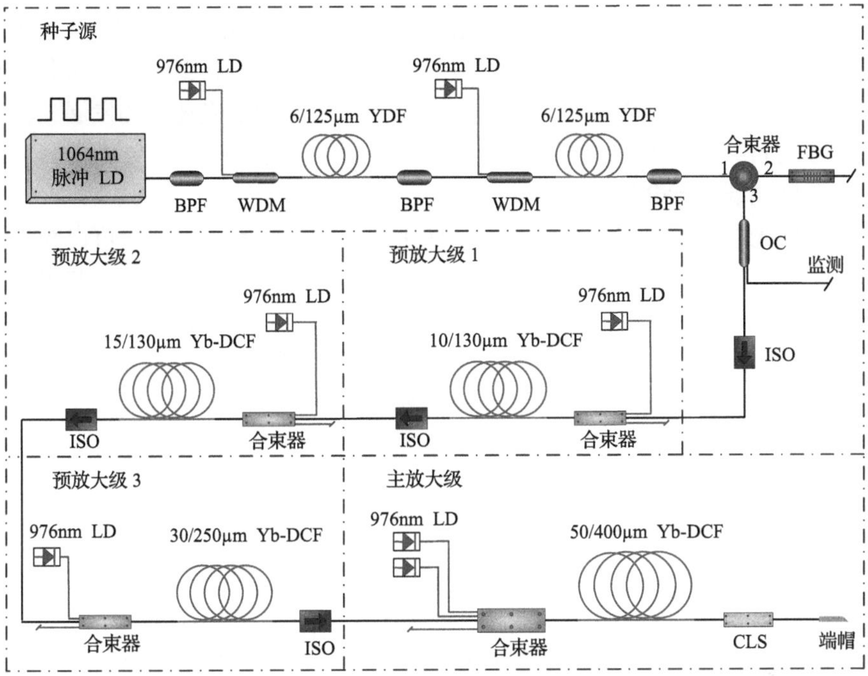

图 2.9　基于电流调制半导体激光器的高重复频率窄线宽纳秒脉冲光纤激光放大器结构示意图

DCF 指色散补偿光纤，Yb-DCF 指掺镱色散补偿光纤，CLS 指包层光剥除器

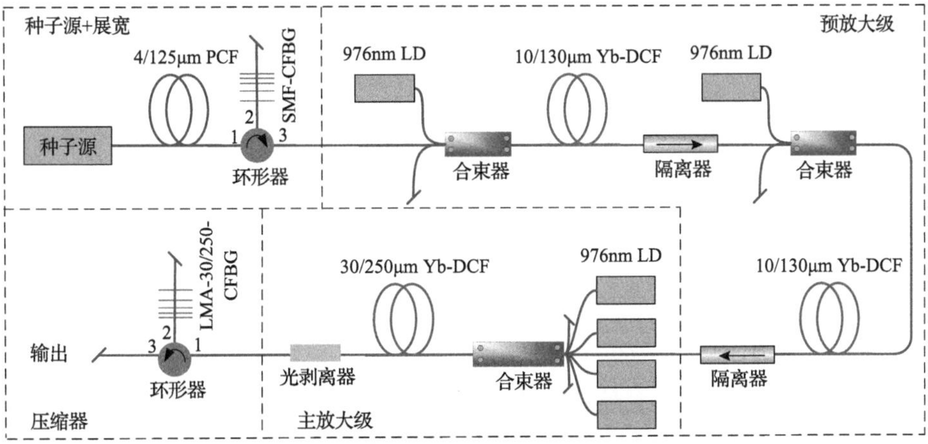

图 2.10　基于 SMF-CFBG 展宽器和 LMA-30/250-CFBG 压缩器的 FCPA 系统

CFBG 指啁啾光纤布拉格光栅

2.3　脉冲光纤激光关键器件

2.3.1　石英光纤

目前，石英光纤已广泛应用于可见光至2μm波段的光纤激光器中，用于实现激光的产生和传输，并且在光纤激光技术发展的驱动下，新型结构、组分优化和特殊用途的石英光纤不断涌现，进一步促进了超短脉冲激光技术的发展，其中极具代表性的石英光纤有双包层光纤和大模场面积光子晶体光纤(PCF)等，下面主要对这两种光纤进行介绍。

双包层光纤主要是指纤芯外层存在两个包层结构，其中内包层可以允许激光传输，该光纤的出现为光纤激光器的功率提升带来了革命性的改变。基于双包层光纤的激光器可以采用包层泵浦技术，使高功率多模泵浦光在双包层光纤的内包层中传输，增加了耦合效率和光纤泵浦功率，结合光纤所具有的高表面积/体积比，可以有效消除高功率激光器的激光介质热效应问题，从而大幅度提升光纤激光器的输出功率。为了增大纤芯对内包层中泵浦光的吸收效率，通常会将内包层的结构设计为异形，如D形、八边形、矩形和花瓣形等。

PCF又称微结构光纤，纤芯是实心的石英或空心的空气孔，包层为具有波长量级空气孔微结构[16]。PCF可以解决传统单模光纤激光器所遇到的难题，可以在提高光纤纤芯直径的同时保证单模输出，通过提高纤芯的模场面积，降低纤芯中的光功率密度，从而降低非线性的积累以支持更大的功率和脉冲能量。PCF的结构多种多样，图2.11为2003年Russell发表在*Science*上的文章中各种结构的PCF插图[17]。PCF是利用光子晶体中光子带隙这一特性，在光子晶体中引入了线状缺陷而形成的新型结构的光纤。PCF具有非常显著的色散和非线性等特性，如无截止单模传输特性、可控的色散特性、增强的非线性特性。可以通过合理设计PCF的参数和结构，改变包层空气孔的大小、形状、排列方式、间距及填充材料等方法来改变PCF的特性，在激光器中实现更高性能的激光输出。PCF的一个重要应用就是产生超连续谱激光，通过选择合适的芯径和零色散波长等参数，就可以在不同频谱范围内产生超连续谱激光[18]。

2.3.2　中红外光纤

目前几种常用的中红外光纤的基质材料主要有重金属氧化物玻璃(锗酸盐玻璃、镓酸盐玻璃、碲酸盐玻璃和铋酸盐玻璃等)、氟化物玻璃以及硫系玻璃等。重金属氧化物玻璃光纤与氟化物光纤材料在2～5μm中红外波段具有很高的透过率，而硫系玻璃是目前唯一一种透射光谱覆盖到远红外波段的玻璃材料。

图 2.11　不同种类的 PCF 截面图

碲酸盐玻璃是一种以 TeO_2 为玻璃网络形成体的氧化物玻璃，具有较低的声子能量(约750cm^{-1})，这也决定了其较宽的红外透过窗口(0.4～5μm)，同时碲酸盐玻璃中有较多极化率高的基团，使其具有较高的线性折射率与非线性折射率[19]。除此之外，与氟化物光纤相比，碲酸盐光纤具有更强的抗腐蚀性、更高的机械强度和热损伤阈值，同时具有较好的抗析晶性能与成纤能力。因此，碲酸盐玻璃是一种理想的研制 2～5μm 中红外超连续光源的光纤基质材料[20]。

氟化物玻璃是稀土离子掺杂光纤中唯一可产生 3～5μm 中红外脉冲光纤激光的增益基质材料。与传统的多组分氧化物玻璃相比，氟化物玻璃具有声子能量低、在紫外及中红外波段透光范围宽、稀土离子溶解度高的特点。然而，氟化物光纤的化学稳定性和机械强度较差，拉制过程容易析晶。氟化物光纤主要分为三类，如氟化锆基光纤、氟化铝基光纤、氟化铟基光纤，目前商用的热学化学稳定性最好的氟化物光纤为氟化锆基的 ZBLAN 光纤[19]。

硫系玻璃常被认为是含有一种或多种除氧之外的 VI A 族元素如 S、Se、Te 等，加上 As、Ga 之类的电负性较弱的元素而形成的非晶态玻璃材料的总称。与氧化物和氟化物玻璃相比，硫系玻璃具有较大的折合质量和较弱的键强，这意味着其具有极低的声子能量，是唯一能够透射长波红外(>10μm)的玻璃光纤材料，其中硫化物玻璃长波边带的截止波长约为 12μm，硒化物玻璃长波边带的截止波长约为 15μm，碲化物玻璃长波边带的截止波长甚至可以达到 20μm。由于硫系玻璃具有较高的折射率(一般在 2～4)和非线性折射率(比石英玻璃高 100～1000 倍)，所以基于硫系光纤的研究也多集中在如何获得波长覆盖中远红外的超连续光源。图 2.12 展示了几种典型光纤的基质材料损耗曲线。

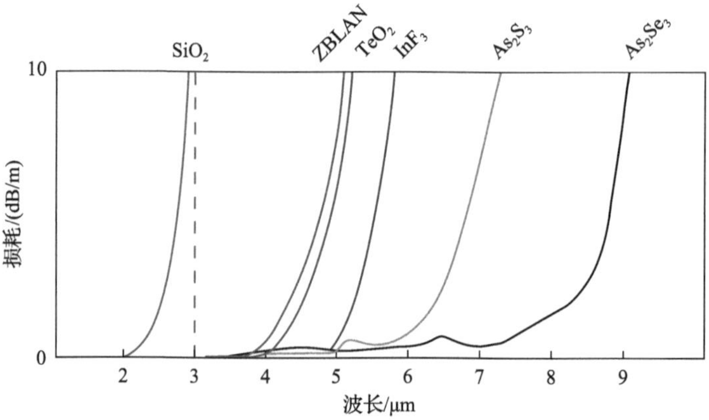

图 2.12　几种典型光纤的基质材料损耗曲线

2.3.3　光纤布拉格光栅

在光纤激光器发展之初，由于各种光纤器件的缺乏，在光纤激光器的构建中会引入空间器件，如腔镜、滤波器、色散管理器等。虽然空间器件的引入在一定程度上能够解决光纤器件短缺的问题，但光在空间器件与光纤器件间的耦合转换过程中具有很大损耗，降低了系统转换效率。同时，空间器件的引入也直接破坏了全光纤结构，给激光器的实际应用带来很多负面影响。因此，设计并制造具有各种功能的光纤器件对光纤激光器的发展具有非常重要的意义。光纤光栅就是在这种背景下被发明出来的一种光纤器件，其主要特征是在器件的纤芯处具有周期性的折射率变化，可以对在纤芯中传输的光进行调控。

不同周期变化的光纤光栅具有不同的性能，根据光纤光栅的周期长短，可将其分为长周期光纤光栅(long period fiber grating，LPFG)和光纤布拉格光栅(FBG)两种。LPFG 的周期为几十甚至上百微米，是透射式光栅，常被用作传感元件或选频器件，也可与其他器件一起制成波分复用器、增益平坦滤波器等[21]。FBG 的周期为亚微米量级，是反射式光栅，可用作光纤反射器、光开关[22]，进行光脉冲整形[23]等。带有线性啁啾的 FBG 称为啁啾光纤布拉格光栅(CFBG)，可用于系统的色散管理[24]；同时带有啁啾和倾斜角度的啁啾倾斜光纤布拉格光栅(chirped tilted fiber Bragg grating，CTFBG)，可用于高功率光纤系统拉曼散射光的滤除[25]。光纤布拉格光栅在光纤激光器中具有重要的应用，因此本节围绕光纤布拉格光栅，介绍其结构特性和相关的制备方法。

1. 光纤布拉格光栅的波导结构与特性

1) 均匀光纤布拉格光栅的波导结构与反射特性

图 2.13 为均匀 FBG 的结构示意图，当光在均匀 FBG 中传输时，纤芯中的光会在每个光栅面处发生反射，若波长不满足布拉格条件，则依次排列的光栅面所反射的光相位均不相同，光强相互抵消；若波长满足布拉格条件，则每个光栅面所反射的光相位相同，光强逐步累加，形成一个反射峰，即布拉格反射。根据光发生干涉的基本原理，即光程差等于波长整数倍时干涉相长，得到

$$2n_{\mathrm{eff}}\Lambda = m\lambda_{\mathrm{B}} \tag{2.1}$$

式中，等号左侧为光经相邻光栅面发生反射时的光程差，n_{eff} 为有效折射率，Λ 为 FBG 周期；等号右侧 m 为光栅阶数(取正整数)，λ_{B} 为布拉格反射谐振波长。

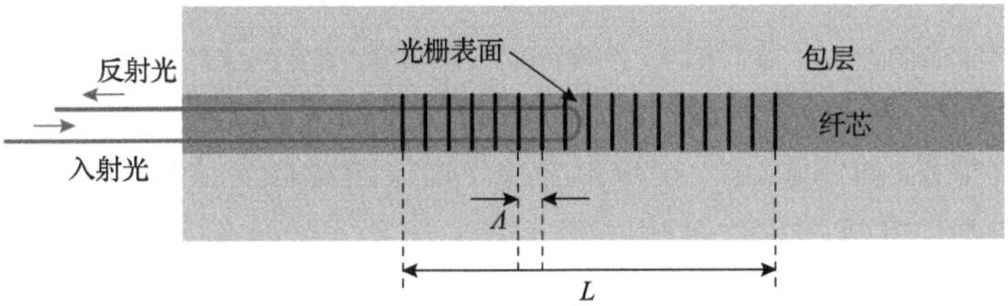

图 2.13　均匀 FBG 结构示意图

均匀 FBG 的周期 Λ 为常数，则根据式(2.1)，当有效折射率 n_{eff} 与光栅阶数 m 一定时，布拉格反射谐振波长 λ_{B} 为常数。此时，若 FBG 长度 L 一定，则周期 Λ 越小，FBG 内可容纳的周期个数越多，发生反射的光栅面越多，FBG 的反射效果越好，而越小的周期 Λ 对应越低阶的光栅阶数 m，所以一阶 FBG 最为理想。因此，在给定布拉格反射谐振波长 λ_{B} 的条件下，一阶均匀 FBG 结构最为理想，且长度 L 越长，其反射效果越好，反射率越高。

2) CFBG 的波导结构与色散特性

如果光栅周期沿 FBG 的光纤轴线方向存在线性啁啾，则形成线性 CFBG 结构，如图 2.14 所示。

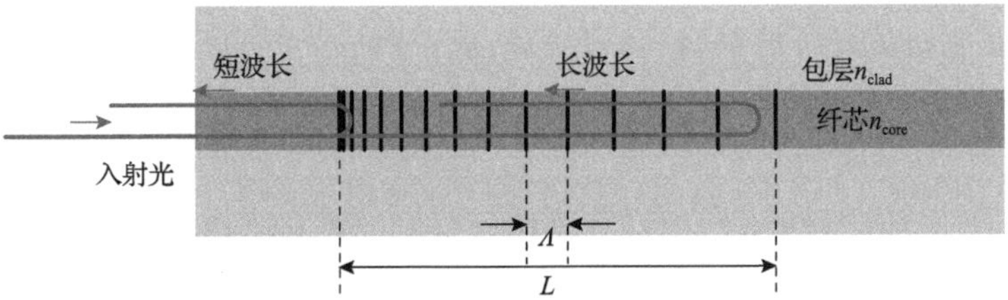

图 2.14　线性 CFBG 结构示意图

根据式(2.1)，当周期 Λ 呈线性变化时，λ_B 也呈线性变化，则所得到的反射带宽要比均匀 FBG 的宽。假设 CFBG 周期变化的啁啾率为 α，则总啁啾为 $L\alpha$，即反射带宽与光栅的长度 L 和啁啾率 α 均为正比例关系。但由于周期发生变化，每单位波长的光所对应的满足布拉格条件的光栅周期个数减少，则同样长度的 CFBG 与均匀 FBG 相比，反射率随反射带宽的增加而降低。

如图 2.14 所示，若光从 CFBG 短周期方向耦合进光栅，则波长较短的光在其近端发生反射，而波长较长的光在其远端发生反射，故长短波长的反射光之间产生时间延迟，导致色散出现，因此 CFBG 具有线性色散。根据以上描述，CFBG 的色散可表示为

$$D=\frac{2n_{\text{eff}}L}{c}\frac{1}{\Delta\lambda} \tag{2.2}$$

即相隔为单位波长的两束光被 CFBG 反射后所产生的时延，单位为 ps/nm。式中，c 为真空中的光速；$\Delta\lambda$ 为 CFBG 两端所反射的波长差。若光从 CFBG 长周期方向耦合进入光栅，则波长较长的光先反射，而波长较短的光后反射，因此 CFBG 所提供的色散积累既可以为正，也可以为负，不仅能展宽光脉冲，也能压缩光脉冲，并且展宽量与压缩量理论上是相同的。假设补偿带宽为 $\Delta\lambda'$，则色散积累即展宽量或者压缩量理论上等于 $D\Delta\lambda'$，单位为 ps。因此，除色散 D，光谱宽度 $\Delta\lambda'$ 也是影响色散积累的一个重要参数。如果信号光谱 3dB 带宽小于 CFBG 的反射带宽，则补偿带宽 $\Delta\lambda'$ 取信号光谱 3dB 带宽；若信号光谱 3dB 带宽大于 CFBG 的反射带宽，则补偿带宽 $\Delta\lambda'$ 取 CFBG 的反射带宽。再根据式(2.2)，一阶 CFBG 两端的波长差为

$$\Delta\lambda=2n_{\text{eff}}\alpha L \tag{2.3}$$

将式(2.3)代入式(2.2)，并进行化简，得

$$D=\frac{1}{c\alpha} \tag{2.4}$$

即 CFBG 的色散与啁啾率 α 成反比。

由于拉制石英光纤的材料具有色散效应，所以光纤自身也存在色散。在光脉冲的中心频率 ω_0 附近将光的传播常数 β 以泰勒级数展开为

$$\beta(\omega)=n(\omega)\frac{\omega}{c}=\beta_0+\beta_1(\omega-\omega_0)+\frac{1}{2}\beta_2(\omega-\omega_0)^2+\cdots \tag{2.5}$$

式中

$$\beta_m = \left(\frac{\mathrm{d}^m\beta}{\mathrm{d}\omega^m}\right)_{\omega=\omega_0}, \quad m = 0,1,2,\cdots \tag{2.6}$$

则一阶色散为

$$\beta_1 = \left(\frac{\mathrm{d}\beta}{\mathrm{d}\omega}\right)_{\omega=\omega_0} = \frac{1}{c}\left(n + \omega\frac{\mathrm{d}n}{\mathrm{d}\omega}\right)_{\omega=\omega_0} \tag{2.7}$$

二阶色散为

$$\beta_2 = \left(\frac{\mathrm{d}^2\beta}{\mathrm{d}\omega^2}\right)_{\omega=\omega_0} = \frac{1}{c}\left(2\frac{\mathrm{d}n}{\mathrm{d}\omega} + \omega\frac{\mathrm{d}^2 n}{\mathrm{d}\omega^2}\right)_{\omega=\omega_0} \tag{2.8}$$

β_2 也称为群速度色散(group velocity dispersion，GVD)系数，单位为 $\mathrm{ps^2/nm}$，常用来描述光纤的色散特性。而光纤中另一个常用于描述色散的参数为色散参量 $D = \mathrm{d}\beta_1 / \mathrm{d}\lambda$。计算该参数的表达式，需将式(2.7)化为包含 λ 的方程，根据 $\omega = 2\pi\nu = 2\pi c / \lambda$，得

$$\mathrm{d}\omega = -2\pi c\frac{\mathrm{d}\lambda}{\lambda^2} \tag{2.9}$$

即

$$\frac{1}{\mathrm{d}\lambda} = -\frac{2\pi c}{\lambda^2 \mathrm{d}\omega} \tag{2.10}$$

则色散参量

$$D = \frac{\mathrm{d}\beta_1}{\mathrm{d}\lambda} = \mathrm{d}\left(\frac{\mathrm{d}\beta}{\mathrm{d}\omega}\right)\frac{1}{\mathrm{d}\lambda} = -\frac{2\pi c}{\lambda^2}\frac{\mathrm{d}^2\beta}{\mathrm{d}\omega^2} = -\frac{2\pi c}{\lambda^2}\beta_2 \tag{2.11}$$

式(2.11)给出了光纤中色散参量 D(对应 FBG 的光栅色散参量 D)与 GVD 系数 β_2 之间的关系，是进行光纤系统色散理论计算的常用方程。在光纤激光器中，常用 β_2 来描述系统的色散，在应用时应注意其与色散参量或光栅色散参量 D 之间的转换以及单位的匹配。

3) CTFBG 的波导结构与滤波特性

普通 FBG 或者 CFBG 光栅面的法向均沿光纤轴线方向，若二者存在夹角，则构成 TFBG 结构，也称为闪耀光栅，结构如图 2.15 所示。

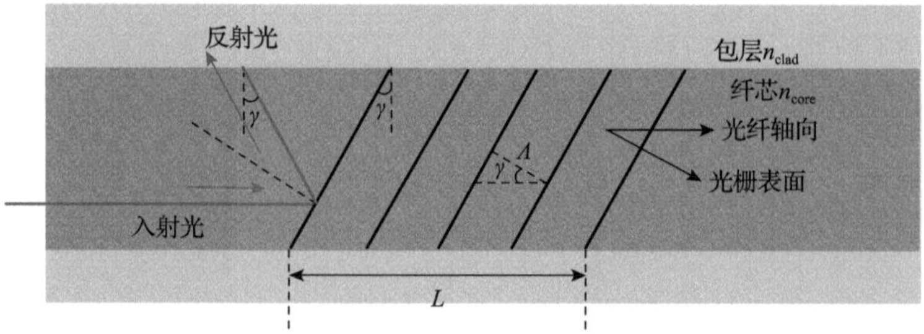

图 2.15　TFBG 结构示意图

入射光在 TFBG 的光栅面发生反射，反射光不再沿光纤轴线而是以一定的角度向包层传输，如果γ不满足全反射条件，则会耦合进包层，即 TFBG 中反向传输的光除与纤芯模耦合外还会有一部分与包层模耦合，转化为辐射模，最终被损耗掉。TFBG 的传输过程也满足光干涉的基本原理，根据式(2.1)，设在包层中后向传输的波矢大小为$2\pi n_{\text{clad},i}/\lambda$，则有

$$\left(n_{\text{clad},i}+n_{\text{core}}\right)\Lambda_{\text{T}}=m\lambda \tag{2.12}$$

式中，$n_{\text{clad},i}$为包层中第i阶模在波长为λ时的有效折射率，n_{core}为纤芯的折射率，有$n_{\text{core}}>n_{\text{clad},i}$；$\Lambda_{\text{T}}$为 TFBG 的周期，有$\Lambda_{\text{T}}=\Lambda/\cos\theta_{\text{T}}$，$\theta_{\text{T}}$为 TFBG 的倾斜角即光栅面法线方向与光纤轴线间的夹角。

将式(2.12)与式(2.1)进行对比，可得出以下结论：①TFBG 的布拉格反射谐振波长随倾斜角θ_{T}的增加而增大，即θ_{T}增加时，反射峰红移；②与包层模耦合的谐振波长小于与纤芯模耦合的谐振波长，即小于布拉格反射谐振波长λ；③不同的倾斜角θ_{T}对应不同的布拉格谐振波长λ，对应包层中不同的模式。

式(2.12)中的i代表包层中有多阶模式进行了耦合，则 TFBG 透射谱中会在小于布拉格反射谐振波长的短波部分出现梳状谐振谱凹陷，称为短波损耗。若将 CFBG 与 TFBG 的特征相结合，构成 CTFBG 结构，即 FBG 在倾斜的同时周期还带有啁啾变化，则每条梳状谐振谱会增宽相连。最终，增宽的多条凹陷谱包络在 CTFBG 的透射谱中形成一个更宽的凹陷，在该波段内的光可以被耦合进包层，成为辐射模式被损耗。倾斜角θ_{T}的存在导致周期$\Lambda_{\text{T}}=\Lambda/\cos\theta_{\text{T}}$较$\Lambda$有所增大，则根据式(2.1)和式(2.12)，谐振波长λ增大，即反射峰红移。而透射谱中凹陷对应的波段不变，则使得反射峰与透射谱中的凹陷不对应，即被 CTFBG 滤除的光成分不会出现在反射光中，这一特性能很好地保护激光器前级器件，因此 CTFBG 较适宜在高功率光纤激光器中进行滤波。

TFBG 与 CTFBG 能够将纤芯模耦合进包层的这种性质在某种程度上类似于 LPFG，不同的是，LPFG 的纤芯模被耦合进同向传输的包层模中被辐射。因此，

LPFG 也可以作为滤波器件使用，并且由于没有反向传输的返回光而对前级器件有更好的保护作用。但同时，由于 LPFG 的周期长，对外界温度和应力等的变化更为敏感，光学性能会发生改变，故在实际应用时应谨慎选择。

2. 光纤光栅制备技术

光纤光栅可满足光纤激光器的多种应用需求，为构建真正意义上的全光纤激光系统提供了全新解决方案。因此，光纤光栅的诞生被称为是光纤通信领域继光纤激光放大器之后又一重大事件，光纤光栅是搭建光纤激光器必不可少的光纤器件。

目前，光纤光栅的种类和制作方法繁多，究其本质，都是将连续或脉冲激光照射到光纤的纤芯内，使其在纤芯上产生周期性折射率变化。按照时间先后，可将光纤光栅的刻写方法归结为四类：驻波干涉法、双光束干涉法、相位掩模板法、逐点刻写法。迄今为止所有制备技术均是在这四类方法的基础上衍生而来的。

1) 驻波干涉法

1978 年，Hill 等[26]发现掺锗石英光纤的纤芯具有紫外光敏性，并将 488nm 氩离子激光耦合进掺锗光纤中，同时调整光纤长度使激光在光纤中形成驻波，曝光十几秒即令光纤纤芯上产生了折射率的永久性周期变化，制成了世界上第一支光纤光栅。用此种方法所刻写的光纤光栅，其周期等同于激光在光纤内所形成的驻波周期，与激光光源的波长和光纤长度均有关。

2) 双光束干涉法

该方法是先利用一片分束镜将刻写光源分为两束，然后两束光各经过一次反射再通过透镜聚焦后相遇。通过调整反射镜的位置和角度，保证两束光的光程差满足相干条件，最终在相遇位置发生干涉。将光纤放置在两束光干涉所形成的明暗条纹场中，即可进行光栅刻写。采用这种方法所获得的光纤光栅周期即干涉条纹的周期，是由光源的波长和两束光的光程差共同决定的，可通过光路中反射镜的位置和角度进行灵活调整，但对调整精确度的要求极高，且光源也必须具有良好的相干性，所以在应用双光束干涉法进行光纤光栅刻写时常采用相干性非常好的连续光源。双光束干涉法与驻波干涉法相比，虽然灵活性有所提高，但仍对光源相干性有较高的要求，光源线宽要足够窄，光路调节要足够精确。因此，双光束干涉法并不是光纤光栅最理想的刻写方法，但由于这种方法更适于进行大面积光栅的刻写，目前常用在体光栅的刻写技术中，也为光纤光栅刻写的发展奠定了良好的基础，为进一步优化光纤光栅的刻写技术提供了新思路。双光束干涉法是光纤光栅刻写技术发展中不可忽略的一个重要阶段。

3) 相位掩模板法

该方法是采用类似衍射光栅的相位掩模板对刻写光源进行衍射，利用所产生的衍射条纹实现 FBG 的有效刻写。在实际刻写工作中，为了避免不同级次的衍射光之间干扰导致的周期性折射率调制不规则，需要根据曝光波长对相位掩模板的各级次衍射光进行优化，抑制 0 级衍射光(<3%)，保留 ±1 级衍射光(>37%)，产生周期分明的衍射场进行光栅刻写。相位掩模板法操作简单、刻写效率高、光源门槛低，非常适宜进行光纤光栅批量生产，是目前应用最为广泛的光纤光栅刻写技术。

4) 逐点刻写法

逐点刻写法主要依靠刻写光源沿光纤方向的逐点移动来实现光纤光栅刻写，随着飞秒激光技术的飞速发展，近年来已逐渐成为研究光纤光栅刻写的新兴技术。与其他方法相比，飞秒激光逐点刻写法制作 FBG 具有自身独特的优点：灵活性较高，当脉冲频率不变时，通过控制三维移动平台的速度来实现所需的光栅周期的刻写，也可以灵活控制光栅长度；光纤无须进行氢载和增敏等预处理，由于飞秒激光脉冲具有高强度，与光纤相互作用形成光栅的过程是一个非线性过程，可以在各类光纤中直接写入光栅；刻写过程耗时较短，当飞秒脉冲的重复频率设定为 1kHz 时，完成一个周期数 N=10000 的 FBG 的刻写只需 10s 的时间，刻写速度快避免了由刻写系统的不稳定带来的影响。

3. 中红外光纤光栅

目前，基于石英材料的光纤光栅在理论分析和实验制备方面建立了成熟的理论系统和完备的光刻制备工艺，已经成为目前光纤激光器系统中不可或缺的光学元件。但是，石英材料的光纤光栅被局限于 2μm 的近红外波段，限制了其在中红外区域的应用。中红外波段是透过率最高的波段，包括了极其重要的大气红外窗口，中红外的光纤激光在生物医疗、环境污染检测以及国防安全等领域都有着非常广泛的应用，而中红外光纤光栅同样也是全光纤化中红外脉冲光纤激光的关键元件，因此适用于中红外波段的光纤光栅具有重要的研究意义和应用价值。

与传统光纤光栅一样，中红外光纤光栅的制备也是用激光照射光纤纤芯，利用材料的光敏特性产生周期性的折射率变化，通常也是使用上述驻波干涉法、双光束干涉法、相位掩模板法、逐点刻写法等几种方法进行制备。但是，中红外的玻璃光纤材料与石英光纤的软化温度、机械强度和物化特性等具有极大的差别，目前成熟的石英光纤光栅的制备技术在面对中红外软玻璃光纤时受到诸多局限，需要针对材料对光栅的制备方法加以改进。例如，中红外 ZBLAN 光纤没有光敏性，基于紫外光源干涉的刻写光栅技术无法适用于此种氟化物光纤光栅的制备，所以可以在 ZBLAN 玻璃基质中掺杂稀土元素，以提高其光敏性。另外，相较于石英光纤光栅，中红外的光纤光栅需要具有更高的折射率和光学非线性，但其光学、热学和化学稳定性及机械损伤阈值更低，特殊的应用场合亟须开发新型高稳定性中红外光纤基质材料。

总之，与可见光和近红外波段相比，中红外光纤由于光学和热学稳定性较差，高质量中红外光纤光栅制备技术仍存在巨大的挑战，仍需不断地改进和完善。

2.3.4　光纤合束器

光纤合束器是高功率全光纤化激光器的核心器件，而光纤泵浦耦合技术是决定高功率光纤激光器输出功率大小的关键技术之一。如何将泵浦光高效率耦合进大模场双包层光纤的内包层，从而实现光纤激光器的高功率输出成为国内外研究人员关注的焦点。光纤泵浦耦合技术依据耦合方式不同，可分为端面泵浦耦合技术和侧面泵浦耦合技术。

1. 端面泵浦耦合技术及合束器制作

端面泵浦耦合技术是将泵浦光经双包层光纤的端面耦合后，进入双包层光纤内包层。常见的光纤端面泵浦耦合技术主要为光纤束熔融拉锥耦合技术，是指将多根泵浦光纤和信号光纤制作成光纤组束，在高温作用下对光纤组束进行熔融拉锥，形成锥形过渡区，在锥腰处进行切割，将锥形光纤束与大模场双包层光纤熔接，制作出 $(N+1)\times 1$ 的泵浦信号合束器或 $N\times 1$ 泵浦合束器。利用此方法制作的合束器性能好，泵浦耦合效率高，可以实现光纤激光器的全纤化，进而取代了空间光泵浦耦合。由于近红外光纤合束器使用的信号光纤均为石英光纤，耐高温，光纤性能稳定，因此光纤束熔融拉锥耦合技术多用于制作近红外光纤合束器。

制备熔融拉锥光纤束(tapered fiber bundle，TFB)有很多种方法，常见的有毛细套管法、扭转拉锥法，还有的通过采用特制夹具使光纤紧密排列。其中毛细套管法就是将多根光纤剥离涂覆层的部分一起穿入内径略大于光纤束直径的石英毛细管中，然后将带有毛细管的光纤束共同拉锥、切割，最后与输出光纤进行熔接，基于毛细套管法制作 $(N+1)\times 1$ 光纤合束器如图 2.16 所示。

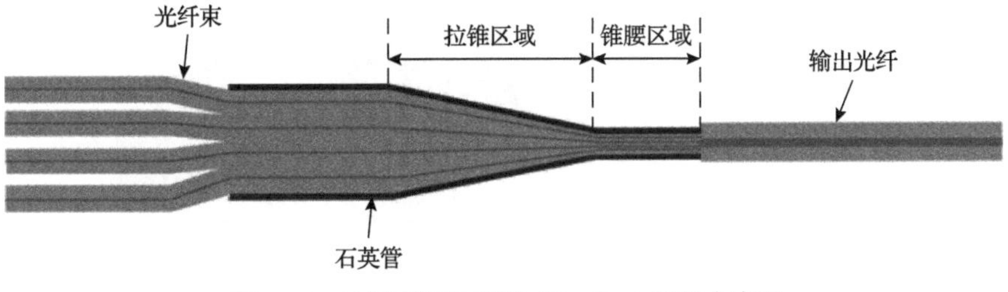

图 2.16　毛细套管法制作 $(N+1)\times 1$ 光纤合束器

2. 侧面泵浦耦合技术及侧泵合束器制作

侧面泵浦耦合技术是将注入的泵浦光从双包层光纤的侧面耦合进光纤内包层，其优势在于光纤的端面不被占用，信号光在双包层光纤内的传输不受影响，并且可以采用多点泵浦，在双包层光纤的不同位置进行泵浦。常见的侧面泵浦耦合技术有 V 形槽侧面泵浦耦合技术、嵌入反射镜式侧面泵浦耦合技术、磨抛光纤侧面泵浦耦合技术，以及熔融拉锥缠绕侧面泵浦耦合技术等。

与端泵型光纤合束器相比，侧泵型光纤合束器不仅可以应用于近红外波段激光器的泵浦耦合，同样也适用于熔点低、易潮解的中红外软玻璃光纤的泵浦耦合。典型的中红外全光纤侧面泵浦耦合器(side-pumping couper，SPC)结构如图 2.17 所示，泵浦光经由弱耦合效应逐渐转移至信号纤内包层中，实现包层泵浦耦合。泵浦光在耦合区(coupling region，CR)内大量转化为紧贴纤芯表面且与芯内光波同向的消逝场，并与双包层光纤中的信号发生弱耦合，能量进而被逐渐转移，耦合效率受数值孔径、拉锥长度、拉锥比、折射率差等多种因素影响，因此在拉锥前需预先设计结构。在光纤拉锥时通过控制进气排气流量精确控制仓内气压，然后通过电极间的环形电流产生高温等离子体对光纤进行加热熔融，光纤在其中通过电极两端夹持平台上的夹具固定，拉锥时一侧平台固定另一侧平台移动，通过控制放电功率、内部气压、平台位置和移动速度实现特定参数的光纤锥体制造。

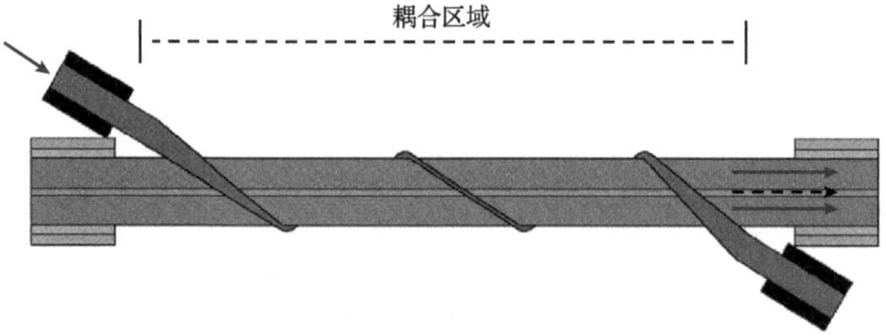

图 2.17　侧面泵浦耦合器示意图

实线箭头代表入射泵浦光，虚线箭头代表产生的信号光

图 2.18 为侧面泵浦光纤耦合器拉锥平台，首先精准去除耦合区固定长度的涂

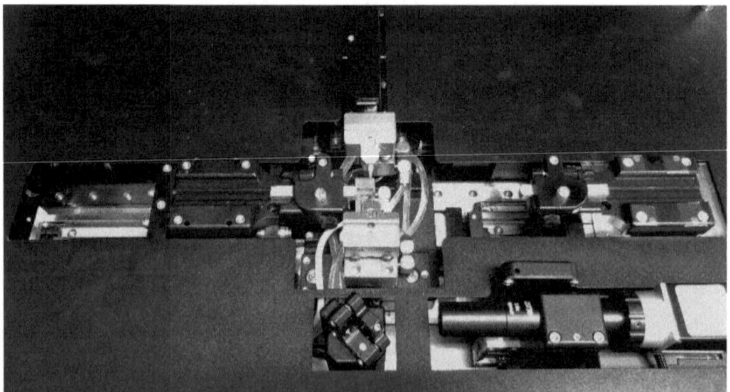

图 2.18　侧面泵浦光纤耦合器拉锥平台

覆层，擦净固定后微调节位置使拉锥无芯光纤均匀缠绕、紧贴光纤内包层上，在贴合过程中可将缠绕区浸入丙酮溶液并通过溶液提供的表面张力与背景折射率提升耦合效率，操作过程中需要实时在激光输出端监测输出功率，微调节至输出功率最大时浸入带有光学折射率匹配胶的铝制凹槽中，使用大功率紫外汞灯照射，使其形成固化膜封装。

参 考 文 献

[1] 郭玉彬, 霍佳雨. 光纤激光器及其应用. 北京: 科学出版社, 2008.

[2] 王旌，张洪明，张鋆，等. 基于饱和吸收镜的被动锁模光纤激光器[J]. 中国激光，2007, 34(2): 163-165.

[3] Collings B C, Bergman K, Knox W H. Stable multigigahertz pulse-train formation in a short-cavity passively harmonic mode-locked erbium/ytterbium fiber laser[J]. Optics Letters, 1998, 23(2): 123-125.

[4] Yamashita S, Inoue Y, Hsu K, et al. 5-GHz pulsed fiber Fabry-Perot laser mode-locked using carbon nanotubes[J]. IEEE Photonics Technology Letters, 2005, 17(4): 750-752.

[5] Novoselov K S, Geim A K, Morozov S V, et al. Two-dimensional gas of massless Dirac fermions in graphene[J]. Nature, 2005, 438(7065): 197-200.

[6] Wang Q H, Kalantar-Zadeh K, Kis A, et al. Electronics and optoelectronics of two-dimensional transition metal dichalcogenides[J]. Nature Nanotechnology, 2012, 7: 699-712.

[7] 刘江, 吴思达, 王科, 等. 基于石墨烯可饱和吸收体的被动锁模、被动调 Q 掺镱光纤激光器[J]. 中国激光, 2011, 38(8): 8-12.

[8] Kieu K, Wise F W. Soliton thulium-doped fiber laser with carbon nanotube saturable absorber[J]. IEEE Photonics Technology Letters, 2009, 21(3): 128-130.

[9] Li K, Song Y, Yu Z, et al. A 359 fs Er-doped fiber laser based on topological insulator: Bi_2Se_3[C]. Conference on Lasers & Electro-optics Pacific Rim, 2015: 1-4.

[10] Dou Z Y, Song Y R, Tian J R, et al. Mode-locked ytterbium-doped fiber laser based on topological insulator: Bi_2Se_3[J]. Optics Express, 2014, 22(20): 24055-24061.

[11] Wang K P, Wang J T, Fan J, et al. Ultrafast saturable absorption of two-dimensional MoS_2 nanosheets[J]. ACS Nano, 2013, 7(10): 9260-9267.

[12] Ganatra R, Zhang Q. Few-layer MoS_2: A promising layered semiconductor[J]. ACS Nano, 2014, 8(5): 4074-4099.

[13] Martinez O E, Gordon J P, Fork R L. Negative group-velocity dispersion using refraction[J]. Journal of the Optical Society of America A, 1984, 1(10): 1003-1006.

[14] Strickland D, Mourou G. Compression of amplified chirped optical pulses[J]. Optics Communications, 1985, 56(3): 219-221.

[15] Treacy E. Optical pulse compression with diffraction gratings[J]. IEEE Journal of Quantum Electronics, 1969, 5(9): 454-458.

[16] Joannopoulos J D, Johnson S G, Winn J N, et al. Photonic Crystals: Molding the Flow of Light[M]. Princeton: Princeton University Press, 2011.

[17] Russell P. Photonic crystal fibers[J]. Science, 2003, 299(5605): 358-362.

[18] Emaury F, Saraceno C J, Debord B, et al. Efficient spectral broadening in the 100-W average power regime using gas-filled kagome HC-PCF and pulse compression[J]. Optics Letters, 2014, 39(24): 6843-6846.

[19] 姜中宏. 新型光功能玻璃[M]. 北京: 化学工业出版社, 2008.

[20] 姚传飞. 氟碲酸盐玻璃光纤的设计、制备及其在中红外超连续光源方面的应用[D]. 长春: 吉林大学, 2018.

[21] Giles C R. Lightwave applications of fiber Bragg gratings[J]. Journal of Lightwave Technology, 1997, 15(8): 1391-1404.

[22] Eggleton B J, Slusher R E, Judkins J B, et al. All-optical switching in long-period fiber gratings[J]. Optics Letters, 1997, 22(12): 883-1085.

[23] 王帅. 全光纤超短脉冲啁啾放大系统的研究[D]. 北京: 北京交通大学, 2017.

[24] 秦子雄, 杜卫冲, 廖常俊, 等. 光纤光栅技术的进展及其色散补偿[J]. 半导体光电, 1998, 19(3): 150-166.

[25] Liu F, Guo T, Wu C, et al. Wideband-adjustable reflection-suppressed rejection filters using chirped and tilted fiber gratings[J]. Optics Express, 2014, 22(20): 24430-24438.

[26] Hill K O, Fujii Y, Johnson D C, et al. Photosensitivity in optical fiber waveguides: Application to reflection filter fabrication[J]. Applied Physics Letters, 1978, 32(10): 647-649.

第 3 章　纳秒脉冲光纤激光器

3.1　概　　述

3.1.1　纳秒脉冲光纤激光概述

纳秒脉冲光纤激光技术作为激光领域的一个重要发展方向，除了具有光纤激光器本身的电光转换效率高、增益带宽宽、稳定性好、体积小等优点，凭借其脉冲宽度、重复频率及输出波段灵活可控等独特优势，被广泛应用于激光加工、激光雷达、军事国防、医疗卫生等领域。近年来，随着光纤器件和掺杂光纤拉制工艺的进步及相关应用需求的增长，高平均功率、大脉冲能量纳秒脉冲光纤激光技术日益受到国内外相关研究人员的重视，进入了蓬勃发展阶段。获得纳秒脉冲光纤激光器的常用方法主要有调 Q 技术和调制技术。调 Q 技术通常在激光谐振腔内插入光纤耦合的电光 Q 开关或声光 Q 开关，从而对激光谐振腔内的 Q 因子进行调制，实现纳秒脉冲输出。调 Q 技术获得的纳秒脉冲光纤激光稳定性较差，且光纤 Q 开关器件承受功率有限，难以在腔内实现高功率纳秒脉冲光纤激光输出。调制技术主要包括腔外电光调制和腔外声光调制。腔外电光调制或声光调制技术首先采用连续运转的光纤激光器或者光纤耦合半导体激光器获得低功率高光束质量的主振荡激光，然后通过电光调制器（EOM）或者声光调制器（AOM）将连续主振荡激光调制成纳秒脉冲光纤激光，该方法能够得到脉冲形状、脉冲宽度和重复频率可控的纳秒脉冲光纤激光输出。此外，通过引入大色散方法对被动锁模光纤激光振荡器的输出脉冲进行大幅度展宽，可为高重复频率（兆赫兹以上量级）纳秒脉冲输出提供一种新的方法。

实现高功率/大能量的纳秒脉冲光纤激光的主要方法为主振荡功率放大（MOPA），光纤激光振荡器通过调制技术产生纳秒脉冲光纤激光，然后通过光纤级联放大器实现高效放大。随着超大模场光纤、光子晶体光纤的出现及相应器件承受功率的提升，纳秒脉冲光纤激光放大器目前已经实现了百毫焦量级的单脉冲能量、千瓦量级的平均功率和兆瓦量级的峰值功率。然而，受限于光纤中极强的非线性效应（受激拉曼散射（SRS）、受激布里渊散射（SBS）等），在高功率下会产生新频率的激光和反向激光脉冲，造成脉冲质量下降、转换效率降低甚至损伤等问题。另外，放大过程中产生的 ASE 成分以及热积累也会对放大器的信噪比和稳定性造成影响。

针对以上问题，在纳秒光纤级联放大器中采用如下手段：设计与制备新型增益光纤等器件、光纤激光同带泵浦方式减小量子亏损、光纤固体结合方式提高激光单脉冲能量、相干合成技术提高激光功率等，不仅可以使纳秒脉冲光纤激光在能量、功率、效率等方面有所突破，还可以保留光纤结构本身的小体积、低功耗、高稳定性等优势，从而为纳秒脉冲光纤激光的未来发展提供有效途径。

3.1.2　纳秒脉冲光纤激光研究现状

纳秒脉冲光纤激光器目前的研究和发展方向主要是提高输出功率和单脉冲能量，以及针对不同应用需求提升光纤激光放大器的输出性能，如提高光束质量、减小光谱线宽和提高重复频率等。随着大模场增益光纤(光子晶体光纤、锥形光纤等)和相应光纤器件的快速发展，纳秒脉冲光纤激光放大器中的非线性效应(SRS、SBS等)得到了有效抑制，非线性阈值大大提高，输出功率和单脉冲能量获得极大提升[1-4]。国内外对纳秒脉冲光纤激光放大器进行了大量的研究，目前纳秒脉冲光纤激光器中研究比较多的是 1μm 波段掺镱、1.5μm 波段掺铒以及 2μm 波段掺铥光纤激光器，已经实现了百毫焦量级的单脉冲能量[5]、千瓦量级的平均功率[6]和兆瓦量级的峰值功率[7]的脉冲激光输出，具体发展情况如下。

1. 纳秒脉冲掺镱光纤激光放大器的发展现状

纳秒脉冲掺镱光纤激光器在医疗、工业加工、科学研究等领域有着广泛的应用，而许多应用场景(如激光清洗、金属彩色打标、激光雷达等)对纳秒脉冲光纤激光器的平均功率、脉冲能量、峰值功率等参数方面有着更高的需求[8,9]。随着高功率、高亮度的半导体激光泵浦源以及大模场面积增益光纤的不断发展，纳秒脉冲掺镱光纤激光器已经取得了一系列突破性进展[10-14]。

全光纤纳秒脉冲振荡器产生的脉冲能量及平均功率较低，无法应用于工业加工等领域，因此需要采用激光放大器进行放大，而且放大器性能通常更倾向于同时实现高的平均功率和大的脉冲能量。主振荡功率放大技术是实现全光纤纳秒脉冲高功率、大能量输出的主要手段(结构如图 3.1 所示)，但是其平均功率或能量的进一步扩展都受限于 SRS、SBS 等非线性效应，在 MOPA 中通过逐级增加增益光纤的有效模场面积可在一定程度上抑制非线性效应。

德国 Rofin 公司 Dinger 等采用粉末烧结法制备芯径 300μm 掺镱光纤，实现了平均功率 400W、单脉冲能量 40mJ、脉冲宽度 12ns 的激光输出[15]。Dinger 等再次利用粉末烧结法制备了超大模场面积镱/铈共掺光纤作为主放大级增益光纤，共掺光纤可以更好地提高能量利用率，通过使用种子预整形技术和超大模场面积光纤实现了平均功率 1500W、单脉冲能量 150mJ、脉冲宽度 90ns 的激光输出[16]，这是当前纳秒量级掺镱全光纤激光放大器输出的最高功率和能量。

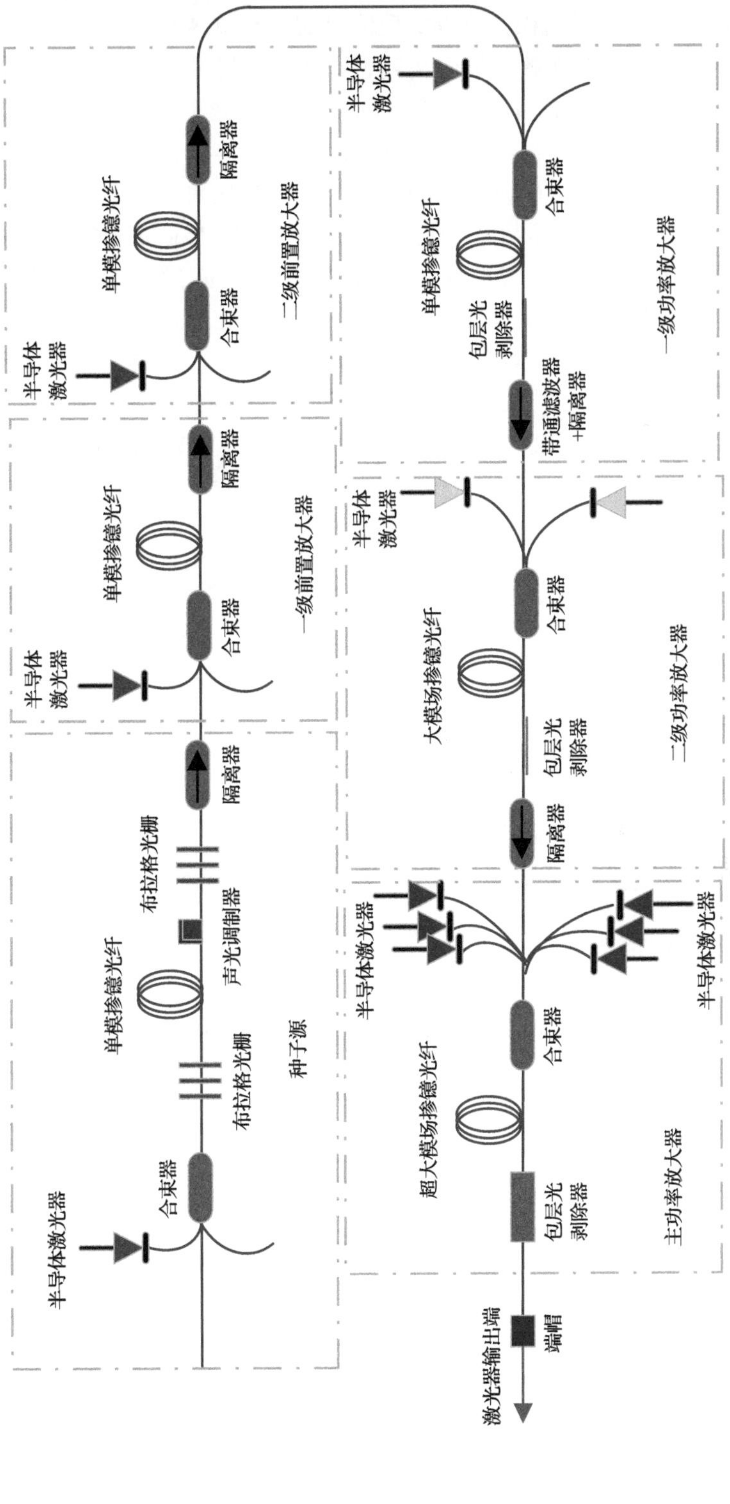

图 3.1　纳秒脉冲全光纤MOPA 结构示意图

通过增加光纤的模场面积，可以实现输出功率和单脉冲能量的大幅提升，但大模场面积光纤可支持多个模式同时传输，造成纳秒脉冲光纤激光放大器的光束质量劣化。因此，研究人员通过对大模场面积的掺镱光子晶体光纤(PCF)进行拉锥处理或者进行特殊的光纤结构设计，抑制高阶模的传输，提升光束质量，如螺旋芯(chirally coupled core，3C)光纤、泄漏通道光纤、PCF 和大截距 PCF(large-pitch photonic crystal fiber，LPF)等[17,18]，如图 3.2 所示，美国 Northrop Grumman 公司[7]在主放大级中采用两段长度为 36cm、纤芯直径为 100μm 的大模场掺镱 PCF，在重复频率为 10kHz 时，获得了 2.2mJ 的单脉冲能量、1.55ns 的脉冲宽度和 1.5MW 的峰值功率，3dB 带宽小于 5GHz，光束质量因子 M^2 约为 1.2。德国耶拿大学的 Stutzki 等[19]搭建了一台基于 135μm 芯径大截距 PCF 的纳秒脉冲光纤激光放大器，如图 3.3 所示。通过声光调 Q 方式实现纳秒脉冲光纤激光输出，振荡器增益光纤

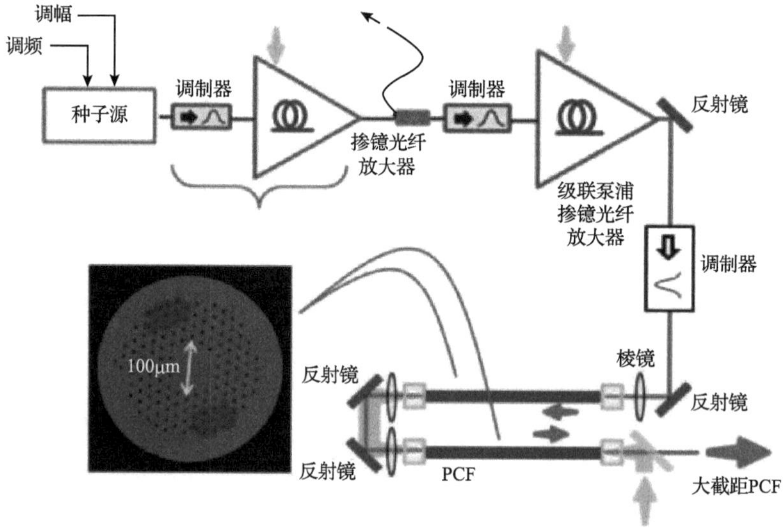

图 3.2 基于 100μm 芯径掺镱 PCF 的纳秒脉冲光纤激光放大器结构示意图[7]

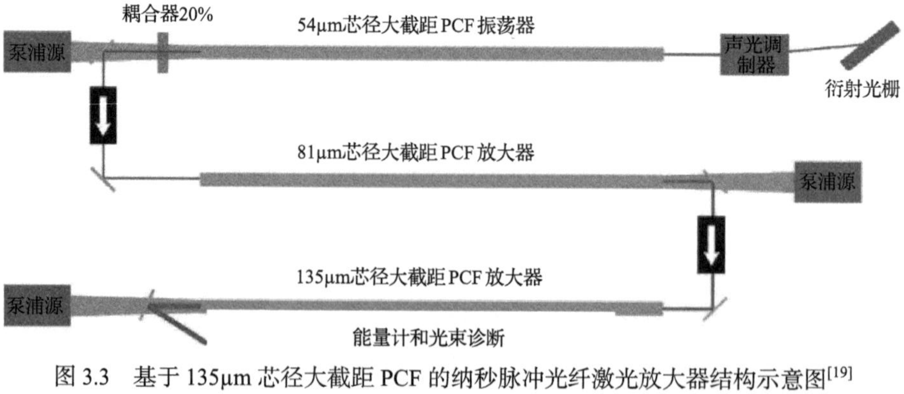

图 3.3 基于 135μm 芯径大截距 PCF 的纳秒脉冲光纤激光放大器结构示意图[19]

为 54μm 芯径的大截距 PCF。之后依次通过芯径为 81μm 和 135μm 的大截距 PCF 进行功率放大，在重复频率为 5kHz 时获得了 26mJ 的单脉冲能量、55ns 的脉冲宽度和 130W 的平均功率，中心波长为 1040nm，光束质量因子 M^2<1.3。

得益于上述关键技术的突破，纳秒脉冲光纤激光器真正走向了实际应用，形成了丰富的商业激光器产品。目前，性能指标较为优异的商用纳秒脉冲光纤激光器有：美国 IPG Photonics 公司的纳秒脉冲光纤激光器，可实现平均功率 3000W，单脉冲能量 100mJ，脉冲宽度范围 25～100ns，重复频率范围 2～300kHz[20]；国内武汉锐科光纤激光技术股份有限公司的 2000W 高功率脉冲光纤激光器 RFL-P2000，也可实现平均功率 2000W，单脉冲能量 100mJ，脉冲宽度范围 120～160ns，重复频率范围 20～50kHz[21]。

综上所述，纳秒脉冲掺镱光纤激光器的研究取得了持续性创新和发展，但是由于 SBS 和 SRS 等非线性效应的限制，高平均功率、大脉冲能量和高峰值功率的全光纤纳秒脉冲光纤激光器发展受到阻碍。PCF 可以在抑制非线性效应的同时实现高指标输出，但其熔接难度大，适合空间耦合，这又丢失了全光纤结构的紧凑性。近年来发展的 3C 光纤、锥形光纤等可熔接性强，对非线性效应也具有良好的抑制作用，同时可以保证较好的光束质量，采用其作为放大器的增益介质是实现高平均功率、大脉冲能量、高峰值功率的纳秒脉冲全光纤激光器的一种有效技术方案。

2. 纳秒脉冲掺铒光纤激光器的发展现状

近年来，在激光雷达以及引力波探测等领域应用需求的驱动下，高功率 1.5μm 窄线宽纳秒脉冲掺铒光纤激光光源成为国内外研究的热点。该类光源包括低噪声窄线宽脉冲激光的产生部分和高功率脉冲激光的放大部分，其中，1.5μm 窄线宽脉冲的产生技术主要包括调 Q 技术、脉冲泵浦技术、腔外调制技术。对于调 Q 技术，美国 NP Photonics 公司的 Kaneda 等通过在分布布拉格反射式(distributed Bragg reflector，DBR)激光器腔内加入压电陶瓷(PZT)来产生压致双折射，主动调 Q 实现了峰值功率为 25W、脉冲宽度为 12ns 的 1550nm 脉冲单频激光输出[22]。除了光纤调 Q 方式，还可以通过脉冲泵浦和直接调制实现脉冲模式工作的单频掺铒光纤激光[23]。更进一步，该课题组利用相同结构激光器峰值功率提高到 128kW，3ns 脉冲下单脉冲能量可达 0.38mJ[24]。然而，最简便的方法就是腔外调制的方法，其可以实现稳定的激光脉冲输出，并且重复频率和脉冲宽度灵活可控。Shi 等[25]采用调制方法实现纳秒脉冲，通过较短的高掺增益光纤实现了脉冲能量 0.11mJ、峰值功率 51.5kW 的激光输出。

在高功率纳秒脉冲掺铒光纤激光放大器方面，SBS 是限制功率提升的主要因素，通常采用增大光纤纤芯模场面积、缩短光纤长度、对光纤施加梯度温度或应力等方式提高其阈值。美国 AdValue Photonics 公司的 Lee 等采用纤芯直径为 45μm 的大模场高浓度铒镱共掺硅酸盐光纤作为增益介质，如图 3.4 和图 3.5 所示，将 1572nm 波长处单频脉冲激光的能量提升至 1.8mJ 的高水平[26]。

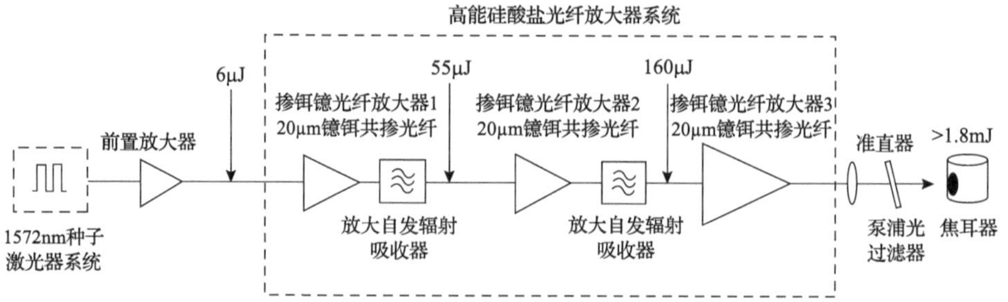

图 3.4　基于单模大芯保偏双包层铒镱共掺硅酸盐光纤 MOPA 系统示意图[26]

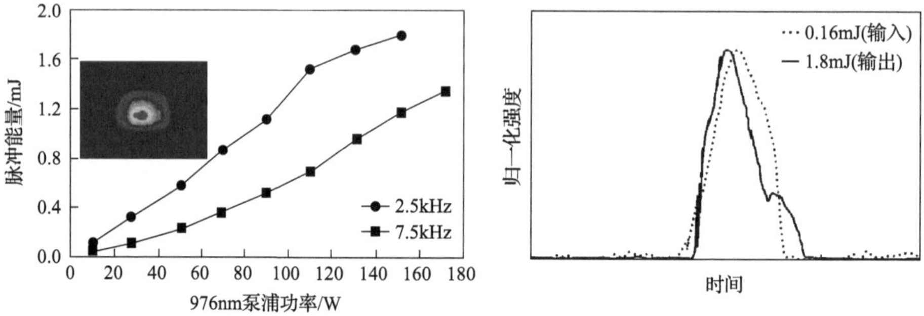

(a) 2.5kHz和7.5kHz脉冲能量随泵浦功率的变化　　(b) 在2.5kHz脉冲能量为1.8mJ时的脉冲图[26]

图 3.5　不同重复频率下输出脉冲能量变化及脉冲图

与其他单掺杂光纤有所不同的是，掺铒光纤中通常采用镱离子共掺方式增加泵浦吸收系数，因此在铒镱共掺光纤激光放大器中，镱离子在 1μm 波段的放大自发辐射(amplified spontaneous emission，ASE)是限制 1.5μm 纳秒脉冲光纤激光功率进一步增加的另一重要因素。

综上所述，纳秒掺铒光纤激光技术在高功率、大能量等方面取得了显著的成果，但同时也存在一些关键技术难题，如较大的量子亏损、SBS、ASE 等。发展新型同带高功率泵浦激光可以有效降低量子亏损，实现高功率输出。通过增大光纤模场面积、研制新型特殊结构的增益光纤能够有效提高非线性阈值。

3. 纳秒脉冲掺铥光纤激光器的发展现状

随着稀土掺杂光纤激光器研究的不断深入，光纤激光器的输出功率得到不断提高，且激光器波长也不断向长波方向扩展。以石英为介质的掺铥光纤激光器，由于其宽的发射谱特性，可以实现 1.7～2.1μm 波段的激光输出，该波段涵盖了大气透过窗口和水吸收峰，因此掺铥光纤激光器在遥感、激光雷达等领域有重要的应用前景，此外，对组织的穿透深度浅，使其成为非侵入手术等医疗过程(如肿瘤切除和结石粉碎等)的有力工具。因此，1.7～2.1μm 波段的纳秒脉冲光纤激光器也吸引了人们的广泛关注。

为了实现高平均功率、大单脉冲能量的激光输出，研究人员开展了大量的研究工作。对于线宽大于 0.1nm 的纳秒脉冲光纤激光，Gaida 等采用 AOM 主动调 Q[27]、Yang 等采用增益调制技术[28]实现了单脉冲能量 7mJ 的纳秒脉冲激光输出；Wang 等通过 AOM 腔外调制实现了输出功率百瓦量级[29]的纳秒脉冲激光输出。随着激光技术的发展，目前已实现 2μm 波段 238W 的平均功率输出[29]，如图 3.6 所示。Wang 等采用 AOM 腔外调制产生的纳秒激光作为种子源，经过两级预放大和一级主放大后实现了脉冲宽度 63.3ns、重复频率 500kHz、平均功率 238W 的 1971nm 激光输出，该类

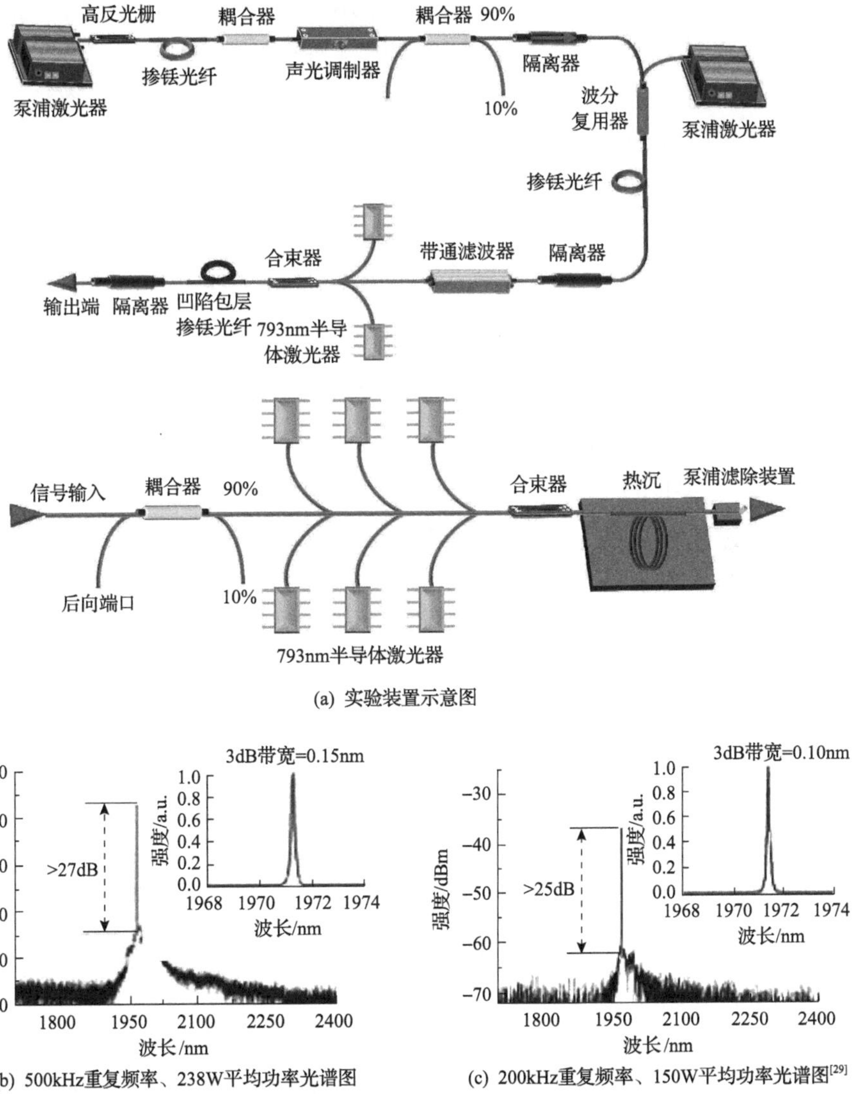

(a) 实验装置示意图

(b) 500kHz重复频率、238W平均功率光谱图

(c) 200kHz重复频率、150W平均功率光谱图[29]

图 3.6　基于不同重复频率及平均功率的纳秒掺铥光纤激光放大器光谱图

激光器可以发挥重要的研究价值。

综上所述，与 1μm 和 1.5μm 波段纳秒脉冲光纤激光器类似，2μm 纳秒掺铥光纤激光器同样面临非线性效应、放大自发辐射等问题，但其具有更大的发射截面和相对较小的非线性系数等特点，可以实现更大的单脉冲能量，在生物医疗、激光雷达等应用领域具有独特的应用优势。

3.1.3 纳秒脉冲光纤激光面临的挑战

在高功率/大能量纳秒脉冲光纤激光光源中，主要采用 MOPA 结构进行光放大，其脉冲宽度、线宽、频率稳定性等特性主要由信号光决定，而平均功率和脉冲能量的提升则依赖于放大级。目前，高功率下的非线性效应、多级放大产生的 ASE、光纤损伤等是限制纳秒脉冲光纤激光放大器实现功率、效率提升的主要因素。因此，通过解决上述纳秒脉冲放大器中的关键性问题，实现功率、能量、噪声、稳定性等指标的有效提升，是纳秒脉冲光纤激光长期以来追求的目标。基于上述分析，高功率纳秒脉冲光纤激光未来发展方向体现在以下几个方面。

1. 新型增益光纤等器件的设计与制备

纳秒脉冲光纤激光功率受限的根本原因在于硅基光纤稀土离子的掺杂浓度、增益光纤模场受限。目前也发展出多组分软玻璃光纤能够实现稀土离子高浓度掺杂，但多组分光纤熔接损耗、系统稳定性等方面表现欠佳，因此研制与硅基光纤相兼容的新型高掺杂光纤无疑是高功率纳秒脉冲光纤激光的重要方向。SBS 效应和传输模式不稳定(transverse mode instability，TMI)也将是限制纳秒脉冲光纤激光功率提升的两个主要因素。增大光纤模场面积有助于提高 SBS 阈值，却容易产生高阶模，不利于抑制 TMI。需要综合考虑抑制 SBS 和 TMI 的矛盾之处，探索新型大模场光纤、光子晶体光纤、锥形光纤等，以提高非线性阈值，也是高功率纳秒脉冲光纤激光器的发展趋势之一。另外，高损伤阈值的合束器、光纤光栅、隔离器等新型器件的研发与设计也是满足高功率需求的重要方向。

2. 通过光纤激光同带泵浦方式减小量子亏损

与信号光波长相距甚远的半导体激光器泵浦带来的巨大量子亏损，以热的形式在光纤中耗散，不利于系统稳定性。同带泵浦使用光纤激光器作为泵浦源，优势在于量子损耗很低，效率很高，光纤发热量小，如发展 1018nm、1470nm、1950nm 等波段光纤激光作为前端泵浦源，有效降低热积累，提高转换效率的同时实现更高功率的激光输出，目前在 1μm 连续光方面，高镱离子掺杂浓度的光纤激光同带泵浦(1018nm)方式已实现万瓦以上高功率输出，因此发展新型同带高功率泵浦激光有望成为突破纳秒脉冲光纤激光器功率输出的关键技术手段。

3. 通过光纤固体结合方式提高激光单脉冲能量

由于光纤中非线性效应限制，脉冲能量很难提高。而固体激光器可以更好地满足大能量需求。发展光纤固体相结合的方式，利用光纤激光级联放大器作为前端种子源，通过固体激光放大器进行高效放大，充分利用光纤激光的小信号放大能力和固体激光的能量提取能力，实现大能量脉冲激光输出。采用固体结构避免了光纤激光放大器中限制能量进一步提升的非线性效应，并且有效抑制了 ASE 频谱成分，提高能量提取效率，实现高信噪比、大能量纳秒脉冲光纤激光输出。

4. 通过相干合成技术提高激光功率

相干合成技术能够突破单束光纤激光放大器的功率限制，通过使用多路中、小功率放大器，而不是单个放大器，然后将它们连贯地组合起来，并采用一定措施控制相位，最终使其同相输出。这种技术在提升激光功率的同时，保持了良好的光束质量，已成为光纤激光技术中的重要研究方向。随着高功率超短脉冲激光的需求不断增加，研究并不断完善相干合成，对于时域、空域和频域多维度、多光束相干合成的组网提供技术支持，为新技术领域的拓展提供可行方案。

本节梳理了纳秒脉冲光纤激光光源的发展脉络，介绍了不同波段、高功率、大能量纳秒脉冲光纤激光器的代表性研究进展和当前的技术瓶颈，分析了纳秒脉冲光纤激光放大器中的非线性效应及抑制方法，为输出能量的提升提供有效手段。最后针对非线性效应抑制、光纤损伤、寄生振荡滤除等技术难题，展望了未来纳秒脉冲光纤激光技术的发展趋势及方向。

3.2　纳秒脉冲光纤激光产生

3.2.1　电光调制产生窄线宽纳秒脉冲光纤激光

本节通过电光调制技术实现对激光强度的调制，利用调制信号控制电光晶体上的电压，使激光输出的强度按照调制信号变化，从而调控激光脉冲形状、脉冲宽度和重复频率等特性。调制信号参数(形状、脉冲宽度、上升沿及下降沿时间等)对电光强度调制来说很重要，它直接决定了调制后的激光输出特性。为了获得脉冲宽度、重复频率可控的纳秒脉冲光纤激光输出，通常采用预先设置参数的调制信号来控制电光调制器中晶体上的电压，从而实现激光强度调制。本实例采用电光调制器作为调制器件、任意波形发生器(AWG)作为调制信号源对单频连续激光进行强度调制，实验装置如图 3.7(a)所示，其主要原理是：单频连续激光进入电光调制器，在任意波形发生器提供的外加信号下进行强度调制，将单频连续激光调制成脉冲激光，且输出的脉冲激光与外加信号波形的脉冲形状、脉冲宽度和重复频率等特性一致，其基本原理如图 3.7(b)所示。

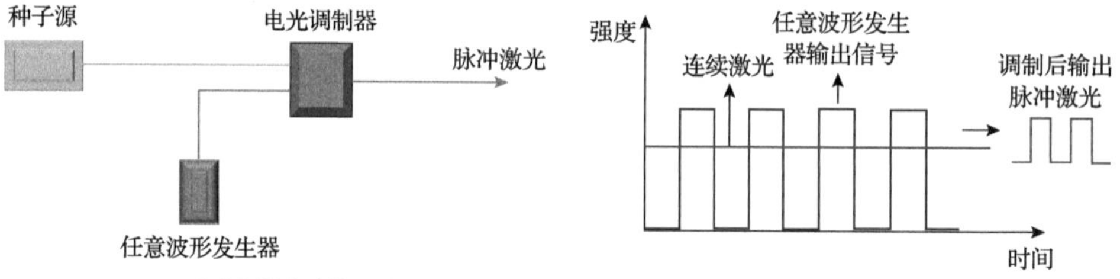

(a) 电光调制实验装置图　　　　(b) 电光调制时序图

图 3.7　电光调制装置及原理图

在本实例中，种子源采用中心波长为 1064nm、光谱线宽为 100kHz 的半导体单频连续激光器，其输出功率如图 3.8(a)所示。通过法布里-珀罗干涉仪测量了种子源的模式，如图 3.8(b)所示，可以看出在一个自由光谱区内无其他纵模，说明种子源处于单纵模运转状态。电光调制器为铌酸锂材料的光波导结构，其调制带宽为±10nm，任意波形发生器输出信号波形最小上升时间为 2ns，最高重复频率为 1MHz。为了获得理想的调制脉冲激光输出，需要精细地调节电光调制器上的偏置电压和任意波形发生器上的电平，在两者共同作用下使调制后的脉冲激光与外加信号的脉冲形状、脉冲宽度和重复频率等特性一致。然后将任意波形发生器的调制信号的波形设置成高斯型，脉冲宽度设置成 10ns，重复频率分别设置成 10kHz 和 5kHz，通过设置高、低电平值得到调制电信号波形分别如图 3.9 和图 3.10 所示。

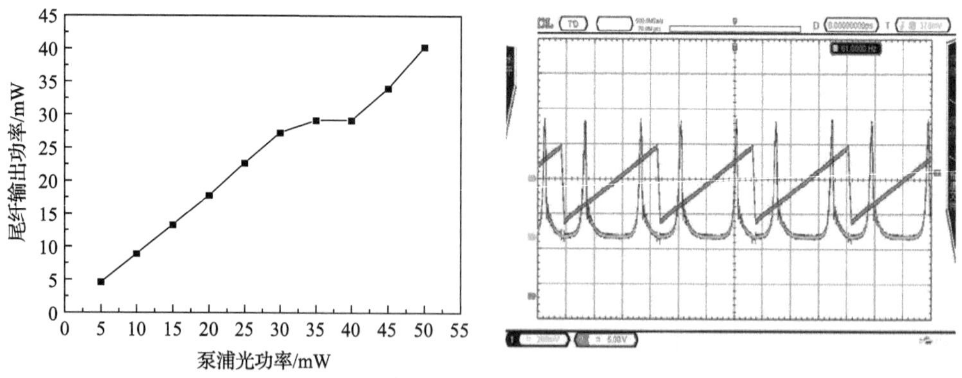

(a) 种子源输出功率特性　　　　(b) 单频种子源法布里-珀罗干涉模式

图 3.8　种子源输出功率及模式

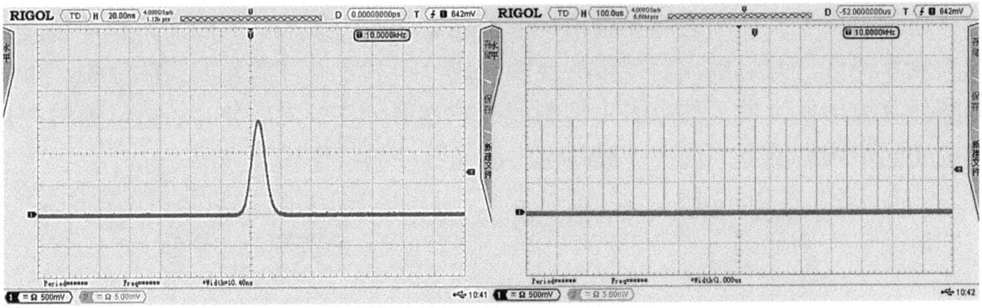

图 3.9　脉冲宽度 10ns、重复频率 10kHz 高斯型脉冲调制电信号

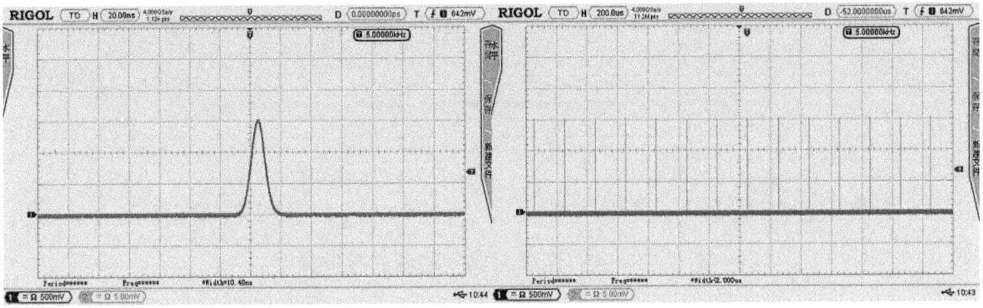

图 3.10　脉冲宽度 10ns、重复频率 5kHz 高斯型脉冲调制电信号

接着单频连续激光通过电光调制器进行强度调制，实现脉冲激光输出。然而，由于电平调节不当，输出的激光波形与调制信号波形产生差异，甚至变得不规则，此时就需要调节电光调制器上的电平，从而调整输出激光波形。实验中发现随着电光调制器电平的增加，输出激光脉冲波形出现反向或者往下凹现象，通过精细调节电平值，得到与加载信号波形一致的激光脉冲输出，如图 3.11 所示。同时在调节电平过程中发现使输出激光波形与所加信号波形一致的电平并不是唯一的。

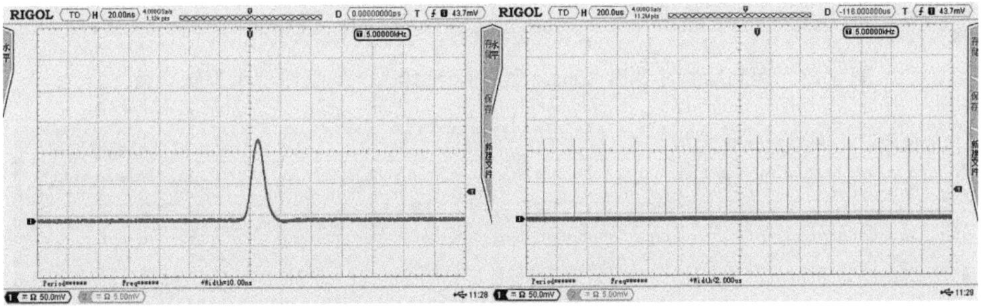

图 3.11　调制后的脉冲激光波形

在电光调制过程中，调制后的脉冲激光中可能会残留一些连续光成分，如图 3.12 所示，调制后的脉冲波形底座高于零电平，说明调制后的输出脉冲激光中

含有连续光成分，由于连续光会消耗泵浦能量而获得放大，从而使得脉冲激光的放大效率降低，并且放大后残留的连续光成分不利于脉冲激光的实际应用，可以调节任意波形发生器上的电平来抑制或减少这部分连续光成分，还可以通过声光与电光同步调制的方式进一步提高输出激光脉冲的信噪比。

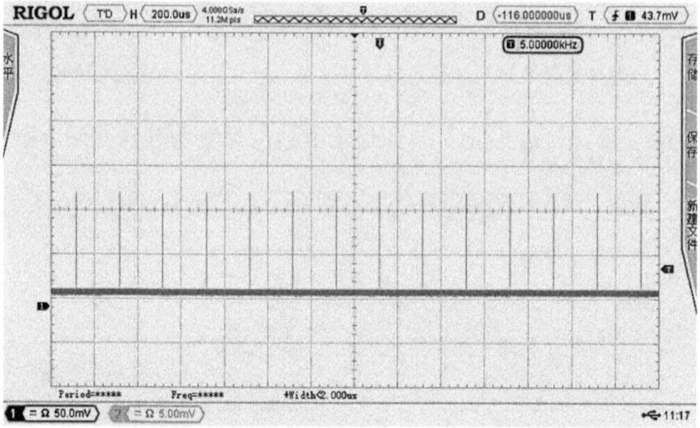

图 3.12　含有连续光成分的调制脉冲激光

最后通过调节任意波形发生器上的电平，消除了脉冲激光中的连续光成分，得到了脉冲宽度为 10ns、重复频率分别为 10kHz 和 5kHz 的高斯型单频脉冲激光输出，调制后的激光脉冲分别如图 3.13 和图 3.14 所示。可以看出调制后的激光脉

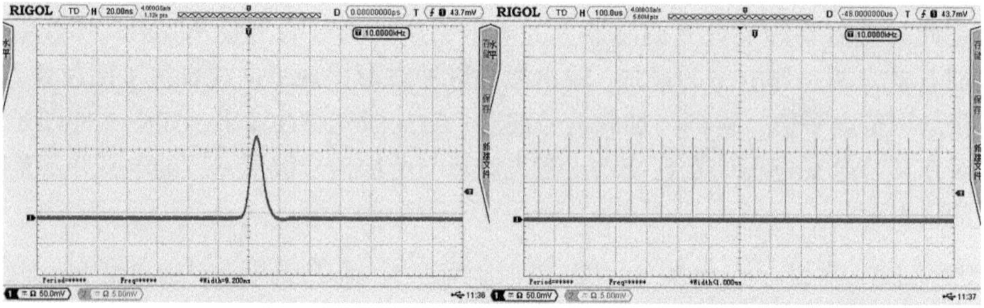

图 3.13　调制后脉冲宽度 10ns、重复频率 10kHz 的高斯型单频脉冲激光

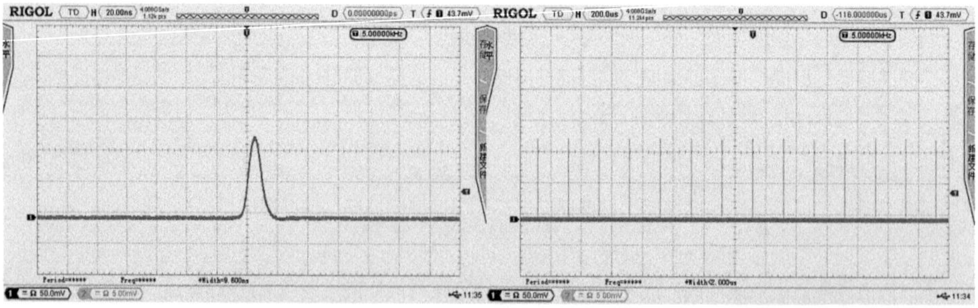

图 3.14　调制后脉冲宽度 10ns、重复频率 5kHz 的高斯型单频脉冲激光

冲非常稳定，连续光成分基本被抑制，这为单频纳秒脉冲光纤激光的放大提供了良好的种子源。

本实例介绍了通过电光调制器获得纳秒脉冲光纤激光输出的基本原理，利用任意波形发生器和电光调制器共同作用将连续激光调制成脉冲宽度和重复频率可控制的脉冲激光，并通过精细调节任意波形发生器调制信号的参数，解决了调制后脉冲波形发生畸变、连续光成分残留过多的问题，得到了与调制信号波形参数一致的脉冲激光输出。

3.2.2　声光调制产生窄线宽纳秒脉冲光纤激光

本节通过声光调制技术实现对激光强度的调制，激光经过加载外部调制信号的声光介质后，在调制作用下形成一个随着调制信号变化的强度调制波，通过改变调制信号参数，可获得重复频率、脉冲宽度以及脉冲形状可控的激光脉冲输出。本实例采用声光调制器作为调制器件、任意波形发生器作为调制信号源对单频连续激光进行强度调制，实验装置如图 3.15 所示。由于连续单频种子源功率较低，并考虑声光调制器的插入损耗较大，因此对连续单频光纤激光器进行两级单模放大，放大后的连续单频激光进入声光调制器，在任意波形发生器提供的外加信号下进行强度调制，将单频连续激光调制成脉冲激光。

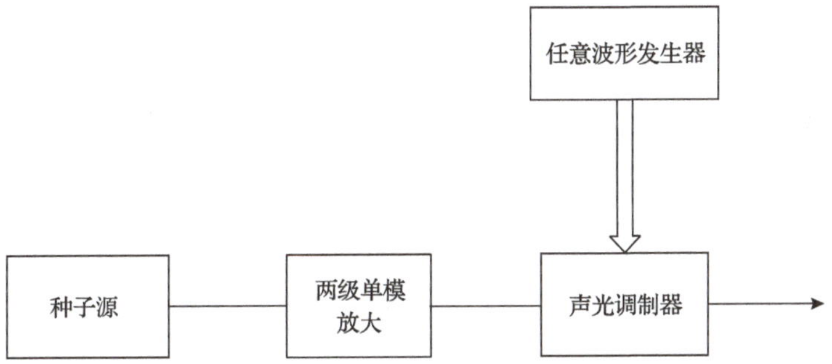

图 3.15　声光调制结构示意图

其中调制信号形状为方波(占空比为 50%)，重复频率在 10～50kHz 可调，脉冲宽度在 140～330ns 可调，将此调制信号加载到声光调制器上实现脉冲激光输出。当设置重复频率为 50kHz、脉冲宽度为 330ns 时，单模放大后的激光经过声光调制器后，获得了 0.27mW 的 1064nm 窄线宽脉冲激光输出。图 3.16(a)为激光经过调制作用后输出的脉冲激光光谱图，调制前后激光中心波长相同，且都无其他波段激光出现。图 3.16(b)和图 3.17 分别是调制信号的重复频率为 50kHz、脉冲宽度为 160ns 时激光脉冲波形和脉冲序列，可以看出调制后的激光脉冲具有较高的稳定性。

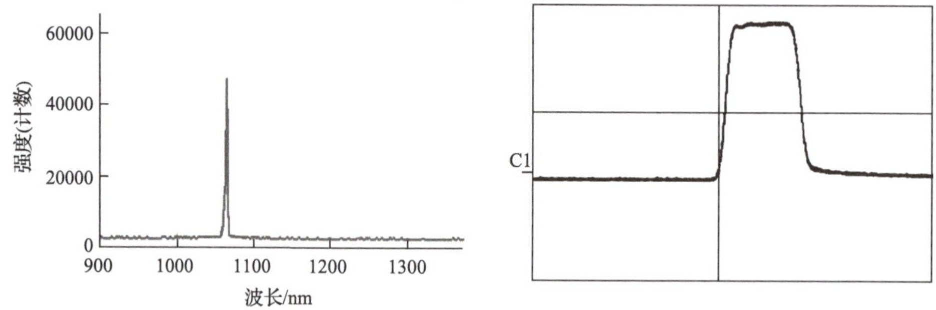

(a) 调制后输出激光光谱图　　(b) 调制后输出激光脉冲波形

图 3.16　调制后激光光谱与脉冲波形

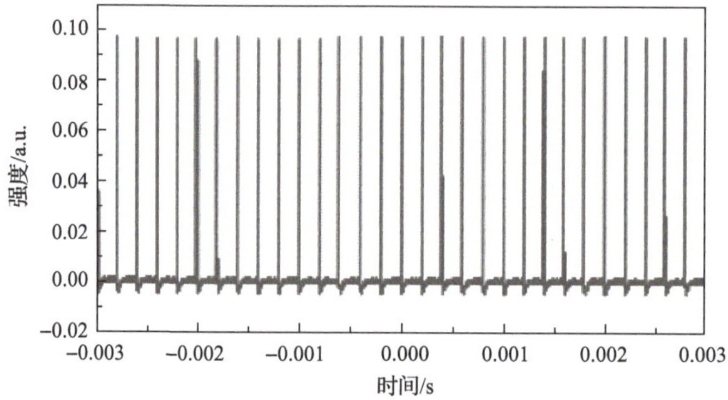

图 3.17　调制后输出激光脉冲序列

本节首先分析了腔外声光调制的基本原理，搭建了基于腔外声光调制的全光纤窄线宽脉冲光纤激光器，通过改变任意波形发生器的参数，得到了重复频率、脉冲宽度和脉冲形状可控的激光脉冲输出。

3.2.3　电光和声光同步调制产生窄线宽纳秒脉冲光纤激光

由于调制器具有一定的调制深度，采用单个调制器对激光进行调制时，容易在调制后的激光脉冲中产生连续光成分。为了得到高消光比的脉冲激光，抑制连续光成分并提高放大效率，本实例通过声光和电光同步调制技术，得到了稳定且纯净的激光脉冲输出。激光腔外同步调制实验装置由单频种子源、腔外同步调制系统和激光预放大器三部分组成，如图 3.18 所示。采用中心波长 1064nm、线宽 100kHz 的单频连续半导体激光器作为种子源，其最大输出功率为 55mW。腔外同步调制系统由任意波形发生器、电光调制器和声光调制器组成。通过控制任意波形发生器两个通道的时间延迟，可以使电光调制器和声光调制器保持同步，从而实现对脉冲激光的同步调制。由于信号光经过电光调制器后的功率损耗较大，需要对电光调制器调制后的脉冲激光进行预放大，放大后的信号光经过声光调制器

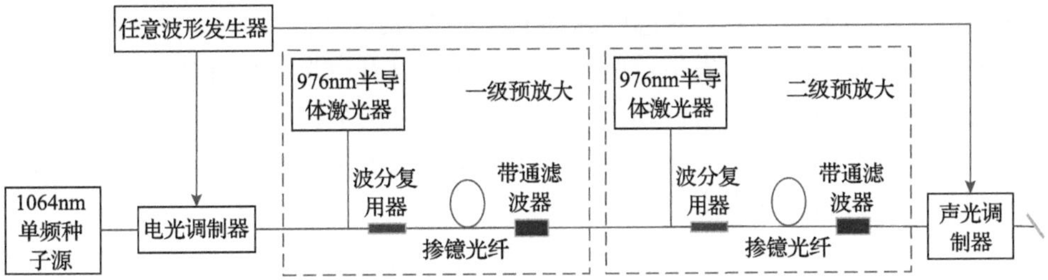

图 3.18　电光与声光同步调制实验装置图

再次被调制。其中声光调制器的作用是进一步消除电光调制器调制后剩余的连续光成分和放大过程中产生的 ASE 成分。激光预放大部分由两级单模光纤激光放大器组成，增益介质均采用长度为 1m 的 6/125μm 的单模掺镱增益光纤。两级单模增益光纤后都连接一个中心波长 1064nm、带宽 2nm 的带通滤波器，用于消除残余泵浦光和放大过程中产生的 ASE 成分。

实例中，同步调制采用的方法是：任意波形发生器的通道 1 和通道 2 分别控制电光调制器和声光调制器，通过调节通道 1 和通道 2 的时间延迟实现电光和声光的同步调制。将通道 1 输出的波形设置为高斯波形，占空比设置为 25%，驱动频率为 50MHz(对应调制脉冲宽度 5.7ns)，重复频率分别设置为 10kHz 和 50kHz。将通道 2 的输出波形设置为方波，占空比设置为 25%，驱动频率设置为 4MHz(对应调制脉冲宽度 55ns)，重复频率始终与通道 1 的重复频率保持一致。首先只打开任意波形发生器通道 1，此时只有电光调制器对信号光有调制作用，声光调制器没有起到调制作用，并对经过电光调制器调制后的脉冲激光进行两级预放大，在声光调制器的输出端对脉冲激光输出特性进行监测，激光脉冲轮廓和脉冲序列如图 3.19 和图 3.20 所示，可以看出信号光经过电光调制器调制和两级光纤预放大

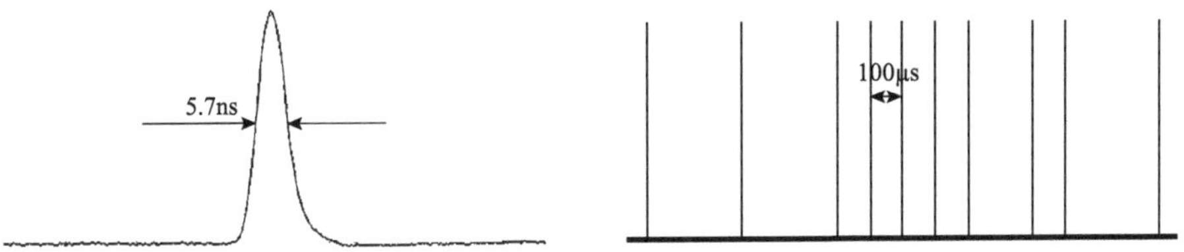

图 3.19　电光调制下脉冲宽度 5.7ns、重复频率 10kHz 的激光脉冲

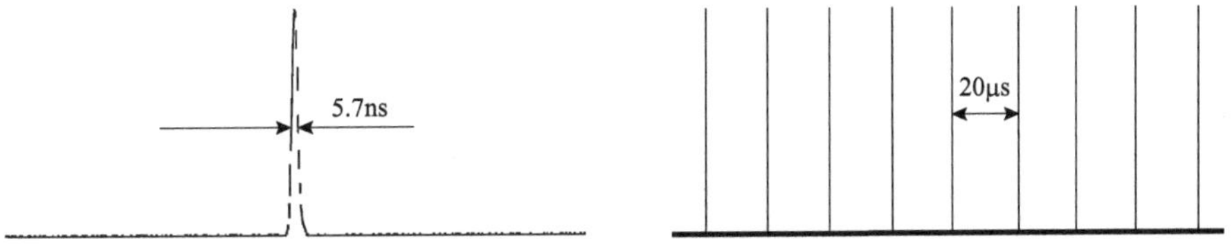

图 3.20　电光调制下脉冲宽度 5.7ns、重复频率 50kHz 的激光脉冲

后输出的波形为高斯波形，对应的脉冲宽度为 5.7ns。

然后只打开任意波形发生器的通道 2，此时只有声光调制器对激光有调制作用，电光调制器对激光没有调制作用。信号光经过两级预放大后被声光调制器调制，调制后的激光脉冲输出特性如图 3.21 和图 3.22 所示，可以看出，激光经过声光调制器调制后的脉冲宽度为 55ns。

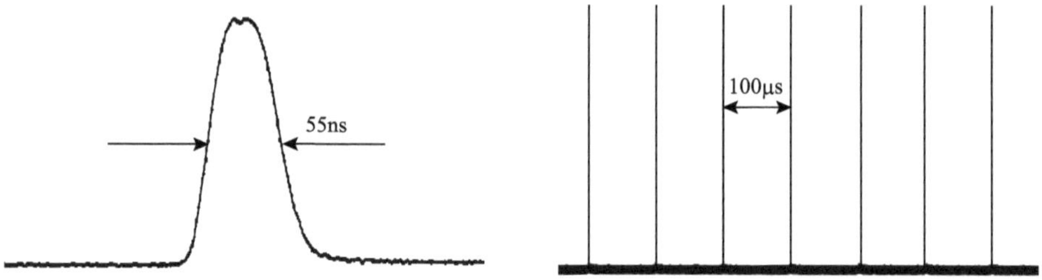

图 3.21　声光调制下脉冲宽度 55ns、重复频率 10kHz 的激光脉冲

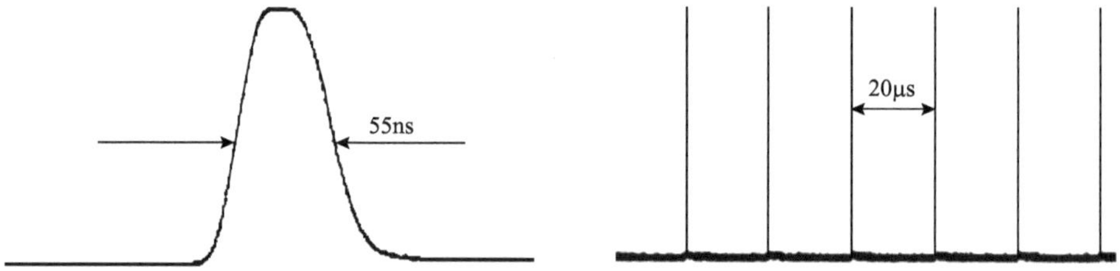

图 3.22　声光调制下脉冲宽度 55ns、重复频率 50kHz 的激光脉冲

最后，同时打开任意波形发生器的通道 1 和通道 2，此时声光调制器和电光调制器同时对激光调制。为了让声光调制器和电光调制器在对激光进行调制时能够保持同步，需要对信号发生器的两个通道设置时间延迟。经过反复测试，发现无论在何种重复频率下，只要让通道 2 相对于通道 1 延迟 1.1μs，就能够实现声光调制器和电光调制器对激光的同步调制，调制后的激光脉冲轮廓如图 3.23 所示。

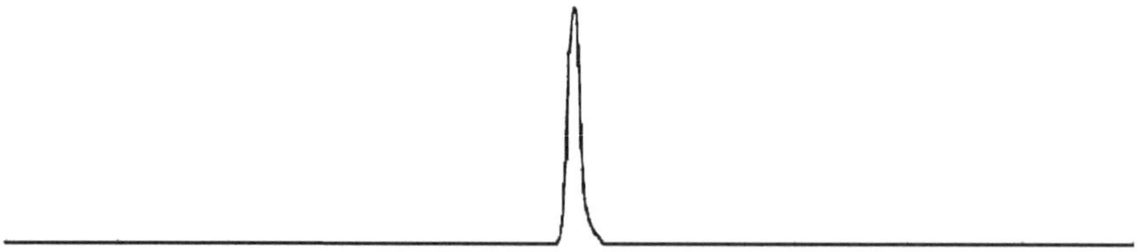

图 3.23　电光与声光同步调制后的脉冲轮廓

电光与声光同步调制方式可以分别对电光调制器和声光调制器的调制参数(高低电平、脉冲宽度、重复频率等)进行调节，并通过控制时间延迟实现声光调制器和电光调制器调制信号的同步，但是由于每次开机时通道 1 和通道 2 输出脉冲信号的起始时间差是随机的，需要对两个通道的时间延迟重新调节，以保证同

步调制。

本节通过具体实例分析了光纤电光调制、声光调制以及声光与电光同步调制三种方式产生的窄线宽纳秒脉冲光纤激光性能，并重点介绍了在纳秒激光脉冲产生过程中是如何实现电光与声光同步调制的，采用该技术成功消除了调制后激光脉冲的连续光成分，为下一步进行高效率的脉冲激光放大提供了良好的条件。纳秒脉冲光纤激光光源的能量及输出功率特性主要取决于光纤激光放大器，通过解决放大器中的非线性效应抑制和 ASE 成分滤除等问题，能够有效提高放大器的输出性能，3.3 节将围绕纳秒脉冲光纤激光级联放大器中的关键问题及关键技术进行详细分析。

3.3　纳秒脉冲光纤激光放大器

在实际应用中往往需要高功率或大能量的纳秒脉冲光纤激光，单一光纤激光振荡器(种子源)受限于光纤器件承受功率有限、泵浦耦合效率低、调制损耗大、非线性效应难以抑制等，难以实现高功率或大能量激光输出，因此通常采用主振荡功率放大结构有效提高输出功率或能量。下面通过理论模型及具体实例对纳秒脉冲光纤激光放大器展开研究。

3.3.1　纳秒脉冲光纤激光放大器理论研究

随着光纤拉制技术及工艺的不断成熟，铒、镱、铥、钬光纤等作为激光增益介质的光纤激光器获得了迅速发展，不同掺杂离子光纤的发射谱分布情况见图 3.24，Yb^{3+}、Er^{3+}、Tm^{3+}的能级结构见图 3.25，掺镱光纤可采用 915nm 或 975nm 的半导体激光器泵浦，发射 1μm 波段激光；掺铒光纤可采用 980nm 半导体激光器或 1.45μm 波段的激光器泵浦，其中 980nm 激光泵浦时可发射 1.55μm 和 2.9μm 波段的激光；掺铥光纤可采用 790nm 半导体激光器、1.2μm 波段掺镱光纤激光器或

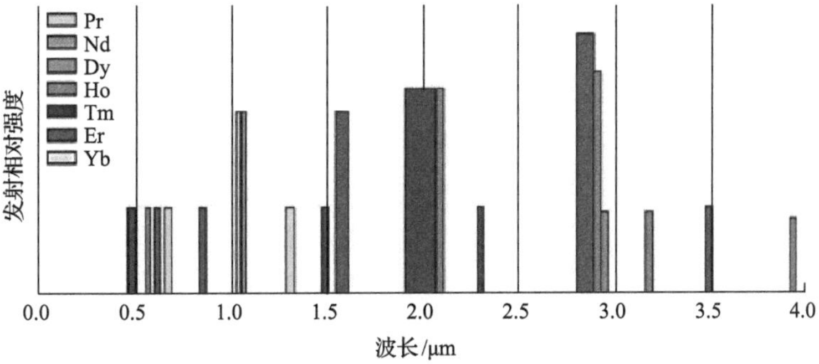

图 3.24　不同掺杂离子光纤的发射谱

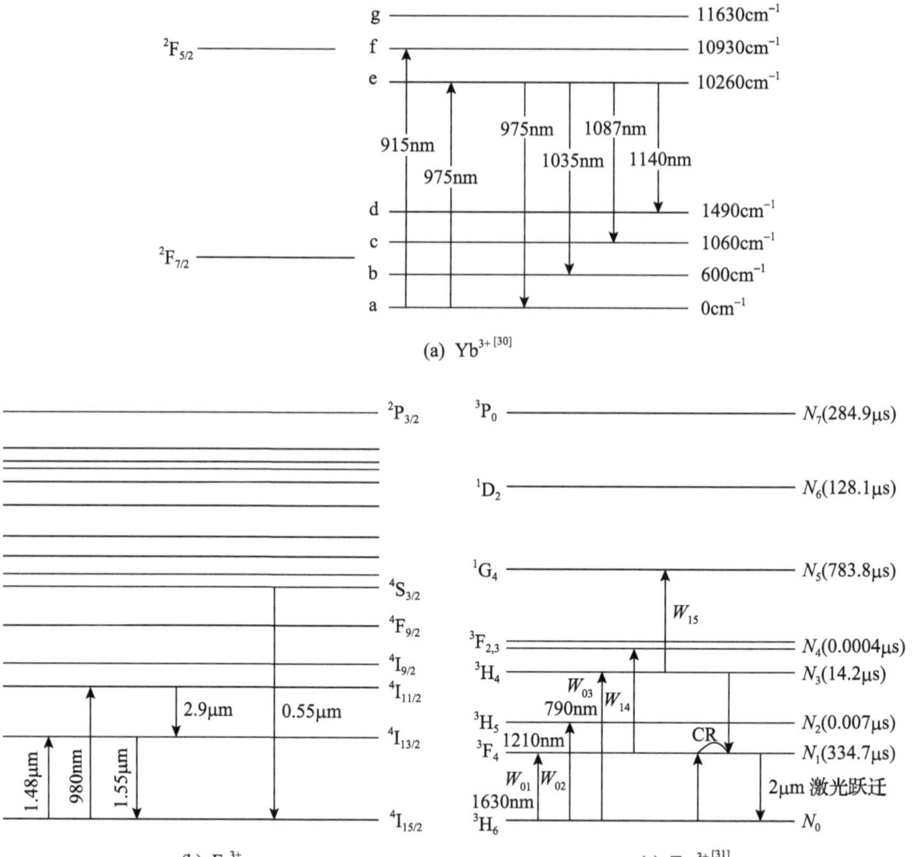

(a) Yb^{3+} [30]

(b) Er^{3+}

(c) Tm^{3+} [31]

N指各个能级上粒子数密度，W指能级受激吸收系数

图 3.25　Yb^{3+}、Er^{3+}、Tm^{3+}的能级结构

1.5μm 波段掺铒光纤激光器泵浦，发射 2μm 波段激光。本节基于掺镱离子光纤的能级结构，对掺镱纳秒脉冲光纤激光放大器进行理论研究。

1. 掺镱光纤激光放大器的速率方程

激光放大器的基本原理是通过泵浦源激励使介质达到粒子数反转状态，然后利用受激辐射进行放大。受激辐射是处于激发态的粒子在外来辐射(即信号光)的作用下，向基态跃迁并辐射光子，当信号光与受激辐射光子频率、相位、传输方向以及偏振状态完全相同时，便达到了放大信号光的目的。速率方程的理论基础就是原子的自发辐射、受激辐射和受激吸收截面的关系。在光纤激光放大器中，较高的泵浦功率可以提供更多的反转粒子，有利于获得更大的放大倍数。但是，过高的泵浦功率也会导致产生很强的 ASE 效应，限制增益效果。因此，在设计光纤激光放大器时，通常需要根据光纤激光放大器的速率方程模拟功率放大过程，分析光纤长度、信号光功率等参数对放大倍数的影响，并选择适合的光纤参数。

这里采用 975nm 激光泵浦掺 Yb^{3+}增益光纤，输出波长为 1064nm。掺镱光纤的能级结构简化见图 3.26，E_0、E_1、E_2和 E_3分别为基态、激光下能级、激光上能级和激发态。各能级粒子数随时间的变化情况，即粒子的速率方程为[30-32]

$$\frac{\mathrm{d}N_3}{\mathrm{d}t}=I_\mathrm{p}\left(N_0\sigma_\mathrm{ap}-N_3\sigma_\mathrm{ep}\right)-\frac{N_3}{\tau_3} \tag{3.1}$$

$$\frac{\mathrm{d}N_2}{\mathrm{d}t}=I_\mathrm{s}\left(N_0\sigma_\mathrm{as}+N_1\sigma_\mathrm{as}-N_2\sigma_\mathrm{es}\right)-\frac{N_2}{\tau_2}+\frac{N_3}{\tau_3} \tag{3.2}$$

$$\frac{\mathrm{d}N_1}{\mathrm{d}t}=I_\mathrm{s}\left(N_\mathrm{s}\sigma_\mathrm{es}-N_1\sigma_\mathrm{as}\right)-\frac{N_1}{\tau_1}+\frac{N_2}{\tau_2}+\frac{N_3}{\tau_3} \tag{3.3}$$

$$N=N_1+N_2+N_3 \tag{3.4}$$

式中，N_1、N_2、N_3分别为 E_1、E_2、E_3能级上的粒子数密度；N为总粒子数密度；σ_ap和σ_ep分别为泵浦光的吸收截面和发射截面；σ_as和σ_es分别为信号光的吸收截面和发射截面；I_p和 I_s分别为泵浦光和信号光的光强；τ_1、τ_2、τ_3分别为 E_1、E_2、E_3能级上的粒子寿命。

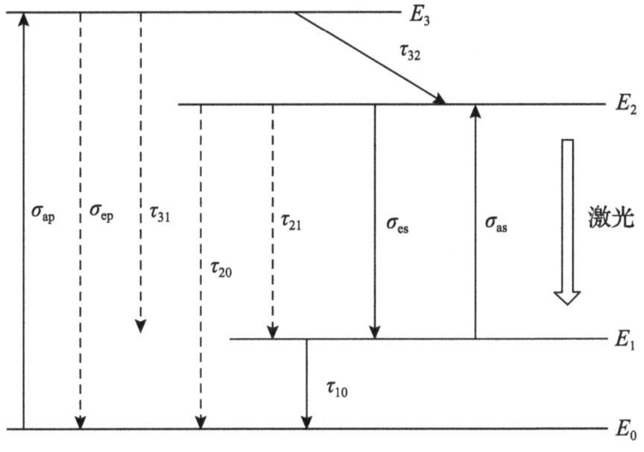

图 3.26　掺 Yb^{3+}光纤的四能级结构[32]

对式(3.1)～式(3.4)进行简化推导，得到以下方程组：

$$\frac{\mathrm{d}P_\mathrm{p}^+(z)}{\mathrm{d}(z)}=-\varGamma_\mathrm{p}\left[\sigma_\mathrm{ap}N-\left(\sigma_\mathrm{ap}+\sigma_\mathrm{ep}\right)N_2(z)\right]P_\mathrm{p}^+(z)-\alpha_\mathrm{p}P_\mathrm{p}^+(z) \tag{3.5}$$

$$\frac{\mathrm{d}P_\mathrm{p}^+(z)}{\mathrm{d}(z)}=\varGamma_\mathrm{p}\left[\sigma_\mathrm{ap}N-\left(\sigma_\mathrm{ap}+\sigma_\mathrm{ep}\right)N_2(z)\right]P_\mathrm{p}^-(z)+\alpha_\mathrm{p}P_\mathrm{p}^-(z) \tag{3.6}$$

$$\frac{\mathrm{d}P_{\mathrm{s}}^{+}(z)}{\mathrm{d}(z)}=\Gamma_{\mathrm{s}}\left[\left(\sigma_{\mathrm{ep}}+\sigma_{\mathrm{as}}\right)N_{2}(z)-\sigma_{\mathrm{as}}N\right]P_{\mathrm{s}}^{+}(z)-\alpha_{\mathrm{s}}P_{\mathrm{s}}^{+}(z) \tag{3.7}$$

$$\frac{\mathrm{d}P_{\mathrm{s}}^{+}(z)}{\mathrm{d}(z)}=-\Gamma_{\mathrm{s}}\left[\left(\sigma_{\mathrm{es}}+\sigma_{\mathrm{as}}\right)N_{2}(z)-\sigma_{\mathrm{as}}N\right]P_{\mathrm{s}}^{+}(z)+\alpha_{\mathrm{s}}P_{\mathrm{s}}^{-}(z) \tag{3.8}$$

$$\frac{N_{2}(z)}{N}=\frac{\dfrac{\left(P_{\mathrm{p}}^{+}(z)+P_{\mathrm{p}}^{-}(z)\right)\sigma_{\mathrm{ap}}\Gamma_{\mathrm{p}}}{h\nu_{\mathrm{p}}A_{\mathrm{c}}}+\dfrac{\left(P_{\mathrm{s}}^{+}(z)+P_{\mathrm{s}}^{-}(z)\right)\sigma_{\mathrm{as}}\Gamma_{\mathrm{s}}}{h\nu_{\mathrm{s}}A_{\mathrm{c}}}}{\dfrac{\left(P_{\mathrm{p}}^{+}(z)+P_{\mathrm{p}}^{-}(z)\right)\left(\sigma_{\mathrm{ap}}+\sigma_{\mathrm{ep}}\right)\Gamma_{\mathrm{p}}}{h\nu_{\mathrm{p}}A_{\mathrm{c}}}+\dfrac{1}{\tau}+\dfrac{\left(P_{\mathrm{s}}^{+}(z)+P_{\mathrm{s}}^{-}(z)\right)\left(\sigma_{\mathrm{as}}+\sigma_{\mathrm{es}}\right)\Gamma_{\mathrm{s}}}{h\nu_{\mathrm{s}}A_{\mathrm{c}}}} \tag{3.9}$$

式中，$P_{\mathrm{p}}^{+}(z)$和$P_{\mathrm{p}}^{-}(z)$分别为沿光纤长度方向（z轴）正向和反向传输的泵浦功率；$P_{\mathrm{s}}^{+}(z)$和$P_{\mathrm{s}}^{-}(z)$分别为沿光纤长度方向正向和反向传输的信号光功率；A_{c}为纤芯横截面积；Γ_{p}和Γ_{s}分别为泵浦光和信号光的填充因子；ν_{p}和ν_{s}分别为泵浦光和信号光的频率。掺镱石英光纤中各参数的取值见表3.1[33,34]。

表 3.1　掺镱石英光纤相关参数及含义[33,34]

符号	物理意义	数值	单位
λ_{p}	泵浦光中心波长	974	nm
λ_{s}	信号光中心波长	1100	nm
τ	Yb^{3+}上能级寿命	0.8	ms
σ_{ap}	泵浦光的吸收截面	2.6×10^{-20}	cm^2
σ_{ep}	泵浦光的发射截面	2.6×10^{-20}	cm^2
σ_{as}	信号光的吸收截面	1×10^{-23}	cm^2
σ_{es}	信号光的发射截面	1.6×10^{-21}	cm^2
A_{c}	纤芯的横截面积	3.1416×10^{-6}	cm^2
N	纤芯的粒子数密度	5.535×10^{19}	cm^{-3}
α_{p}	光纤中泵浦光的损耗	2×10^{-5}	cm^{-1}
α_{s}	光纤中信号光的损耗	4×10^{-6}	cm^{-1}
L	光纤的长度	40	m
Γ_{p}	泵浦光填充因子	0.0024	—
Γ_{s}	信号光填充因子	0.82	—

2. 掺镱光纤激光放大器的数值模拟

根据速率方程和传输方程(3.1)～(3.9)，可以仿真出光纤激光放大器中正、反向传输的泵浦光功率和信号光功率沿光纤长度方向的变化情况，以下只对正向传输的泵浦光和信号光进行讨论分析。根据速率方程和表 3.1 所示参数仿真了注入信号光功率为 0.5W 时不同泵浦功率下正向输出功率的变化情况如图 3.27 所示。当泵浦功率较高时，泵浦光功率在光纤中的消耗速度较慢，信号光不会过早达到饱和，因此可以提升光纤激光放大器的输出功率。但信号光功率较低时，高功率的泵浦光会导致 ASE 的产生，需要根据实验中出现的 ASE 或非线性效应等现象确定最佳的泵浦光功率。

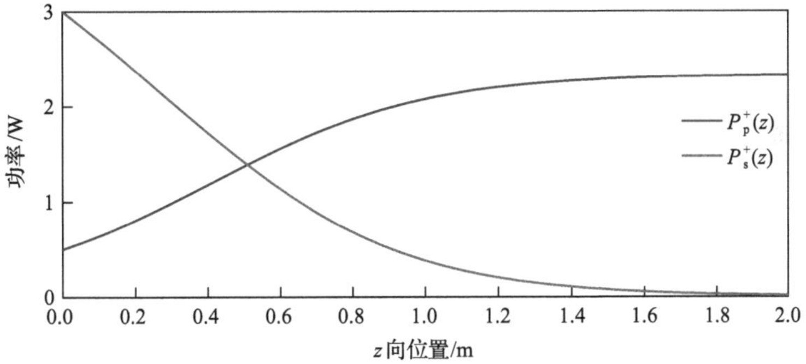

(a) 泵浦光功率为3W

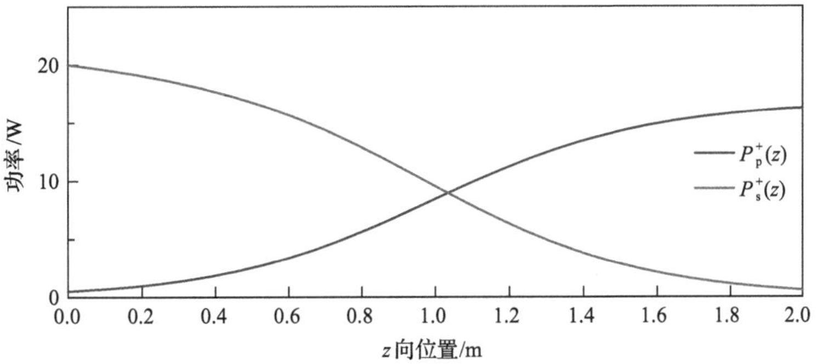

(b) 泵浦光功率为20W

图 3.27　注入信号光功率为 0.5W 时不同泵浦功率下的正向输出功率

泵浦光功率为 20W 时不同注入信号光功率下正向输出功率的变化情况见图3.28。信号光的放大过程依次经过初始阶段的小信号增益放大、功率的线性增长和逐渐达到饱和三个阶段。泵浦光功率一定的情况下，在信号光放大的初始阶段，注入信号光的功率越高，斜效率越高，这是由于增益光纤的受激辐射效率与信号光的光强成正比。因此，在光纤激光放大器中应该尽量提高注入信号光的功率，以获得更高的增益和输出功率。设计光纤激光放大器时，还需要根据信号光的功率变化曲线选择最佳的光纤长度。由于在高功率光纤放大中很容易产生受激拉曼散射等非线性效应，而非线性效应的阈值与有效光纤长度成反比，所以在选择最佳光纤长度时，需要综合考虑增益和非线性效应。可以首先考虑增益，选择信号光功率变化曲线中功率上升开始变得缓慢，即斜率明显下降时对应的光纤长度，随后可根据非线性效应阈值考虑是否需要进一步缩短增益光纤的长度。

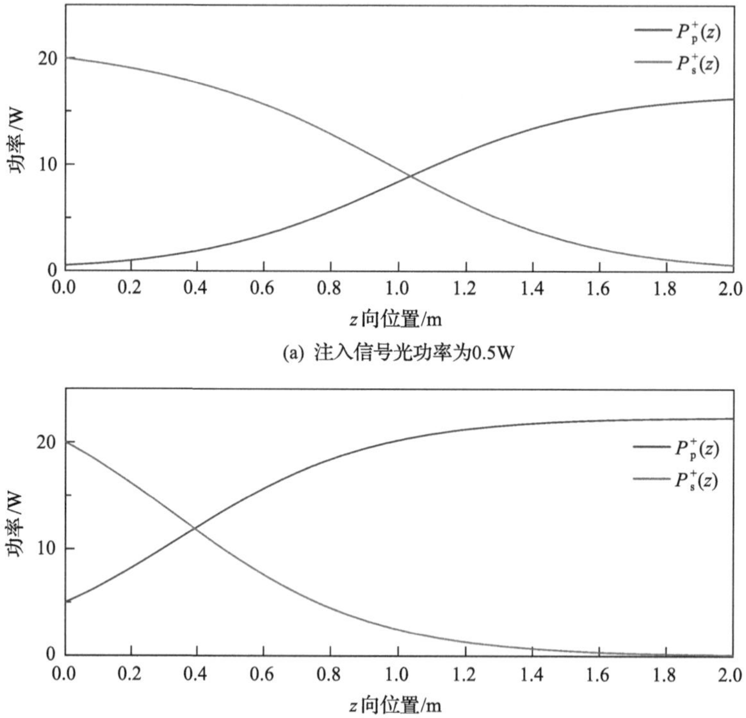

(a) 注入信号光功率为0.5W

(b) 注入信号光功率为5W

图 3.28　泵浦功率为 20W 时不同注入信号光功率下的正向输出功率

泵浦光吸收系数也是影响信号光增益的重要参数。图 3.29 对比了相同注入信号光功率和泵浦光功率时不同泵浦吸收系数下的正向输出功率。泵浦吸收系数越高，泵浦光功率消耗越快，注入信号光增益也越大。另外，采用泵浦吸收系数高的增益光纤，可以适当减小光纤长度，有利于抑制光纤激光放大器中的各种非线性效应，从而进一步提升输出功率。

本节主要理论分析了掺镱光纤激光放大器中的速率方程模型，根据数值模拟结果分析了注入信号光功率、增益光纤长度、吸收系数等对掺镱光纤激光放大器输出功率、增益等输出特性的影响，为掺镱光纤激光放大器的搭建提供了理论依据。

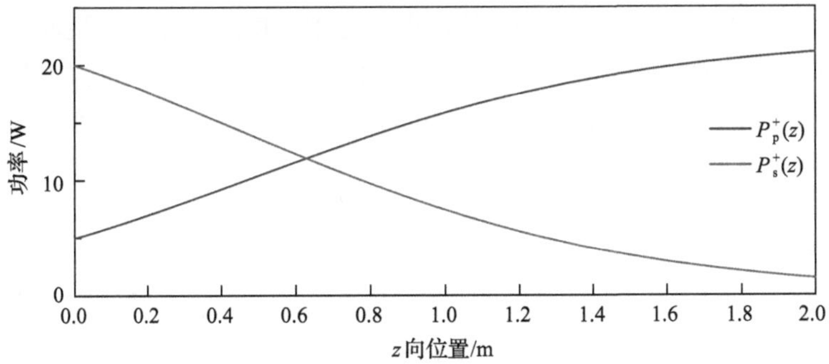

(a) 泵浦吸收截面为$14\times10^{-20}cm^2$

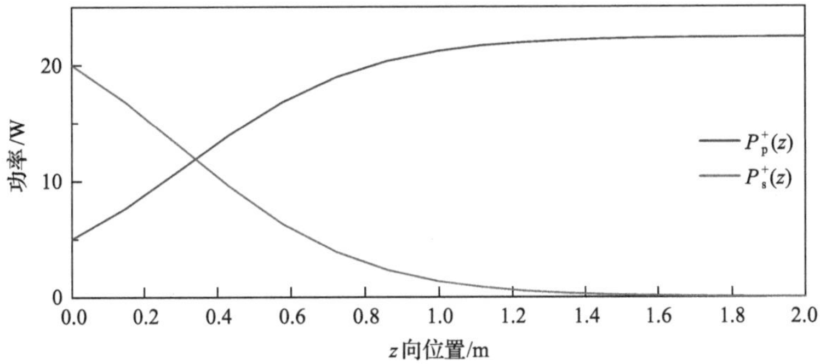

(b) 泵浦吸收截面为$32\times10^{-20}cm^2$

图 3.29　泵浦光功率为 20W、信号光功率为 5W 时不同泵浦吸收系数下的正向输出功率

3.3.2　纳秒脉冲光纤激光放大器关键问题

纳秒脉冲光纤激光放大器中非线性效应和放大自发辐射(ASE)是限制输出能量提升、影响输出激光信噪比的主要因素。本节对高功率脉冲光纤激光放大器中 ASE 抑制方式进行阐述，重点对纳秒脉冲光纤激光放大器中的非线性效应及其抑制方法和实例进行详细讲解。

1. 放大自发辐射

在 MOPA 系统中，ASE 会对整个激光系统产生负面影响。一方面，自发辐射光在系统中被逐级放大，从而消耗大量的上能级粒子数，降低放大级能量提取效率；另一方面，由于大量 ASE 光被光纤端面反射，极易产生寄生振荡，前向传输的自发辐射光会在信号光附近形成宽带噪声，反向传输的自发辐射光有可能打坏前级器件，严重影响光纤激光放大器的输出性能[35,36]。

泵浦特性的优化对 ASE 抑制起到一定的作用，泵浦功率、泵浦方向以及泵浦方式(连续/脉冲)都会在不同程度上影响 ASE 功率。减小泵浦功率可以降低 ASE，这是由于泵浦功率过高时会导致增益饱和，多余的泵浦光会迅速提升 ASE 功率；

采用后向泵浦的方法可以在一定程度上抑制 ASE；相比于连续光泵浦，脉冲泵浦可以减少脉冲间隔之间的 ASE 对储存能量的提取，达到抑制 ASE 的目的。此外，在脉冲泵浦条件下，通过合理设置泵浦脉冲宽度能够进一步抑制 ASE。信号光的脉冲宽度和功率也影响着 ASE 特性，提高信号光功率能够加剧受激辐射，进而导致更多的上能级粒子数被消耗，此时，ASE 对储存能量的消耗降低，有利于进一步抑制 ASE；种子脉冲宽度太宽使信号光的峰值功率过低，脉冲宽度太窄会使 ASE 功率在短时间迅速增大，因此在实际光纤激光放大器中需要合理优化信号光脉冲宽度。其他一些方法也能够抑制 ASE，如减小光纤端面反射、增大光纤的模场面积、提高脉冲光的重复频率等。

然而，采用滤波器等无源器件滤除 ASE 是相对简单可行的，目前大多数窄线宽光纤激光放大器都采用此方法，其原理是允许脉冲信号光通过而滤除 ASE 光。值得注意的是，由于滤波器无法承受较大的功率，所以普遍在低功率的预放大级中接入滤波器，滤除到达下一级前的 ASE 功率，最终实现高功率脉冲激光输出。

综上所述，在光纤激光放大器中主要从窄带滤波器、泵浦光的优化以及脉冲信号光的优化等方面实现对信号光附近的宽带 ASE 进行滤除和抑制，表 3.2 是对几种 ASE 抑制方法的总结，在实际应用中，往往同时采用多种手段来抑制 ASE。

表 3.2　光纤激光放大器中 ASE 抑制方法对比

ASE 的抑制方法	适应范围和效果
滤波器	承受功率较低，适用于预放大级
降低泵浦功率	使信号光功率降低
采用脉冲泵浦	低重复频率下，抑制效果明显
优化泵浦脉冲宽度	需结合实际，达到 ASE 功率小而信号光功率高的效果
提高信号光功率	效果显著
优化信号光脉冲宽度	需结合实际，达到 ASE 功率小而信号光功率高的效果
降低端面反射率	方法简单，切 8°角，常用方法
提高重复频率	脉冲能量降低

2. 主要非线性效应

激光在传输过程中会与光纤产生相互作用，当激光功率较高时，在高强度光电场中光纤介质折射率、吸收系数等物理量发生改变，造成激光频率改变或者产生多束光在介质中相互耦合等结果，此时独立传播原理和线性叠加原理不再成立，介质对光的响应表现出非线性，即电偶极子的总极化强度 P 为线性极化强度(P_{N})和各阶非线性极化强度(P_{NL})之和，满足关系式[37]：

$$P = P_L + P_{NL} = \varepsilon_0 \left(\chi^{(1)} \cdot E + \chi^{(2)} \cdot EE + \chi^{(3)} \cdot EEE + \cdots \right) \tag{3.10}$$

式中，ε_0为真空中介电常数；$\chi^{(i)}$为第 i 阶极化率，$i = 1, 2, \cdots$，其中$\chi^{(1)}$为线性极化率，$\chi^{(2)}$为二阶极化率，对应差频、和频和二次谐波产生等非线性效应，在分子结构呈反演对称的介质中二阶极化率为零，由于 SiO_2 是对称分子，所以石英光纤无二阶非线性效应；三阶极化率$\chi^{(3)}$与三次谐波产生、四波混频和非线性折射等非线性效应相对应。其中研究最为广泛的是非线性折射中的自相位调制(self-phase modulation，SPM)效应和交叉相位调制(cross-phase modulation，XPM)效应，这两种非线性效应中光场和介质之间没有能量交换，只发生光脉冲的非线性相移，引起光谱展宽，通常称为弹性非线性效应。光纤中还存在另一类非线性效应，即光场与介质之间存在能量转移，称为受激非弹性散射，主要包括受激拉曼散射(SRS)和受激布里渊散射(SBS)。

1)受激拉曼散射

SRS 是光纤中的一种非常典型的非线性效应。在任意的分子介质中，自发的拉曼散射将一小部分的入射光功率从一束光转移到另一束频率下移的光束中，频率的下移量由介质分子的振动模式决定，这一过程称为拉曼效应。此过程在量子力学中描述为：入射光的一个光子被一个分子散射成另一个低频光子，同时分子完成其两个振动态之间的跃进。入射光作为泵浦光，产生的低频光称为斯托克斯波的频移光。下面介绍拉曼增益与拉曼阈值。

拉曼增益和拉曼频移之间的关系称为拉曼增益谱，这是了解和应用拉曼效应的基础。在满足连续或准连续的条件下，斯托克斯波的初始增长可表示为

$$\frac{dI_s}{dz} = g_R I_p I_s \tag{3.11}$$

式中，I_s为斯托克斯波的强度；I_p为泵浦波的强度；g_R为拉曼增益系数，它与自发拉曼辐射的截面积有关，更加准确地说它与三阶非线性极化率的虚部有关。

拉曼增益谱用$g_R(\Omega)$表示，是描述 SRS 最重要的物理量，其中Ω为泵浦波和斯托克斯波的频率差。对于波长为 1μm 的泵浦波，$g_R = 1\times10^{-13}\text{m/W}$。在硅光纤中，拉曼增益谱的宽度大于 40THz(含有一个频差为 13THz 左右的宽带增益峰)。当泵浦波入射到硅光纤中时，频移量位于拉曼增益谱内的自发拉曼散射都会被放大，频差为 13THz 的自发拉曼辐射的强度增长迅速，逐渐达到 SRS 的阈值，形成斯托克斯波。由于同偏振态时的拉曼增益比正交偏振时的增益强很多，所以斯托克斯波与其泵浦波的偏振方向相同。

沿光纤的长度方向，泵浦波与斯托克斯波不断地相互作用。SRS 效应可由

式(3.12)和式(3.13)描述：

$$\frac{\mathrm{d}I_{\mathrm{s}}}{\mathrm{d}z}=g_{\mathrm{R}}I_{\mathrm{p}}I_{\mathrm{s}}-\alpha_{\mathrm{s}}I_{\mathrm{s}} \tag{3.12}$$

$$\frac{\mathrm{d}I_{\mathrm{p}}}{\mathrm{d}z}=-\frac{\omega_{\mathrm{p}}}{\omega_{\mathrm{s}}}-\alpha_{\mathrm{p}}I_{\mathrm{p}} \tag{3.13}$$

式中，α_{p} 和 α_{s} 分别为泵浦波和斯托克斯波的损耗。在不考虑损耗的情况下，式(3.12)和式(3.13)可以转化为

$$\frac{\mathrm{d}}{\mathrm{d}z}\left(\frac{I_{\mathrm{s}}}{\omega_{\mathrm{s}}}+\frac{I_{\mathrm{p}}}{\omega_{\mathrm{p}}}\right)=0 \tag{3.14}$$

经过推导可以得出 SRS 的阈值公式为[37]

$$P_0^{\mathrm{cr}}=16\frac{A_{\mathrm{eff}}}{g_{\mathrm{R}}L_{\mathrm{eff}}} \tag{3.15}$$

式中，$L_{\mathrm{eff}}=\left(1-\exp(-\alpha_{\mathrm{p}}L)\right)/\alpha_{\mathrm{p}}$ 为光纤的有效长度，L 为光纤的实际长度；A_{eff} 为有效模场面积。通过 SRS 的阈值公式可以看出，阈值功率与光纤的有效模场面积成正比，与光纤的拉曼增益系数和有效非线性长度成反比。

2)受激布里渊散射

SBS 效应可以经典地描述为入射光和斯托克斯光通过声波进行的非线性相互作用，如图 3.30 所示[38]。图 3.31 为石英光纤的布里渊增益谱[39]，对应的布里渊频移量约为 10.65GHz，带宽约为 36.8MHz。

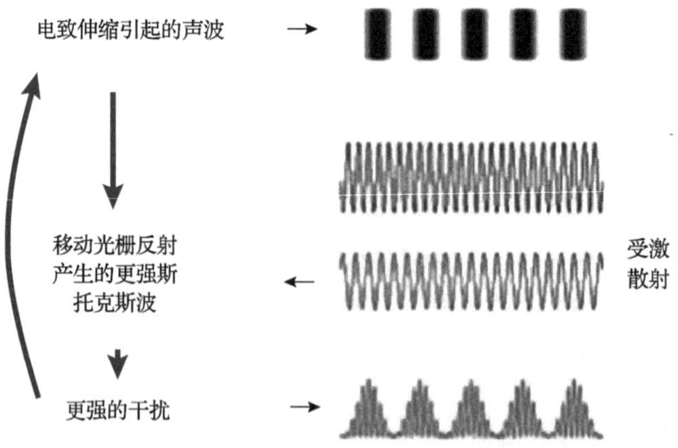

图 3.30　SBS 效应产生的物理机制[38]

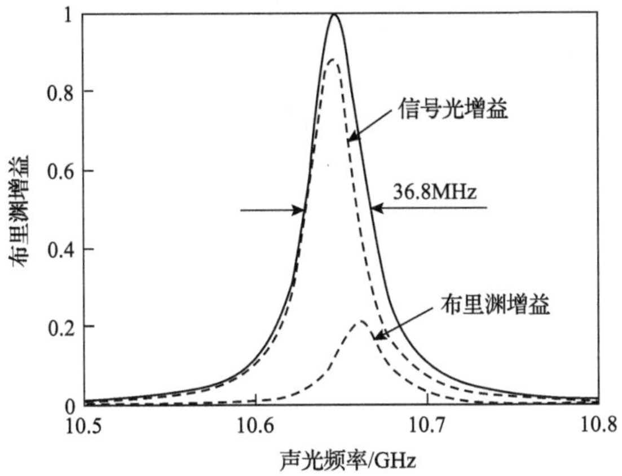

图 3.31　石英光纤的布里渊增益谱[39]

在量子力学中，上述散射过程可以看成一个泵浦光子的湮灭，同时产生了一个斯托克斯光子和一个声学声子。由于在散射过程中能量和动量必须守恒，所以三个波的频率和波矢之间有如下关系：

$$\Omega_B = \omega_p - \omega_s \tag{3.16}$$

$$k_A = k_p - k_s \tag{3.17}$$

式中，ω_p 和 ω_s 分别为入射光和斯托克斯光的角频率；k_p 和 k_s 分别为入射光和斯托克斯光的波矢。声波频率 Ω_B 和波矢 k_A 满足标准色散关系：

$$\Omega_B = v_A |k_A| \approx 2v_A |k_p| \sin(\theta/2) \tag{3.18}$$

式中，θ 为入射光与斯托克斯光之间的夹角；v_A 为光纤中的声速。可以看出，斯托克斯光的频移与散射角有关，特别是声波频率 Ω_B 在后向（$\theta = \pi$）有最大值，而在前向（$\theta = 0$）为零。在光纤中，只有前向和后向为相关方向，SBS 主要发生在后向，且后向布里渊频移为

$$v_0 = \Omega_B/(2\pi) = 2n_p v_A/\lambda_p \tag{3.19}$$

式中，n_p 为入射波长 λ_p 处的有效折射率。在石英光纤中，取光纤中的声速 v_A = 5.96km/s，介质折射率 $n_p = 1.45$，因此在波长 λ_p =1.06μm 处，后向布里渊频移 v_0 = 16.3GHz。

斯托克斯光可以用峰值位于 $\Omega = \Omega_B$ 处的布里渊增益谱 $g_B(\Omega)$ 来表征，其谱宽与声波的阻尼时间有关，而阻尼时间又和声子寿命有关，因此 SBS 的增益谱通常较窄（几十兆赫兹）。若假设声波以 $\exp(-\Gamma Bt)$ 衰减，则布里渊增益谱具有如下

洛伦兹频谱轮廓：

$$g_B(\Omega) = \frac{g_p(\Gamma_B/2)^2}{(\Omega - \Omega_B)^2 + (\Gamma_B/2)^2} \tag{3.20}$$

在 $\Omega = \Omega_B$ 处，布里渊增益系数峰值为

$$g_B(\Omega) = \frac{8\pi^2\gamma_e^2}{n_p\lambda_p^2\rho_0 c v_A \Gamma_B} \tag{3.21}$$

式中，γ_e 为石英的电致伸缩常数，其值为 0.902；ρ_0 为石英的密度，其值为 2210kg/m^3。增益谱的半高全宽(FWHM)与 Γ_B 的关系为 $\Delta\nu_B = \Gamma_B/(2\pi)$，声子寿命 $T_B = \Gamma_B^{-1}$，通常小于 10ns。经过计算可得到 g_0 取值为 $2\times10^{-11}\sim5\times10^{-11}\text{m/W}$。

假设连续运转的信号光为线偏振光，如果将 SBS 的阈值功率定义为光纤输入端的斯托克斯光功率，并等于此处输入的泵浦功率，则有下面的表达式成立：

$$P_0^{cr} = 21\frac{A_{eff}}{g_B(\Omega)L_{eff}} \tag{3.22}$$

图 3.32 为根据式(3.22)绘制的 SBS 阈值功率随光纤长度的变化曲线。可以看出，对于不同模场面积的光纤，SBS 阈值功率随光纤长度的增加而减小，随光纤芯径的增加而增加。

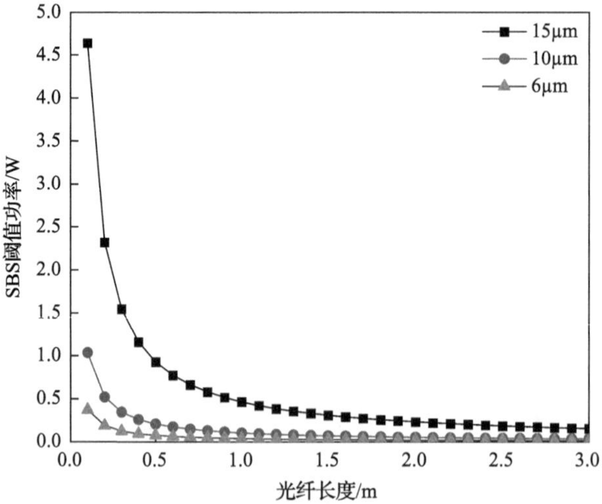

图 3.32　光纤芯径为 6μm、10μm 和 15μm 时 SBS 阈值功率随光纤长度的变化

当泵浦激光的谱宽($\Delta\nu_s$)大于布里渊增益带宽($\Delta\nu_B$)时，SBS 阈值会更高。对于

谱线为洛伦兹线型的激光，其 SBS 阈值还需乘以一个光谱系数$\left(1+\Delta\nu_{\mathrm{p}}/\Delta\nu_{\mathrm{B}}\right)$。当需要考虑入射信号光的偏振态和增益时，式(3.22)需要改写为[40]

$$P\approx\frac{21A_{\mathrm{eff}}K}{g_{\mathrm{B}}L_{\mathrm{eff}}}\times\left(1+\frac{\Delta\nu_{\mathrm{p}}}{\Delta\nu_{\mathrm{B}}}\right)\times\ln G \tag{3.23}$$

式中，K 为偏振因子，随机偏振时通常取 $K=2$；G 为光纤激光放大器的增益；$\Delta\nu_{\mathrm{p}}$ 和 $\Delta\nu_{\mathrm{B}}$ 分别为信号光和斯托克斯光的线宽。

对于脉冲运转的信号光，计算有效光纤长度时需要考虑激光脉冲宽度[41]：

$$L_{\mathrm{eff}}\approx v_{\mathrm{g}}\times\frac{\Delta t}{2} \tag{3.24}$$

式中，v_{g} 为群速度色散；$v_{\mathrm{g}}=c/n_{\mathrm{g}}$，$n_{\mathrm{g}}$ 为群折射率；Δt 为激光脉冲宽度。

以上对 SBS 阈值的计算基于阈值功率定义，实际应用中，斯托克斯光后向功率必须控制在合理范围以保护前级光学器件。

3) 自相位调制

自相位调制(SPM)是指一个模式(单频、单偏振的光波)在光纤中传输时，使传输的光波发生相移(频率啁啾)的情况，而这种啁啾与光场的强度有关。在非线性光纤中相移与幅度有关的现象称为自相位调制。

归一化振幅 $U(z,T)$ 的通解为

$$U(L,T)=U(0,T)\exp\left(\mathrm{i}\phi_{\mathrm{NL}}(L,T)\right) \tag{3.25}$$

式中，$U(0,T)$ 为 $z=0$ 处的场振幅，且

$$\phi_{\mathrm{NL}}(L,T)=\left|U(0,T)\right|^{2}\frac{L_{\mathrm{eff}}}{L_{\mathrm{NL}}} \tag{3.26}$$

式中，L_{eff} 为光纤的有效长度[42]，且

$$L_{\mathrm{eff}}=\left(1-\exp(-\alpha L)\right)/\alpha \tag{3.27}$$

式(3.25)表明，SPM 产生与光强有关的相移，但脉冲形状不受影响。则由式(3.26)可知，非线性相移随光纤长度的增加而增加。最大相移出现在脉冲的中心(T=0 时)，大小为

$$\phi_{\max}=\frac{L_{\mathrm{eff}}}{L_{\mathrm{NL}}}=\gamma P_0 L_{\mathrm{eff}} \tag{3.28}$$

SPM 感应的频谱变化是 $\phi_{\max}$ 的时间相关性的直接结果，瞬时变化的相位意味

着沿光脉冲有着不同的瞬时光频率，距离中心频率 ω_0 的差值为

$$\delta_\omega(T) = -\frac{\partial \phi_{NL}}{\partial T} = -\frac{L_{eff}}{L_{NL}}\frac{\partial}{\partial T}|U(0,T)|^2 \tag{3.29}$$

δ_ω 的时间相关性称为频率啁啾，这种由 SPM 效应的频率啁啾随传输距离的增大而增大。当光脉冲沿光纤传输时，新的频率分量不断产生。对于无初始啁啾的脉冲，这些 SPM 产生的频率分量展宽了光谱。因此，此处假设入射脉冲波形为超高斯脉冲，则 SPM 感应的啁啾为

$$\delta_\omega(T) = \frac{2m}{T_0}\frac{L_{eff}}{L_{NL}}\left(\frac{T}{T_0}\right)^{2m-1}\exp\left(-\left(\frac{T}{T_0}\right)^{2m}\right) \tag{3.30}$$

式中，m=1 对应于高斯脉冲。令式(3.30)的时间导数为零，则得到最大值：

$$\delta_{\omega\max} = \frac{mf(m)}{T_0}\phi_{\max} \tag{3.31}$$

$f(m)$ 的定义为

$$f(m) = 2\left(1-\frac{1}{2m}\right)^{1-\frac{1}{2m}}\exp\left(-\left(1-\frac{1}{2m}\right)\right) \tag{3.32}$$

f 的数值只随 m 的改变而改变。当 m =1 时，f =0.86，对于较大的 m 值，则 f 趋近于 0.74。对于无啁啾高斯脉冲，由式(3.30)可知，$\Delta\omega_0 = 1/T_0$，这里 $\Delta\omega_0$ 是 1/e 半宽度。则 $m = 1$ 时，式(3.31)可化为

$$\delta_{\omega\max} = 0.86\Delta\omega_0\phi_{\max} \tag{3.33}$$

式(3.33)表明频谱展宽因子近似由最大相移 $\omega_0\phi_{\max}$ 的数值给定。

3. 非线性效应抑制方法及典型实例

在高功率光纤激光放大器中，SRS 是一种极易产生的非线性效应，因此国内外开展了大量抑制 SRS 方法的研究，其中最常用的方法是采用大模场光纤对 SRS 效应进行抑制。但增加模场面积会使光束质量变差，因此在峰值功率较高的脉冲光纤激光放大器中，常采用大模场的光子晶体光纤作为增益介质，在增加纤芯面积的同时保证了较好的光束质量。另外一种方法是采用特殊设计的光纤，但复杂的光纤设计和制作工艺限制了这种方法的广泛应用。

相比于 SRS，SBS 具有相对较低的阈值功率，且 SBS 会将前向传输信号光转

换成斯托克斯光，严重阻碍了窄线宽光纤激光放大器输出功率的提高。因此，在窄线宽光纤激光放大器中，如何有效地提升 SBS 的阈值是至关重要的，下面对不同的 SBS 效应抑制方法进行分析。

1）增大增益光纤的模场面积

在高功率脉冲光纤激光放大器中，SBS 阈值功率与光纤有效模场面积成正比，与光纤的有效长度成反比，使用纤芯直径较大的光纤，可降低入射光的功率密度，起到抑制 SBS 的作用。在实际应用中，常用的方法是采用级联放大的方式逐渐增加光纤模场面积，大幅度提升 SBS 阈值功率，抑制 SBS 效应，从而提高输出激光功率或能量。

2）减小纤芯中光波场和声波场的重叠度

从本质上来说，SBS 效应是光波场和声波场相互作用的结果。如果能够改变纤芯内的掺杂成分或掺杂分布，使得光波场和声波场在不同的区域内传播，则可以降低它们的重叠度，达到分离声光模式的目的，从而有效降低纤芯的增益系数。在单频光纤激光放大器中采用这种特殊设计的增益光纤，可大幅提高 SBS 的阈值。

3）展宽有效增益谱

光纤中 SBS 效应的中心频移与纤芯内的声速有关，如果能够采取一定的措施使声速沿光纤纵向变化，那么光纤中心频移也会随着位置的不同而发生改变。在掺杂稀土离子光纤激光放大器中，进入增益光纤的泵浦光，有相当部分转化为热量，使得增益光纤本身就存在着一种温度分布，这在一定程度上起到了抑制 SBS 的作用。通常增大 SBS 增益谱宽采用以下方法：沿光纤长度方向上设置温度梯度；沿光纤长度方向设置应力梯度。

4）使用光纤光栅阻隔斯托克斯光

使用光纤光栅也能有效抑制 SBS 效应，提高 SBS 阈值。把光纤光栅设计成对信号波单向透过（多模光纤可以使用隔离器），这样就可以使 SBS 产生的斯托克斯光频谱完全落在它的阻带内，后向的斯托克斯光不能被连续地传输放大，不得不从噪声中重新产生并在更短的光纤中放大，其功率会大幅度降低，因此可以有效抑制 SBS 效应。

5）减小脉冲宽度，降低重复频率

减小脉冲宽度，降低重复频率可以有效提高 SBS 阈值。由于石英光纤中的声子寿命 T_B 一般小于 10ns，对于脉冲宽度小于 10ns 的泵浦激光，SBS 阈值将因为自相位调制引起的光谱展宽而得到大幅度提高。当光纤较长且激光重复频率较高时，由于一个斯托克斯脉冲可能与多个激光脉冲发生相互作用。所以实验中一般会把脉冲宽度控制在 10ns 以内。

表 3.3 是几种光纤中抑制 SBS 效应方法的优缺点对比，在实际应用中，只采用其中的一种方式来抑制 SBS 并不能达到很好的效果，往往是同时采用多种抑制

手段。例如，在采用高掺杂增益光纤的同时，增加模场面积和缩短光纤长度，并采用应力法或温度梯度法进一步抑制 SBS 效应。

表 3.3 光纤中抑制 SBS 效应方法优缺点对比

抑制 SBS 的方法	优点	缺点
增大光纤模场面积，缩短光纤长度，使用保偏光纤	简单易行，方法多样	大模场光纤易产生高阶模，增益光纤太短，限制放大输出功率
使用特殊光纤	无须增大模场面积，且长度不需要太短	需要专门设计，制备工艺复杂
相位调制	调制可控	加宽光谱线宽
使用光纤光栅	简单易行	光纤需要专门设计
展宽 SBS 的增益谱	方法简单	提升幅度有限，易造成光纤损坏
减小脉冲宽度	简单易行	易引发其他非线性效应

有关抑制非线性效应的实例如下：

(1) SRS 效应。2004 年，加拿大麦克马斯特大学 Wang 等建立了理论模型分析千瓦级掺镱光纤激光器中的 SRS 效应，研究结果表明：使用大模场光纤、缩短光纤长度、采用波长较长的信号光可以一定程度上抑制激光器中的 SRS 效应[43]。2005 年，Wang 分别建立了含有 SRS 效应的光纤激光振荡器和光纤激光放大器理论模型，研究结果表明相比于光纤激光振荡器，光纤激光放大器的 SRS 阈值更高[44]。2006 年，电子科技大学陈吉欣等建立了含有 SRS 效应的掺镱光纤激光放大器理论模型，利用理论模型分析了掺杂浓度、泵浦方式对 SRS 效应的影响，研究结果表明：使用低掺杂浓度光纤、采用后向泵浦方式可以提高 SRS 阈值[45]。

(2) SBS 效应。2014 年，法国航空航天研究中心 Renard 等[46]通过在大模场面积的光纤中加入应力，提高了光纤的 SBS 阈值，实现了单脉冲能量为 370μJ 的激光输出。2021 年，中国电子科技集团公司电子科学研究院温强[47]在研究基于 MOPA 结构的 1550nm 单频脉冲光纤激光放大器时，采用了缩短增益光纤长度和温度梯度法的方式抑制功率放大级出现的 SBS 效应。通过对局部光纤进行加热，有效抑制了 SBS 效应，输出功率由原来的 4.69W 提升至 5.45W，重复频率 10kHz 对应的峰值功率为 1.018kW，单脉冲能量为 0.545mJ。

(3) SPM 效应。2019 年，国防科技大学 Su 等[48]提出采用方波或锯齿波信号来抑制 SPM 导致的光谱展宽，并对该设想进行了实验验证；2021 年，国防科技大学 Huang 等[49]首先采用 4ns 窄脉冲宽度信号光抑制了 SBS，然后采用方波信号抑制 SPM，最终掺镱光纤激光放大器实现了脉冲宽度为 3.8ns、峰值功率为 30kW、光谱半高全宽为 283MHz 的脉冲激光输出。

本节对纳秒脉冲光纤激光放大器中放大的自发辐射以及非线性效应等关键

问题进行分析，详细讲解了不同问题的抑制方法，为纳秒脉冲光纤激光能量、信噪比等性能的提升提供了理论依据，并对解决后续实验中可能遇到的问题提供了思路。

3.3.3　纳秒脉冲光纤激光放大器输出特性

根据对非线性效应阈值功率的理论分析结果，可通过增加光纤模场面积的方法抑制纳秒脉冲光纤激光放大器中的 SBS 和 SRS 等非线性效应，在 1μm 波段掺镱脉冲光纤激光放大器中，通常采用光纤级联放大的方式，并逐级增大放大级的增益光纤模场面积，在抑制非线性效应的同时，实现能量和功率的有效提升。本节对直接调制高重复频率窄线宽纳秒脉冲光纤激光放大器和基于锁模脉冲展宽技术的纳秒脉冲光纤激光放大器的输出特性进行详细分析。

1. 直接调制窄线宽纳秒脉冲光纤激光放大器

直接调制的窄线宽脉冲种子源的输出功率仅为微瓦量级，通常采用 MOPA 的方式进行级联放大，根据光纤激光放大器放大效率的理论模拟，注入功率越低则增益越低，因此首先通过两级单模光纤放大级提升种子光输出功率，实验装置见图 3.33。电流调制窄线宽半导体激光器后连接中心波长为 1064nm 的带通滤波器，有效避免了第一级单模光纤放大级中反向传输的 ASE 损坏种子源。实例中采用的掺镱光纤纤芯和包层直径分别为 6μm 和 125μm，由于脉冲种子的平均功率较低，增益光纤过长会产生较强的 ASE，同时会降低 SBS 的阈值功率，因此本实验中采用的增益光纤长度约为 75cm，泵浦源采用单模光纤耦合输出的 976nm 半导体激光器，最大输出功率为 400mW。在每一级单模增益光纤之后，都使用了中心波长为 1064nm、带宽为 2.6nm 的带通滤波器滤除泵浦光和 ASE。

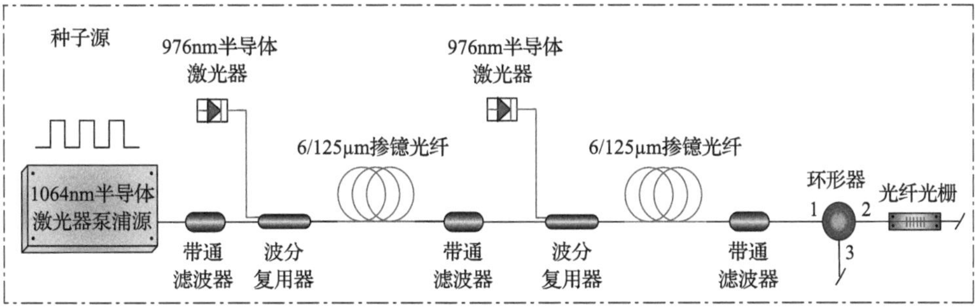

图 3.33　直接调制窄线宽脉冲激光单模放大实验装置

经过两级单模光纤放大之后的输出光谱见图 3.34，在不同重复频率时，1064nm 信号光的光谱都带有一个宽约 2.6nm 的底座，并且底座的强度随着种子光重复频率的变化而变化，这是由于在带通滤波器带宽之内的 ASE 无法滤除。当种子脉冲的重复频率较高时，种子脉冲的平均功率较高，此时单模光纤放大级对种子脉冲的增益较强，带内 ASE 较弱。反之，则带内 ASE 较强。

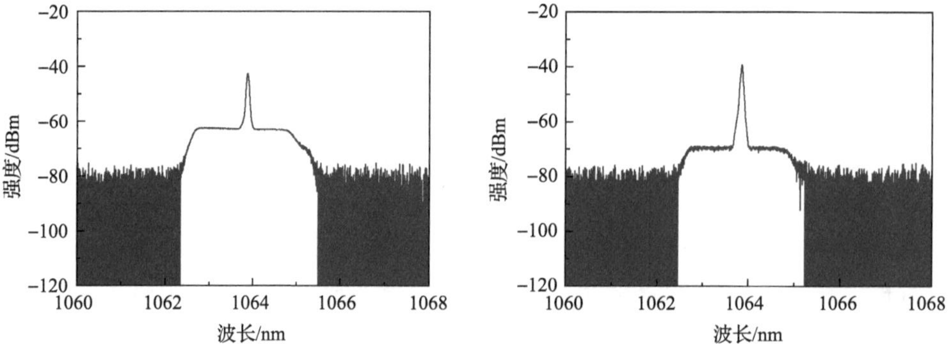

(a) 脉冲宽度为4ns，重复频率为10kHz　(b) 脉冲宽度为4ns，重复频率为100kHz

图 3.34　两极单模光纤放大级的输出光谱

为进一步滤除带内 ASE，在前两级单模光纤放大级之后，使用了光纤环形器和光谱线宽为 0.3nm、反射率>99.5%的光纤布拉格光栅，输出光谱见图 3.35。研究结果表明，在不同重复频率下，经过单模光纤放大之后，带内 ASE 被滤除。

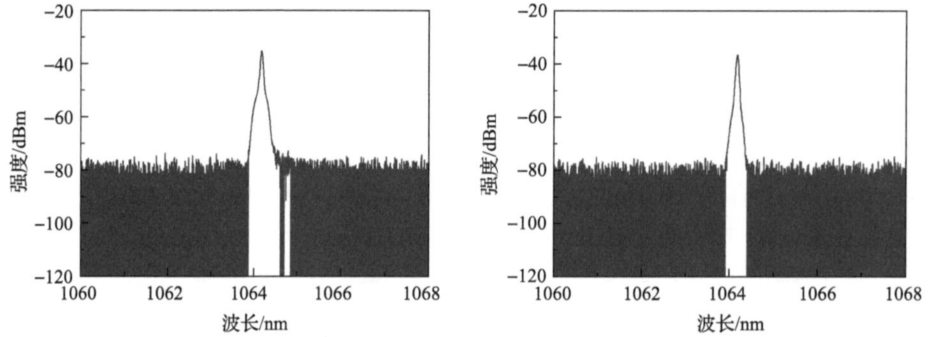

(a) 脉冲宽度为4ns，重复频率为10kHz　(b) 脉冲宽度为4ns，重复频率为100kHz

图 3.35　前两级单模光纤放大级加光纤布拉格光栅之后的输出光谱

基于以上脉冲种子源的级联放大实验系统见图 3.36，此实验系统由种子源、10/130μm 光纤放大级、15/130μm 光纤放大级、30/250μm 光纤放大级和 50/400μm 光纤放大级组成。同样采用带宽为 2.6nm 的带通滤波器滤除残余泵浦光和 ASE，并在各放大级之间插入隔离器防止反向传输光损伤前级器件。

10/130μm 光纤放大级在不同的脉冲宽度和重复频率时的输出功率见图 3.37，其中实线表示脉冲宽度为 4ns 时的输出功率，虚线表示脉冲宽度为 8ns 时的输出功率。在相同的重复频率下，脉冲宽度为 8ns 的脉冲平均功率明显高于脉冲宽度为 4ns 的脉冲平均功率。在相同脉冲宽度下，激光重复频率越大，前级的注入功

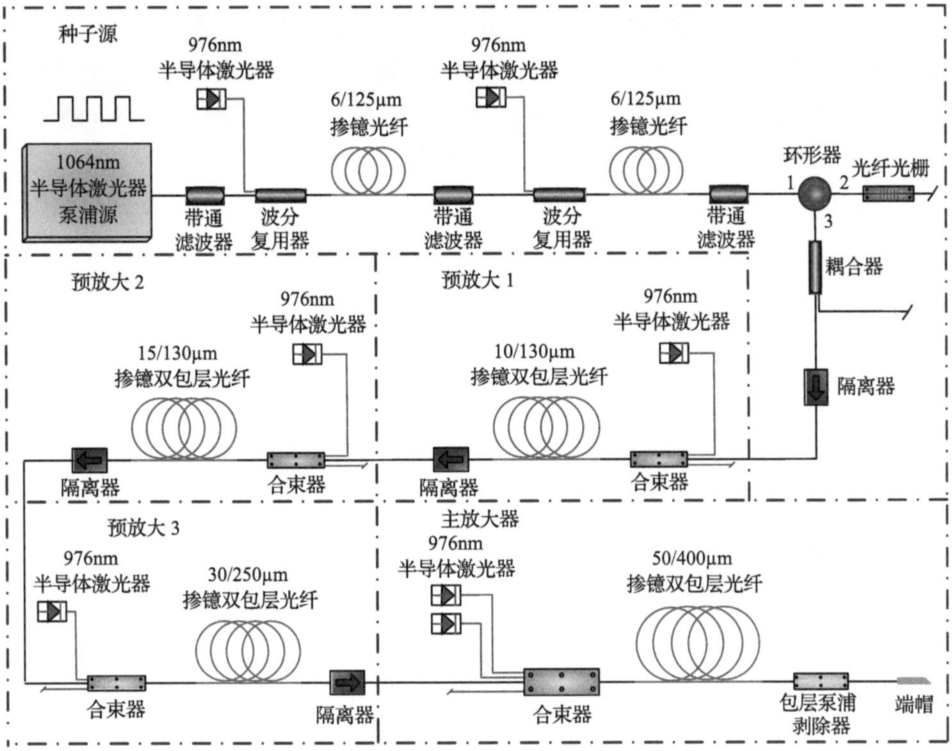

图 3.36　基于直接调制半导体激光器的高重复频率窄线宽纳秒脉冲光纤激光放大器结构示意图

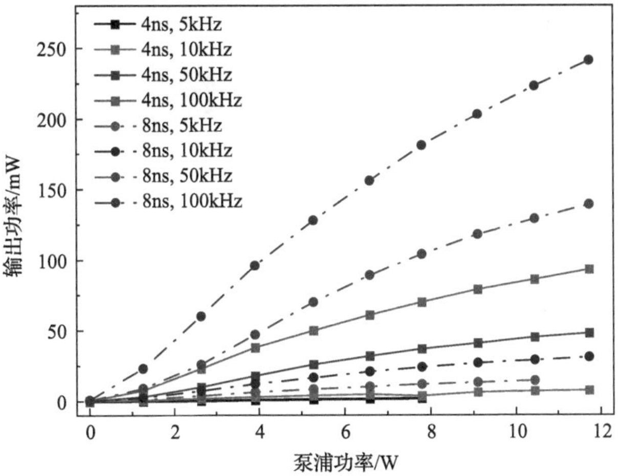

图 3.37　10/130μm 光纤放大级的输出功率

率越大，输出功率也越大。经过 10/130μm 光纤放大级，4ns 脉冲在重复频率为 100kHz 时获得了最大输出功率 80mW，8ns 脉冲在重复频率为 100kHz 时获得了最大输出功率 250mW。

10/130μm 光纤放大级的输出光谱见图 3.38。从图中可以看出，脉冲宽度为 4ns、重复频率为 10kHz 时，由于注入功率相对较低，前级中没有被充分滤除的带内 ASE 开始起振。图 3.39 为输出激光的脉冲波形，由于功率较低，不同重复频率时的脉冲波形和脉冲宽度没有发生明显的变化。

15/130μm 光纤放大级中采用的泵浦源和泵浦方式与 10/130μm 光纤放大级相

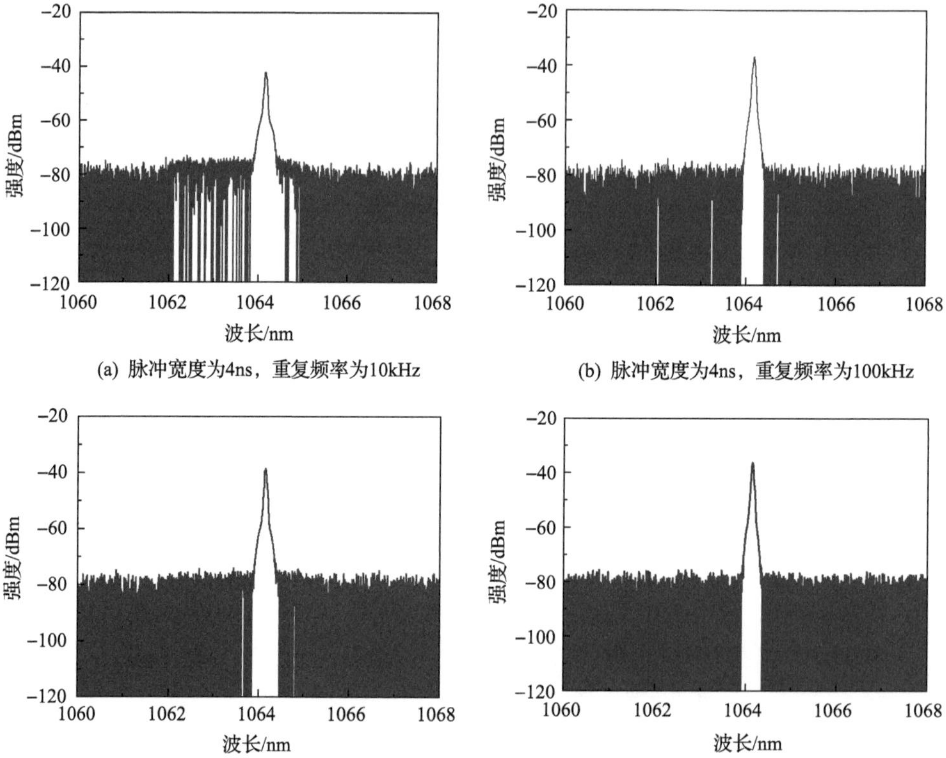

(a) 脉冲宽度为4ns，重复频率为10kHz　　(b) 脉冲宽度为4ns，重复频率为100kHz

(c) 脉冲宽度为8ns，重复频率为10kHz　　(d) 脉冲宽度为8ns，重复频率为100kHz

图 3.38　10/130μm 光纤放大级的输出光谱

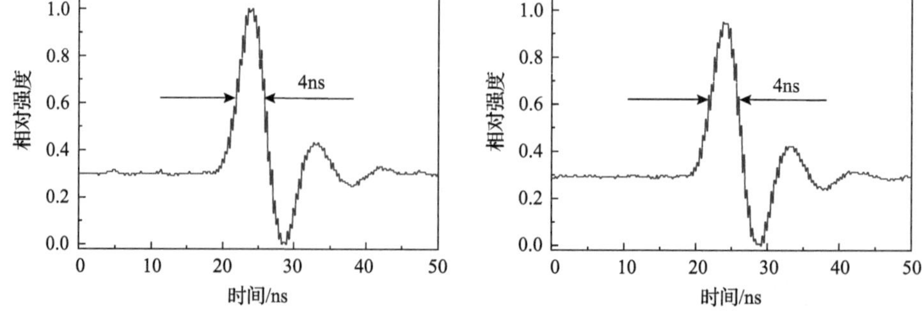

(a) 脉冲宽度为4ns，重复频率为10kHz　　(b) 脉冲宽度为4ns，重复频率为100kHz

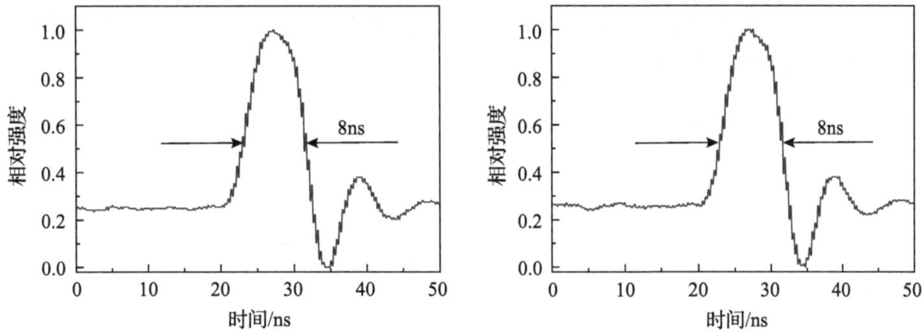

(c) 脉冲宽度为8ns，重复频率为10kHz (d) 脉冲宽度为8ns，重复频率为100kHz

图 3.39 10/130μm 光纤放大级输出激光的脉冲波形

同。包层光剥除器(CLS)用于滤除包层内的残余泵浦光和 ASE。在重复频率为 10kHz 时，4ns 和 8ns 脉冲的输出光谱中没有被带通滤波器充分滤除的带内 ASE 强度逐渐增加，见图 3.40，这将影响后续光纤放大级对信号光的放大效率。

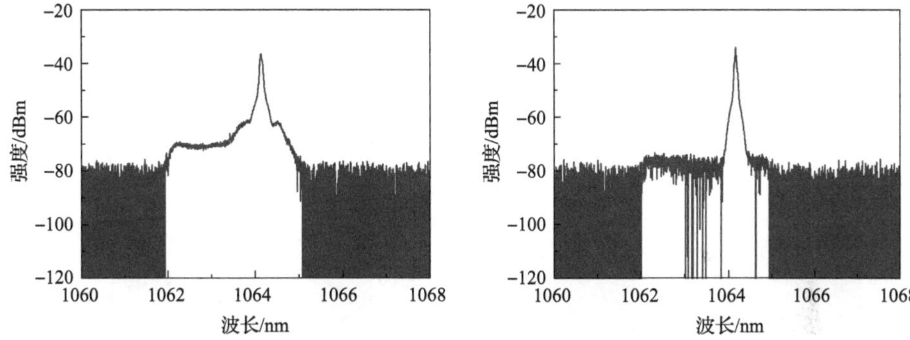

(a) 脉冲宽度为4ns，重复频率为10kHz (b) 脉冲宽度为8ns，重复频率为10kHz

图 3.40 15/130μm 光纤放大级的输出光谱 1

15/130μm 光纤放大级的平均输出功率见图 3.41。经过前一级的功率放大，4ns 脉冲的放大效率得到了显著的提升，斜效率与 8ns 脉冲几乎相同。4ns 脉冲在重复频率为 100kHz 时获得了最大平均输出功率 860mW，对应的峰值功率为 2.15kW。8ns 脉冲在重复频率为 100kHz 时获得了最大平均输出功率 1.3W，对应的峰值功率为 1.63kW。

脉冲宽度为 4ns 和 8ns、重复频率为 100kHz 时，15/130μm 光纤放大级的输出光谱见图 3.42。由于 4ns 脉冲的峰值功率较高，在增益光纤中产生了自相位调制(SPM)，1064nm 处的信号光光谱两侧出现了边带。为保证后续光纤放大级中窄线宽纳秒脉冲信号光的放大效率，可以适当地降低这一级的输出功率，使输出光谱只含有 1064nm 的窄线宽脉冲信号光，输出激光的脉冲波形见图 3.43。脉冲宽度为 4ns、重复频率为 100kHz 时，脉冲波形和脉冲宽度没有变化，而脉冲宽度为 8ns、重复频率为 100kHz 时，由于脉冲宽度较宽，脉冲发生了轻微的增益窄化现象，脉冲宽度由 8ns 减小到 7.6ns。

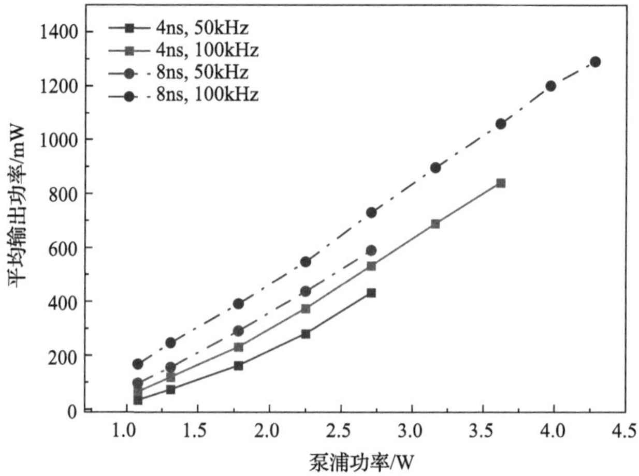

图 3.41　15/130μm 光纤放大级的平均输出功率

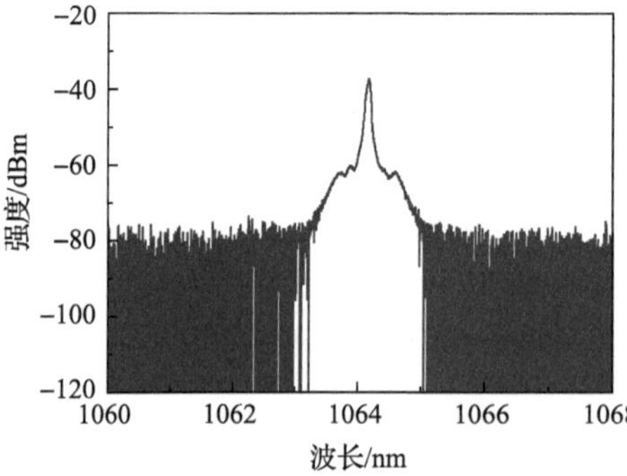

(a) 脉冲宽度为4ns，重复频率为100kHz

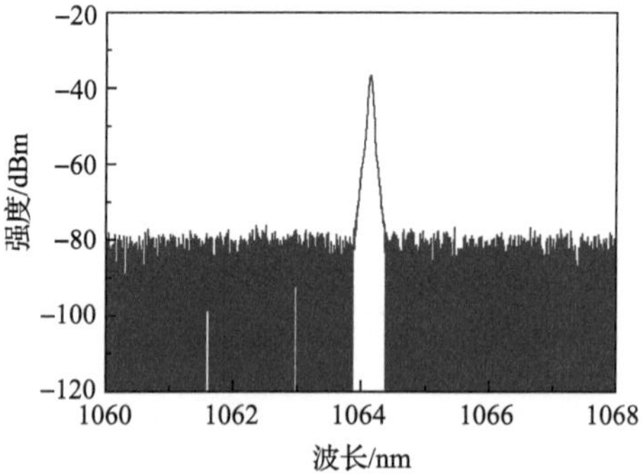

(b) 脉冲宽度为8ns，重复频率为100kHz

图 3.42　15/130μm 光纤放大级的输出光谱 2

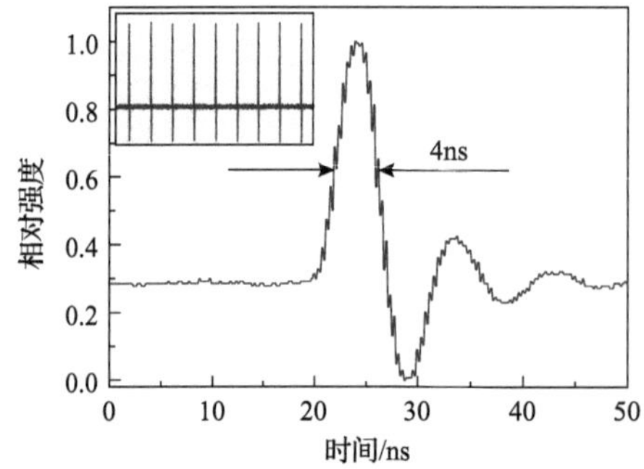

(a) 脉冲宽度为4ns，重复频率为100kHz

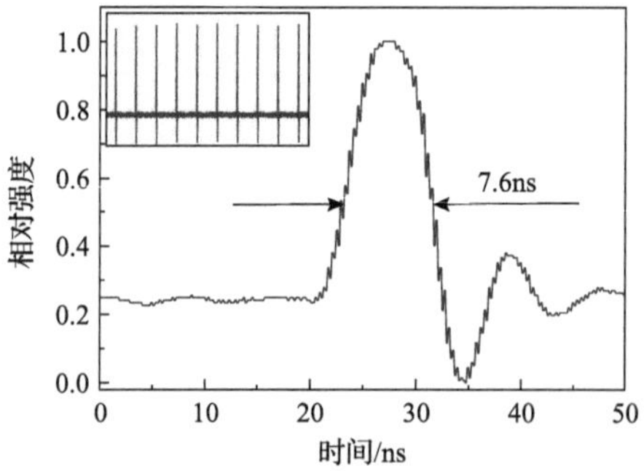

(b) 脉冲宽度为8ns，重复频率为100kHz

图 3.43　15/130μm 光纤放大级输出激光的脉冲波形

30/250μm 光纤放大级的平均输出功率见图 3.44。由于脉冲宽度越大，SBS 的阈值功率越低，4ns 脉冲的最大平均输出功率明显高于 8ns 脉冲的最大平均输出功率。在脉冲宽度为 4ns、重复频率为 100kHz 时，输出的最大平均功率为 4.9W，峰值功率为 12.25kW。在脉冲宽度为 8ns、重复频率为 100kHz 时，输出的最大平均功率为 2.3W，峰值功率为 2.88kW。

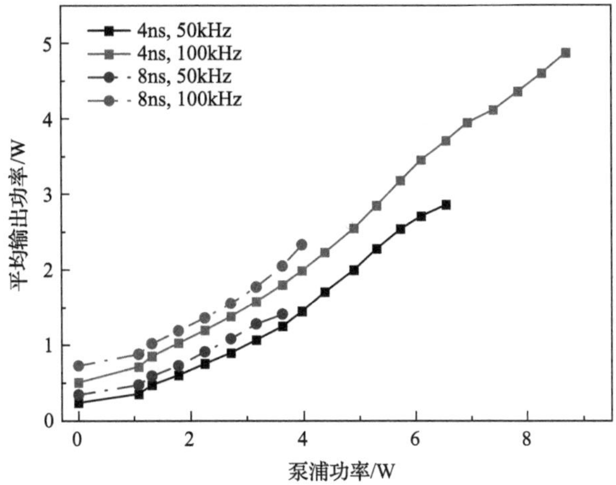

图 3.44　30/250μm 光纤放大级的平均输出功率

30/250μm 光纤放大级的输出光谱见图 3.45。由于 4ns 脉冲的 SBS 阈值高于 8ns 脉冲，脉冲宽度为 4ns 时可以注入 30/250μm 掺镱光纤的泵浦功率较高，因此脉冲宽度为 4ns 时光谱中出现了少量的带内 ASE，见图 3.45(a)。为了使后面主放大级的注入脉冲具有较窄的光谱线宽，这一级也可以适当地降低输出功率，从而得到理想的窄线宽纳秒脉冲输出。脉冲波形见图 3.46，脉冲宽度为 4ns 和 8ns 时，脉冲波形和脉冲宽度较上一级均没有变化。

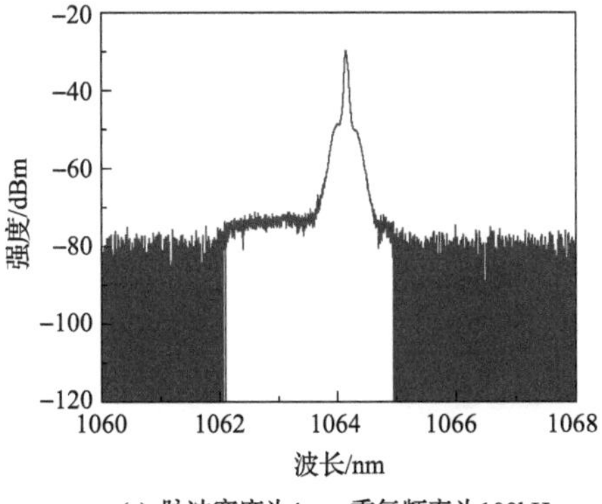

(a) 脉冲宽度为4ns，重复频率为100kHz

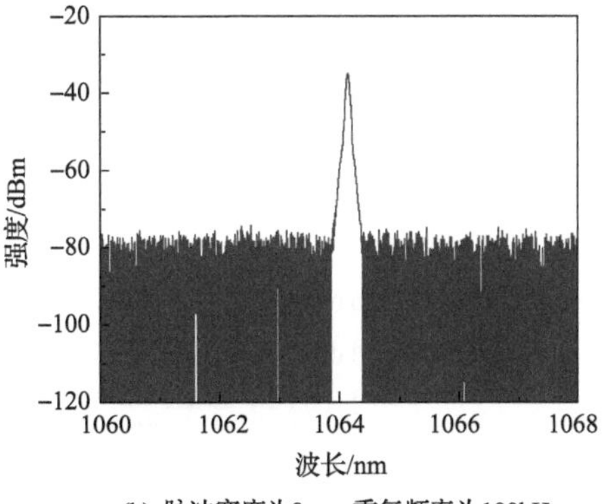

(b) 脉冲宽度为8ns，重复频率为100kHz

图 3.45　30/250μm 光纤放大级的输出光谱

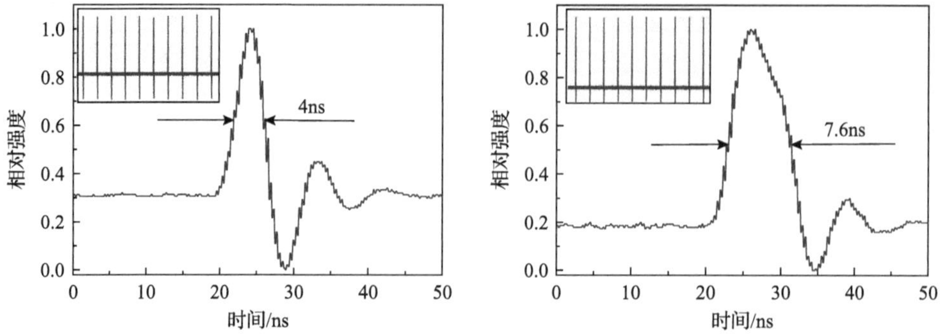

(a) 脉冲宽度为4ns，重复频率为100kHz (b) 脉冲宽度为8ns，重复频率为100kHz

图 3.46　30/250μm 光纤放大级输出激光的脉冲波形

主放大级采用了超大模场、高掺杂的双包层掺镱光纤，纤芯和包层直径分别为 50μm 和 400μm。主放大级在脉冲宽度为 4ns、重复频率为 100kHz 时的反向输出光谱见图 3.47。当正向输出功率小于 15.5W 时，反向光谱中只含有一个中心波长为 1064.14nm 的信号光峰值，强度随正向输出功率的增大而增强。当正向输出功率达到 17.8W 之后，在中心波长为 1064.2nm 处逐渐产生了第二个峰值，强度随正向输出功率的增大而迅速增强，逐渐超过 1064.2nm 处峰值的强度。两个峰值的波长差约为 15.8GHz，与石英光纤中 1064nm 的布里渊频移量基本一致，说明 1064.2nm 处为受激布里渊散射产生的斯托克斯光。反向输出激光的脉冲波形见图 3.48，由于反向传输的斯托克斯光也会消耗增益光纤中的反转粒子，与信号光脉冲形成竞争，影响脉冲的稳定性。当输出功率达到 17.8W 时，脉冲出现了明显的波动，这种波动现象的出现对应着图 3.47 中 1064.2nm 处斯托克斯光的起振。

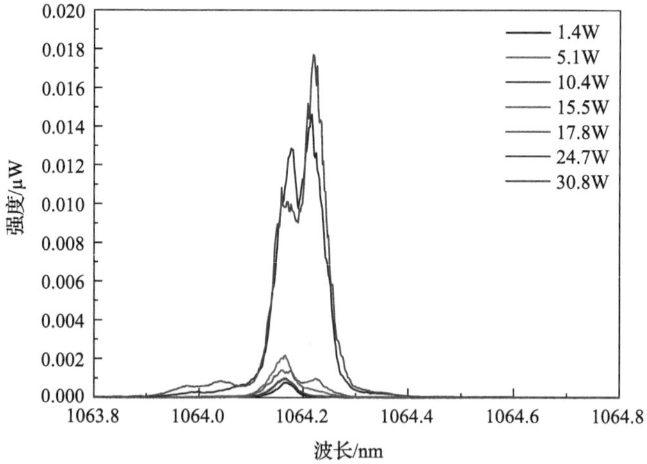

图 3.47　50/400μm 光纤放大级反向输出光谱

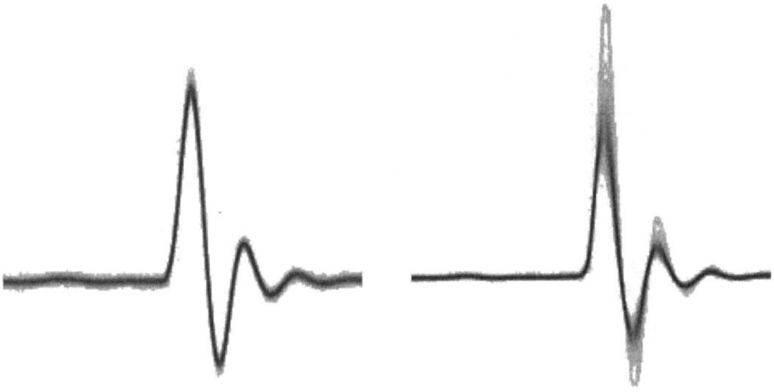

图 3.48　50/400μm 光纤放大级反向输出脉冲波形

50/400μm 光纤放大级的平均输出功率及后向输出功率见图 3.49，在不同脉冲宽度和重复频率时的最大功率都受限于 SBS 的产生。当脉冲宽度由 8ns 减小到 4ns 时，SBS 阈值显著增加，这是由于减小脉冲宽度可以减小声光相互作用时间，使更小的能量转移到斯托克斯脉冲中。当种子脉冲的脉冲宽度和重复频率分别为 4ns 和 100kHz 时，主放大级获得了最大平均输出功率 30.8W，对应的光光转换效率为 56.3%。对于相同的脉冲宽度，当重复频率由 50kHz 增加到 100kHz 时，输出功率随之增加，这是因为重复频率较高时的脉冲峰值功率较低，不会迅速到达 SBS 的阈值功率。同时可以看出，后向功率为缓慢增长趋势，均未出现非线性增长，因此无 SBS 出现。

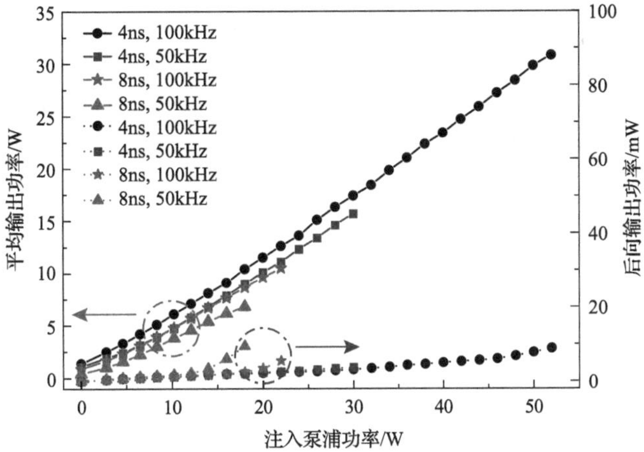

图 3.49　50/400μm 光纤放大级在不同脉冲宽度和重复频率时的平均输出功率及后向输出功率

50/400μm 光纤放大级和种子激光的脉冲波形见图 3.50。从图 3.50(a)和(b)中可以看出，当种子脉冲的脉冲宽度为 4ns 时，经过放大后的脉冲形状基本保持不变。从图 3.50(c)和(d)中可以看出，当种子脉冲的脉冲宽度增加到 8ns 时，主放大级在重复频率为 50kHz 时的输出脉冲宽度为 5.6ns，在重复频率为 100kHz 时的输出脉冲宽度为 6ns。与种子脉冲相比，由于增益窄化效应，脉冲宽度稍有减小且脉冲前沿更加陡峭。当重复频率由 100kHz 减小到 50kHz 时，脉冲窄化更加严重，因为在较低的重复频率下，增益光纤内积累的反转粒子数较多，导致较多的反转粒子数在脉冲前沿被消耗掉。

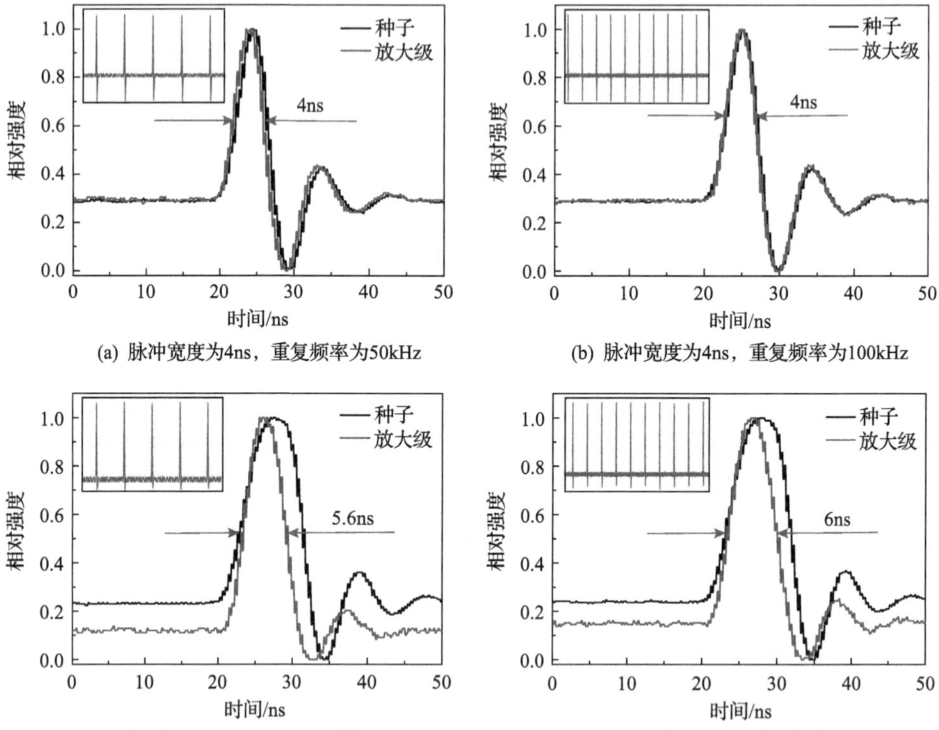

(a) 脉冲宽度为4ns，重复频率为50kHz　(b) 脉冲宽度为4ns，重复频率为100kHz

(c) 脉冲宽度为8ns，重复频率为50kHz　(d) 脉冲宽度为8ns，重复频率为100kHz

图 3.50　不同脉冲宽度和重复频率时种子激光和 50/400μm 光纤放大级的输出脉冲

50/400μm 光纤放大级在脉冲宽度为 4ns、重复频率为 100kHz 时的输出光谱见图 3.51。由图 3.51(a)可以看出，相对于 1030nm 处的 ASE，1064nm 信号光的信噪比>40dB。相对于 976nm 处的残余泵浦光，信号光的信噪比约为 20dB。由于采用了高掺杂、短长度的超大模场面积增益光纤，信号光相对于 1112nm 处 SRS 的信噪比达到了 40dB 以上。对信号光展开后的光谱如图 3.51(a)所示，中心波长为 1064.165nm。主放大级输出光谱随着输出功率增加的演化过程如图 3.51(b)所示，在放大过程中除了信号光附近产生宽度约为 0.3nm 的底座，光谱没有明显变化，这个 0.3nm 的底座是由带宽为 0.3nm 的光纤布拉格光栅导致的带内 ASE。通过光谱面积积分，估算出在输出功率为 30.8W 时，带内 ASE 和残余泵浦光占总输出功率的 35%以下，因此信号脉冲的功率占比达到了测试功率值的 65%以上。其他几组脉冲宽度和重复频率时的输出光谱的分布情况与图 3.51 相近，通过同样的方法估算脉冲宽度和重复频率为 4ns/50kHz、8ns/50kHz 和 8ns/100kHz 时的信号光占比约为 60%、82%和 79%。

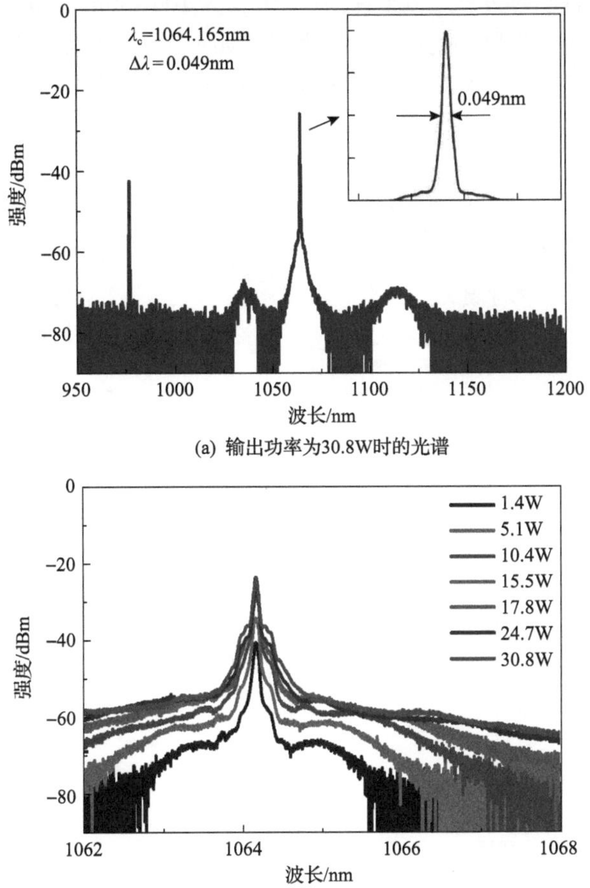

(a) 输出功率为30.8W时的光谱

(b) 不同输出功率时的光谱

图 3.51　50/400μm 光纤放大级在脉冲宽度为 4ns、重复频率为 100kHz 时的输出光谱

根据不同的脉冲宽度和重复频率时输出光谱中信号光的功率占比，可以计算出 50/400μm 光纤放大级输出脉冲的峰值功率。最终在脉冲宽度为 4ns、重复频率为 100kHz 时，输出脉冲的单脉冲能量和峰值功率分别为 0.2mJ 和 50kW。并且通过分析可知，当重复频率为 50kHz 时，4ns 脉冲的 SBS 阈值为 5.6ns 脉冲的 SBS 阈值的近 2.5 倍。当重复频率为 100kHz 时，4ns 的脉冲的 SBS 阈值为 6ns 脉冲的 SBS 阈值的近 3.8 倍。

2. 锁模脉冲展宽的高重复频率纳秒脉冲光纤激光放大器

本实例在 SESAM 被动锁模光纤激光振荡器后应用脉冲展宽技术，获得高重复频率(兆赫兹以上量级)纳秒脉冲光纤激光输出，实验装置如图 3.52 所示，由

SESAM 被动锁模光纤激光振荡器、一级预放大和展宽部分组成。SESAM 被动锁模光纤激光振荡器的平均功率为 20mW，中心波长为 1064.3nm，3dB 带宽为 0.2nm，如图 3.53 所示。测得锁模脉冲的重复频率为 27.7MHz，脉冲宽度为 28ps，如图 3.54 所示。通过一级单模光纤放大级将锁模脉冲激光的平均功率提升至 60mW。

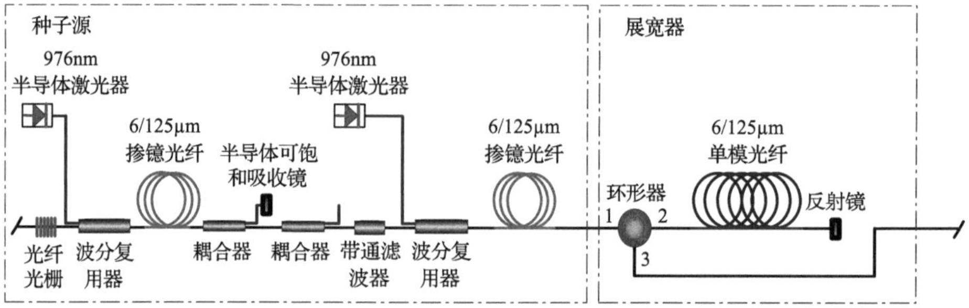

图 3.52 SESAM 被动锁模脉冲在 16km 单模光纤中的展宽实验装置图

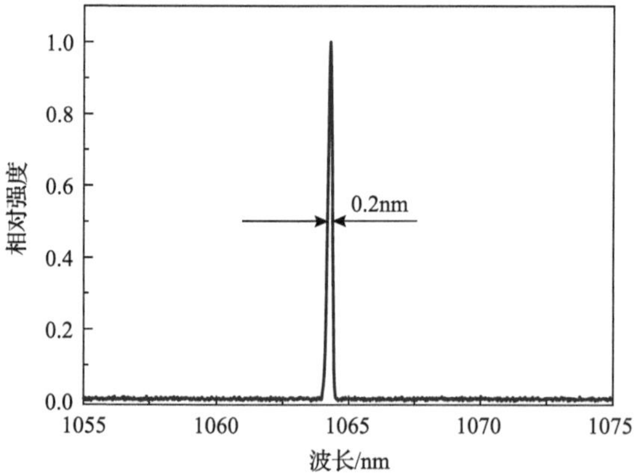

图 3.53 SESAM 被动锁模光纤激光振荡器的输出光谱

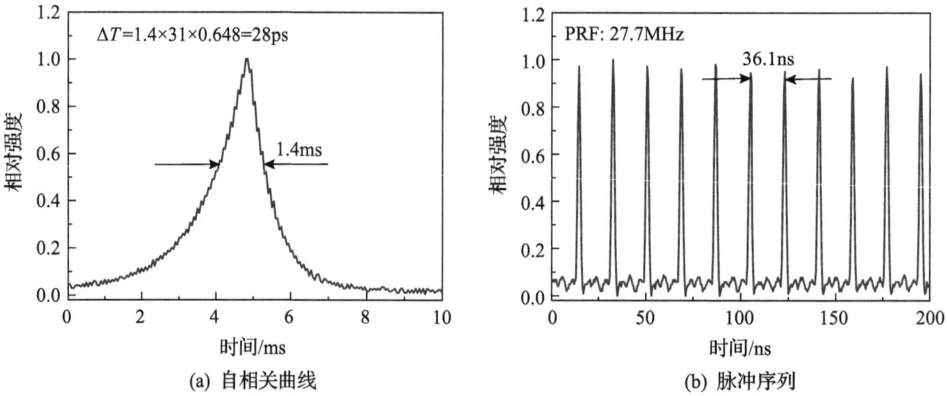

图 3.54 SESAM 被动锁模脉冲的自相关曲线及脉冲序列

锁模激光脉冲经过 8km 单模光纤进行展宽，然后将展宽后的脉冲激光通过光纤反射镜注入此单模光纤，进行再次展宽，使得皮秒量级种子脉冲激光的脉冲宽度展宽至 1.5ns，3dB 带宽展宽至 0.58nm。图 3.55(a)和(b)分别是 SESAM 被动锁模光纤激光展宽前后的光谱分布和脉冲波形。

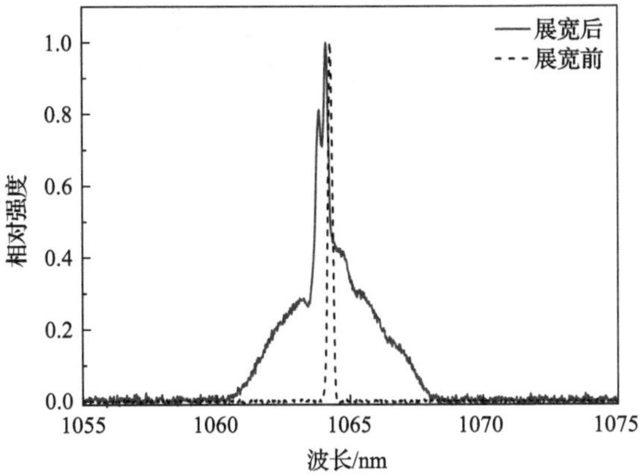

(a) 锁模激光展宽前后的输出光谱

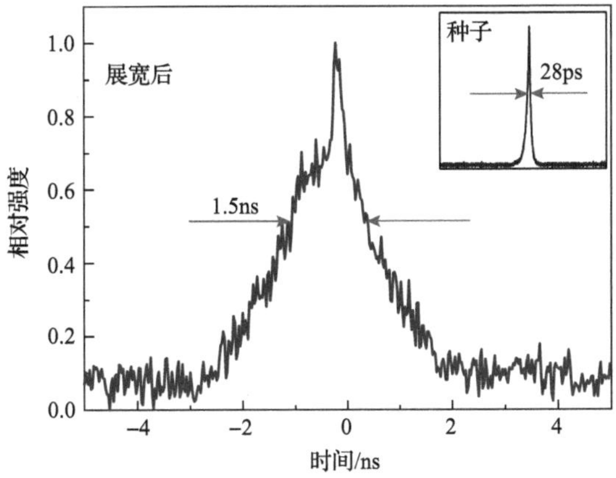

(b) 锁模激光展宽前后的脉冲波形

图 3.55　锁模激光展宽前后的输出光谱和脉冲波形

采用级联光纤激光放大器对上述展宽的纳秒脉冲光纤激光进行功率放大，整个锁模脉冲展宽的纳秒脉冲光纤激光放大器的实验装置如图 3.56 所示。经过展宽后的纳秒脉冲首先经过两级单模光纤放大级，输出功率放大至 20mW。所用光纤滤波器的带宽为 2.6nm，使得展宽后的少量光谱成分被滤除，脉冲宽度由 1.5ns 减小至 1.3ns。预放大级 3 输出的平均功率为 800mW，脉冲宽度为 1.3ns。

主放大级采用高掺杂浓度的大模场(30/250μm)双包层掺镱光纤，其平均输出功率曲线如图 3.57 所示，在注入泵浦功率为 120W 时，平均输出功率为 50.2W，对应的光光转换效率约为 41.2%，单脉冲能量为 2μJ，峰值功率为 1.5kW。

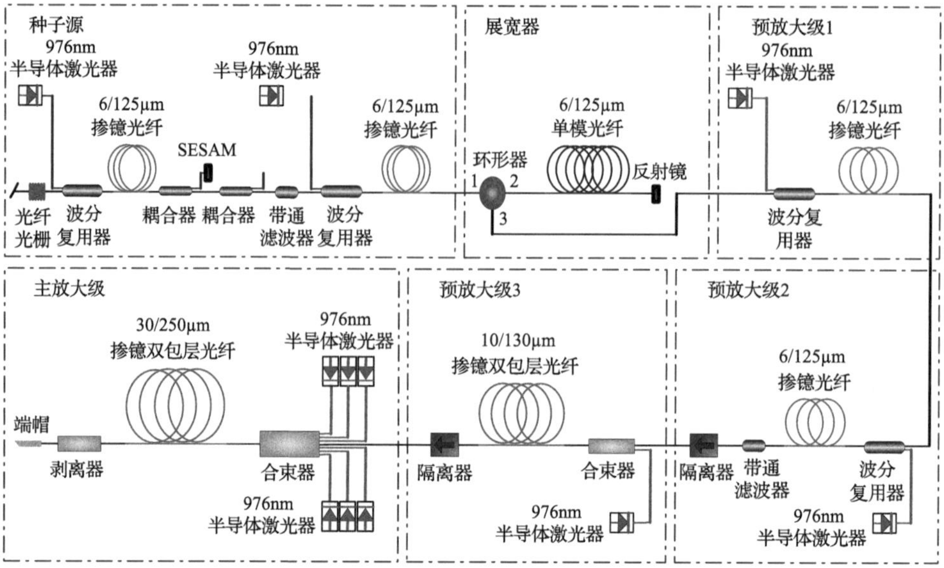

图 3.56　超高重复频率纳秒脉冲光纤激光放大器结构示意图

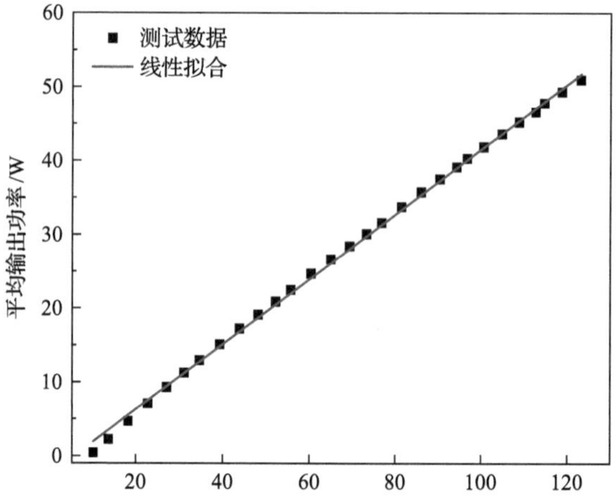

图 3.57　主放大级的平均输出功率随注入泵浦功率的变化曲线

主放大级在最大输出功率时的脉冲波形如图 3.58 所示，脉冲宽度为 1.3ns，重复频率为 27.7MHz。由于增益饱和效应，脉冲前沿的增益大于脉冲后沿的增益。

主放大级在最大输出功率时的输出光谱如图 3.59 所示，峰值波长为 1064nm，3dB 带宽增加到 2.8nm，这是因为 1064nm 的长波方向增益较强，在掺镱石英光纤中产生了增益饱和现象，与图 3.58 中脉冲波形的变化相对应。由于采用了高掺杂、短长度的增益光纤，有效地抑制了 SRS 等非线性效应。另外，由于光谱得到了大幅度展宽，非线性效应得到了进一步抑制。

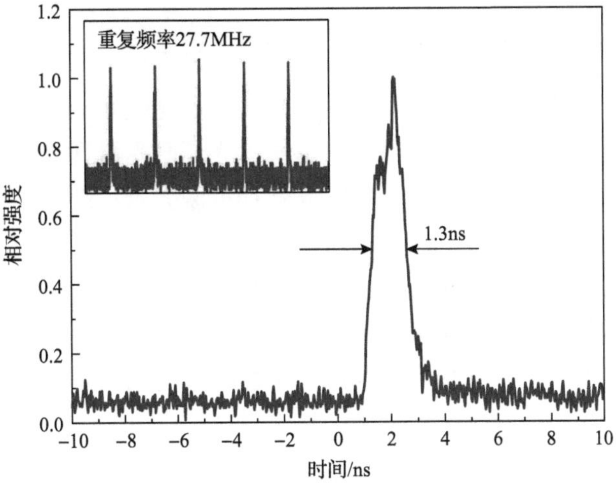

图 3.58　主放大级在最大输出功率时的脉冲波形

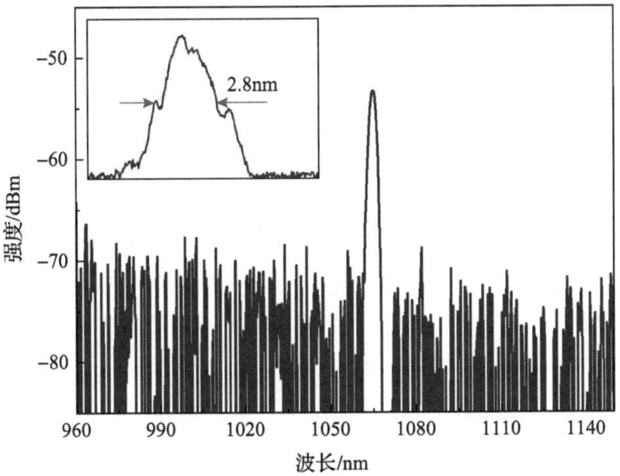

图 3.59　主放大级在最大输出功率时的输出光谱

本节首先介绍了纳秒脉冲光纤激光放大器中的 ASE 及非线性效应，详细分析了 ASE 和非线性效应抑制方法。然后以理论仿真为基础，分析了直接调制窄线宽纳秒脉冲光纤激光放大器和基于锁模脉冲展宽技术的纳秒脉冲光纤激光放大器功率、光谱、脉冲轮廓等输出性能，采用超大模场掺镱光纤有效抑制了非线性效应，通过光纤级联放大器提高了高重复频率纳秒脉冲光纤激光放大器的能量和功率，此工作为将来大能量光纤级联放大器的研究提供了参考与借鉴。

3.4 纳秒脉冲光纤激光器的应用

3.4.1 高功率纳秒脉冲光纤激光器在工业加工中的应用

随着纳秒脉冲光纤激光器性能的快速提高，其在激光工业加工领域发挥着重要作用，在激光金属彩色打标领域，纳秒脉冲光纤激光器具有效率高、定位精准等优点，逐渐取代了传统的 YAG 激光器和 CO_2 激光器；激光清洗是近几年兴起的前沿应用，利用纳秒脉冲光纤激光进行清洗，解决了传统清洗技术污染大、效率低的问题，且清洗污染物种类多，不会损伤工件。目前，锈蚀等污染物的激光清洗已应用在造船、管道、金属模具、电路板等领域[50,51]；在激光切割和焊接方面，纳秒脉冲光纤激光器凭借其高功率和热影响小的优势可以对各种零部件进行焊接切割，而且材料损耗小、污染小，易实现自动化加工。

1. 在激光金属彩色打标中的应用

激光打标是一种无污染、优质、低成本的高效加工技术，其基本原理是：将聚焦的激光束辐照在材料表面，利用其高能量特性使材料表面发生瞬间熔融甚至汽化，从而在材料表面形成相应的图案或标记。与传统的加工技术相比，激光打标技术具有以下优势[52]：①激光打标无接触、无切削力，热影响远远小于传统热加工，提高了工件的加工精度；②激光可以聚焦到很小的光斑，可以进行精细划刻加工，线条精度可以达到微米量级，在精细加工中有着无与伦比的优势；③激光可以方便地进行时间和空间控制，适用于各种形状、材质、尺寸的材料及不同的加工环境；④激光打标还具有清洁无污染、环保的特点。

激光彩色打标技术作为激光打标技术中的一个重要分支应用，在非金属着色、金属着色等领域占据了重要位置。激光器作为激光打标机的核心器件，其性能直接关系到材料的打标效果。激光打标关注的主要激光器参数有中心波长、脉冲重复频率、输出功率和光束质量等，其中激光波长和输出功率决定了所能打标的材料类别，重复频率直接影响激光打标的速度，而光束质量与激光打标精度及材料加工表面效果有很大的关联[53]。目前的金属激光彩色打标技术通常采用 1μm 波段的固体激光器[54]，装置庞大，需要配备水冷装置才能正常使用，而用全光纤激光器具有结构紧凑、长期稳定的特点，不会产生因能量衰减带来的二次调试。因此，本实例搭建的振镜式激光打标系统采用的是纳秒脉冲光纤激光器，其输出中心波长为 1064nm，脉冲宽度为 100ns，重复频率为 30kHz，平均输出功率为 20W，其详细参数如表 3.4 所示。

表 3.4　纳秒脉冲光纤激光器详细参数表

参数	取值
输出中心波长	(1064 ± 1)nm
平均输出功率	20W
光束质量因子 M^2	<1.5
输出光斑直径	6～8mm
脉冲宽度	100ns
重复频率调节范围	30～80kHz(5kHz/步长)

纳秒脉冲光纤激光彩色打标系统主要由光纤激光器、导光结构、供电系统、控制系统和机械工作台系统五个部分组成。图 3.60 为纳秒脉冲光纤激光彩色打标系统结构框图，通过计算机端的打标软件输入打标图案及相应的打标参数，计算机端的信号传入打标控制卡，打标控制卡分别向纳秒光纤激光器和扫描振镜发送加工信号，控制光纤激光器输出相应功率、频率的激光，同时控制扫描振镜按照预先输入的打标图案扫描。激光器发出的激光经准直、扩束后入射到扫描振镜，振镜在打标卡的控制下将激光反射到 *F-θ* 透镜(平场聚焦镜)，并聚焦到打标材料表面，从而在打标材料上进行相应图案或字符的加工。在打标过程中，采用红色氦氖激光对打标过程进行同步指示。此外，还需要稳定的供电系统对光纤激光器、氦氖指示光、扫描振镜和打标控制卡进行稳定供电。该打标系统的实物结构如图 3.61 所示。

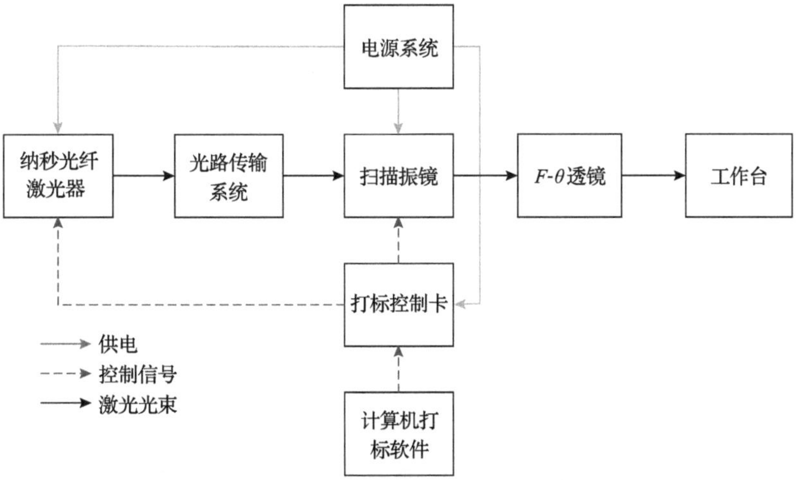

图 3.60　纳秒脉冲光纤激光彩色打标系统结构框图

图 3.61　纳秒脉冲光纤激光彩色打标系统实物图

激光在金属表面的着色过程简单来说就是经透镜聚焦后的激光脉冲在金属表面的扫描过程，激光脉冲在金属表面作用时由一个个单独的脉冲点连接成线，再逐行加工，故可以把激光与金属的作用过程看成单脉冲阶段到线扫描阶段，再到面扫描阶段三部分，扫描过程示意图如图 3.62 所示。

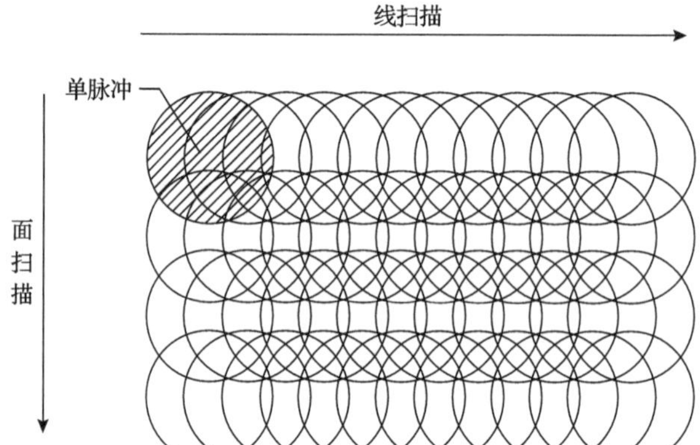

图 3.62　激光扫描过程示意图

激光彩色打标的工艺是在规定的封闭区域内(如方形、文字框线等)进行激光束与扫描方式相互配合，从而在材料表面形成标记的过程。图 3.63 是激光彩色打标的工艺方式图，在 T 字形框线内，激光按照细线的路径进行扫描直至填充满整个封闭区域。

通过改变激光峰值功率、扫描速度、脉冲重复频率和扫描行间距等工艺参数，得到了多种典型颜色的彩色样本。在此基础上，使用光学轮廓仪和扫描显微镜对多个激光金属着色样本表面进行显微观察，分析了不同着色效果的显微表面形态，确定了激光着色的理想粗糙度范围和理想表面状态。最后，在金属上实现了位图双色与彩色图案的标刻，如图 3.64 和图 3.65 所示。

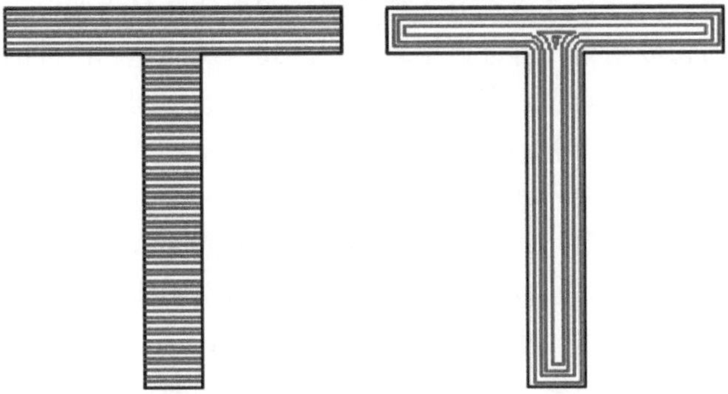

(a) 单向或双向直线填充　　(b) 环形填充

图 3.63　打标填充示意图

图 3.64　双色打标样品图

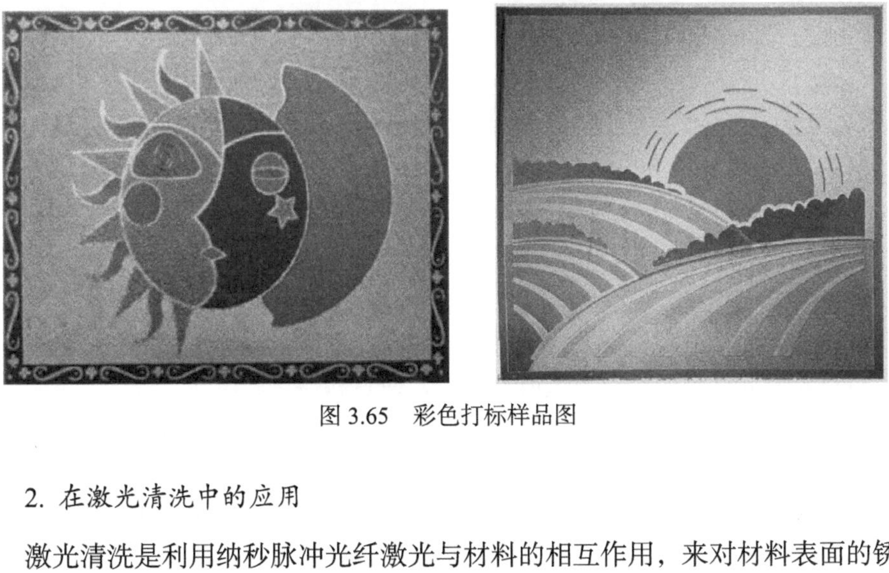

图 3.65　彩色打标样品图

2. 在激光清洗中的应用

激光清洗是利用纳秒脉冲光纤激光与材料的相互作用，来对材料表面的锈蚀进行剥离和去除的一种清洗技术。激光清洗可实现高效、绿色、智能清洗，具有广阔的应用前景。纳秒光纤激光清洗利用激光照射在基材表面产生热胀冷缩的原理，使表面的污物被剥离，再进行振碎或者汽化，从而达到清洗的效果，其优点为：①可以保护清洗对象表面完好。对于基体表面的不同污物，可以通过设定激光的参数(如光斑大小、单脉冲能量、脉冲宽度、重复频率等)有选择地清洗污物，而不会破坏基体。②保护环境，绿色清洗。激光清洗产生的废料基本上是谷底粉末，体积小，易于存放和处理，节能环保。③因为激光清洗的非接触性，可方便实行远距离操作，并可以通过光导纤维传输，能清洗物体比较隐蔽的部位。④激光清洗速度快、快捷、成本低，不损害操作人员健康。

激光清洗对高平均功率、大脉冲能量、高峰值功率的纳秒脉冲光纤激光器有着迫切需求，而高性能掺镱纳秒脉冲光纤激光器迅猛发展为激光清洗开辟了新的道路，图 3.66(a)和(b)表示掺镱纳秒脉冲光纤激光器在脉冲平均功率分别为 100W 和 300W 时，样品上铁锈清除的效果图。当脉冲激光的平均功率为 100W 时，虽然激光表面的浮锈已被清洗干净，但通过刮擦已清洗的样品仍可以看到残留的底层锈蚀；保持其他参数不变，当功率增加至 300W 时，刮擦已清洗样品后可以看出表面铁锈和底层锈蚀均已完全清除。因此，选择较高的脉冲平均功率和较大的脉冲能量有助于底层浮锈的去除[55]。

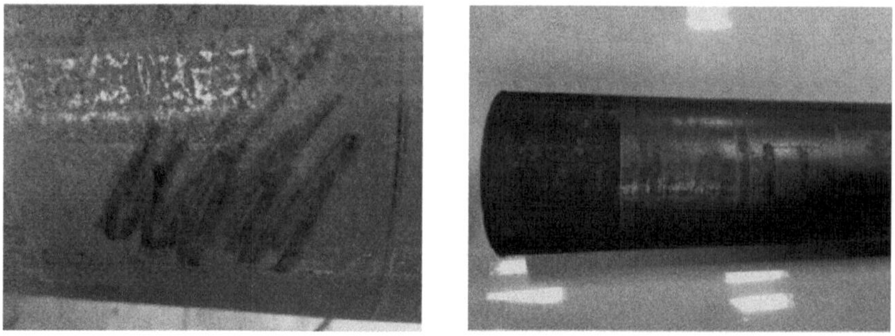

(a) 100W　　(b) 300W

图 3.66　不同脉冲功率下的激光除锈实验效果图[55]

3. 在激光切割中的应用

激光切割是工业加工领域的重要分支，其原理为激光聚焦于不同材料表面，提升材料表面温度至熔点、沸点或汽化点，使材料熔化、烧蚀、汽化，再由同轴喷嘴组件高速喷出辅助氧化物气体或金属液体，最终于材料切槽处形成切口。作为一种连续波型切割器的替代品，纳秒脉冲光纤激光器可以应用于多通蒸发式切割，并且无需辅助气体，通过烧蚀和熔融喷溅去除材料，从而实现无毛刺切割，同时减小了加工的热影响区，可以广泛适用于各种材料，包括有色金属、非有色金属，到陶瓷、高分子材料甚至含碳复合材料等，图 3.67 为纳秒脉冲光纤激光对不同材料进行切割的应用。此外，纳秒脉冲光纤激光加工系统的另一项优势是可以同时进行标记、雕刻、微加工和切割，该优势在珠宝行业得到充分的运用，成为贵金属精密加工的标配。

(a) 金属划切　　(b) 陶瓷切割　　(c) 聚合物切割

图 3.67　纳秒脉冲光纤激光切割技术应用

http://www.sooshong.com/laserlll/gongying-0-0.html

4. 在激光焊接中的应用

在工业加工领域中，激光焊接工艺具有非接触式加工特点，其工作原理为：通过高能量光纤激光脉冲加热材料表面局部，激光能量以热传导形式向材料内部扩散，材料内部吸收辐射产生液态熔池，再将熔池沿固体表面移动，逐渐消除初始焊缝。纳秒脉冲光纤激光器焊接是将脉冲激光经过光学聚焦系统聚焦在材料表面，在上层金属材料形成多个熔池，在下层金属材料形成多个热桩，其中每一个热桩都从不同的熔池延伸出来，形成末端，将上层材料和下层材料之间形成类似的“铆接”结构，如图 3.68 所示。基于这种原理，在异种金属焊接中上、下两层材料之间不会形成脆性的金属间化合物，可以有效提高焊接强度。另外，纳秒激光器每个脉冲的峰值功率较高，可以快速达到上层材料的熔化阈值，当上层材料为铜及铝合金等高反射率材料时，可有效避免因材料表面状态不一致而导致的焊接不稳定[56]。

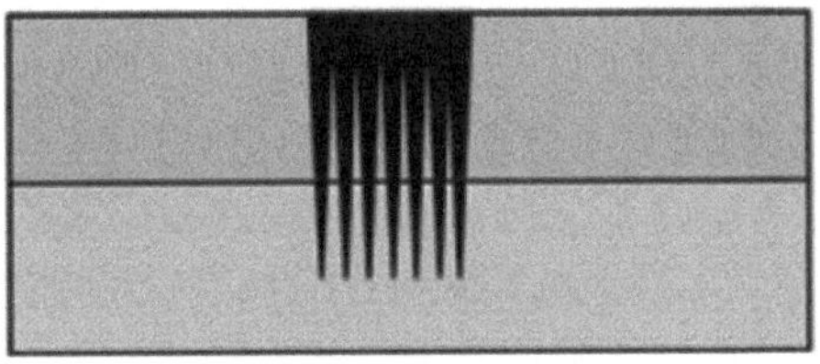

图 3.68　焊点示意图[56]

光纤激光器焊接工艺大多应用于体积较小、精密度较高的薄壁材料。其中，脉冲光纤激光器可产生纳秒量级脉冲，峰值功率较高，有利于工业焊接领域高效作业。图 3.69 为采用纳秒脉冲光纤 MOPA 结构的激光焊接机，具有脉冲宽度和脉冲重复频率独立可调、较高的峰值功率以及超高的焊接质量等特点，尤其适合薄壁异种高反射率金属材料间的焊接。

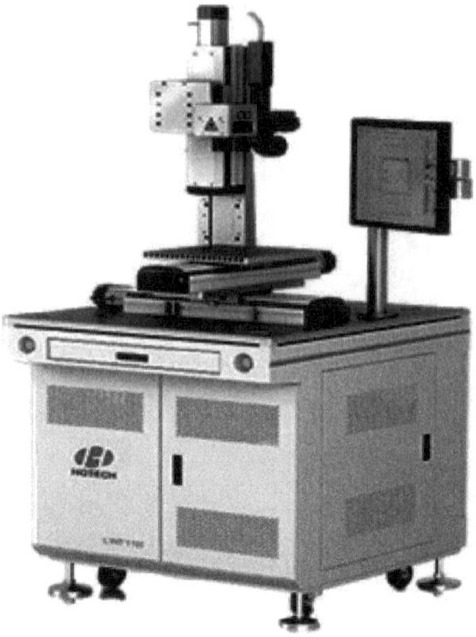

图 3.69　纳秒脉冲光纤 MOPA 结构激光焊接机实物图

https://www.hglaser.com/product/pro-detail-namiaoguangxianjiguanghanjieji.htm

下面介绍几种纳秒脉冲光纤激光在异种金属焊接中的实例：电池极耳部件需要将 0.2mm 的镍带与 0.04mm 的铜箔进行搭接焊接。由于铜箔太薄，传统的焊接方式无法焊接，采用纳秒脉冲光纤激光器可以进行有效焊接[56]，焊接效果如图 3.70(a)所示。在手机内构件中，采用纳秒脉冲光纤激光器可将铜与铝合金壳体进行焊接，焊接效果如图 3.70(b)所示。图 3.70(c)为计算机键盘的焊接样件，焊接材料为不锈钢与铝合金。图 3.70(d)为某仪表内部电子元器件的焊接，焊接材料为铜。

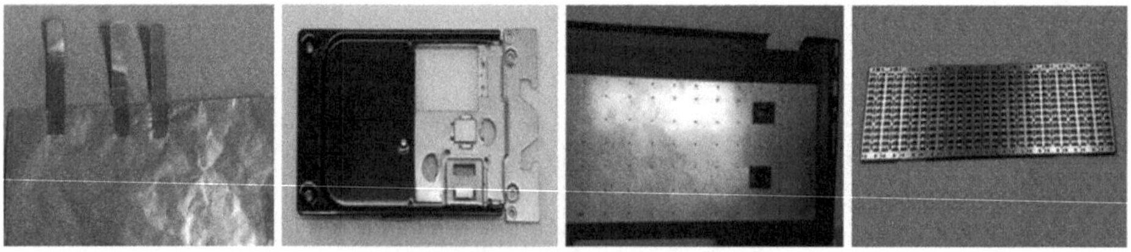

(a) 镍带与铜箔焊接　(b) 铜与铝合金壳体焊接　(c) 不锈钢与铝合金焊接　(d) 铜和铜焊接

图 3.70　纳秒脉冲光纤激光焊接的实际应用[56]

3.4.2　单频脉冲光纤激光器在激光雷达中的应用

在激光雷达领域，激光的发射波长比微波小三个数量级以上，可以在分子量级上对目标进行探测；同时激光具有更窄的波束，可以实现更高的探测灵敏度和分辨率；此外，在同等探测性能下，激光雷达的体积更小，重量更轻，且不易受无线电波干扰，因此激光雷达在远距离高精度目标探测方面发挥着越来越重要的作用，被广泛应用于巡航导弹的制导和导航、激光测距、低飞目标跟踪、目标飞行姿态的测量、宇宙飞船导航、大气遥感和测量、测绘等众多军用及民用领域[57,58]。

1. 相干多普勒测风激光雷达

以纳秒脉冲光纤激光器作为光源的典型激光雷达为相干多普勒测风激光雷达，其原理是往大气中发射一束单频脉冲激光，与大气中的气溶胶离子发生作用后产生多普勒频移，激光经大气散射后与另一束本振光在光电检测器件接收面发生混频，通过处理信号获得多普勒频移信息，从而反演出风速信息，原理如图 3.71 所示。

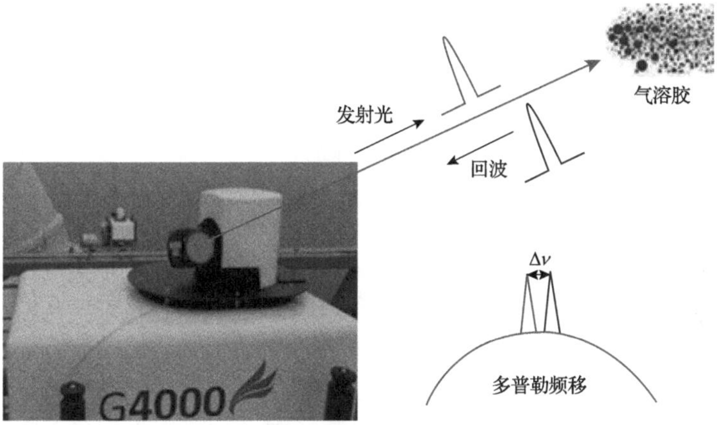

图 3.71　相干多普勒测风激光雷达原理

相干多普勒测风激光雷达光源的第一代为 10.6μm 的窄线宽 CO_2 气体脉冲激光器，虽然可以获得大能量激光输出，但是气体激光器的体积庞大、成本高且寿命短[59-61]。第二代为 1.06μm 的 Nd:YAG 固体窄线宽脉冲激光器[62-64]，具有较高的输出能量和较好的频率稳定性，但是 1.06μm 激光的最大允许人眼安全曝光量(maximum permission exposure，MPE)很低[65]，容易造成人眼损伤。然而，在部分场景下，相干多普勒测风激光雷达需要应用在低空中，光源出射激光很有可能进入人眼，因此 1.06μm 波段的光源不再适用。第三代相干多普勒测风激光雷达光源是 1.5～1.6μm 掺 Er^{3+}窄线宽脉冲激光器和 2μm 掺 Ho^{3+}窄线宽脉冲激光器。在大气传输方面，1.5μm、1.6μm 和 2μm 波段激光具有较高的透过率，大气传输特性优异，如图 3.72 所示。并且 1.5～1.6μm 和 2μm 激光的 MPE 是 1.06μm 的数百倍甚至数千倍，因此人眼安全的 1.5～1.6μm 和 2μm 激光器逐渐取代了前两代，成为当前相干多普勒测风激光雷达的理想光源。按照输出特性可以将人眼安全相干多普勒测风激光雷达光源分为两类：一类是低重复频率（百赫兹）大能量（几十毫焦）的 1.6μm 和 2μm 固体激光器；另一类是高重复频率（千赫兹）低能量（百微焦）的 1.5μm 光纤激光器。

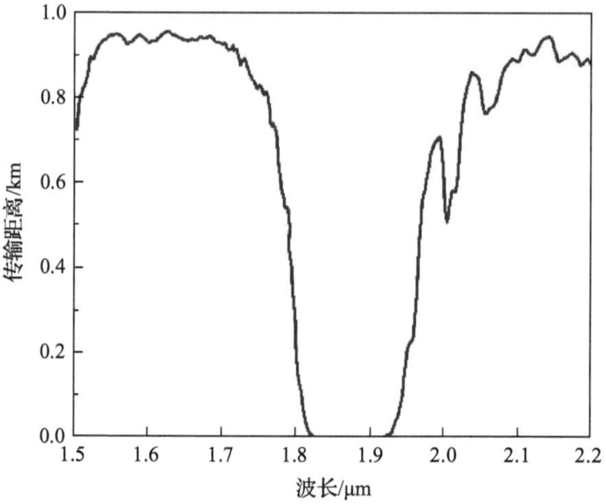

图 3.72　1.5～2.2μm 波段的大气透过率（中纬度夏季，乡村消光系数在可见光波段为 23km）

相比于 1.6μm 和 2μm 固体激光光源，1.5μm 全光纤相干多普勒测风激光雷达光源具有如下优点：①1.5μm 全光纤窄线宽激光器的光路封闭免维护，并且光纤结构具有较大的表面积/体积比，因此不需要冷却装置，环境适应能力较强，能够稳定地应用于车载、机载等运动平台。②光纤结构具有良好的延展性和灵活弯曲特性，便于集成，大大降低了系统的复杂性，因此 1.5μm 全光纤窄线宽激光器具有体积小、重量轻的优势。③1.5μm 全光纤窄线宽激光器通过外部调制的方式能够实现高重复频率的单频脉冲激光输出，重复频率一般为千赫兹甚至几十千赫兹量级，这就大大增加了回波信号的脉冲累积次数，提高了微弱回波信号的信噪比，从而提高激光雷达的探测能力。因此，基于 1.5μm 全光纤纳秒脉冲光纤激光光源的相干多普勒测风激光雷达具有体积小、重量轻、耗能少、无须水冷、无须维护、可靠性高等优点，容易实现高重复频率运转，非常适合在地基以及车载、舰载、机载等运动平台上实现多场景高精度远距离风场目标探测应用，如风力发电选址、大型桥梁建造、极端天气预警、伞兵空降、大气污染物监测、机场风切变测量、高空湍流测量和星载全球风场测量等[66,67]，如图 3.73 所示。

(a) 风力发电选址　(b) 大型桥梁建造

(c) 极端天气预警　(d) 伞兵空降

(e) 大气污染物监测　(f) 机场风切变测量

(g) 高空湍流测量　(h) 星载全球风场测量

图 3.73 相干多普勒测风激光雷达在各个场景的应用[66,67]

2. 差分吸收雷达

以单频纳秒脉冲光纤激光器作为光源的 CO_2 差分吸收雷达可以获得垂直廓线的大气 CO_2 浓度信息，实现全天候、全球范围的高精度探测，对我国提出的双碳目标，即碳达峰与碳中和起到重要战略指导意义。

按照是否具有距离分辨率，可以将差分吸收雷达分为两类：一类是距离分辨率差分吸收雷达(range resolved differential absorption lidar)，目标为软目标气溶胶，回波信号为大气的后向散射，每隔一定距离就会测量一个 CO_2 浓度值，最终可以反演出 CO_2 浓度随距离变化的关系，发射源一般是脉冲工作的；另一类是积分路径差分吸收(integrated path differential absorption，IPDA)雷达，目标为硬目标，可以是地面、海面、墙体等合作目标，回波信号为合作目标的表面反射，远强于大气的后向散射信号，因此大气的后向散射可以忽略不计。

CO_2 差分吸收雷达在极短的时间间隔内，依次发射两束或多束波长相近的脉冲激光，一束激光处于 CO_2 吸收峰的位置，且激光线宽处于 CO_2 气体吸收带以内，使路径上的 CO_2 对其吸收最大，记此束光为 On-line 激光。另一束激光处于 CO_2 吸收谷的位置，使路径上的 CO_2 对其吸收最小，记此束光为 Off-line 激光。通过测量发射源与硬目标路径上的 CO_2 对两束光(On-line/Off-line)的双程吸收，反演得出路径上 CO_2 的柱浓度，其发射源的工作方式既可以是连续的，也可以是脉冲的。图 3.74 为 IPDA 雷达测量原理，调谐到吸收峰(On-line)和吸收谷(Off-line)的两束脉冲激光(对应图中红色和蓝色的两束激光)穿过含有二氧化碳的柱状大气，然后地面反射的 On-line 和 Off-line 激光通过大气层返回，并由差分吸收雷达的收

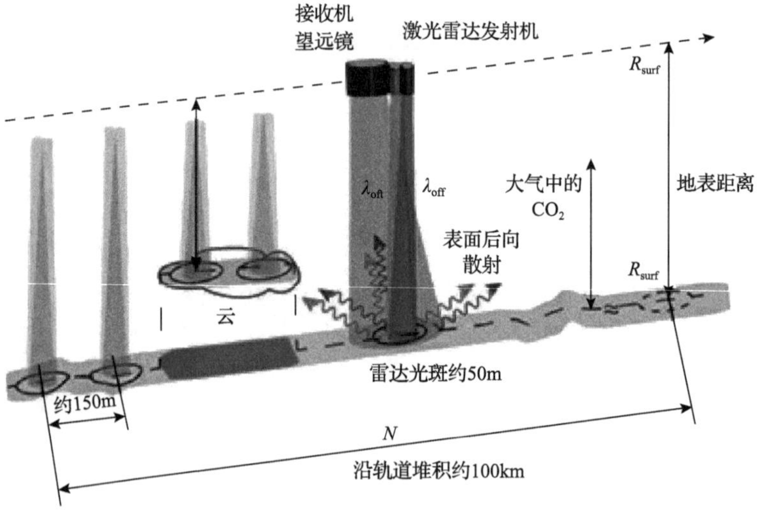

图 3.74　IPDA 雷达测量原理[68]

发系统探测，通过测量对比 On-line 和 Off-line 回波信号能量，得到 CO_2 浓度信息。

与相干多普勒测风激光雷达相同，CO_2 差分吸收雷达的核心器件是双波长切换单频脉冲激光光源，光源的高重复频率特性能够增加脉冲激光的回波信噪比，光源的大能量特性能够增加探测距离。另外，在外场环境实验中，光源的抗失调能力、稳定性以及环境适应性等显得尤为重要。1.5μm 全光纤结构的单频纳秒脉冲光源具有体积小、稳定可靠、环境适应能力强的优点，适用于车载、机载、舰载、星载等运动平台，成为国内外研究热点，并且该类光源的优势已经在全球变暖、气候恶化、航空安全保障、灾害天气预警、风能高效利用、节能减排政策制定以及提高国家在世界气候大会话语权等方面被广泛验证。未来，机载甚至星载外差探测体制激光雷达在全球宽范围的 CO_2 浓度以及风场测量中将发挥重要作用，而提升 1.5μm 单频脉冲光纤激光器的重复频率、能量、脉冲宽度等输出性能，将会大大提升激光雷达的探测能力及分辨率。在工程应用中，光纤光源的小体积、高稳定特性会大幅度提高稳定可靠性及环境适应能力，也会使全光纤单频纳秒脉冲光纤激光雷达的应用前景更加广阔。

本节介绍了高功率纳秒脉冲光纤激光器以及单频纳秒脉冲光纤激光器在工业加工和激光雷达领域中的应用，纳秒脉冲光纤激光更易实现高功率，并且结合光纤结构体积小、重量轻、散热好、功耗小的天然优势，使其在激光打标、激光切割、激光焊接和激光清洗等领域发挥着不可替代的作用。在激光雷达领域，人眼安全的 1.5μm 全光纤单频纳秒脉冲光纤激光器可实现高重复频率激光输出，并且通过光纤级联放大技术提升能量后，可有效提升雷达系统的探测能力，实现远距离多平台多场景下的目标探测应用。

3.5　本 章 小 节

本章详细介绍了纳秒脉冲光纤激光技术的背景、研究现状、实现方式、应用前景等，主要包含纳秒脉冲光纤激光技术简介、纳秒脉冲光纤激光产生、纳秒脉冲光纤激光放大器以及纳秒脉冲光纤激光放大器的应用四部分内容。高功率、大能量纳秒脉冲光纤激光光源实现的主要技术手段为：采用分布反馈式(distributed feedback，DFB)光纤/半导体激光器来获得连续单纵模激光，通过腔外调制将连续光直接调制成高重复频率百纳秒的单频脉冲激光，最后通过大模场光纤级联放大的方式实现大能量单频脉冲激光输出。针对此技术手段，本章首先介绍了重复频率脉冲宽度灵活可控的声光/电光调制技术，然后理论分析了光纤激光级联放大器理论，对纳秒脉冲光纤激光光源中涉及的关键问题寄生振荡、非线性效应(受激拉曼散射、受激布里渊散射)等以及抑制方法进行说明，并对相关应用实例进行了充分论述。在章节的最后，对纳秒脉冲光纤激光技术在激光雷达、工业加工领域的应用以及将来的发展趋势进行了展望。

参 考 文 献

[1] Yang L Y, Zhang B, Hou J. Progress on high-power supercontinuum laser sources at 3-5μm[J]. Chinese Journal of Lasers, 2022, 49(1): 0101001.

[2] de Young R J, Barnes N P. Profiling atmospheric water vapor using a fiber laser lidar system[J]. Applied Optics, 2010, 49(4): 562-567.

[3] Schneider J, Forster P, Romano C, et al. High pulse energy $ZnGeP_2$ OPO directly pumped by a Q-switched Tm^{3+}-doped single-oscillator fiber laser[J]. Optics Letters, 2021, 46(9): 2139-2142.

[4] Gebhardt M, Gaida C, Kadwani P, et al. Nanosecond Tm: Fiber MOPA system for high peak power mid-IR generation in a ZGP OPO[C]. Advanced Solid-State Lasers Congress, 2013: MW3B. 2.

[5] Shen X L, Zhang H T, Gong M L. High energy (100mJ) and high peak power (8MW) nanosecond pulses delivered by fiber lasers and self-focusing analysis based on a novel mode decomposition method[J]. IEEE Journal of Selected Topics in Quantum Electronics, 2018, 24(3): 0901306.

[6] Su R T, Zhou P, Wang X L, et al. Kilowatt high average power narrow-linewidth nanosecond all-fiber laser[J]. High Power Laser Science and Engineering, 2014, 2: e3.

[7] di Teodoro F D, Morais J, Mccomb T S, et al. SBS-managed high-peak-power nanosecond-pulse fiber-based master oscillator power amplifier[J]. Optics Letters, 2013, 38(13): 2162-2164.

[8] Han J H, Cui X D, Wang S, et al. Laser effects based optimal laser parameter identifications for paint removal from metal substrate at 1064nm: A multi-pulse model[J]. Journal of Modern Optics, 2017, 64(19): 1947-1959.

[9] Chen Y M, Zhou L Z, Yan F, et al. Mechanism and quality evaluation of laser cleaning of aluminum alloy[J]. Chinese Journal of Lasers, 2017, 44(12): 1202005.

[10] Limpert J, Höfer S, Liem A, et al. 100-W average-power, high-energy nanosecond fiber amplifier[J]. Applied Physics B, 2002, 75(4-5): 477-479.

[11] Cheng M Y, Chang Y C, Galvanauskas A, et al. High-energy and high-peak-power nanosecond pulse generation with beam quality control in 200-μm core highly multimode Yb-doped fiber amplifiers[J]. Optics Letters, 2005, 30(4): 358-360.

[12] di Teodoro F, Brooks C D. Multistage Yb-doped fiber amplifier generating megawatt peak-power, subnanosecond pulses[J]. Optics Letters, 2005, 30(24): 3299-3301.

[13] di Teodoro F, Brooks C D. Multi-MW peak power, single transverse mode operation of a 100 micron core diameter, Yb-doped photonic crystal rod amplifier[C]. Proceedings of the 4th Conference on Fiber Laser-Technology, Systems, and Applications, 2007: 6453.

[14] Li W X, Hao Q, Yan M, et al. Tunable flat-top nanosecond fiber laser oscillator and 280W

average power nanosecond Yb-doped fiber amplifier[J]. Optics Express, 2009, 17(12): 10113-10118.

[15] Dinger R, Grundmann F P, Hapke C, et al. High peak- and average-power, pulse shaped fiber laser in the ns-regime applying step-index XLMA gain fibers[C]. Proceedings of the Conference on Fiber Lasers XI: Technology, Systems, and Applications, 2014: 8961.

[16] Dinger R, Grundmann F P, Hapke C, et al. Short-pulse MOPA fiber laser with kilowatt average power and multi-megawatt peak power, applying advanced XLMA fiber amplifiers[C]. Proceedings of the Conference on Fiber Lasers XIV: Technology and Systems, 2017: 10083.

[17] 孔令超. 高功率光纤激光模式控制关键技术研究[D]. 北京: 国防科技大学, 2018.

[18] Ma X Q, Zhu C, Hu I N, et al. Single-mode chirally-coupled-core fibers with larger than 50μm diameter cores[J]. Optics Express, 2014, 22(8): 9206-9219.

[19] Stutzki F, Jansen F, Liem A, et al. 26mJ, 130W Q-switched fiber-laser system with near-diffraction-limited beam quality[J]. Optics Letters, 2012, 37(6): 1073-1075.

[20] IPG Photonics. YLPN-S 25 25×100ns, 1-3kW[EB/OL]. https://www.ipgphotonics.com/zh/products/lasers/nanosecond-pulsed-fiber-lasers[2022-1-17].

[21] Raycus. RFL-P2000[EB/OL]. www.raycuslaser.com/view/1792.html[2022-1-17].

[22] Kaneda Y, Hu Y D, Spiegelberg C, et al. Single-frequency, all-fiber Q-switched laser at 1550nm[C]. Proceedings of the Advanced Solid-State Photonics, 2004: 1-4.

[23] Liu Y, Liu J Q, Chen W B. Eye-safe, single-frequency pulsed all-fiber laser for Doppler wind lidar[J]. Chinese Optics Letters, 2011, 9(9): 90604-90607.

[24] Petersen E, Shi W, Chavez-pirson A, et al. High peak-power single-frequency pulses using multiple stage, large core phosphate fibers and preshaped pulses[J]. Applied Optics, 2012, 51(5): 531-534.

[25] Shi W, Leigh M A, Zong J, et al. High-power all-fiber-based narrow-linewidth single-mode fiber laser pulses in the C-band and frequency conversion to THz generation[J]. IEEE Journal of Selected Topics in Quantum Electronics, 2009, 15(2): 377-384.

[26] Lee W, Geng J H, Jiang S B, et al. 1.8m J, 3.5kW single-frequency optical pulses at 1572nm generated from an all-fiber MOPA system[J]. Optics Letters, 2018, 43(10): 2264-2267.

[27] Gaida C, Gebhardt M, Kadwani P, et al. Amplification of nanosecond pulses to megawatt peak power levels in Tm^{3+}-doped photonic crystal fiber rod[J]. Optics Letters, 2013, 38(5): 691-693.

[28] Yang J L, Wang Y, Zhang G, et al. High-power highly linear-polarized nanosecond all-fiber MOPA at 2040nm[J]. IEEE Photonics Technology Letters, 2015, 27(9): 986-989.

[29] Wang X, Jin X X, Zhou P, et al. All-fiber high-average power nanosecond-pulsed master-oscillator power amplifier at 2μm with mJ-level pulse energy[J]. Applied Optics, 2016, 55(8): 1941-1945.

[30] Upadhyaya B N. High-power Yb-doped continuous-wave and pulsed fibre lasers[J]. Prama, 2014, 82(1): 15-27.

[31] Jackson S D, King T A. Theoretical modeling of Tm-doped silica fiber lasers[J]. Journal of Lightwave Technology, 1999, 17(5): 948-956.

[32] 欧攀. 高等光学仿真[M]. 北京: 北京航空航天大学出版社, 2014.

[33] Wang W L, Lin W, Cheng H H, et al. Gain-guided soliton: Scaling repetition rate of passively modelocked Yb-doped fiber lasers to 125GHz[J]. Optics Express, 2019, 27(8): 10438.

[34] Tao R M, Ma P F, Wang X L, et al. Theoretical study of pump power distribution on modal instabilities in high power fiber amplifiers[J]. Laser Physics Letters, 2017, 14(2): 025002.

[35] Sintov Y, Glick Y, Koplowitch T, et al. Extractable energy from erbium-ytterbium Co-doped pulsed fiber amplifiers and lasers[J]. Optics Communications, 2008, 281(5): 1162-1178.

[36] 韩群, 宁继平, 周雷, 等. 高功率Er/Yb共掺光纤脉冲放大器中ASE的影响分析[J]. 激光技术, 2009, 33(5): 541-544.

[37] 路桥. 基于光纤激光的窄带皮秒脉冲产生与放大关键技术研究[D]. 合肥: 中国科学技术大学, 2019.

[38] Kobyakov A, Sauer M, Chowdhury D. Stimulated Brillouin scattering in optical fibers[J]. Advances in Optics and Photonics, 2010, 2(1): 1-59.

[39] 王旭, 秦祖军, 熊显名, 等. 少模光纤受激布里渊散射效应理论研究[J]. 激光与光电子学进展, 2019, 56(16): 239-245.

[40] Liu C, Liu J, Zhang Y J, et al. Stimulated Brillouin scattering suppression of thulium-doped fiber amplifier with fiber superfluorescent seed source[J]. Optics Express, 2017, 25(9): 9569.

[41] Huang L, Ma P F, Meng D R, et al. Monolithic high-average-power linearly polarized nanosecond pulsed fiber laser with near-diffraction-limited beam quality[J]. High Power Laser Science and Engineering, 2018, 6(3): 8.

[42] Boggio J M C, Marconi J D, Fragnito H L. Experimental and numerical investigation of the SBS-threshold increase in an optical fiber by applying strain distributions[J]. Journal of Lightwave Technology, 2005, 23(11): 3808-3814.

[43] Wang Y, Xu C Q. Stimulated Raman scattering in kilowatt ytterbium-doped double-clad fiber lasers[C]. Nonlinear Guided Waves & Their Applications, 2004: 1-5.

[44] Wang Y. Stimulated Raman scattering in high-power double-clad fiber lasers and power amplifiers[J]. Optical Engineering, 2005, 44(11): 114202.

[45] 陈吉欣, 隋展, 陈福深, 等. 高功率双包层光纤激光器的受激拉曼散射[J]. 中国激光, 2006, 33(3): 298-302.

[46] Renard W, Goular D, Valla M, et al. Beyond 10km range wind-speed measurement with a 1.5μm all-fiber laser source[J]. Lasers & Electro-optics, 2014, 1: 1-6.

[47] 温强. 1.5μm 单频脉冲光纤激光器的仿真与实验研究[D]. 北京: 中国电子科技集团公司电子科学研究院, 2021.

[48] Su R T, Ma P F, Zhou P, et al. High-peak-power temporally shaped nanosecond fiber laser immune to SPM-induced spectral broadening[J]. High Power Laser Science and Engineering, 2019, (2): 51-59.

[49] Huang L, Ma P F, Su R T, et al. Comprehensive investigation on the power scaling of a tapered Yb-doped fiber-based monolithic linearly polarized high-peak-power near-transform-limited nanosecond fiber laser[J]. Optics Express, 2021, 29(2): 761.

[50] 施曙东, 杜鹏, 李伟, 等. 1064nm 准连续激光除漆研究[J]. 中国激光, 2012, 39(9): 58-64.

[51] 宋峰, 伍雁雄, 刘淑静. 激光清洗的发展历程[J]. 清洗世界, 2005, 21(6): 37-40.

[52] 曹凤国. 激光加工[M]. 北京: 化学工业出版社, 2015.

[53] 陈虹, 吴世凯, 张正伟, 等. 高功率激光光束特性对激光加工的影响[J]. 光学技术, 2006, (6): 834-837, 841.

[54] Muhammad N, Whitehead D, Boor A, et al. Picosecond laser micromachining of nitinol and platinum-iridium alloy for coronary stent applications[J]. Applied Physics A, 2012, 106(3): 607-617.

[55] 李磐, 师红星, 符聪, 等. 激光清洗用高功率纳秒脉冲掺镱光纤激光器[J]. 激光与光电子学进展, 2018, 55(12): 354-358.

[56] 向发午, 胡学安, 龚钦, 等. 纳秒光纤激光在异种金属焊接中的应用[J]. 热加工工艺, 2018, 47(3): 9-12.

[57] Dai Y J. Principle of LaSer Radar[M]. Beijing: Beijing National Defense Industry Press, 2002.

[58] 倪树新, 李一飞. 军用激光雷达的发展趋势[J]. 红外与激光工程, 2003, (2): 111-114.

[59] Reitebuch O, Werner C, Leike I, et al. Experimental validation of wind profiling performed by the airborne 10-μm heterodyne Doppler lidar WIND[J]. Journal of Atmospheric and Oceanic Technology, 2001, 18(8): 1331-1344.

[60] Werner C, Flamant P H, Reitebuch O, et al. Wind infrared Doppler lidar instrument[J]. Optical Engineering, 2001, 40(1): 115-125.

[61] Bozier K E, Pearson G N, Davies F, et al. Evaluating the precision of a transverse excitation atmospheric based CO_2 Doppler lidar system with in situ sensors[J]. Journal of Optics A: Pure and Applied Optics, 2004, 6(6): 608-616.

[62] Hawley J G, Targ R, Henderson S W, et al. Coherent launch-site atmospheric wind sounder: Theory and experiment[J]. Applied Optics, 1993, 32(24): 4557-4568.

[63] 张海洋, 赵长明, 蒋奇君, 等. 1.06μm 相干激光雷达动目标多普勒信号探测[J]. 光子学报, 2009, 38(3): 507-511.

[64] Zhu X P, Liu J Q, Bi D C, et al. Development of all-solid coherent Doppler wind lidar[J].

Chinese Optics Letters, 2012, 10(1): 12801-12803.

[65] Angelini F, Colao F. Optimization of laser wavelength, power and pulse duration for eye-safe Raman spectroscopy[J]. Journal of the European Optical Society-Rapid Publications, 2019, 15(2): 1-8.

[66] Bluestein H B, Houser J B, French M M, et al. Observations of the boundary layer near tornadoes and in supercells using a mobile, collocated, pulsed doppler lidar and radar[J]. Journal of Atmospheric and Oceanic Technology, 2014, 31(2): 302-325.

[67] Cheynet E, Jakobsen J B, Snæbjörnsson J, et al. Assessing the potential of a commercial pulsed lidar for wind characterisation at a bridge site[J]. Journal of Wind Engineering and Industrial Aerodynamics, 2017, 161: 17-26.

[68] 杨巨鑫. 机载 CO_2 测量激光雷达仿真及实验研究[D]. 南京: 南京信息工程大学, 2019.

第4章 超短脉冲(皮秒/飞秒)光纤激光器

4.1 概　　述

4.1.1 超短脉冲光纤激光概述

超短脉冲激光，其脉冲持续时间很短（$\leqslant 10^{-15}$s），峰值功率很高(达到太瓦至拍瓦量级)，这两个特点使其在高精密激光加工、激光空间高精度测距、双光子显微成像、超快激光泵浦探测等诸多领域发挥了不可替代的作用。

获得高功率超短脉冲光纤激光输出的方式有主振荡功率放大(MOPA)、光纤啁啾脉冲放大(FCPA)、自相似脉冲放大(self-similar pulse amplification，SPA)等。其中，FCPA 是最主要的放大技术，激光器由锁模光纤激光振荡器、展宽器、激光放大器及压缩器组成。光纤激光振荡器通过被动锁模技术产生超短脉冲，通过光纤级联放大器实现信号光有效放大，展宽器和压缩器通过色散管理将激光脉冲在时域上进行展宽和压缩，展宽器可以有效降低激光的峰值功率，能够避免光学损伤，减少脉冲畸变，从而实现功率的有效放大；压缩器则通过色散补偿的方法压缩脉冲宽度，获得超短脉冲激光输出。

目前，单路超短脉冲光纤激光放大器已经实现了单脉冲能量毫焦量级、峰值功率吉瓦量级、平均功率千瓦量级的输出，但是，想要进一步获得更高的单脉冲能量和平均功率，受限于模式不稳定性、非线性效应、增益窄化效应、热损伤、光纤端面损伤等不利因素，实现起来比较困难。尽管大模场面积光纤、双包层光纤等材料的运用已经使得光纤激光器的输出性能得到显著提高，但更高损伤阈值的光纤元器件和更大纤芯直径光纤的制作工艺等因素仍制约着 FCPA 向更高水平的发展。相干合成技术及光纤-固体混合放大技术将成为进一步提升超短脉冲激光性能的有效方式并获得国内外研究人员广泛关注。相干合成是将种子激光依次经过展宽、分束、放大、合束和压缩后将脉冲峰值功率从吉瓦量级提升至数十太瓦量级。目前，国际相干放大网络工程研究团队(包括法国巴黎综合理工大学、德国耶拿大学夫琅禾费学院、英国南安普顿大学应用物理学院)已经将合成路数拓展至 61 路，将平均功率提升至万瓦量级，将脉冲能量提升至数十毫焦，目前已实现重复频率 10kHz、单脉冲能量大于 10J 的超短脉冲激光输出。通过光纤固体混合放大方式也已实现了焦耳量级超短脉冲激光输出，将光纤激光器产生的信号光注入固体介质进行功率放大，再通过色散管理的方式进行脉冲压缩，不仅可以在激光峰值功率和单脉冲能量方面实现突破，还能够保留光纤激光器紧凑稳定、光光转换效率高、光束质量好的优势。因此，光纤与固体相结合的方法在提升超短脉冲光纤激光器性能方面具有很大潜力，同时也是超短脉冲光纤激光器未来的发展趋势。

4.1.2 超短脉冲光纤激光研究现状

目前产生超短脉冲激光的主要方式为被动锁模技术，主要包括可饱和吸收体(SA)锁模、非线性偏振旋转(NPR)锁模和非线性光纤环形镜(nonlinear optical loop mirror，NOLM)锁模技术。光纤激光器的锁模优势在于，光纤激光振荡器腔型结构比较灵活，可以采用线形腔或环形腔结构，同时可以实现全纤化的结构，结合光纤本身固有的特性，如自相位调制、交叉相位调制、群速度色散等，可以实现稳定的超短脉冲激光输出。

2014 年，作者研究团队报道了一种基于 NPR 锁模的 980nm 全光纤激光振荡器，如图 4.1 所示，利用高掺杂的磷酸盐光纤与单模光纤组成全光纤结构，腔内加入窄带滤波器抑制 1030nm 波段的起振，振荡器获得了中心波长 980nm、平均功率 26.1mW、重复频率 20.38MHz、脉冲宽度 159.48ps 的锁模激光输出[1]。

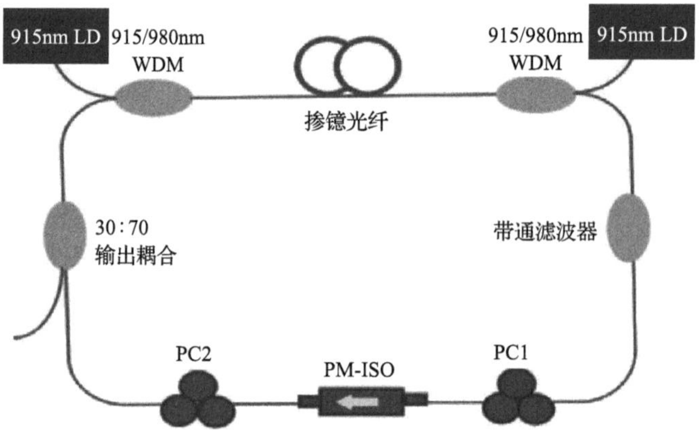

图 4.1 基于 NPR 锁模的 980nm 全光纤激光振荡器[1]

2018 年，长春理工大学介绍了一种 NPR 锁模掺铥光纤激光器，在 2μm 处获得了 1.78GHz 的高重复频率输出[2]。2022 年，东京大学 Zhao 等通过色散补偿，在 NPR 掺镱光纤激光器中实现了宽谱自相似孤子输出，10dB 带宽可达 115nm，3dB 带宽 36nm，平均输出功率 105mW，这对于实现宽光谱锁模光纤激光输出有一定的参考意义[3]。

随着大模场双包层掺杂光纤和大模场 PCF 生产工艺的成熟，它们的引入也给光纤激光振荡器的输出功率和能量带来了新的突破。2010 年，Lefrançois 等研究人员采用长 1.25m、模场直径为 33μm 的双包层大模场面积 PCF，得到平均输出功率 12W、脉冲宽度 115fs、重复频率 84MHz 的脉冲激光，将耗散孤子锁模飞秒激光振荡器的平均输出功率提升至数十瓦级[4]。天津大学也积极开展了基于 PCF 的激光振荡器的研究，并陆续实现了稳定的孤子锁模、全正色散锁模、呼吸孤子锁模和非线性偏振演化(nonlinear polarization evolution，NPE)耗散孤子锁模[5-8]，其中所得最高平均输出功率为 10W，脉冲宽度为 1.03ps，重复频率为 49MHz，色散补偿后脉冲宽度为 95.5fs[9]。2011 年，Baumgartl 等采用 1.2m 长的掺镱大空气孔间隔包层 PCF 构成全正色散环形啁啾激光振荡器，如图 4.2 所示，实现了平均输出功率 27W，重复频率 50.57MHz，脉冲宽度 2.4ps[10]。

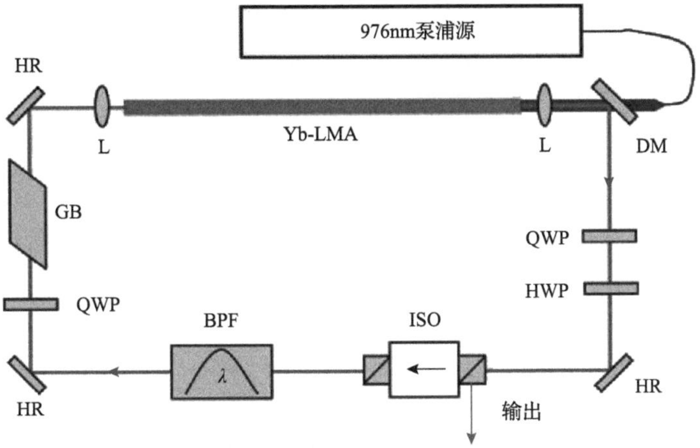

图 4.2　掺镱大空气孔间隔包层 PCF 全正色散环形啁啾激光振荡器[10]

HR 指高反镜，Yb-LMA 指掺镱大模场光纤，DM 指分光镜，QWP 指四分之一波片，HWP 指二分之一波片，L 指透镜，GB 指石英玻璃

2012 年，Mao 等利用 SESAM 锁模，在被动锁模光纤激光振荡器工作在近零色散区域获得了孤子脉冲，脉冲持续时间为 1.26ps[11]。2017 年，国防科技大学报道了一种 SESAM 锁模的全光纤宽带可调掺铥光纤激光器[12]，调谐范围从 1862nm 到 1983nm(121nm)，如图 4.3 所示。北京邮电大学利用 SESAM 锁模光纤激光振荡器，得到了重复频率高达 835MHz、平均功率 6.02mW、脉冲持续时间 374fs 的锁模脉冲输出[13]。

2014 年，作者研究团队基于锁模器件 SESAM 及 NPE 效应搭建了大模场面积 PCF 被动锁模激光器，其结构如图 4.4 所示，激光器采用环形 σ 腔结构。获得了中心波长 1.03μm、重复频率 83.7MHz、脉冲宽度 850fs、信噪比大于 50dB 的稳定连续锁模脉冲输出，最高平均输出功率 3.15W，对应单脉冲能量 37.6nJ，光谱宽度 8nm。

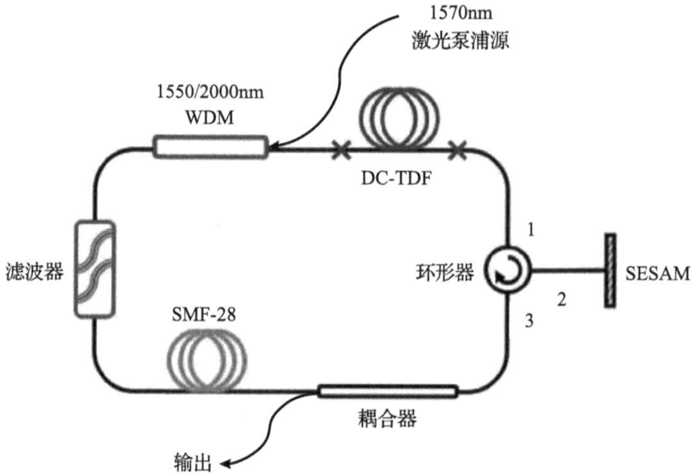

图 4.3　全光纤宽波段 SESAM 锁模掺铥光纤激光器[13]
DC-TDF 指双包层掺铥增益光纤

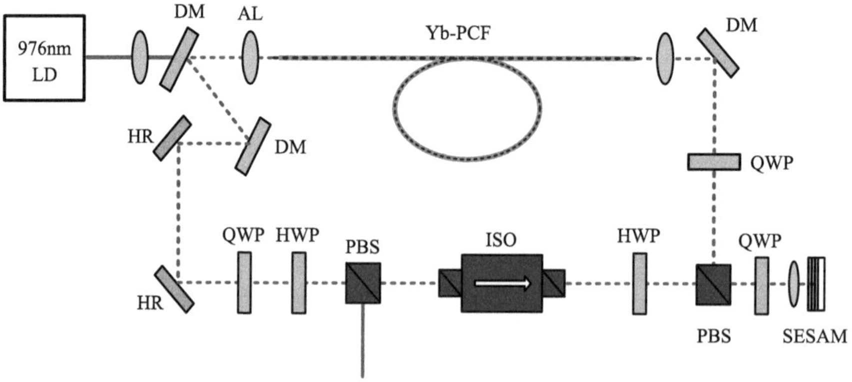

图 4.4　SESAM 和 NPE 相结合的光纤激光器实验装置图
PBS 指偏振分光镜，AL 指耦合透镜

单壁碳纳米管(single wall carbon nanotube，SWCNT)具有可饱和吸收特性，可以作为锁模器件用于锁模光纤激光振荡器中。近年来，随着研究的不断深入，基于 SWCNT 的锁模光纤激光振荡器获得了迅速发展。2014 年，Han 等利用 SWCNT 被动锁模技术实现了脉冲宽度分别为 10ps 和 466fs 的孤子脉冲输出[14]。2015 年，Woodward 等搭建了一个长度为 846m 的超长全正色散掺镱光纤激光器，并利用 SWCNT 锁模技术实现了稳定的耗散孤子输出[15]。2017 年，Tsang 等在 2μm 掺铥光纤激光器中实现了稳定的 SWCNT 锁模脉冲输出[16]。2017 年，深圳大学 Chen 等利用 0.3nm 管径的 SWCNT 作为饱和吸收体，实现了 1950nm 的被动锁模光纤激光输出[17]。2019 年，上海大学刘奂奂等研制了一种基于 SWCNT 的双波长被动锁模光纤激光振荡器，如图 4.5 所示[18]，通过调节泵浦功率，可以使激光振荡器

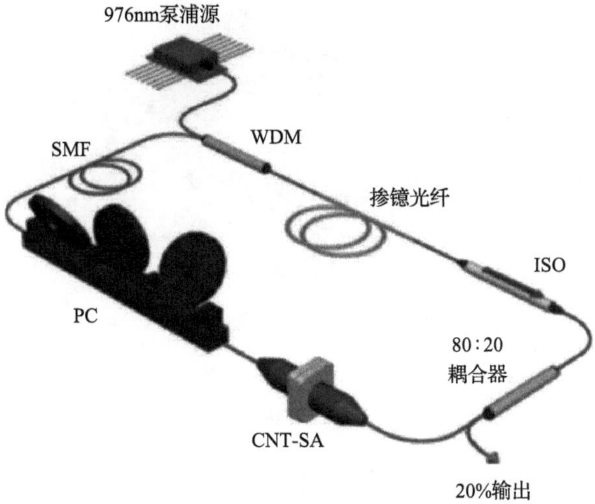

图 4.5　基于 SWCNT 的双波长被动锁模光纤激光振荡器[18]

SMF 指单模光纤，CNT-SA 指碳纳米管可饱和吸收体

的中心波长在 1572.9nm 和 1596.6nm 之间切换。

2012 年，新西兰大学 Aguergaray 等提出了一种在全保偏光纤中利用非线性放大环形镜(nonlinear amplified loop mirror，NALM)锁模技术实现自启动连续锁模运转的方法[19]。采用 8 字形腔结构并使用两个泵浦源为不同方向传输的激光提供足够的非线性积累，即使在几兆赫兹重复频率下也能实现自启动的锁模运转。全保偏 NALM 光纤激光振荡器如图 4.6 所示，激光中心波长为 1027nm，3dB 带宽为 5nm，重复频率为 10MHz，输出功率为 3mW，脉冲宽度为 7.6ps，经过腔外光栅对压缩后可以实现 344fs 的超短脉冲激光输出。

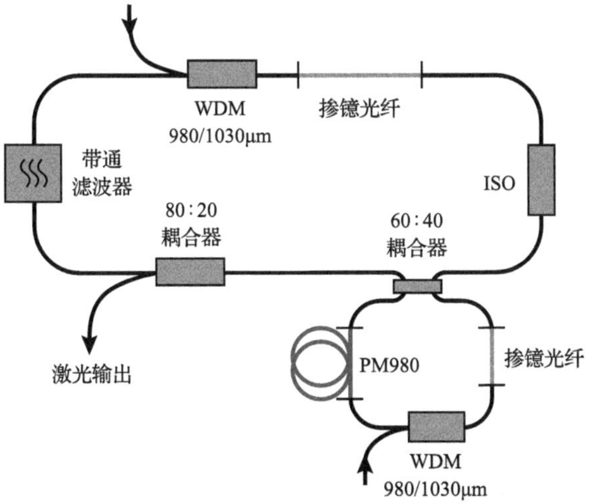

(a) NALM锁模光路图(PM指保偏单横光纤，980是型号)

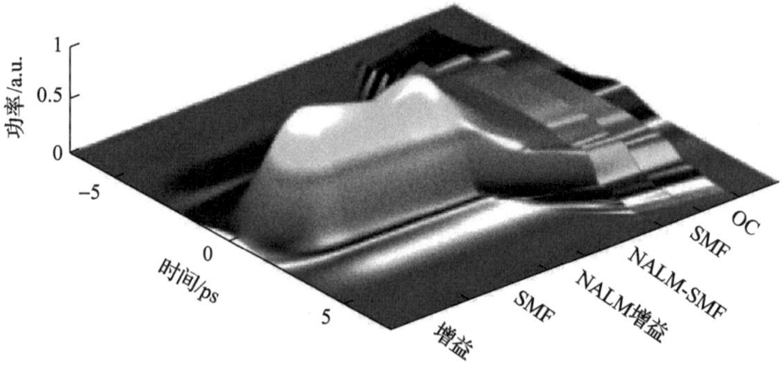

(b) 腔内的脉冲演变图

图 4.6　实验原理及腔内的脉冲演变图[19]

2016 年，奥克兰大学 Bowen 等给出了一个基于全保偏 NALM 锁模的低重复频率激光振荡器，输出脉冲带有大量线性啁啾，光谱宽度大于 10nm，重复频率为 506kHz，经过腔外光栅对压缩后可以产生脉冲宽度 500fs 的超短脉冲激光输出[20]。2018 年，西安电子科技大学 Yu 等研究了全保偏 NALM 光纤激光振荡器，如图 4.7 所示。输出激光光谱宽度达到 31nm，重复频率 6MHz，单脉冲能量 10nJ，通过腔外压缩后可以实现脉冲宽度 93fs 的超短脉冲激光输出[21]。

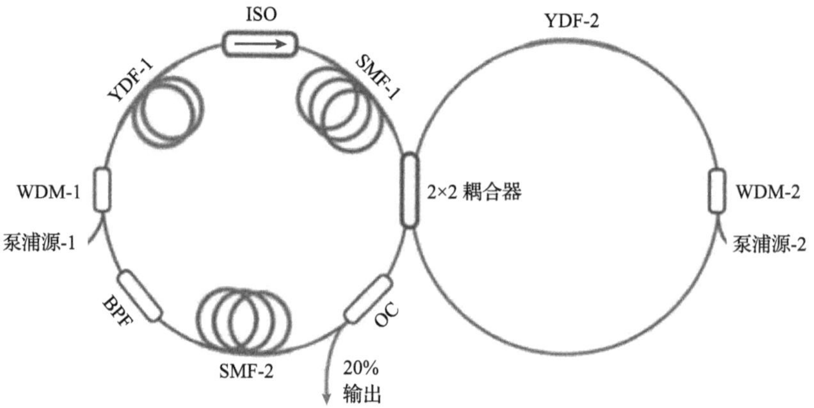

图 4.7　93fs 全保偏 NALM 光纤激光振荡器[21]

2021 年，作者研究团队搭建的全保偏 NALM 光纤激光振荡器实验装置如图 4.8 所示，输出激光的中心波长为 1030nm，10dB 带宽为 7nm，脉冲宽度为 453ps，重复频率为 437kHz，平均功率为 40mW，对应的单脉冲能量为 91nJ。

至今，研究人员仍致力于优化并探索光纤激光振荡器的实现方法，力求得到结构更稳定、参数更优异、实现方法更简单、更实用的光纤激光振荡器。同样对于超短脉冲激光放大器的研究也从未停止。从光纤激光放大器的原理和结构上讲，

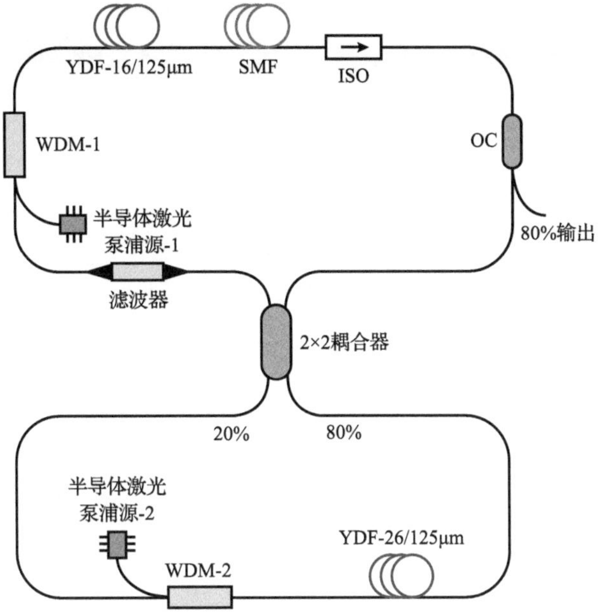

图 4.8　全保偏 NALM 光纤激光振荡器

目前要获得高功率的超短脉冲激光常用的手段主要有主振荡功率放大技术、自相似脉冲放大技术和啁啾脉冲放大技术。近些年随着超大模场光纤和光子晶体光纤的出现，以及光纤技术的不断发展，主振荡功率放大技术不断向简单化和全纤化方向发展。2013 年，立陶宛科研小组[22]采用全光纤被动锁模激光器作为种子源，千米级单模光纤作为展宽器，掺镱光纤作为放大器，通过透射式光栅对进行压缩，最终得到平均输出功率 5W、脉冲宽度 400fs、重复频率 100kHz 的脉冲激光。2015 年，作者研究团队报道了全光纤飞秒激光放大器，如图 4.9 所示。光纤激光振荡器产生的 20ps 的种子脉冲未经脉冲展宽直接注入光纤激光放大器中进行功率放大，最终获得了平均功率 2.5W、脉冲宽度 680fs、重复频率 20.9MHz、单脉冲能量 119nJ、峰值功率 0.18MW 的超短脉冲激光输出。

2016 年，国防科技大学 Yu 等给出一种全保偏高功率超短脉冲光纤激光器，如图 4.10 所示，其中采用亚皮秒光纤激光振荡器作为种子源，重复频率为 80MHz，脉冲宽度为 3.5ps。利用 CFBG 作为展宽器，经过多级保偏增益光纤的功率放大以及脉冲压缩，最终实现了平均功率 300W、脉冲宽度 315fs、峰值功率 12MW 的全保偏超短脉冲激光输出[23]。

2018 年，Gaida 等给出一种高功率掺铥光纤激光器，在中心波长 1960nm 处实现了平均输出功率 1060W、脉冲宽度 265fs、重复频率 80MHz、峰值功率 50MW、单脉冲能量 13.2μJ、光束质量因子 $M^2<1.1$ 近衍射极限的超短脉冲激光输出，如图 4.11 所示[24]。

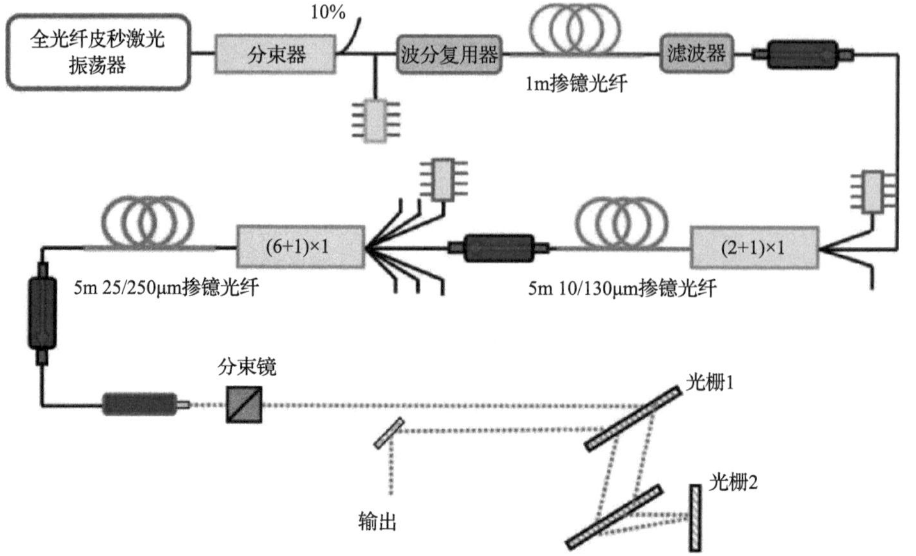

图 4.9　全光纤飞秒激光放大器示意图

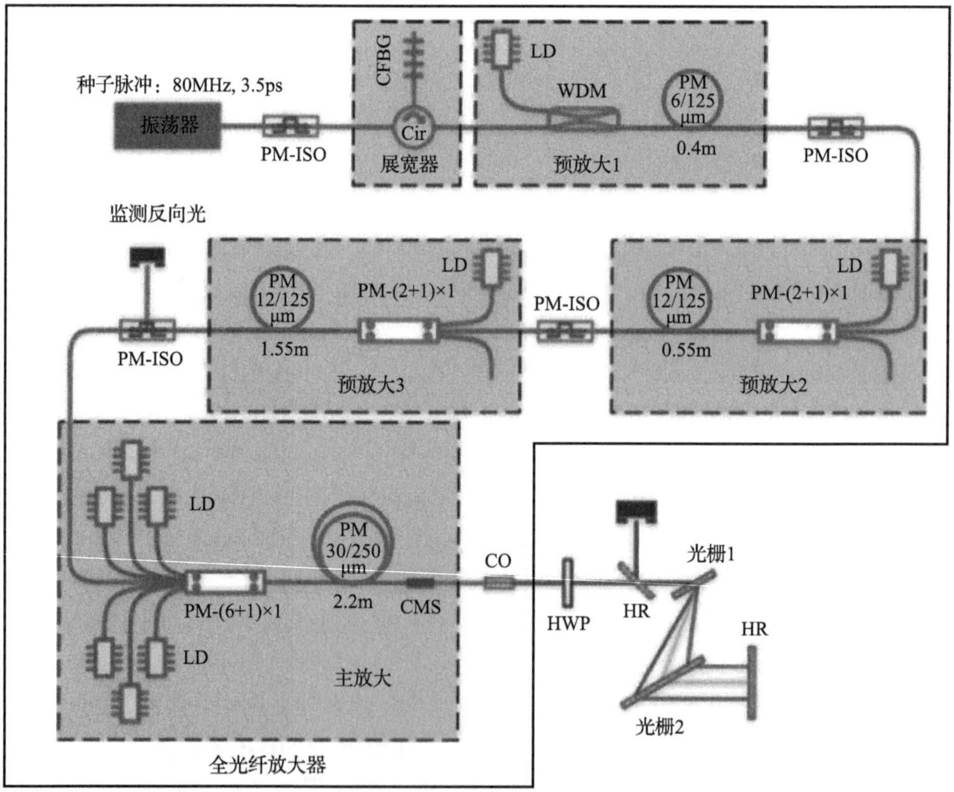

图 4.10　300W 全保偏高功率超短脉冲光纤激光器[23]

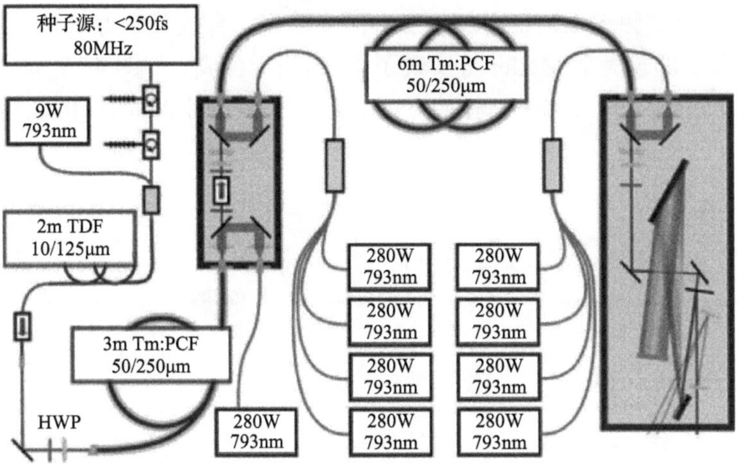

图 4.11　1060W 掺铥光纤啁啾脉冲放大系统[24]

TDF 指掺铥增益光纤

为了进一步获得高能量、高峰值功率的超短脉冲激光输出，科学家将相干合成技术引入啁啾脉冲放大技术中。2019 年，耶拿大学的 Stark 等进行了 12 路相干合成，如图 4.12 所示[25]。最终得到了平均功率 674W、单脉冲能量 23mJ、脉冲

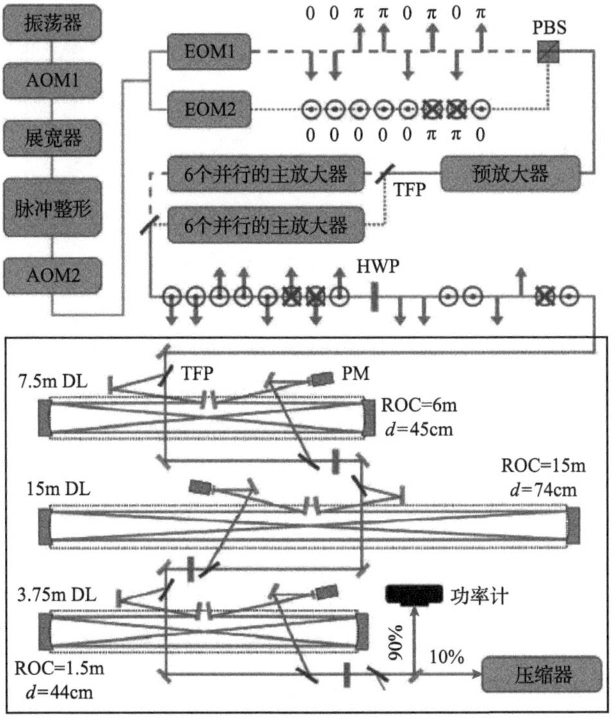

图 4.12　光纤啁啾脉冲放大系统[25]

TFP 指薄膜偏振片，DL 指反射镜组，ROC 指曲率半径

宽度 235fs、重复频率 1MHz 的超短脉冲激光输出，合成效率为 71%。

2020 年，耶拿大学 Müller 等实现了 12 路相干合成，如图 4.13 所示[26]。最终实现了平均输出功率 10.4kW、脉冲宽度 254fs、重复频率 80MHz 的超短脉冲激光输出。

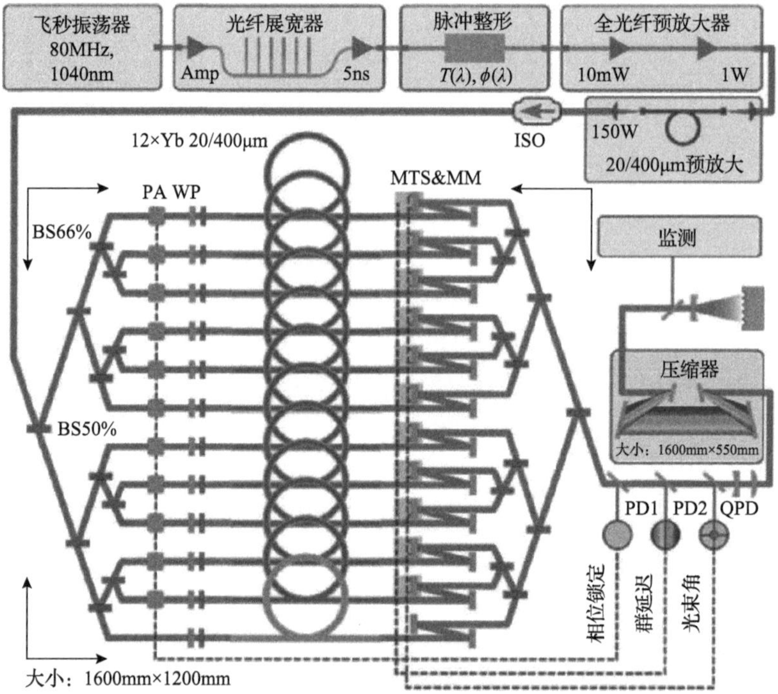

图 4.13　相干合成激光系统设置示意图[26]

PA 指滑动镜，WP 指四分之一/二分之一波片，MTS 指电动平移台，MM 指电动镜，Amp 指放大器，BS 指分束器，PD 指功率监测器

光纤-固体结合是进一步提高超短脉冲激光能量和峰值功率的有效方法。该方法不仅可以在激光峰值功率和单脉冲能量方面实现突破，还能够保留光纤激光器紧凑稳定、光光转换效率高、光束质量好的优势。2018 年，俄罗斯科学院 Kuznetsov 等采用光纤-固体相结合的方法，利用 Yb: YAG 作为固体激光增益介质，经过啁啾体布拉格光栅(chirped volume Bragg grating，CVBG)压缩后最终实现了单脉冲能量 2mJ、峰值功率 714MW、脉冲宽度 2.8ps 的超短脉冲激光输出[27]。同年，他们又使用碟片激光放大器，将激光脉冲能量提升至 10mJ 以上，平均功率大于 120W[28]。2019 年，中国科学院上海光学精密机械研究所以光纤激光器作为种子源，然后通过 Nd: YAG 再生放大器进行预放大，获得了重复频率 100Hz、单脉冲能量 5mJ 的皮秒脉冲输出。随后通过两级侧面泵浦 Nd: YAG 双程放大器实现了脉冲宽度 500ps、单脉冲能量 200mJ 的激光输出[29]。

4.1.3　超短脉冲光纤激光发展趋势及面临的挑战

光纤关键元器件及技术的飞速发展，尤其是新型大模场光纤、光纤光栅以及光纤相干合成、光纤固体结合放大等的迅速发展，促使超短脉冲光纤激光器向着脉冲宽度更窄、功率更高、单脉冲能量更大、环境适应性更好等方向发展。特别是以光纤光栅、滤波器、光子晶体光纤等为基础的新型光纤器件的出现，为光纤激光器的设计提供了新的思路。相干合成技术和光纤-固体结合放大技术使输出的单脉冲能量和平均功率获得极大提升，并在多个领域都具有重要应用，主要包括以下方面：

(1) 向更高功率方向发展。在船舶、航天等高新技术领域需求和增材制造技术广泛应用的推动下，更高输出功率成为光纤激光器发展的主要研究内容之一，光纤激光器的输出功率将从百瓦级、千瓦级向万瓦级发展。预计通过采用更高功率的泵浦源、更先进的特种光纤设计和高功率光纤合束技术，光纤激光器输出功率将达到数万瓦级。配置千瓦至数万瓦的大功率光纤激光器的工业装备将会成为制造业的主流设备。

(2) 向更高单脉冲能量方向发展。在激光的许多应用中，如激光深雕、激光清洗等需要高平均功率、高峰值功率的脉冲光纤激光器，将高光束质量、小功率的激光器作为种子光源，双包层光纤作为放大器，容易获得高平均功率、高脉冲能量的脉冲激光输出，是目前行业研究的热点和难点。

(3) 向更短脉冲宽度方向发展。在激光精细加工领域，如脆性材料打孔、蓝宝石玻璃切割等，需要超快飞秒量级的光纤激光器。目前，中高功率的超快超短脉冲光纤激光器是研发的热点。当前，飞秒激光器在透明材料(如熔融石英、蓝宝石等)的三维加工中展现出出色的能力，成为光纤微加工(如光纤光栅刻写)、半导体晶片切割、可重写五维光学存储器的优异工具。此外，飞秒激光可以改变太阳能电池板的表面，以提高太阳能电池的效率。

(4) 向更高亮度方向发展。高光束质量的高功率光纤激光器在科研和军事领域需求旺盛，主要用户为科研机构、高等院校和政府部门。目前，国外发达国家把高光束质量的大功率光纤激光器作为战术激光的光源，军事等特殊需求将促使光纤激光器在向更高功率发展的同时向更高亮度方向发展，即在提升输出功率的同时保持光纤激光器输出光束质量。

(5) 向模块化、智能化方向发展。利用有限的规格和品种，通过组合和搭配不同模块提高产品的稳定性和可靠性。同时，通过采用先进的通信技术和设计理念，实现光纤激光器的远程诊断、远程维修、远程控制以及数据统计，通过对光纤激光器运行状态的实时监控，提前发现和处理其潜在的故障，从而为用户提供更好的产品服务。

4.2 超短脉冲锁模光纤激光振荡器

4.2.1 超短脉冲锁模光纤激光振荡器基本理论

超短脉冲光纤激光器中，用来实现被动锁模的方法通常有两种：一种是利用真实的可饱和吸收体进行锁模，如 SESAM、石墨烯、碳纳米管等材料；另一种是利用光纤的克尔非线性效应或非线性偏振旋转效应这些近似可饱和吸收体原理的快速开关获得锁模脉冲激光。被动锁模光纤激光振荡器在设计时可以充分利用光纤中较强的非线性效应，产生的超短脉冲激光具有很高的单脉冲能量，更加满足啁啾脉冲放大系统的设计需要。

1. 全光纤锁模激光振荡器的基本原理

自由运转激光器的输出一般包含若干个超过阈值的纵模，且纵模之间的振幅及相位关系都不确定，激光器的输出是无规则起伏的。通过一定措施，促使各纵模之间形成确定的相位关系，则激光器在时域上就能产生超短脉冲激光输出[30]。纵模间的频率间隔为

$$\Delta\nu = \nu_{q+1} - \nu_q = c/(2nL) \tag{4.1}$$

式中，c 为真空中的光速；$2nL$ 为谐振腔的光程；q 表示某一个特定的模式。假设在激光器增益介质的增益带宽内纵模总数为 $2M$+1 个，那么总的光场可以写为

$$E(t) = \sum_{m=-M}^{M} E_m \exp(\mathrm{i}\phi_m - \mathrm{i}\omega_m t) \tag{4.2}$$

式中，E_m、ϕ_m 和 ω_m 分别为某一特定模式下的振幅、相位和频率。如果谐振腔内有无数个纵模在起振，相互之间没有确定的相位关系，此时总光强 $[E(t)]^2$ 中相干项累积的平均效果为零，那么激光就以一种连续输出的方式运转。若在纵模中加入某种特殊的调制使其相位关系固定，那么激光器会以脉冲形式运转。此时，任意两个相邻模式间的相位差被锁定为一个常数 ϕ，即 $\phi_m - \phi_{m-1} = \phi$。模式频率 $\omega_m = \omega_0 + 2m\pi\Delta\nu$。假设所有模式的振幅均为 E_0，则总光强为

$$[E(t)]^2 = \frac{\sin^2\left((2M+1)\pi\Delta\nu t + \phi/2\right)E_0^2}{\sin^2(\pi\Delta\nu t + \phi/2)} \tag{4.3}$$

从式(4.3)中可以看出，光强是一个关于时间的周期函数，周期 $\tau_\mathrm{r} = 1/\Delta\nu$ 正好是激光在腔内运转一次所需要的时间，同时它也能够表示相邻脉冲的时间间隔。

对于这个结果有一个较为形象的解释：每当一个单脉冲在谐振腔内完成一次循环时都会在输出腔镜位置处输出一小部分能量，且这一个过程会被无限多次循环。脉冲宽度 τ_p 可由式(4.4)进行计算：

$$\tau_p = [(2M+1)\Delta\nu]^{-1} \tag{4.4}$$

式中，$(2M+1)\Delta\nu$ 代表所有相位锁定模式的总带宽，显然它与激光脉冲宽度成反比。当通过对腔内的净色散进行精确调控后，利用锁模的方法完全能够产生脉冲宽度极窄的超短脉冲激光。此外，由式(4.3)可知，脉冲光强的极大值为

$$[E(t)]_{\max}^2 = (2M+1)^2 E_0^2 \tag{4.5}$$

因此，锁模后的脉冲激光虽然在平均功率上未发生太大改变，但其输出脉冲的峰值功率却是激光器连续运转时的 $2M+1$ 倍。

2. 波的传输方程

光纤中激光的传输服从麦克斯韦方程组[31]，通过求解可以得到光纤中光传输的波动方程为

$$\nabla\times\nabla\times E = -\frac{1}{c^2}\frac{\partial^2 E}{\partial t^2} - \mu_0\frac{\partial^2 P}{\partial t^2} \tag{4.6}$$

式中，E 为电场强度矢量；c 为光在真空中的传播速度；μ_0 为真空中的磁导率；P 为感应电极化强度。

在非线性色散介质中，为了完整地描述光纤中光波的传输，还需要考虑感应电极化强度 P 和电场强度 E 的关系[31]。例如，在 1μm 波段，P 和 E 的关系可以唯象地写为

$$P = \varepsilon_0(\chi^{(1)}\cdot E + \chi^{(2)}\cdot EE + \chi^{(3)}\cdot EEE + \cdots) \tag{4.7}$$

式中，ε_0 为真空中的介电常数；$\chi^{(j)}(j=1,2,\cdots)$ 为第 j 阶极化率。一阶极化率 $\chi^{(1)}$ 对 P 起主要作用；二阶极化率 $\chi^{(2)}$ 在对称分子介质中通常为零，石英光纤的主要成分为 SiO_2，其二阶极化率 $\chi^{(2)}$ 等于零。因此，光纤中产生的最低阶非线性效应是由三阶极化率 $\chi^{(3)}$ 引发的，主要表现为非线性折射现象。如果只对光纤中的三阶非线性效应进行研究，则感应电极化强度可以写为如下形式：

$$P(r,t) = P_L(r,t) + P_{NL}(r,t) \tag{4.8}$$

式中，P_{L} 和 P_{NL} 分别为感应电极化强度的线性部分和非线性部分。由于石英光纤中的非线性效应相对较弱，所以把非线性极化项 P_{NL} 处理成总极化强度的微扰是合理的[32]，即 $P_{\mathrm{NL}}=0$ 时方程变为

$$\nabla \times \nabla \times \widetilde{E}(r,\omega)=\varepsilon(\omega)\frac{\omega^2}{c^2}\widetilde{E}(r,\omega) \tag{4.9}$$

式中，$\widetilde{E}(r,\omega)$ 是 $E(r,\omega)$ 的傅里叶变换。对式(4.9)进行求解时需要做两项简化：①由于光纤的损耗很小，$\varepsilon(\omega)$ 中的虚部相对于实部可以忽略，因此可以把 $\varepsilon(\omega)$ 替换为 $n(\omega)$；②阶跃光纤折射率 $n(\omega)$ 与空间坐标无关，这种处理方法也是合理的。利用这两个简化关系可由式(4.9)推导出下面的亥姆霍兹光波传输方程：

$$\nabla^2\widetilde{E}+n^2(\omega)\frac{\omega^2}{c^2}\widetilde{E}=0 \tag{4.10}$$

3. 光纤的色散特性

激光在光纤中传输时，光纤的折射率 $n(\omega)$ 对光波频率具有依赖性，光脉冲中不同的光谱成分在光纤中以不同的速度 $c/n(\omega)$ 传输，会导致脉冲宽度发生变化，这在光谱较宽的超短脉冲激光中尤为明显。这种色散效应引发的脉冲宽度变化可能会给实际应用带来不利影响，例如，在光纤通信应用领域，激光在光纤中长距离传输会导致信号失真，影响通信质量。然而，如果能将光纤色散特性合理地应用在光纤激光器的设计上，可以对激光器输出参数产生极大的优化。

在中心频率 ω_0 附近把传输常数 $\beta(\omega)$ 展开成泰勒级数，那么光纤中色散效应的表达式就可以写为

$$\beta(\omega)=\beta_0+\beta_1(\omega-\omega_0)+\beta_2(\omega-\omega_0)^2+\beta_3(\omega-\omega_0)^3+\cdots \tag{4.11}$$

式中

$$\beta_m=\left(\frac{\mathrm{d}^m\beta}{\mathrm{d}\omega^m}\right)_{\omega=\omega_0},\quad m=0,1,2,\cdots \tag{4.12}$$

β_1 与脉冲包络的群速度有关，表示光脉冲包络以群速度移动；β_2 为群速度色散(GVD)系数；β_3 为三阶色散(third order dispersion, TOD)系数，三阶色散属于高阶色散。

色散参量 D、折射率 n 及群速度色散系数 β_2 之间的关系可以由如下公式表示：

$$D=\frac{\mathrm{d}\beta_1}{\mathrm{d}\lambda}=-\frac{2\pi c}{\lambda^2}\beta_2=-\frac{\lambda}{c}\frac{\mathrm{d}^2n}{\mathrm{d}\lambda^2} \tag{4.13}$$

1μm 波段选用熔融石英光纤，其零色散点在 1.31μm 附近。此光纤对中心波长 1064nm 的激光表现出正色散，测得二阶色散系数 $\beta_2 = 0.02\text{ps}^2/\text{m}$，三阶色散系数 $\beta_3 = 6\times10^{-5}\text{ps}^3/\text{m}$。而纤芯中掺有稀土离子的增益光纤，其色散量与无源光纤略有不同。

脉冲在光纤中传输服从非线性薛定谔方程(nonlinear Schrodinger equation, NLSE)，此方程描述了脉冲慢变包络 $A(z,t)$ 在光纤中的传输过程。对其进行简化推导后，其表达式为

$$\mathrm{i}\frac{\partial A}{\partial z} + \frac{\mathrm{i}\alpha}{2}A - \frac{\beta_2}{2}\frac{\partial^2 A}{\partial T^2} + \gamma |A|^2 A = 0 \tag{4.14}$$

式中，A 为脉冲振幅；$|A|^2$ 为场的强度；γ 为光纤的非线性系数；α 为损耗系数。在不考虑光纤中非线性效应和光纤损耗的情况下，只对光纤中的二阶色散和三阶色散进行分析，式(4.14)可简化为

$$\frac{\partial A}{\partial z} = -\mathrm{i}\frac{\beta_2}{2}\frac{\partial^2 A}{\partial T^2} + \frac{\beta_3}{6}\frac{\partial^3 A}{\partial T^3} \tag{4.15}$$

对其进行傅里叶变换，由式(4.15)推导的脉冲慢变包络振幅 $\tilde{A}(z,\omega)$ 为[31]

$$\tilde{A}(z,\omega) = \tilde{A}(0,\omega)\exp\left(\frac{\mathrm{i}}{2}\beta_2\omega^2 z + \frac{\mathrm{i}}{6}\beta_3\omega^3 z\right) \tag{4.16}$$

由式(4.16)可知，色散能够引起光谱成分的相位发生改变，使得不同的光谱成分传输至不同的位置。尽管不会产生新的光谱成分，但能够改变脉冲的形状。二阶群速度色散会导致脉冲展宽，三阶色散则会导致脉冲发生畸变，作用效果对飞秒激光脉冲尤其明显。

4. 光纤中的非线性效应

在高强度电磁场中，几乎所有介质对光的响应都会变成非线性的。与固体增益介质相比，光纤纤芯中有着很高的能量密度，极易达到非线性效应的阈值。在非线性光学介质内，介质对光的折射率与入射光强度相关，这一现象会引发自相位调制(SPM)现象，它能够产生新的频谱成分。通常 SPM 效应与群速度色散会同时发生作用，导致传输脉冲激光的光谱和脉冲宽度发生改变。本部分主要对 SPM 效应进行研究，删除非线性脉冲传输方程(4.14)中的色散和损耗项，得到简化后的方程[31]：

$$\frac{\partial A}{\partial z} = \mathrm{i}\gamma(\omega_0)|A|^2 A \tag{4.17}$$

可得其通解为

$$A(z,T)=A(0,T)\exp(\mathrm{i}\,\phi_{\mathrm{NL}}(z,T))=A(0,T)\exp(\mathrm{i}\gamma\,|\,A(z,T)\,|^2 z) \tag{4.18}$$

式中，$A(0,T)$ 为 z=0 处的场振幅；相位项为

$$\phi_{\mathrm{NL}}(z,T)=|\,A(0,T)\,|^2\,\frac{L_{\mathrm{eff}}}{L_{\mathrm{NL}}}+|\,A(0,T)\,|^2\,L_{\mathrm{eff}}\gamma P_0 \tag{4.19}$$

P_0 为脉冲的峰值功率。式(4.18)表明，SPM 效应产生的非线性相移与脉冲光强有关。由式(4.19)可知，非线性相移的强度与光纤的长度成正比。此外，通过对 ϕ_{NL} 求导可知 SPM 感应的频谱变化与时间相关，可以理解为瞬时变化的相位沿光脉冲有不同的瞬时光频率，频移 δ_ω 可以表示为

$$\delta_\omega(T)=-\frac{\partial\phi_{\mathrm{NL}}}{\partial T}=-\left(\frac{L_{\mathrm{eff}}}{L_{\mathrm{NL}}}\right)\frac{\partial}{\partial T}|\,U(0,T)\,|^2 \tag{4.20}$$

通常随着光脉冲在光纤中传输距离不断增大，就会不断有新的频率成分出现。新产生的频率分量展宽了初始无啁啾脉冲频谱，而且只要光纤中的非线性强度能够达到 SPM 产生阈值，这种展宽效应就会继续。SPM 效应不仅能使频谱展宽，也能使频谱变窄，这主要取决于脉冲所带有的初始啁啾。SPM 效应会产生正的啁啾，若入射脉冲初始不带啁啾，或者带有正啁啾，SPM 效应会使频谱发生展宽，若入射脉冲本身带有负啁啾，SPM 会首先使频谱变窄[33]。通过深入分析光纤中 SPM 效应并对其进行合理利用，充分挖掘出展宽光纤的色散补偿能力，实现大色散量的色散补偿，大大降低脉冲激光的峰值功率，有利于实现超短脉冲激光输出。

受激拉曼散射(SRS)效应是超短脉冲光纤激光系统中另一种常见的非线性效应，这是泵浦光在光纤中传输时把能量转移给斯托克斯波(频率下移 13THz)的一种非线性现象，具有明显的阈值特性。

在连续或准连续泵浦条件下，受激拉曼散射光的初始增长情况可描述为[34]

$$\frac{\mathrm{d}I_{\mathrm{s}}}{\mathrm{d}z}=g_{\mathrm{R}}(\Omega)I_{\mathrm{p}}I_{\mathrm{s}}+g_{\mathrm{s}}I_{\mathrm{s}} \tag{4.21}$$

式中，I_{p} 为泵浦光强；$g_{\mathrm{R}}(\Omega)$ 为拉曼增益系数，其大小受光纤的组成成分以及光的偏振特性影响很大；g_{s} 为斯托克斯波的放大增益，对于 1μm 的泵浦光，其归一化的拉曼增益系数约为 1×10^{-13}；I_{s} 为斯托克斯光强；$\Omega=\omega_{\mathrm{p}}-\omega_{\mathrm{s}}$ 为泵浦光与拉曼散射光的频率差。

尽管 SRS 的完整过程必须要考虑泵浦光消耗，但在估计拉曼阈值时可以将其

忽略[32]，那么泵浦光满足：

$$\frac{\mathrm{d}I_{\mathrm{p}}}{\mathrm{d}z}=g_{\mathrm{p}}I_{\mathrm{p}} \tag{4.22}$$

式中，g_{p} 为泵浦光的增益。在位置 $z=L$ 处泵浦光脉冲强度为 $I_{\mathrm{p}}(L)$，则 $I_{\mathrm{p}}(z)$ 的解可通过如下公式解出：

$$I_{\mathrm{s}}(L)=I_{\mathrm{s}}(0)\exp(g_{\mathrm{R}}I_{\mathrm{p}}(L)L_{\mathrm{eff}}+gL) \tag{4.23}$$

L 为光纤长度，考虑到光纤的损耗，其有效长度由 L 缩减至 L_{eff}，则表达式为

$$L_{\mathrm{eff}}=\frac{1-\exp(-g_{\mathrm{p}}L)}{g_{\mathrm{p}}} \tag{4.24}$$

因此拉曼阈值功率 p^{cr} 可以近似表示为

$$p^{\mathrm{cr}}=16\frac{A_{\mathrm{eff}}}{g_{\mathrm{R}}L_{\mathrm{eff}}} \tag{4.25}$$

式中，A_{eff} 为 SRS 泵浦的有效模场面积。

常用的熔融石英光纤材料，其在 13THz 附近有一个宽度较宽的峰。光纤内脉冲激光的峰值功率一旦超过 SRS 效应的阈值，斯托克斯波的频率分量会迅速增长，利用这个特点设计了光谱宽度覆盖较宽的拉曼激光器。然而，高功率光纤激光器中需要防止 SRS 效应的产生，可以采用长度较短、高掺杂的光纤作为增益介质。

4.2.2　NALM 和 SESAM 锁模掺镱光纤激光振荡器

1. 全保偏 NALM 锁模光纤激光振荡器

为了获得性能稳定的飞秒激光种子源，通常采用全保偏光纤结构的 NALM 锁模光纤激光振荡器。该锁模光纤激光振荡器的优点主要体现在以下几个方面：首先，振荡器中不含有易损伤的光纤元器件，具有较长的使用寿命；其次，全保偏的 NALM 光纤激光振荡器设计有两段掺杂增益光纤，这种两段增益的设计可以使两个方向传输光积累足够的非线性，从而能够在全保偏光纤中实现稳定的锁模激光输出。

全保偏 NALM 锁模光纤激光振荡器的锁模过程遵循非线性薛定谔方程，需要考虑光纤的色散效应、受激拉曼散射效应、自相位调制效应、自陡峭效应以及光纤的增益和损耗等因素的影响。采用这种方法建立的锁模光纤激光振荡器与常规

锁模光纤激光振荡器相比，参数设计比较灵活，能够满足不同的应用需求。

全保偏 NALM 锁模光纤激光振荡器内所有的光纤器件均为正色散光纤，其锁模脉冲的形成基于增益、色散和非线性效应之间复杂的相互作用。在谐振腔中单次往返时会有很大的脉冲演变，甚至会在谐振腔内使用色散补偿光纤引入更多的正色散，使得脉冲形成过程经历更大的呼吸，导致激光峰值功率降低，从而会产生带有很强正啁啾的皮秒脉冲。在这种状态下运行的锁模光纤激光振荡器能够提供高能量的脉冲激光且带有大量线性啁啾，目前通过这种全保偏 NALM 锁模光纤激光振荡器能够实现脉冲能量达到 200nJ 的激光输出。而在常见的孤子光纤激光振荡器中，光纤中负色散和自相位调制效应相互作用使腔内脉冲以孤子(正割形脉冲)的形式传播，这种负色散的谐振腔输出激光能量有限，一旦达到几十皮焦就会发生孤子劈裂效应。

另外，全保偏 NALM 锁模光纤激光振荡器中使用的这种抛物线脉冲与窄带滤波器相结合的方法，尽管脉冲在腔内往返过程中演化很大，但传播具有真正周期性。带通滤波器用于在每次往返结束时“重置”光场，补偿往返期间大量色散引起的正啁啾，以便它可以在下一次往返过程中快速演化回抛物线脉冲解。滤波器的作用在于确保整个锁模过程能够满足激光谐振腔产生的周期性边界条件，真正做到环境稳定性好、时间抖动性低。此外，自相似形的脉冲形状，也有利于后续脉冲放大与压缩。

一般来说，谐振腔腔长越长，两个方向传输光会有越多的非线性积累，激光器也越容易实现锁模。2×2 耦合器分束比决定着非线性放大环路中虚拟可饱和吸收体的调制深度。一般认为分束比在接近 5∶5 时能够获得最大的调制深度，此时产生的脉冲激光能够获得的光谱宽度最宽，能够支持更小宽度的脉冲压缩，同时锁模阈值也是相对最高的。分束比差值越大越容易实现锁模，但当分束比大于 20∶80 时，由于调制深度过小，激光器难以实现锁模运转。通过上述理论分析可知，全保偏 NALM 锁模光纤激光振荡器可以支持百纳焦的单脉冲能量，输出的锁模脉冲可以带有大量线性啁啾。

全保偏 NALM 锁模光纤激光振荡器实验装置如图 4.14 所示。激光振荡器由两个环路(顶部为主环路，底部为 NALM 环路)构成，两个环路通过一个分光比为 20∶80 的 2×2 耦合器相连接。主环路相当于激光振荡器的谐振腔，而 NALM 环路类似一个可饱和吸收体。由于使用了两个泵浦源，两束沿不同方向传输的光在传输过程中能够积累足够的非线性，在耦合器处发生干涉产生锁模脉冲。NALM 锁模光纤激光振荡器可以在全保偏光纤结构中实现自启动锁模运转。976nm LD 通过保偏波分复用器(泵浦光纤中心波长为 980nm，信号光纤中心波长为 1030nm)为激光器提供泵浦能量。两个环路中均采用 1.2m 长的 6/125μm 保偏掺镱光纤作为增益光纤，该光纤的泵浦吸收系数约为 250dB/m。单模保偏色散光纤增加了两

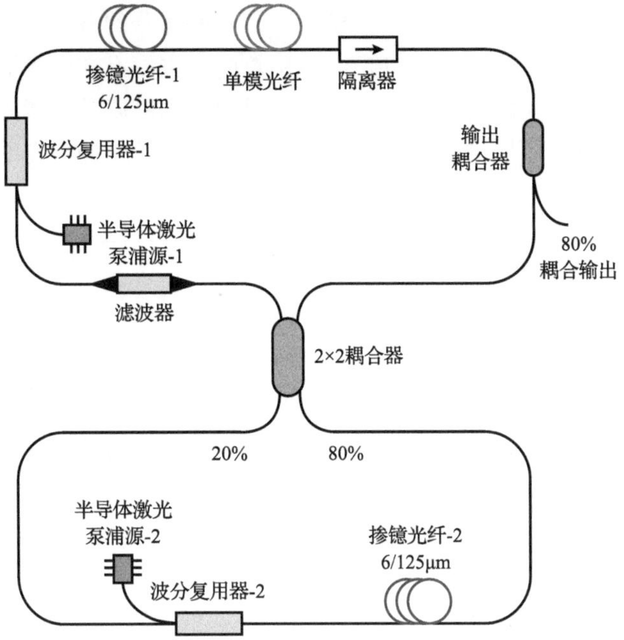

图 4.14　全保偏 NALM 锁模光纤激光振荡器实验装置

路光的非线性积累，降低了激光器的锁模阈值，从而更容易实现激光自启动锁模运转。单模保偏光纤后面放置光纤隔离器可确保激光振荡器的单向运转。中心波长 1030nm、0.5dB 带宽 2nm 的带通滤波器放置在主环路中用于消除信号光每次往返累积的巨大啁啾。因此，尽管脉冲在腔内往返过程中演化幅度很大，但演化过程具有真正的周期性，输出的锁模脉冲激光稳定性高、时间抖动性低。

为了实现激光的锁模运转，选用分束比为 20∶80 的保偏光纤耦合器，并将耦合器 80%的一端作为激光振荡器输出端。谐振腔内光纤的总长度约为 470m，腔内所有的元器件均带有正色散，色散量约为 10.8ps^2，消除了孤子效应，从而可以获得更高的脉冲能量。

当主环路泵浦功率为 15mW、副环路泵浦功率为 180mW 时，激光器实现了自启动锁模。此时激光振荡器输出的平均功率为 40mW，对应的单脉冲能量为 91nJ。激光的脉冲宽度约为 453ps，如图 4.15(a)所示，激光振荡器产生的激光脉冲具有较大的线性啁啾。全保偏 NALM 锁模光纤激光振荡器的输出脉冲序列如图 4.15(b)所示，脉冲的重复频率为 437kHz，脉冲间隔约为 2.28μs。

输出激光光谱如图 4.16 所示，其中心波长位于 1030.4nm，3dB 带宽为 1.9nm，10dB 带宽为 7nm，光谱轮廓平滑。选用带通滤波器的工作带宽为 2nm，而输出脉冲激光的 10dB 带宽达到了 7nm，因此激光谐振腔内发生了显著的非线性脉冲演化，这也是全正色散光纤耗散孤子锁模光纤激光振荡器的典型特征。此外，在光纤激光振荡器中没有发现 ASE 效应和 SRS 效应，也没有在激光输出端监测到残留的泵浦光。同时优化耦合器的分束比、泵浦功率比例以及展宽光纤长度等，都会导致谐振腔内产生不同的脉冲演化过程，进而使锁模脉冲激光的光谱宽度发生改变。

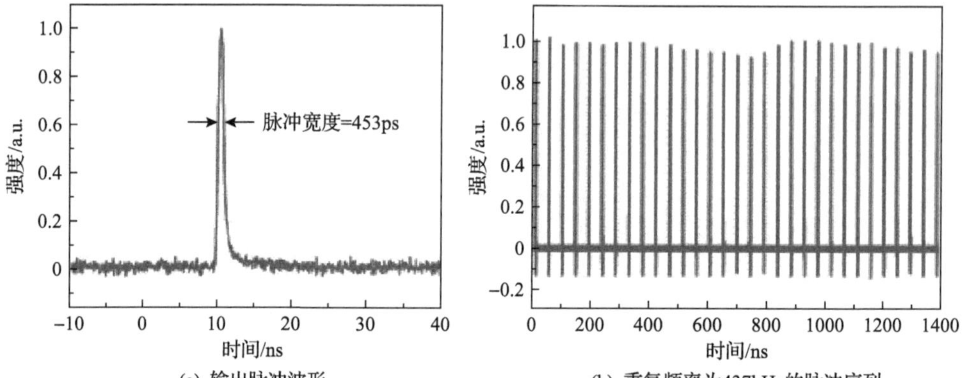

(a) 输出脉冲波形　　(b) 重复频率为437kHz的脉冲序列

图 4.15　示波器输出脉冲图

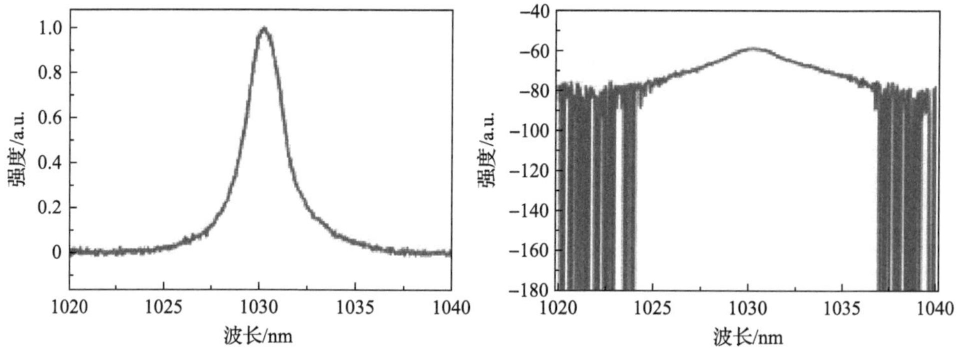

(a) 线性光谱　　(b) 对数光谱

图 4.16　测量光纤激光振荡器光谱

由图 4.16(a)可以发现，输出激光的光谱具有类似“高斯”或者“正割”的形状，而不是传统耗散孤子锁模时产生的形状。在耗散孤子锁模过程中，脉冲在激光谐振腔内经历着周期性的呼吸过程，不同位置处可能会产生不同形状的脉冲输出，光耦合器放置位置的不同可能会造成输出光谱形状出现差异。如图 4.17 所示模拟的耗散孤子锁模光纤激光振荡器在不同位置处输出激光的光谱信息[35]，当激光器实现耗散孤子锁模运转后，光谱形状如图 4.17(c)和(f)所示；若激光器的输出位置放至在单模光纤之前，则输出光谱就可能类似“正割”形状，如图 4.17(a)

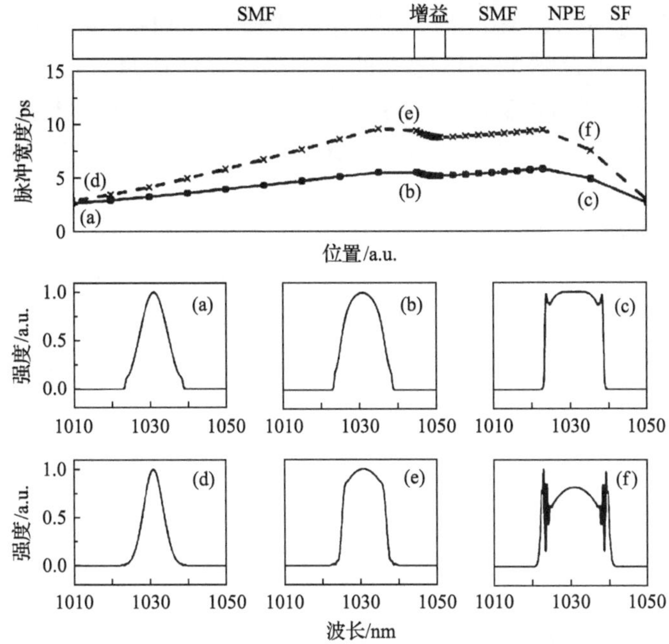

图 4.17　耗散孤子锁模不同位置处的光谱数据[35]

SF 指滤光片

和(d)所示。因此，在实验中出现类似“正割”形状的激光光谱是一个正常现象，它能够体现出谐振腔内锁模脉冲的演化过程。

2. SESAM 被动锁模光纤激光振荡器

全光纤 SESAM 被动锁模光纤激光振荡器实验装置如图 4.18 所示。锁模光纤激光振荡器采用的是线形腔结构，主要由光纤耦合 LD、976/1064nm 波分复用器(WDM)、单包层掺镱光纤(YDF)、光纤耦合器、光纤布拉格光栅(FBG)和 SESAM 组成。FBG 和 SESAM 分别作为激光振荡器的两个腔镜。其中，SESAM 反射带宽为 970～1070nm，可饱和度为 52%，调制深度为 30%。FBG 的中心波长为 1064nm，反射率大于 99.5%，反射带宽为 1064nm ± 0.3nm。所用光纤输出耦合器

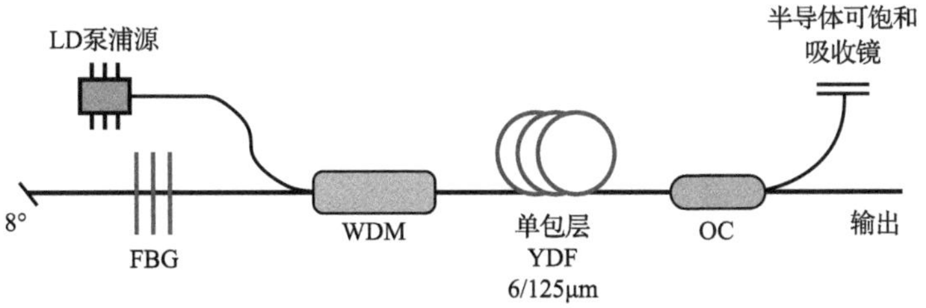

图 4.18　全光纤 SESAM 被动锁模光纤激光振荡器

(OC)的分束比为 30∶70，70%的一端用于激光输出。WDM 用于将 LD 产生的泵浦光耦合进激光振荡器为锁模激光的产生提供泵浦能量，LD 的中心波长为 976nm。FBG 和光耦合器输出端均熔有 8°角的输出端帽，防止端面反馈光对激光振荡器产生影响。增益光纤为高掺杂掺镱单模光纤，纤芯直径为 6μm，泵浦吸收系数约为 250dB/m。

当泵浦功率超过 100mW 时，可以实现自启动稳定锁模运转，此时激光振荡器输出平均功率约为 10mW，激光中心波长为 1063.9nm，3dB 带宽为 0.10nm，如图 4.19(a)所示。锁模激光的重复频率为 27.6MHz，与激光振荡器的腔长相一致。采用自相关仪对输出激光的脉冲宽度进行测量，激光的脉冲宽度约为 28ps，结果如图 4.19(b)所示。

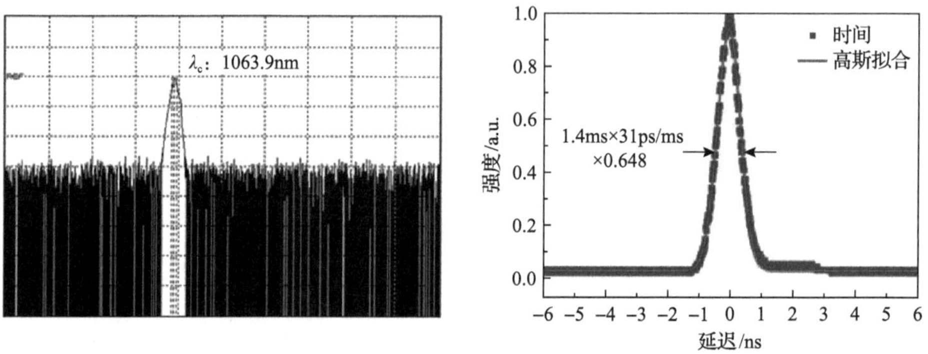

(a) 锁模激光的光谱数据　　(b) 脉冲激光的时域测量数据

图 4.19　脉冲激光的输出数据

由于光纤激光振荡器由非保偏光纤构成，光纤相对位置变动对谐振腔内的偏振影响很大。在激光器长期使用过程中，光纤位置的变动会造成锁模脉冲峰值不稳定，因此需要对光纤的位置进行调整和固定。为了解决此问题，研究了工作波长为 1064nm 的全保偏光纤激光振荡器，实验装置与图 4.18 类似。由于全保偏光纤特殊的偏振结构设计，此激光振荡器在应对弯曲、振动等环境因素干扰方面有着较好的应用效果。保偏光纤激光振荡器有着更低的锁模阈值，当 LD 泵浦功率为 100mW 时可以实现自启动锁模激光输出。如图 4.20(a)所示，激光的中心波长为 1064.3nm，3dB 带宽为 0.18nm。锁模激光脉冲序列如图 4.20(b)所示，重复频率为 24.2MHz，平均功率为 8mW，脉冲宽度为 20ps。

在 SESAM 锁模光纤激光振荡器中，环境温度改变时会造成光纤光栅折射率的改变，进而会使输出激光的中心波长发生漂移。理论上，当温度改变 10℃时，激光器的中心波长会产生约 0.1nm 的偏移。因此，实验中将光纤激光振荡器中工作带宽 ±0.3nm 的光纤光栅替换成了 1.5nm 的光纤光栅。这样在不影响激光输出性能的情况下，激光器应对高低温环境变化的能力大大加强，保证长时间稳定运行。

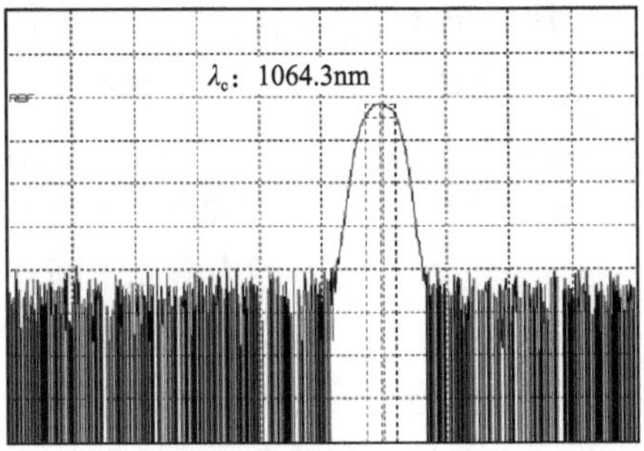

(a) 锁模激光脉冲光谱图

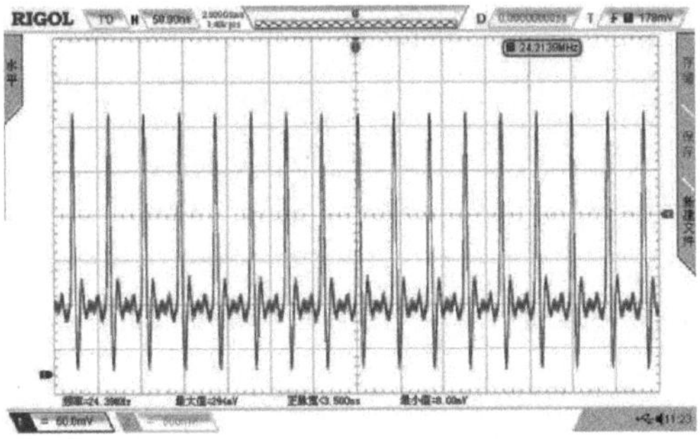

(b) 锁模激光脉冲序列

图 4.20　锁模激光脉冲输出数据

4.2.3　大模场掺镱光子晶体光纤混合锁模光纤激光振荡器

在光子晶体光纤锁模光纤激光振荡器中，SESAM 及 NPE 作为混合锁模器件，大模场掺镱光子晶体光纤作为增益介质，实验装置如图 4.21 所示，采用环形 σ 腔结构。所用增益光纤为非保偏光子晶体光纤(其内包层 170μm、数值孔径 0.62，纤芯模场直径为 33μm、有效数值孔径 0.03)，光纤长度 1.25m，其所提供的色散约为 0.013ps^2/m，激光器工作在正色散区，有利于实现高功率输出。为避免光纤端面损伤或污染，将光纤两端面的空气孔区均进行塌陷，并均以 8°斜角抛光，以避免光纤端面的反馈形成自激振荡。所用隔离器在作为起偏元件的同时保证腔内运行光的单方向运转。采用折叠式结构设计有利于分离泵浦光和腔内循环振荡激光，避免杂散光对信号光的干扰。976nm 泵浦光经 1∶1 准直-聚焦耦合系统进入空间光路，经掺镱光子晶体光纤后转化为 1030nm 的信号光，在经过 QWP、HWP 后传输至作为此腔输出端口的偏振分束棱镜 PBS1，一部分光经其侧面逃逸窗耦合输出，另一部分透过去的光经隔离器后耦合输出至第二个偏振分束棱镜 PBS2，由非球面透镜聚焦至 SESAM，并在二者之间插入 QWP，目的是将经由 SESAM 反射

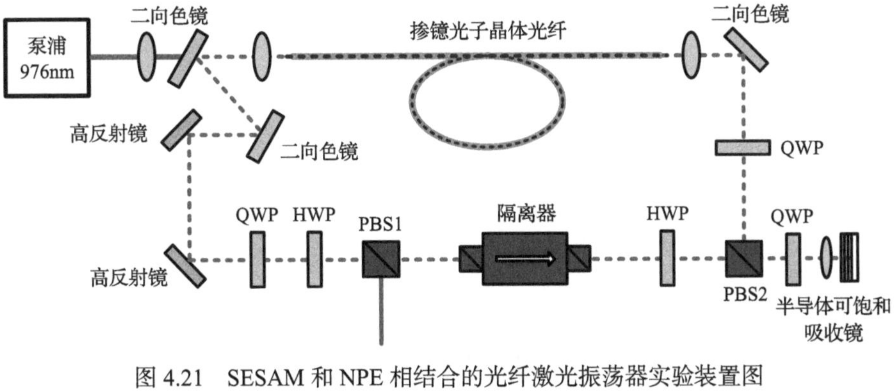

图 4.21　SESAM 和 NPE 相结合的光纤激光振荡器实验装置图

的激光偏振态旋转 90°，从 PBS 反射端导出，再利用非球面透镜耦合回光子晶体光纤。位于第二偏振分束棱镜前的 HWP 用来调整入射到 SESAM 上的功率密度大小，以防止过高的光场强度损伤 SESAM。激光腔内另外的 3 个波片，分别是输出偏振分束棱镜前的一个 HWP 和 QWP 以及光子晶体光纤输入端的 QWP，用来调整激光偏振状态，引入非线性偏振旋转机理实现稳定锁模运转。腔内激光不断受到这种周期性调制，形成被动锁模皮秒脉冲输出。SESAM 的可饱和吸收特性导致光脉冲中强度高的中心峰值部分受到的损耗小，强度低的前后沿部分受到的损耗大。NPE 效应不仅能够有效地压缩锁模脉冲的宽度，而且还会增强锁模脉冲的稳定性。

随着泵浦功率的不断升高，激光器依次经历连续光、调 Q 锁模和连续锁模状态。当泵浦功率达到 8.7W 时，激光器开始输出连续光，输出功率为 81mW。图 4.22 为调 Q 状态，介于连续和调 Q 锁模之间，继续增大泵浦功率到 10.86W 时，开始进入调 Q 锁模状态。图 4.23 为调 Q 锁模脉冲包络，此时输出功率为 354mW。

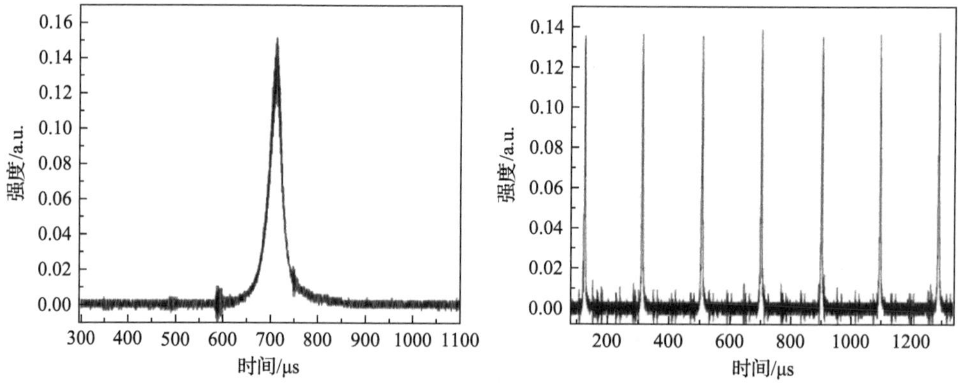

图 4.22　调 Q 单脉冲和调 Q 脉冲序列

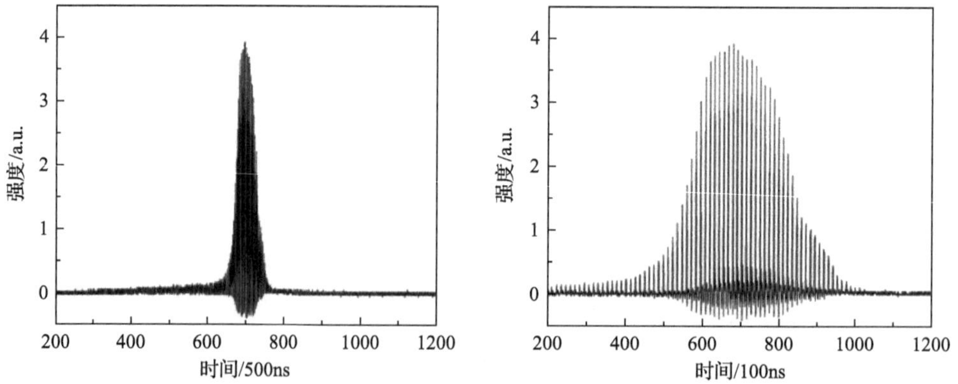

图 4.23　调 Q 锁模脉冲包络(1.24kHz)

在用 SESAM 作为可饱和吸收体时，往往会产生调 Q 锁模现象，此时激光器输出一个被纳秒量级的调 Q 包络调制的锁模脉冲序列，是一种不稳定的锁模状态。进一步增大泵浦功率至 11.5W，并适当优化偏振控制元件的角度，可得到稳定的连续锁模脉冲，输出功率为 430mW。如图 4.24(a)所示，锁模脉冲序列重复频率为 83.7MHz，脉冲间隔相等，强度基本相同。此时光谱宽度为 3nm，如图 4.24(b)所示。

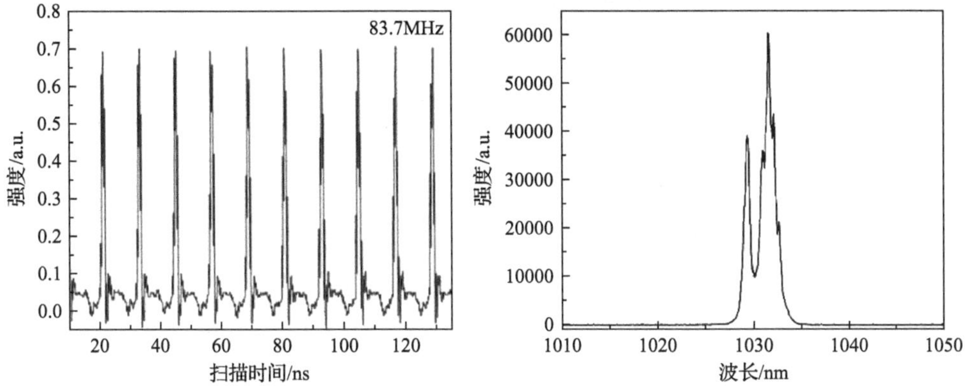

(a) 连续锁模脉冲序列　(b) 输出光谱图

图 4.24　锁模脉冲激光输出数据

图 4.25(a)给出了不同泵浦功率下锁模脉冲平均输出功率曲线。在泵浦功率为 21.5W 时，最高平均输出功率达到 3.15W。当泵浦功率超过 21.5W 时，锁模脉冲序列开始抖动，直至失锁，同时输出功率下降。图 4.25(b)显示了不同输出功率下的输出光谱曲线，光谱宽度由最初的 3nm 展宽至 8nm。而且，在输出功率较低时，光谱中间有明显的凹陷，在增大泵浦功率使输出功率提高的同时，中间凹陷部分

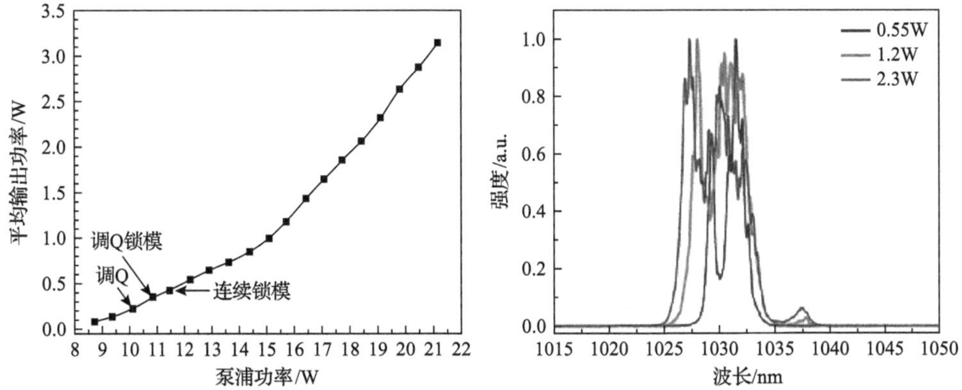

(a) 不同泵浦功率下的平均输出功率　(b) 不同输出功率下的输出光谱

图 4.25　输出功率和光谱图

上升，光谱开始向两侧分裂展宽。根据非线性特性分析，光纤内部传输放大的光脉冲在高峰值功率下，由于 SPM 效应致使光谱展宽，且在 1037nm 处也伴随有其他光谱成分起振的现象，实验中可以通过选用合适的带通滤光片将其滤除。

图 4.26(a)是通过自相关仪测得的脉冲自相关曲线，高斯脉冲的宽度为 780fs，结合光谱带宽 4.6nm，计算得到其时间带宽积为 1.06，大于高斯脉冲的变换极限 0.414，说明腔内存有一定的正色散。锁模脉冲的射频频谱如图 4.26(b)所示，信噪比大于 50dB，表明激光器锁模状态稳定，锁模脉冲的重复频率约为 83.7MHz，与腔长 1.79m 时相对应。

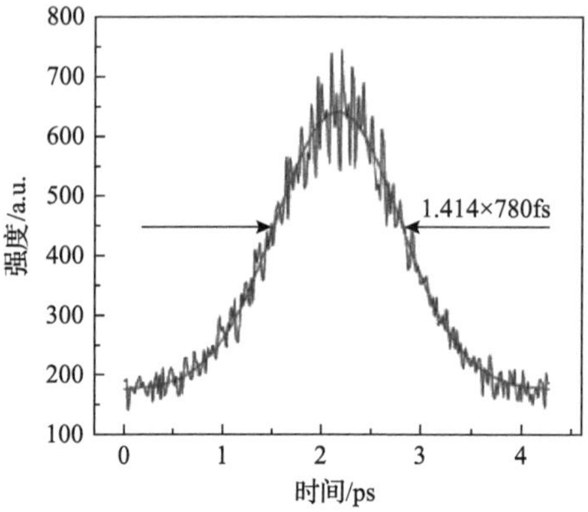

(a) 锁模脉冲的自相关曲线

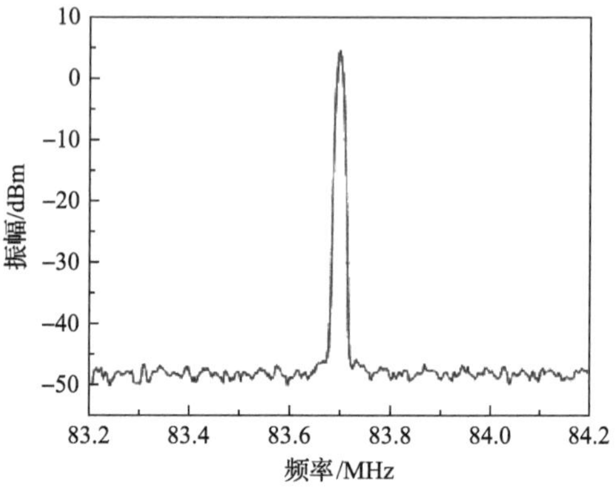

(b) 锁模脉冲的射频频谱图

图 4.26　锁模激光脉冲的输出数据

4.2.4　其他类锁模光纤激光振荡器

1. 基于碳纳米管的被动锁模掺铒光纤激光振荡器

碳纳米管(carbon nanotube，CNT)是一种直接带隙材料，带隙大小由纳米管直径和手性决定，作为可饱和吸收材料具有超快恢复时间(小于 1ps)以及对偏振不敏感等优点。本实验中将单壁碳纳米管(SWCNT)与羧甲基纤维素钠混合制成透射式 CNT 薄膜，覆盖在光纤跳线端面上，与其他光纤器件构成结构紧凑的全光纤结构谐振腔。图 4.27 为基于 SWCNT 的全负色散被动锁模掺铒光纤激光振荡器。谐振腔腔长为 3.5m，腔内包括 976/1550nm 波分复用器、单模掺铒光纤、光纤隔离器、分光比为 20∶80 的光纤输出耦合器以及 SWCNT，其中输出耦合器 20%一端用于腔内锁模脉冲输出。由于振荡器腔内使用光纤均为负色散光纤，且单模增益光纤和无源光纤在 1560nm 处的二阶色散值分别约为$-21ps^2/km$和$-23ps^2/km$，因此振荡器腔内总色散量约为$-0.08ps^2$。

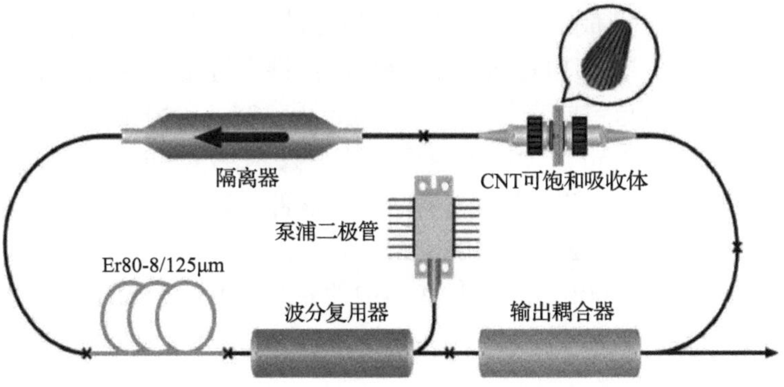

图 4.27　基于 SWCNT 的全负色散被动锁模掺铒光纤激光振荡器结构示意图

当泵浦功率增加至 70mW 时，振荡器可以自锁模获得稳定的脉冲序列输出，脉冲间隔为 17.3ns，对应重复频率 57.8MHz，如图 4.28(b)所示。图 4.28(a)光谱曲线中显示振荡器输出脉冲具有典型孤子锁模特性，带有典型孤子锁模产生的 Kelly 边带(Kelly sideband，KS)，边带的产生是孤子波与色散波的共振增强的结果，在光纤激光器周期性放大、损耗等扰动的影响下，孤子在传输过程中辐射出与自身同相位的色散波来适应外界扰动，因此输出脉冲在光谱上会有 Kelly 边带的出现。输出激光的中心波长为 1559.2nm，3dB 带宽为 4.7nm，输出信号光的平均功率为 1.2mW，对应单脉冲能量 20.7pJ。受到激光功率的限制没有对信号光的脉冲宽度进行测量，激光光谱宽度理论上支持脉冲宽度 545fs 的超短脉冲激光输出。

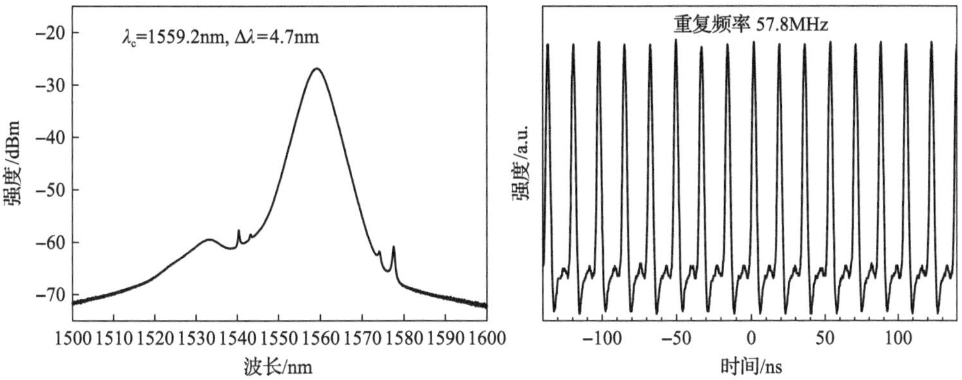

(a) 1.5μm孤子锁模输出光谱　(b) 1.5μm孤子锁模输出脉冲序列

图 4.28　1.5μm 孤子锁模脉冲激光输出

2. 2μm 掺铥锁模光纤激光振荡器

采用 CNT 作为可饱和吸收体，可以在掺铥光纤激光振荡器中实现 2μm 孤子锁模脉冲输出。将 CNT 与羧甲基纤维素钠混合制成透射式 CNT 薄膜，覆盖在光纤跳线的端面上，形成结构紧凑的环形谐振腔，如图 4.29 所示。振荡器使用的泵浦源为 1570nm 单模 LD，通过波分复用器耦合进高掺杂铥离子的单模单包层增益光纤中，纤芯与包层直径分别为 5.5μm 和 125μm，纤芯在 1560nm 处的吸收达到 340dB/m，在 2μm 波段的群速度色散系数 β_2 约为–40fs^2/mm。选择耦合比为 3∶7 的光纤输出耦合器作为激光器的输出器件。除增益光纤，振荡器的其他光纤均为芯/包直径为 9/125μm 的单模无源光纤，在 2μm 处的 β_2 约为–76fs^2/mm，三阶色散系数 β_3 约为 100fs^3/mm。振荡器内的光纤长度约为 6.2m，腔内总色散量约为–0.468ps^2。

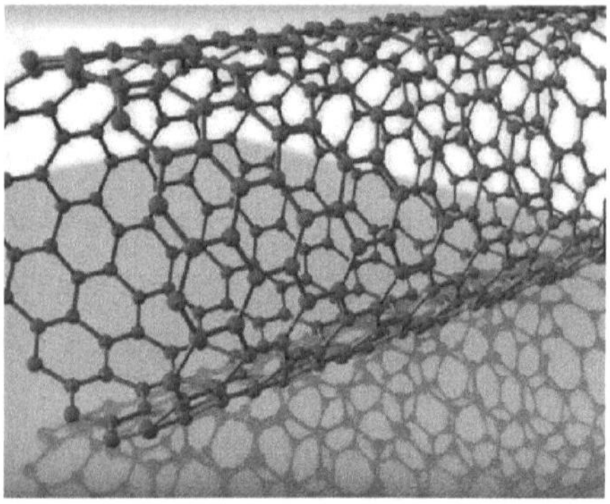
(a) CNT材料结构示意图

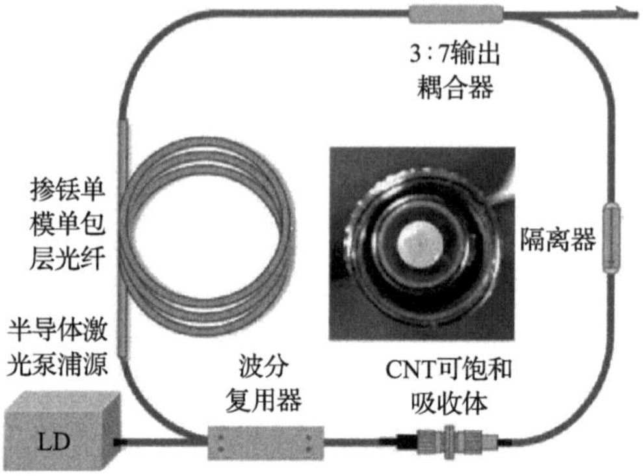

(b) 2μm孤子锁模种子光源结构图

图 4.29　CNT 可饱和吸收体的应用

当泵浦功率超过 252mW 时，得到锁模激光输出，重复频率为 48.16MHz，如图 4.30 所示。从光谱图中可以看出振荡器输出脉冲具有典型孤子锁模特性，输出激光的中心波长为 1960.77nm，3dB 带宽 Δλ 为 4.6nm，带有孤子锁模特有 Kelly 边带。Kelly 边带的产生是孤子波与色散波共振增强的结果，在光纤激光器周期性放大、损耗等扰动的影响下，孤子在传输过程中辐射出与自身同相位的色散波来适应外界扰动，因此输出脉冲在光谱上会有 Kelly 边带的出现。输出激光平均

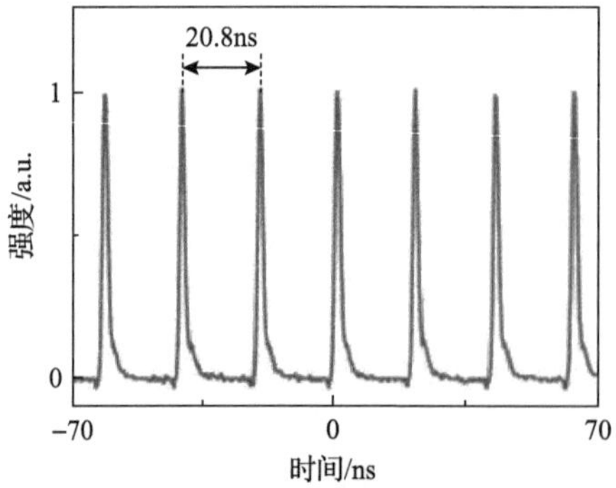

(a) 2μm孤子锁模输出脉冲序列

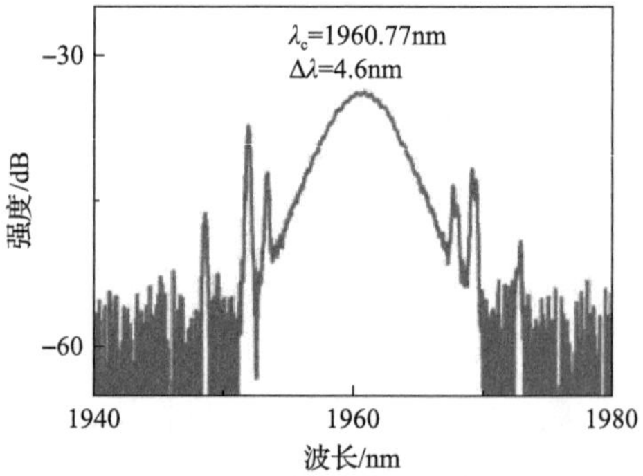

(b) 2μm孤子锁模输出光谱

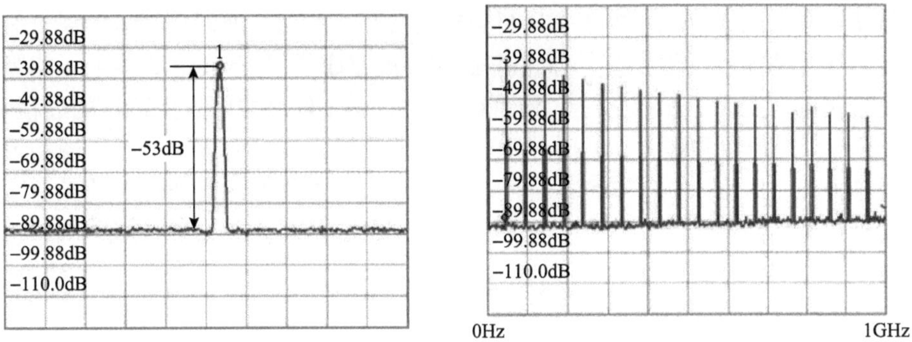

(c) 2μm孤子锁模输出频谱　　(d) 1GHz范围内2μm孤子锁模输出频谱序列

图 4.30　2μm 孤子锁模脉冲激光输出

功率为 4.3mW，受到激光功率的限制没有测试种子的脉冲宽度，在该光谱宽度条件下可以支持 870fs 的超短脉冲激光输出。图 4.30(c)和(d)给出了孤子脉冲激光的频谱序列，在 1GHz 范围内，分辨率为 1kHz 的情况下，基频信号信噪比为 53dB，此时激光振荡器锁模运转比较稳定。

4.3　飞秒光纤激光啁啾脉冲放大技术

4.3.1　光纤激光放大器基本理论

光纤激光放大器以掺杂稀土元素的光纤作为工作介质，具有成本低、效率高、阈值低、性价比高以及紧凑小巧等优势，受到广泛关注。双包层光纤的出现，大大提高了激光放大器的输出功率，为实现高功率啁啾脉冲放大系统打下了良好的基础。本节以双包层掺镱光纤为例，研究镱离子的能级结构、增益系数、增益带宽及速率方程等方面的理论。

1. 镱离子能级结构及吸收/发射截面

掺杂光纤通常是将稀土离子以一定的浓度和分布掺杂于纤芯之中，玻璃是掺杂光纤的基质材料，稀土离子填隙式地存在于玻璃网状物中。基质材料会对光纤的光学特性产生很大影响，它能使稀土离子的能级发生错位，产生斯托克斯能级分裂，原来的单一能级变成能带，加宽了激光的谱线[33]。当掺杂浓度不是很高时，常规光纤中存在的非线性效应在掺杂光纤中仍然较为明显。目前，较为流行的稀土离子光纤激光放大器主要包含以下掺杂离子：铒(Er^{3+})、钕(Nd^{3+})、镨(Pr^{3+})、铥(Tm^{3+})、镱(Yb^{3+})、镝(Dy^{3+})、铕(Eu^{3+})、钐(Sm^{3+})。

镱是一种重要的稀土元素，掺镱光纤激光放大器的输出波长范围在 1.0～1.2μm。镱离子的能级结构如图 4.31 所示，能级结构相对简单，由激发态 $^2F_{5/2}$ 和

基态 $^2F_{7/2}$ 两个能级组成。由于基质材料电场分布不均匀，所以当掺入镱离子后，$^2F_{5/2}$ 与 $^2F_{7/2}$ 两能级发生展宽，导致基态 $^2F_{7/2}$ 展宽成了 a、b、c、d 四个子能级，激发态 $^2F_{5/2}$ 展宽成了 e、f、g 三个子能级[36]。在两个能级之间发生跃迁的过程中，会引起声子的产生和湮灭，同时伴随着能量的交换，这将使得子能级出现均匀或非均匀加宽。此外，$^2F_{5/2}$ 与 $^2F_{7/2}$ 之间较大的能级间隔能够阻碍非辐射弛豫及浓度猝灭现象的发生。

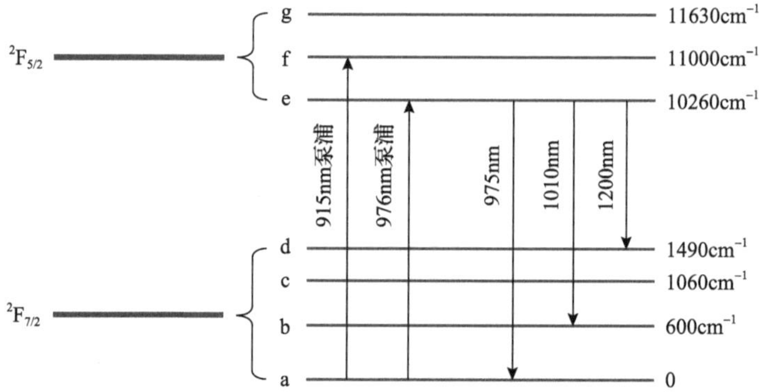

图 4.31　镱离子能级结构图[36]

图 4.32 为掺镱离子光纤的吸收/发射截面，镱离子有两个吸收峰，分别位于 915nm 和 975nm，这也对应着镱离子的 e 能级和 f 能级。其中 915nm 处吸收峰的峰值较小，但谱线宽度较宽，更加有利于能量的吸收；975nm 处吸收峰的谱线较窄，但峰值较大，在此波长范围内会有很高的泵浦吸收效率。由于温度改变会使泵浦激光的输出波长发生漂移，使用锁波长 LD 能够使激光放大器具有更好的输出功率稳定性，这个现象在 915nm 处体现得尤为明显。从能级 e 到能级 $^2F_{7/2}$ 可以发生三能级和四能级两种类型的激光跃迁。一般认为吸收 915nm 泵浦光产生

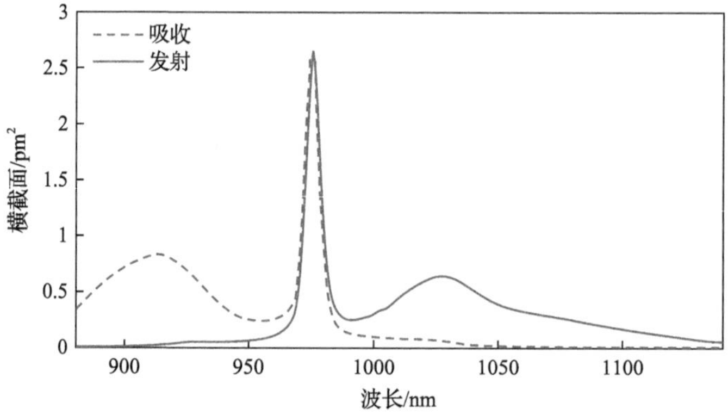

图 4.32　掺镱离子光纤的吸收/发射截面[33]

975nm 处的激光为三能级系统，能级跃迁为 a→f→e→a[33]。由于发射峰与吸收峰重合，此时应重点考虑 980nm 附近处的重吸收问题，抑制四能级起振。而吸收 975nm 泵浦光产生 1010～1200nm 波长范围内的激光为四能级系统，能级跃迁为 a→f→e→d/c/b→a，对应 1030nm 处有着最大的激光增益。

镱离子掺杂光纤在高功率光纤激光放大器中有着较宽的吸收截面和发射截面，可支持宽光谱激光放大，量子亏损小于 10%，有利于高功率和高效率的光纤激光放大器研制。另外，通过将镱离子与其他离子共同掺杂在光纤中，能够获得增益高、转换效率高、吸收截面大的光纤材料，有利于实现激光波长的拓展和更高功率的激光输出[37]。

2. 增益系数和增益带宽

激光工作物质的上能级粒子数大于下能级粒子数，即反转粒子数大于零，介质对光具有放大作用，其光增益可以描述为

$$g = \sigma(N_1 - N_2) \tag{4.26}$$

式中，σ 为跃迁截面；N_1 和 N_2 分别为基态和激发态上的粒子数。在均匀加宽增益介质中，增益系数 $g(\omega)$ 可写为

$$g(\omega) = \frac{g_0}{1+(\omega-\omega_a)^2 T_2^2 + P/P_s} \tag{4.27}$$

式中，g_0 为光增益的最大值；ω 和 ω_a 分别为入射光频率和原子跃迁频率；P 和 P_s 分别为光功率和光的饱和功率；T_2 为偶极子弛豫时间。当光功率远小于饱和功率时，式(4.27)可以简化为

$$g(\omega) = \frac{g_0}{1+(\omega-\omega_a)^2 T_2^2} \tag{4.28}$$

式(4.28)能够体现出均匀加宽介质的基本特征，在光的频率位于原子跃迁频率附近位置处增益最大，整个增益谱线呈现出洛伦兹线型。而光纤激光放大器的实际增益谱线会与洛伦兹线型的谱线稍有差别。设增益带宽 $\Delta\nu_g$ 为增益谱 $g(\omega)$ 的半高全宽，则可以表示为

$$\Delta\nu_g = \frac{\Delta\omega_0}{2\pi} = \frac{1}{\pi T_2} \tag{4.29}$$

激光放大器中增益饱和效应非常重要，增益饱和效应会导致脉冲前后沿的放

大系数不同，在一定程度上会造成脉冲宽度变窄。这一现象可以形象地理解为：在放大过程中，激光脉冲前沿首先进行功率放大，消耗了上能级大量的反转粒子数，导致脉冲后沿得不到充分的功率放大，从而造成脉冲宽度窄化。

当激光放大器输出功率接近饱和功率时，增益系数 g 将减小，放大倍数 $G = P_{out} / P_{in}$ 也随之减小。假设 ω 和 ω_a 大致相等，则得到方程：

$$\frac{dP}{dz} = \frac{g_0 P}{1 + P / P_s} \tag{4.30}$$

假设初始条件 $P(0) = P_{in}$ ， $P(L) = P_{out} = GP_{in}$ ，那么放大器增益可表示为

$$G = G_0 \exp\left(-\frac{G-1}{G}\frac{P_{out}}{P_s}\right) \tag{4.31}$$

当放大器功率趋近饱和时，就需要优化激光放大器的参数，如适当增加增益光纤的长度、更换高掺杂浓度的增益光纤或提高注入信号光的功率。

3. 速率方程

速率方程理论是讨论激光放大器粒子数反转和增益的基础，可以根据具体的能级结构，列出粒子数随时间变化的微分方程组，近似地对相关问题给出解释。对于掺镱光纤激光放大器，激光中心波长在 1030nm 和 1064nm 附近，下面重点对四能级结构进行讨论。掺镱光纤准四能级结构如图 4.33 所示，在辐射跃迁过程中，基态 E_0 上的粒子首先被泵浦到激发态 E_3，随后通过无辐射跃迁的方式转移到亚稳态 E_2 上。E_2 能级的寿命较长，可以达到 800μs，在不断地泵浦下，激光上能级 E_2 会积累较多的粒子，而激光下能级 E_1 的粒子数较少，容易形成粒子数反转，实现激光的放大[38]。

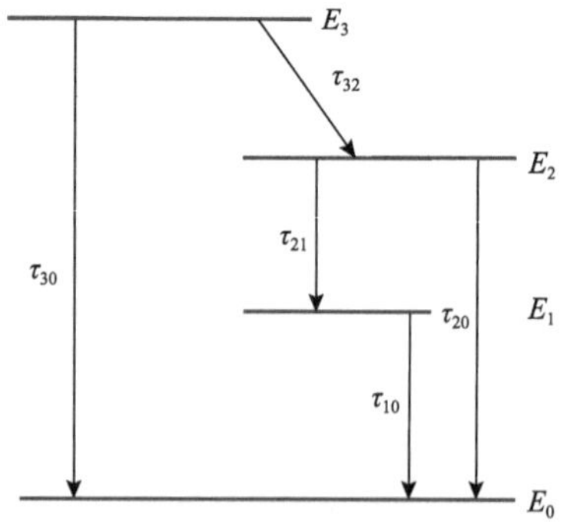

图 4.33　掺镱光纤准四能级结构示意图

光纤的发射截面、吸收截面和弛豫时间等参数不仅与离子的掺杂有关，还与基质材料相关[38]。在确定发射截面、吸收截面、反转粒子比以及寿命等基本参数后，可以通过求解四能级系统速率方程实现对掺镱光纤激光放大器的计算：

$$\frac{\mathrm{d}n_3}{\mathrm{d}t}=I_\mathrm{p}(n_0\sigma_{03}-n_3\sigma_{30})-\frac{n_3}{\tau_{30}}-\frac{n_3}{\tau_{31}}-\frac{n_3}{\tau_{32}} \tag{4.32}$$

$$\frac{\mathrm{d}n_2}{\mathrm{d}t}=I_\mathrm{s}(n_1\sigma_{12}-n_2\sigma_{21})+\frac{n_3}{\tau_{32}}-\frac{n_2}{\tau_{21}}-\frac{n_2}{\tau_{20}} \tag{4.33}$$

$$\frac{\mathrm{d}n_1}{\mathrm{d}t}=I_\mathrm{s}(n_2\sigma_{20}-n_0\sigma_{02})+\frac{n_2}{\tau_{21}}+\frac{n_3}{\tau_{31}}-\frac{n_1}{\tau_{10}} \tag{4.34}$$

$$\frac{\mathrm{d}n_0}{\mathrm{d}t}=I_\mathrm{s}(n_3\sigma_{30}-n_0\sigma_{03})+\frac{n_3}{\tau_{30}}+\frac{n_2}{\tau_{20}}+\frac{n_1}{\tau_{10}} \tag{4.35}$$

式中，$n_i(i=0, 1, 2, 3)$为对应能级的粒子数密度；I_p和I_s分别为泵浦光和信号光的强度；σ_{mn}为从能级m到能级n的跃迁截面；τ_{ij}为从能级i到能级j的辐射弛豫时间或无辐射弛豫时间。

在光纤激光放大器中，光纤的掺杂浓度、信号光吸收发射截面、纤芯截面积以及光纤长度等参数都会对光纤激光放大器的输出参数产生重要影响。通常商业增益光纤的参数基本固定，而光纤的长度以及注入信号光的功率需要进行准确计算才能实现激光放大器的高效率放大。光纤过短会使信号光得不到充分放大，而光纤过长或信号光注入功率过低又容易激发 ASE 效应，影响激光放大器的稳定性。

对于前向泵浦的光纤激光放大器，光纤不同位置处的前、后向信号光功率$P_\mathrm{s}^{\pm}(z)$满足如下关系：

$$\pm\frac{\mathrm{d}P_\mathrm{s}^{\pm}(z)}{\mathrm{d}z}=\tau_\mathrm{s}[(\sigma_\mathrm{es}+\sigma_\mathrm{as})N_{2(z)}-\sigma_\mathrm{as}N]P_\mathrm{s}^{\pm}(z)+\tau_\mathrm{s}\sigma_\mathrm{es}N_{2(z)}P_0-\alpha_\mathrm{s}P_\mathrm{s}^{\pm}(z) \tag{4.36}$$

对速率方程组进行求解时需要满足边界条件：

$$P_\mathrm{s}^{+}(0,\lambda_\mathrm{s})=P_\mathrm{s}^{\mathrm{in}},\quad P_\mathrm{s}^{-}(L,\lambda_\mathrm{s})=0 \tag{4.37}$$

式中，$P_\mathrm{s}^{\mathrm{in}}$为注入信号光功率，输出信号光的功率与增益光纤的长度关系密切。

4. 脉冲展宽和压缩

脉冲展宽和压缩是一组相对过程，如果展宽器提供正色散，那么与之相对的压缩器提供负色散。常见的脉冲展宽与压缩元器件主要有单模色散光纤、啁啾光纤布拉格光栅(CFBG)、光子晶体光纤(PCF)、啁啾镜、棱镜对、光栅对和啁啾体布拉格光栅(CVBG)等。其中，单模色散光纤和 CFBG 作为光纤展宽器时具有良好的应用效果，且能够充分发挥全光纤激光放大器紧凑稳定、光束质量好的优势。尤其是 CFBG，在实现脉冲展宽的同时又不会引入较强的非线性效应，有利于后续的脉冲压缩。CVBG 作为一种新型压缩器件，在实现高功率、亚皮秒量级的脉冲压缩时优势明显。

CVBG 与 CFBG 是啁啾脉冲放大系统中较为流行的两种展宽与压缩器件。二者的原理基本相同，区别在于：CVBG 刻写在光热敏折射玻璃上，通光孔径大，具有极高的损伤阈值；而 CFBG 刻写在光纤上，能够保证全光纤结构。图 4.34(a)为不带啁啾的体光栅栅区示意图，图 4.34(b)为 CVBG 栅区示意图。当使用两束平行的准直光束进行刻写时，可以得到栅区均匀的体光栅；当使用一束发散光和一束聚焦光进行刻写时，可以得到沿光轴(z 轴)周期性变化的明暗条纹，于是得到了 CVBG。

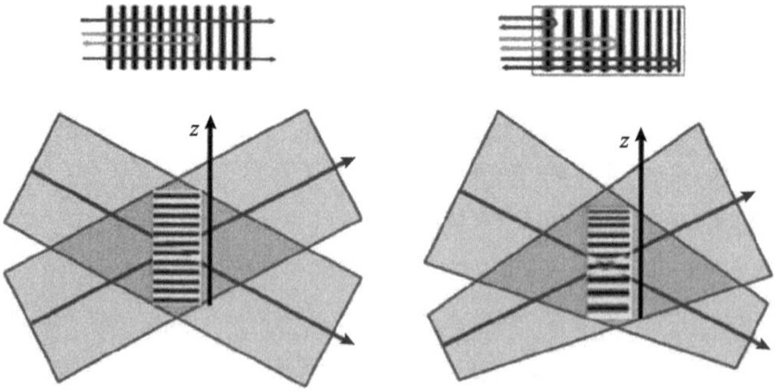

(a) 体光栅栅区示意图　　(b) CVBG栅区示意图[39]

图 4.34　体光栅及 CVBG 栅区示意图

CVBG 压缩原理可以由图 4.35 比较直观地体现出来：当一束宽光谱的激光注入 CVBG 内时，假设入射激光本身不带有啁啾，不同的波长成分会在 CVBG 内的不同位置处发生反射。当激光从 CVBG 展宽方向入射时，传播速度较快的长波长激光会在 CVBG 中传输较短的距离然后发生反射；而传播速度较慢的短波长激光会在 CVBG 中传输较长的距离然后才发生反射。造成的结果就是传播速度快的光谱成分走较短的路程，传播速度慢的光谱成分走较长的路程，于是脉冲激光的宽度就被展宽了。反之，激光从 CVBG 压缩方向进入时会出现相反的结果，于是脉冲激光的宽度就被压缩了。

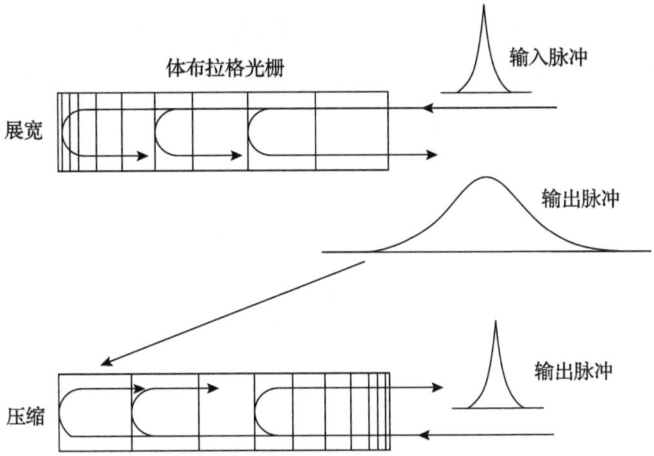

图 4.35　CVBG 的展宽和压缩原理图

下面再对 CVBG 的几个重要参数进行定量的分析：当入射激光垂直进入 CVBG 时，反射激光的波长 λ 与光栅周期 $\varLambda$ 的关系式为

$$\lambda = 2n\varLambda \tag{4.38}$$

式中，n 为 CVBG 压缩器的平均折射率。CVBG 啁啾率 SCR 的表达式为

$$\mathrm{SCR} = \frac{\mathrm{d}\lambda}{\mathrm{d}z} = 2n\frac{\mathrm{d}\varLambda}{\mathrm{d}z} \tag{4.39}$$

假设 CVBG 的厚度为 T，那么其工作带宽 $\Delta\lambda$ 为啁啾率 SCR 与 T 的乘积。通常,CVBG 的工作带宽范围为 1nm 到数十纳米。若注入激光脉冲光谱宽度与 CVBG 的工作带宽恰好完全匹配，那么 CVBG 的最大延迟时间 t_s 为

$$t_\mathrm{s} = \frac{2nT}{c} \tag{4.40}$$

式中，t_s 为 CVBG 前表面与后表面所反射回光的时间差；c 为光在真空中的传播速度，若注入激光脉冲光谱宽度小于 CVBG 的工作带宽，则 T 的长度要按照实际光程差进行计算。于是可以得到 CVBG 的展宽因子 SF 为

$$\mathrm{SF} = \frac{t_\mathrm{s}}{\Delta\lambda} = \frac{2n}{c\cdot\mathrm{SCR}} \tag{4.41}$$

对于用来展宽和压缩的 CVBG，展宽因子的量纲一般为 ps/nm。定义 CVBG 折射率 n=1.5，所以对展宽因子表达式进行量纲转化后得到新的表达式：

$$\mathrm{SF} = \left[\frac{\mathrm{ps}}{\mathrm{nm}}\right] = \frac{100}{\mathrm{SCR[nm/cm]}} \tag{4.42}$$

CVBG 工作带宽与注入激光脉冲的光谱匹配至关重要，这是实现高效率压缩和极窄压缩脉冲输出的关键。

4.3.2 基于 CFBG 展宽器的啁啾脉冲放大器

1. 基于级联 CFBG 展宽器的啁啾脉冲放大器

随着光纤激光放大器功率提升，高峰值功率所激发的光纤非线性效应会造成脉冲劈裂和光束劣化，影响激光放大器的转换效率，降低输出的光束质量[39-44]。因此，在光纤激光放大器中需展宽脉冲宽度来降低峰值功率，减小非线性效应所带来的影响。常用的色散管理器件为单模光纤和光栅对，两种器件虽都具有色散性能，但单模光纤的色散量有限，光栅对的空间结构复杂，均不是光纤系统中最佳的色散管理器件[45-51]。带有线性啁啾的 CFBG，既符合全光纤系统的要求，又具有较大的色散量，厘米量级长度的 CFBG 所提供的色散积累即可与千米量级长度的单模光纤相当[52]，且体积小、插入损耗低，是光纤激光放大器中进行色散管理的一种全新选择。

CFBG 级联展宽器结构如图 4.36(a)所示，其由多个 CFBG 通过多个光纤环形器构成，假设多个 CFBG 的中心布拉格反射谐振波长、光栅长度和啁啾率均相同，即经每一个 CFBG 反射后的脉冲光光谱均完全相同，则这部分脉冲光经过该展宽器后被多次展宽，总色散成倍于单个 CFBG 的色散，而反射带宽不变，则展宽器可提供的色散积累成倍于单个 CFBG 可提供的色散积累。即在单一参数相位掩模板基础上获得了光栅色散量成倍增加的展宽器。但由于每级联一个 CFBG 必须通过一个光纤环形器，损耗会成倍增加，则在给定功率条件下，级联展宽器可连接的最大级数受限于展宽器损耗。因此，级联展宽器对光脉冲的色散积累与其自身损耗为正比关系。

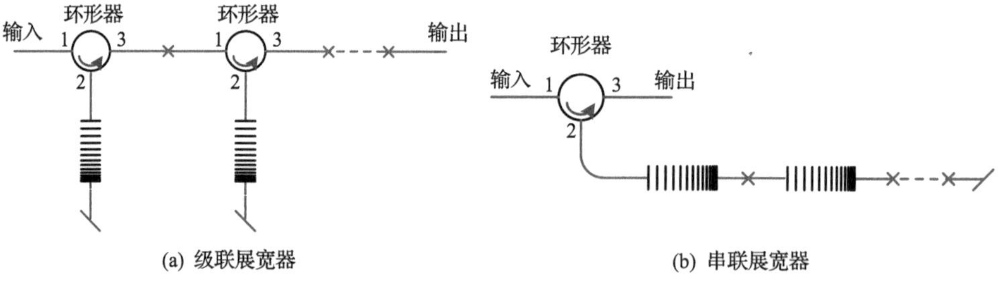

图 4.36　CFBG 级联展宽器示意图

为克服级联展宽器损耗成倍增加的缺陷，又设计了 CFBG 串联展宽器，结构如图 4.36(b)所示。不同于级联展宽器，CFBG 串联展宽器由多个 CFBG 和一个光纤环形器构成。串联展宽器中每个 CFBG 的反射光谱不能相同，否则光经第一个

CFBG 后即被全部反射并从环形器 3 口输出，不会再有光耦合进其他 CFBG 中。因此，串联展宽器中 CFBG 的反射光谱应首尾相连，即第一个 CFBG 反射光谱的最大波长对应第二个 CFBG 反射光谱的最短波长，在光栅色散不变的情况下通过增加反射带宽来提高展宽器的总色散积累。在光纤上刻写 CFBG，即使只有一块相位掩模板，也可通过给光纤施加预紧力的方法对布拉格反射谐振波长进行调谐[53]，获得光谱首尾相连的不同波段 CFBG。所得到的展宽器色散量与相应参数相位掩模板下单个 CFBG 相同，但反射带宽增加，从而导致可提供的色散积累增加。与级联展宽器不同，串联展宽器中只需要一个光纤环形器，因此损耗不会随级数增加而成倍增大。

在 6/125μm 光纤上刻写两个 20mm 长 CFBG，并通过两个光纤环形器制成两级 CFBG 级联展宽器。两个 CFBG 的反射光谱如图 4.37(a)所示，3dB 带宽均为 3.4nm。则理论上，该展宽器的光栅色散为单个 CFBG 的 2 倍，即 106ps/nm，能提供的最大色散积累约为 360ps。在该光源后熔接级联展宽器对脉冲进行展宽，展宽后的脉冲宽度为 379ps。则级联展宽器所能提供的色散积累应为 345ps，其光

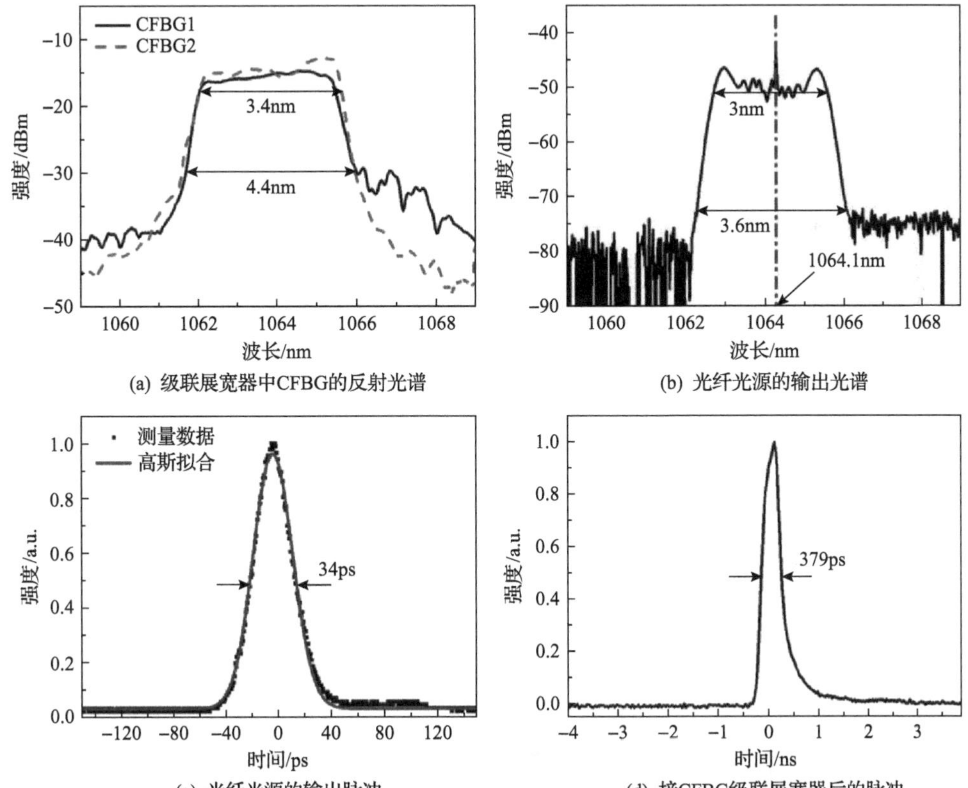

(a) 级联展宽器中CFBG的反射光谱　(b) 光纤光源的输出光谱

(c) 光纤光源的输出脉冲　(d) 接CFBG级联展宽器后的脉冲

图 4.37　级联展宽器测试结果

谱宽度为 3.4nm，可计算其色散为 101.5ps/nm，与理论结果基本相符。

级联 CFBG 啁啾脉冲放大器包括种子源、预放大级、展宽器、主放大级和压缩器，如图 4.38 所示。由于级联 CFBG 损耗较大，在种子源后设置预放大级，作用是令信号光通过展宽器后还有足够的功率来保证后续放大。种子源采用 1m 长 6/125μm 掺镱光纤，通过 SESAM 被动锁模方式，获得了重复频率 18.1MHz、脉冲宽度 34ps、中心波长 1063.9nm、平均输出功率 15mW 的脉冲激光输出。展宽部分包括自制的两级 CFBG 级联展宽器和 12m 长 4/125μm 光子晶体光纤(PCF)。该光子晶体光纤内部有六边形气孔排列，纤芯模场直径为(4.5±0.1) μm，具有很高的非线性，在 1060nm 波段非线性系数为 $9km^{-1}\cdot W^{-1}$。放大器所用的增益光纤为 10/130μm 双包层掺镱光纤(Yb-DCF)，对 976nm 波长泵浦光的吸收系数为 4.1dB/m，最后主放大级所用增益光纤为 0.9m 长的 30/250μm Yb-DCF，对 976nm 光的吸收系数为 9dB/m。所输出的光束经准直透镜后斜入射进 CVBG (OptiGrate)

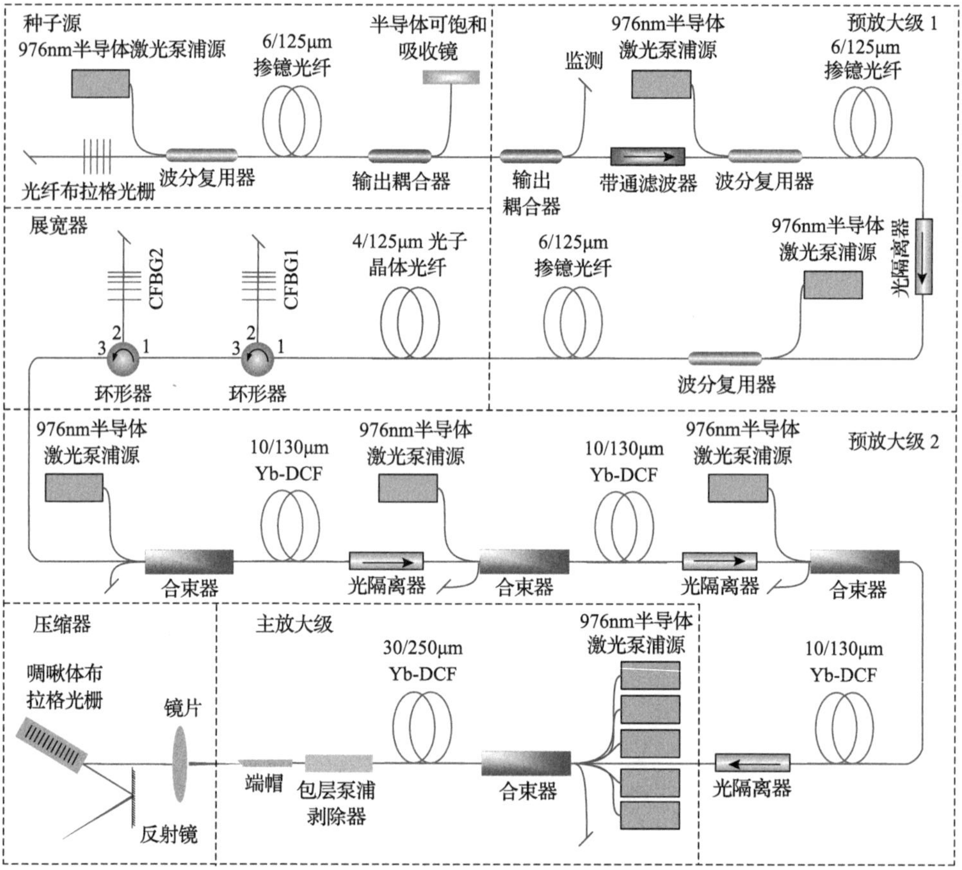

图 4.38 FCPA 系统示意图

中进行脉冲压缩。所采用的 CVBG 工作波长范围为 1060～1068nm，色散为 63ps/nm。

主放大级光纤为 30/250μm，通过控制热电制冷器(thermo electric cooler, TEC)温度对增益光纤进行冷却散热处理。平均功率为 1.2W 的脉冲激光注入后，当泵浦光功率升高至 345W 时，在经泵浦剥除后的输出端测得平均输出功率为 182.8W，放大斜效率约为 53%，泵浦光与输出光之间的功率变化曲线如图 4.39(a)所示，光谱如图 4.39(b)所示，每隔相同泵浦功率间隔测量一次输出光谱，进行光谱随功率演化的对比分析，如图 4.39(c)所示。可见，随泵浦功率增加，输出光谱的高度和宽度均有所增加，过高的峰值功率激发出非线性效应使光谱展宽，导致光谱已超出 CVBG 工作光谱范围。因此，CVBG 压缩效率会因超出部分的光被滤除而有所降低。

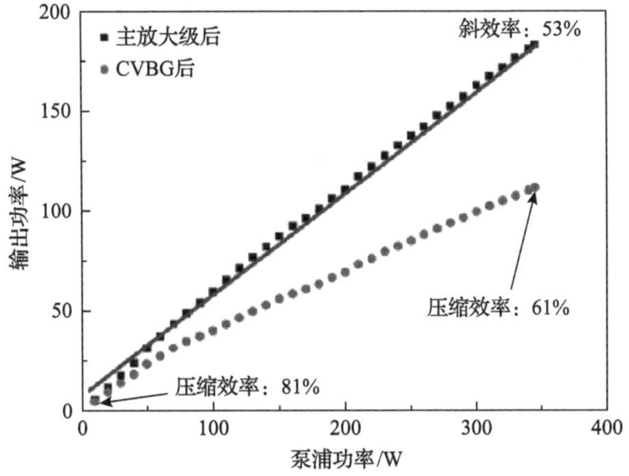

(a) 主放大级泵浦斜效率与CVBG压缩效率

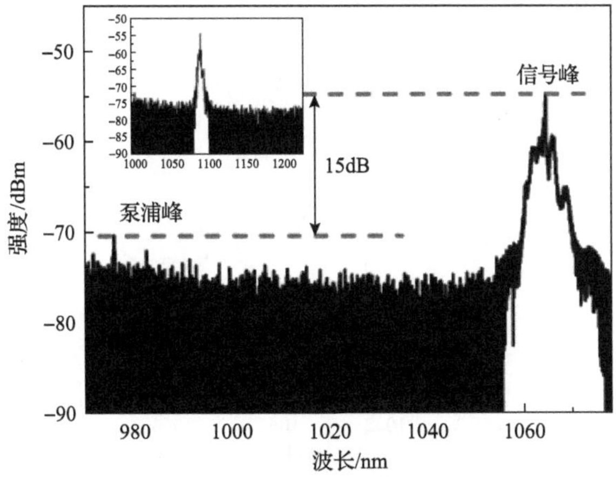

(b) 最高功率时输出光谱

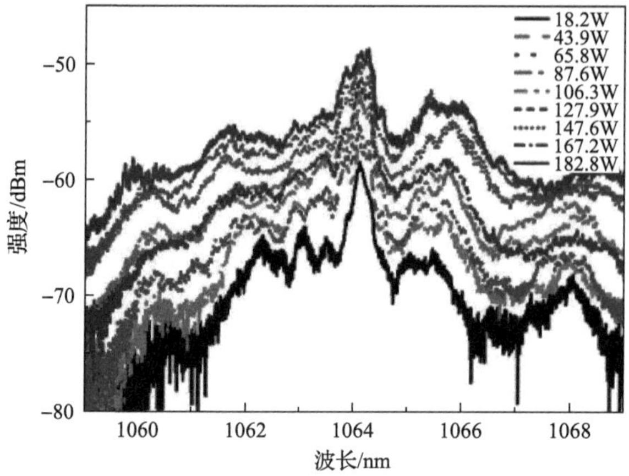

(c) 主放大级后的输出光谱

图 4.39　系统主放大级后的测量结果

将输出端的脉冲光经过焦距 100mm 准直透镜后斜入射进 CVBG 进行脉冲压缩，光路如图 4.38 中压缩部分。当主放大级泵浦功率较小时，压缩效率约为 81%，当泵浦功率升高至 345W，耦合进 CVBG 的激光约 182.8W 时，测得压缩后平均功率为 111.4W，压缩效率为 61%，压缩效率的变化如图 4.40(a)所示。在最大功率 111.4W 时，输出光谱 3dB 带宽约为 3.66nm，用自相关仪测量压缩后的脉冲宽度如图 4.40(b)所示，脉冲宽度为 1.5ps，与理论计算的压缩极限存在一定差距，这是由于 CFBG 展宽器和 CVBG 压缩器的色散都来源于两种器件自身所具有的线性啁啾，其所提供的色散积累能够相互补偿，而光纤放大器中光纤非线性啁啾则不能被补偿。另外，自相位调制所造成的光谱展宽也影响了整个系统的压缩效率。

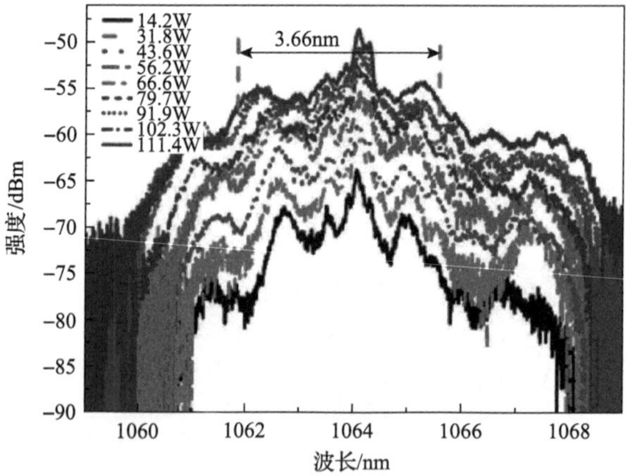

(a) 压缩后输出光谱随泵浦功率的变化

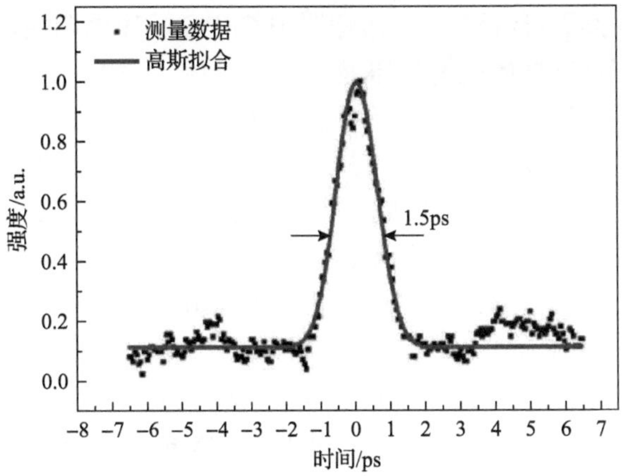

(b) 压缩后输出最高功率时的脉冲宽度

图 4.40　压缩后的测量结果

2. 基于 CFBG 展宽器及压缩器的全光纤啁啾脉冲放大器

基于 SMF-CFBG 展宽器和 LMA-30/250-CFBG 压缩器的全光纤 FCPA 系统实验装置如图 4.41 所示，采用了如图 4.38 所示实验装置的种子源和预放大级部分作为该实验的种子源。其后连接 12m 长 PCF 用以展宽光谱。PCF 后连接 SMF-CFBG 展宽器，该展宽器通过一个 6/125μm 光纤环形器实现对激光脉冲的展宽。所用的增益光纤为 Yb-DCF，其中所用增益光纤 30/250μm Yb-DCF 在泵浦光波段 976nm 的吸收系数为 9dB/m，最后连接了 30/250μm 光纤环形器和 CFBG 压缩器，系统中的展宽器和压缩器均为 CFBG 结构。依据色散基本理论，应将展宽器中 CFBG

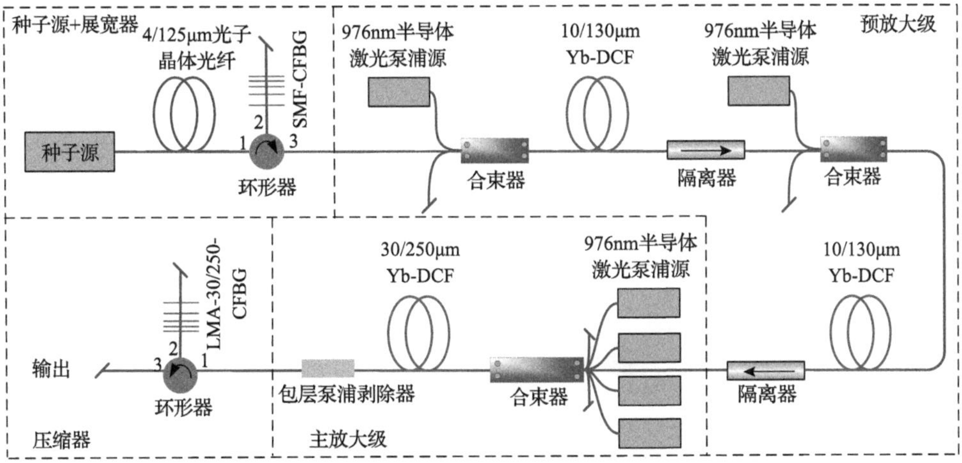

图 4.41　基于 SMF-CFBG 展宽器和 LMA-30/250-CFBG 压缩器的全光纤 FCPA 系统实验装置

的长周期端连接光纤环形器 2 口，压缩器中 CFBG 的短周期端也连接光纤环形器 2 口，以分别实现对脉冲的展宽和压缩。

调整如图 4.41 所示系统的两级预放大级泵浦功率，令平均功率分别放大至 60mW 和 1.2W 后耦合进主放大级。主放大级泵浦光功率增加至 76W 时，输出功率由 1.2W 提升至 40.2W，放大斜效率约为 53%，如图 4.42(a)所示。而压缩器中所选用的 30/250μm 光纤环形器可承受的最高功率为 50W。图 4.42(b)为输出功率为 40.2W 时的输出光谱。其中，中心波长 1064nm 主峰为信号光，976nm 处次峰为泵浦光，二者峰值差为 21dB。表明经泵浦剥除处理后的信号光中剩余泵浦光成分很少，可忽略。同时，在 1030nm 附近可见 ASE 效应，在 1115 nm 附近可见 SRS 效应[54,55]。如图 4.42(c)所示，与 10/130μm FCPA 系统最高输出功率 5.25W 时的光谱相比，此时输出功率更高，但 ASE 与 SRS 含量更少。说明采用 30/250μm 主放大级能有效降低光纤的拉曼阈值，更有利于进行激光功率放大。采用两级 CFBG 级联展宽器进行脉冲展宽，经同样尺寸 30/250μm 放大器后，输出的平均功率最高

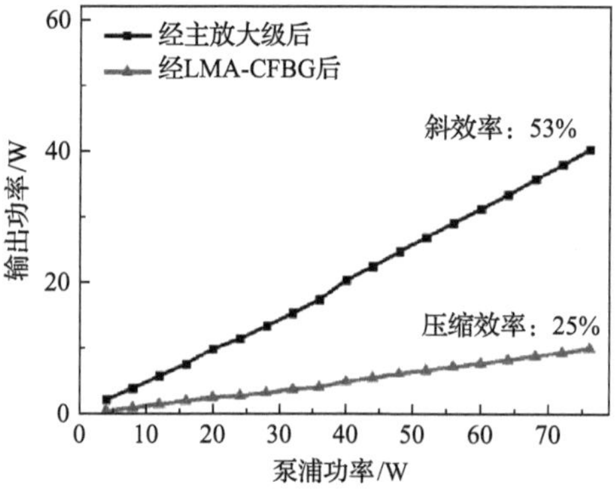

(a) 主放大级后输出功率随泵浦功率的变化

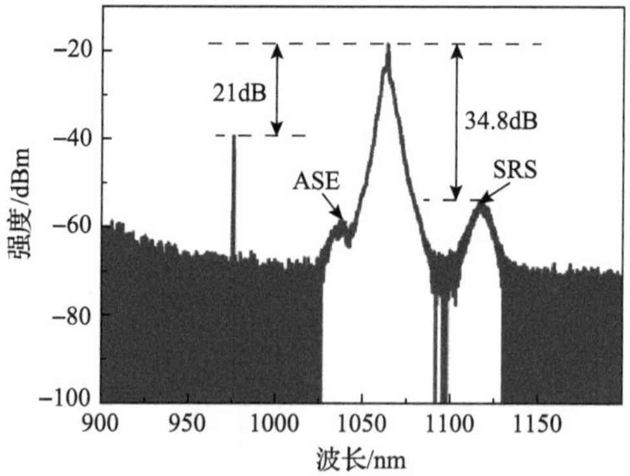

(b) 输出功率为40.2W时的输出光谱

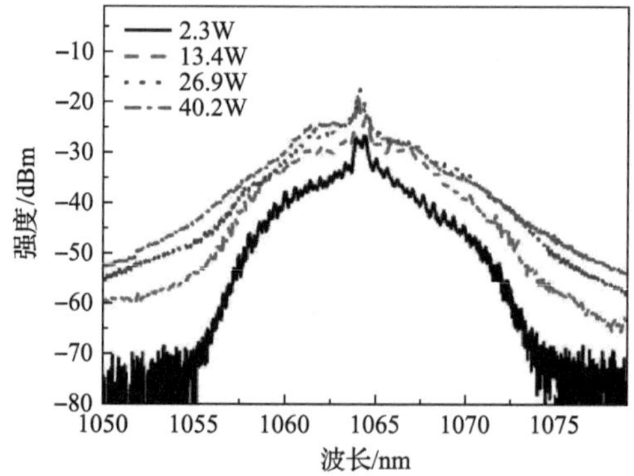

(c) 主放大级后信号光谱的演化

图 4.42　30/250μm FCPA 系统主放大级后输出功率与光谱

可放大至 182.8W，但光谱中未观察到 ASE 效应和 SRS 效应。说明脉冲被展得越宽，峰值功率越低，越有利于进行激光功率放大。

将 40.2W 激光注入 LMA-30/250-CFBG 压缩器中，并逐步提升主放大级泵浦功率，测量压缩后的输出光谱和功率，最高输出功率为 10.1W。压缩后的输出光谱如图 4.43(a)所示，压缩后脉冲宽度用自相关仪进行测量，测量结果和拟合的高斯曲线如图 4.43(b)所示，脉冲宽度约为 73ps。根据图 4.43(a)中最高功率 10.1W 时的光谱曲线，其 3dB 带宽约为 2.9nm。压缩器中 CFBG 反射率较低，导致其压缩效果降低，因此部分线性啁啾并未得到补偿，同时光纤的非线性效应所提供的色散也无法被线性啁啾进行补偿，导致得到的脉冲宽度远大于理论计算的结果。

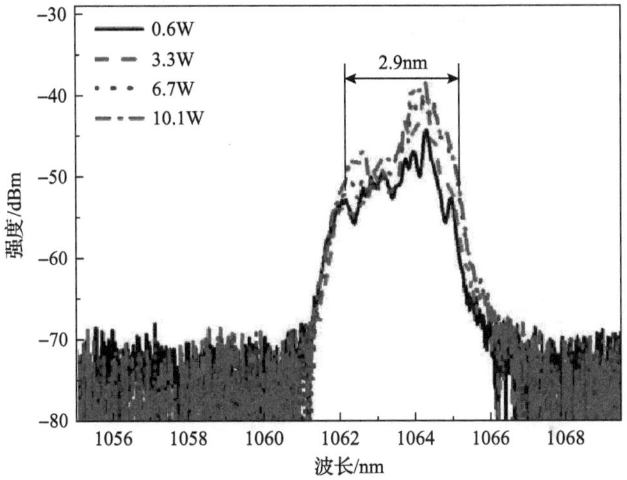

(a) 压缩后光谱的演化

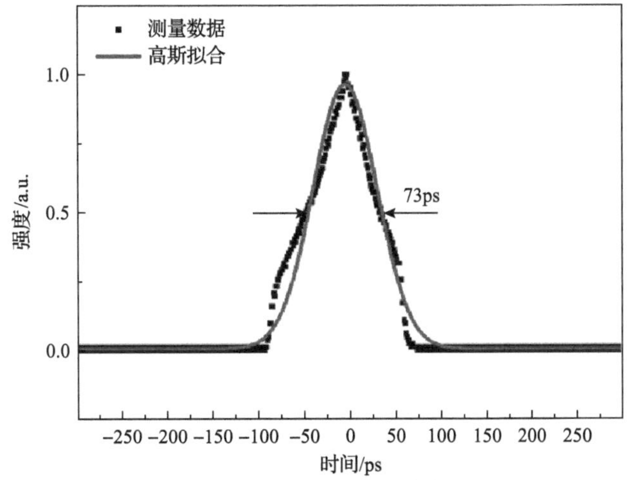

(b) 压缩后的脉冲宽度

图 4.43　压缩后的光谱与脉冲宽度

4.3.3 基于 CVBG 压缩器的啁啾脉冲放大器

1. 基于 NALM 光纤激光振荡器和 CVBG 压缩器的啁啾脉冲放大系统

本实验中，采用 10/130μm 掺镱光纤进一步提升激光放大器的输出功率，然后利用 CVBG 进行脉冲压缩，最终获得脉冲宽度 711fs 的超短脉冲激光输出，对应的压缩效率高达 95%。百飞秒全光纤啁啾脉冲放大系统实验装置如图 4.44 所示，种子源采用全保偏光纤结构的 NALM 光纤激光振荡器，中心波长 1030nm，脉冲宽度 453ps，重复频率 437kHz，平均功率 40mW，对应的单脉冲能量为 91nJ。除了全保偏 NALM 光纤激光振荡器，还包括一个保偏 10/130μm 掺镱光纤激光放大器和一个 CVBG 脉冲压缩器。全保偏 NALM 光纤激光振荡器能够产生平均功率 40mW 的激光脉冲。随后，采用 10/130μm 增益光纤作为功率放大器进一步提高脉冲激光的输出功率。最后，采用 CVBG 压缩器对放大后的激光进行脉冲压缩。CVBG 压缩器的中心波长为 1030nm，工作带宽为 1026～1034nm，衍射效率为 90%，群速度色散为 62ps/nm，展宽时间为 500ps。

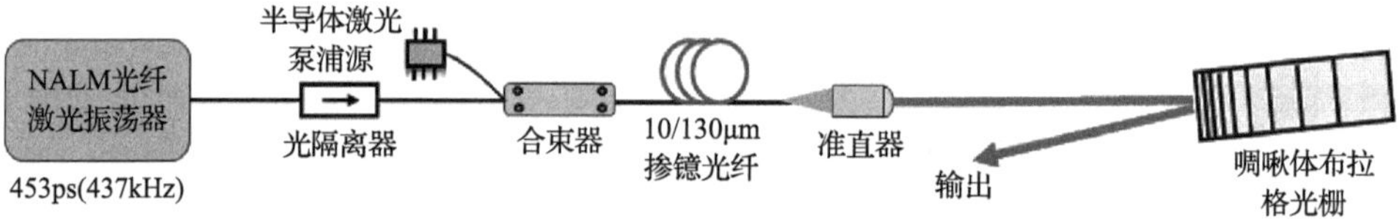

图 4.44 百飞秒全光纤啁啾脉冲放大系统实验装置

全保偏激光振荡器能够产生平均输出功率 40mW 的激光输出。通过一段 4m 长的 10/130μm 光纤激光放大器实现了平均输出功率 1.2W 的激光输出，此时激光放大器的泵浦功率为 3.4W，斜效率为 35%，实验结果如图 4.45(a)所示。图 4.45(b)

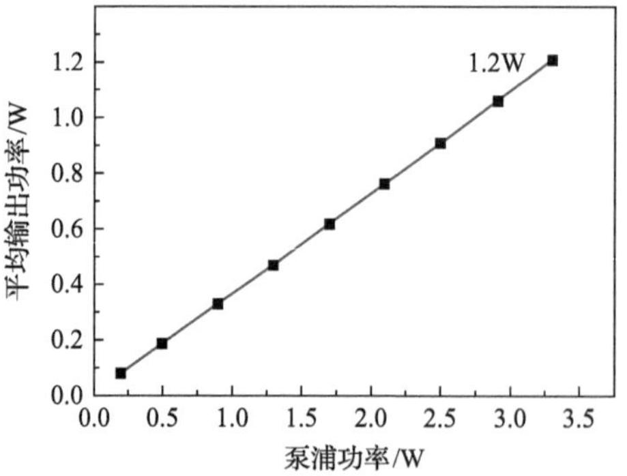

(a) 10/130μm放大器的平均输出功率曲线

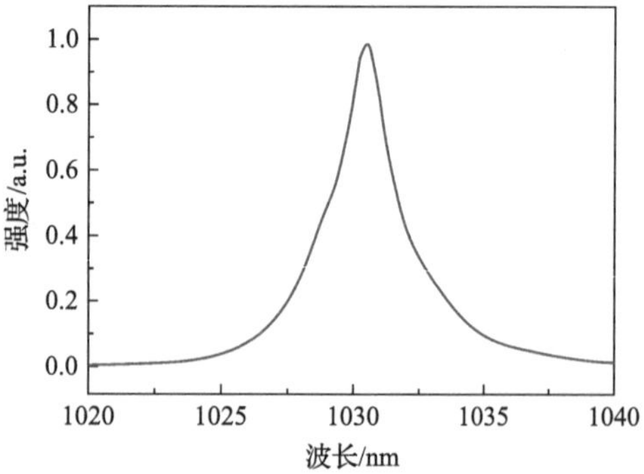

(b) 10/130μm放大器的光谱数据

图 4.45 10/130μm 放大器的输出数据

显示了最大输出功率时的光谱曲线，其结果与振荡器中的光谱曲线基本一致，中心波长为 1030nm，10dB 带宽为 7nm，与 CVBG 的工作带宽(8nm)基本匹配。

当 10/130μm 光纤激光放大器输出功率达到 1.2W 时，继续增加泵浦功率将产生不可压缩的 SRS 光谱成分，因此激光放大器的最大输出功率为 1.2W。此时，输出激光为纯净的 1030nm 信号光，没有监测到 976nm 泵浦光、自发辐射光以及 SRS 光等光谱成分，有利于实现高效率的脉冲压缩。放大后的脉冲激光通过自制的光纤准直器整形成平行光束，随后被注入 CVBG 进行脉冲压缩。

通过 CVBG 压缩器，脉冲激光的脉冲宽度从 453ps 压缩到 711fs，如图 4.46(a)所示。如图 4.46(b)所示，压缩脉冲激光的平均输出功率为 1.14W，对应的单脉冲能量为 2.6μJ，相应的峰值功率为 3.6MW，压缩效率达 95%。主要源自两方面：首先，脉冲激光的输出光纤为保偏 10/130μm 无源光纤，由于光纤的波导结构设计，输出激光具有较好的光束质量；其次，只有当注入激光的光谱成分完全在 CVBG 的工作带宽内时，才能实现高效率的脉冲压缩，一旦激光放大器中产生了 SRS 效应和 ASE 效应，或者光谱宽度超过 CVBG 压缩器 8nm 的工作带宽，都会显著降低啁啾脉冲放大系统的压缩效率。因此，在进行压缩实验之前对整个激光系统进行合理设计，通过理论分析不断优化激光振荡器的输出参数，实现啁啾脉冲放大系统中色散量的精确匹配，严格控制激光放大器中的非线性效应，是获得高效率、百飞秒量级超短脉冲激光输出的保证。

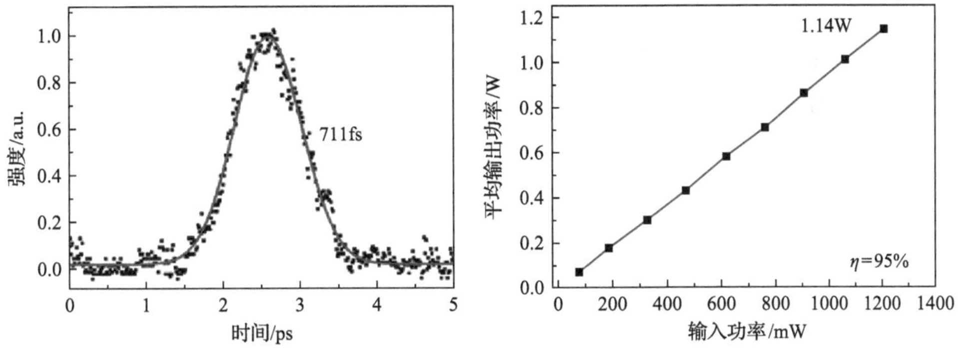

(a) CVBG压缩后的自相关曲线　　(b) CVBG压缩后的平均输出功率曲线

图 4.46　CVBG 压缩后的输出

2. 基于 SESAM 光纤激光振荡器和 CVBG 压缩器的啁啾脉冲放大系统

基于 CVBG 压缩的亚皮秒全光纤啁啾脉冲放大系统实验装置主要由以下几部分组成，包括 SESAM 被动锁模光纤激光振荡器、全光纤展宽器、放大器和基于空间结构的 CVBG 脉冲压缩器，实验装置如图 4.47 所示。

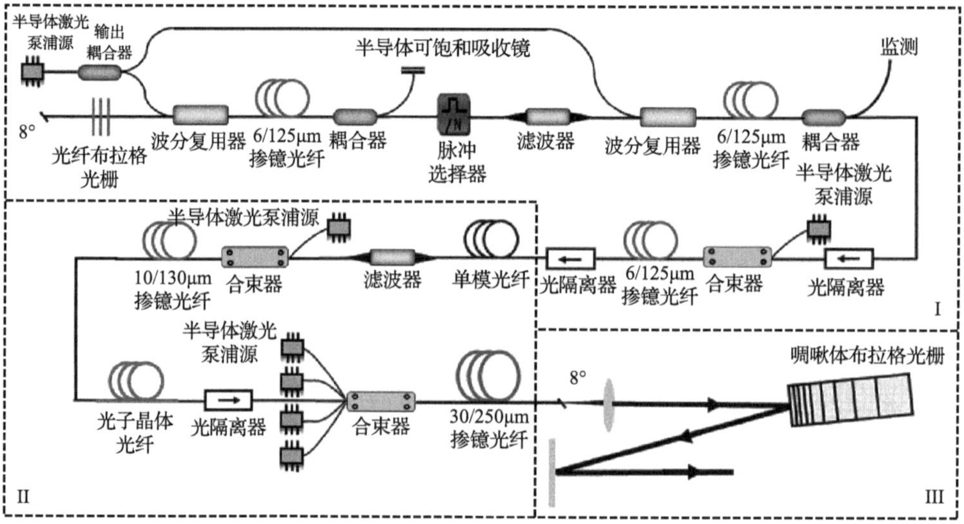

图 4.47　亚皮秒全光纤啁啾脉冲放大系统实验装置

锁模光纤激光振荡器采用 SESAM 锁模光纤激光振荡器，使用 6/125μm 掺镱光纤和 10/130μm 掺镱光纤进行功率放大。展宽器需要与 CVBG 压缩器的色散量相匹配。2000m 单模色散光纤用于对激光放大器的脉冲宽度进行展宽，其在中心波长 1030nm 处的群速度色散约为–42ps/(nm·km)。光子晶体光纤的作用主要是利用 SPM 效应展宽光谱，弥补啁啾脉冲放大系统中负色散量的不足，从而微调啁啾脉冲放大系统中的压缩脉冲宽度。光子晶体光纤的截面如图 4.48 所示，其空气孔按照六边形双包层结构排布，具有较高的非线性系数和较低的色散系数[56]。实验中使用光子晶体光纤的长度为 12m，且在光子晶体光纤前后两端都熔接有无源单模过渡光纤来减少模场失配造成的功率损耗。使用带通滤波器用于选择脉冲激光中心波长和光谱宽度。主放大级使用双包层 30/250μm 掺镱光纤，在 976nm

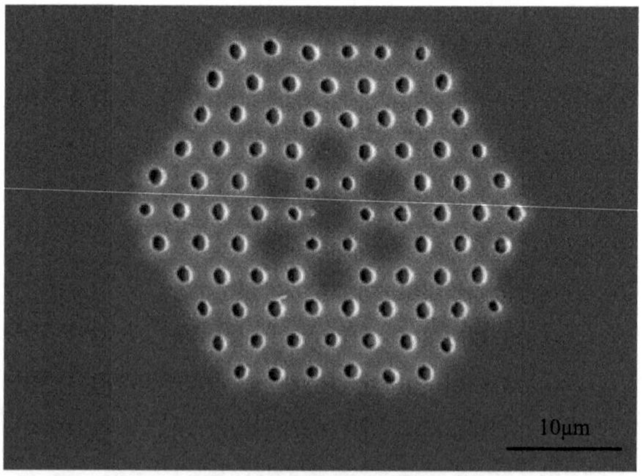

图 4.48　光子晶体光纤截面[56]

处的泵浦光吸收系数为 9dB/m。

压缩器采用 CVBG 对放大激光进行脉冲压缩。CVBG 的工作带宽范围在 1026～1034nm，衍射效率为 90%，群速度色散为 62ps/nm，展宽时间为 500ps。锁模脉冲激光种子源的中心波长为 1031.5nm，脉冲宽度为 12ps，光谱带宽为 0.2nm，重复频率为 20MHz，平均输出功率为 10mW。随后，采用两级掺镱光纤激光放大器将激光平均功率提升至 120mW。然而，在功率提升过程中，脉冲激光的中心波长漂移到了 1032.7nm。这种光谱红移效应会使得脉冲激光光谱宽度明显超出 CVBG 压缩器的反射带宽，大量的光谱成分没有进行脉冲压缩就直接透过 CVBG 造成能量损失，导致压缩效率显著降低。考虑利用 SPM 效应展宽光谱，同时使用带通滤波器将脉冲激光偏移的光谱修正回来，实现高效率的脉冲压缩。使用 2000m 单模色散光纤为激光脉冲提供足够的 SPM 效应积累,同时由于光纤带有大量正色散，激光的脉冲宽度也明显变宽。经过单模色散光纤后，脉冲激光的光谱如图 4.49(a)所示，显示其中心波长为 1034.1nm，10dB 带宽为 19nm。激光的脉冲宽度也被展宽至 752ps，如图 4.49(b)所示。

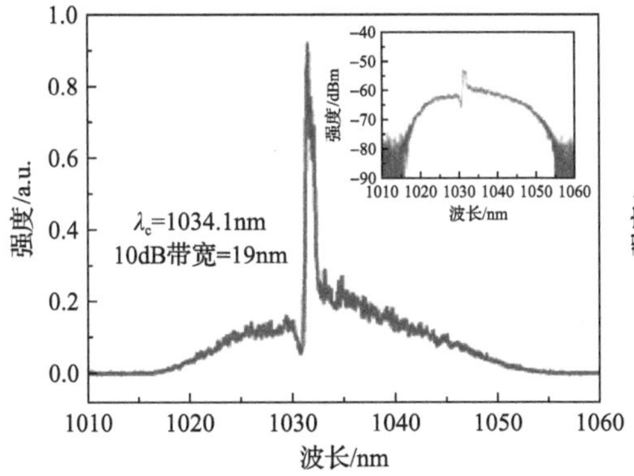

(a) 2000m展宽光纤后的光谱数据

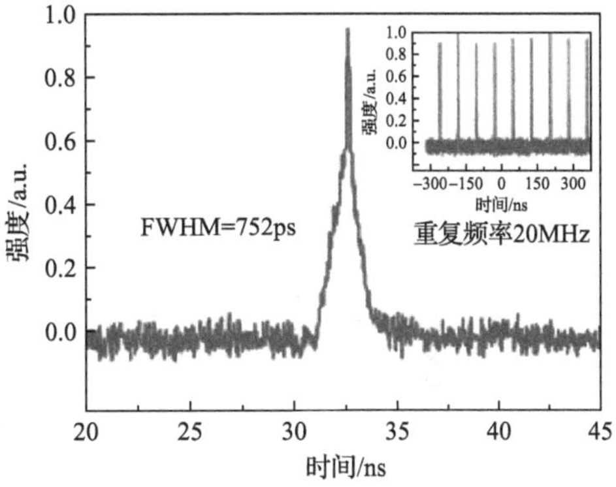

(b) 2000m展宽光纤后的脉冲数据

图 4.49　2000m 展宽光纤后的激光输出

通过使用带通滤波器，脉冲激光的光谱得到修正，其中心波长被校正到 1030.3nm，10dB 带宽为 4.6nm，如图 4.50(a)所示，这与 CVBG 的工作带宽相匹配。脉冲宽度为 330ps，重复频率为 20MHz，如图 4.50(b)所示。

实验中未采用光子晶体光纤时，通过 CVBG 对脉冲宽度进行压缩后，测得高斯型的脉冲宽度为 2.4ps。通过计算，压缩脉冲的时间带宽积(TBP)为 3.24，为高斯脉冲变换极限的 7.3 倍，这表明啁啾脉冲放大系统中仍然存在未补偿的色散。因此，为了进一步优化压缩脉冲宽度，使用 12m 长的低色散、高非线性单模光子晶体光纤，利用其非线性效应(SPM 效应)略微展宽光谱。当最后一级 10/130μm 光纤激光放大器的输出功率恰好达到 210mW 时，激光的光谱宽度从 4.6nm(未使用光子晶体光纤时)展宽至 5.1nm，其光谱曲线如图 4.50(a)所示。通过对脉冲宽度的测量，这一过程对应着压缩脉冲宽度由 2.4ps 优化至 1.1ps，如图 4.51(a)所示。

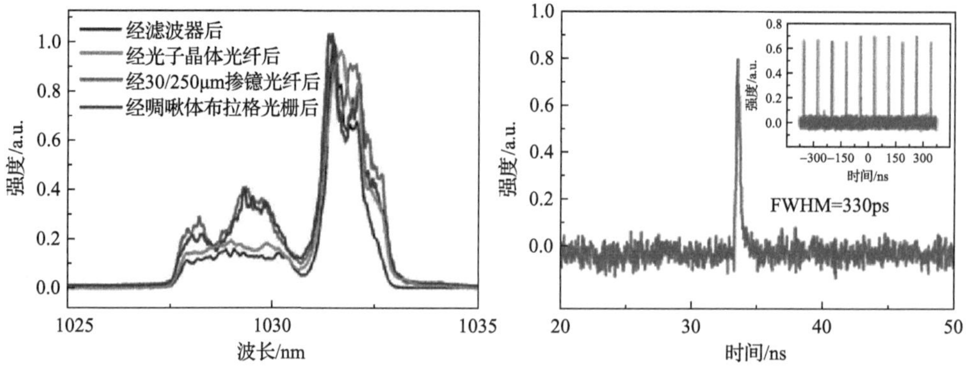

(a) 不同位置处的光谱数据　　(b) 带通滤波后的脉冲数据

图 4.50　光谱及脉冲数据

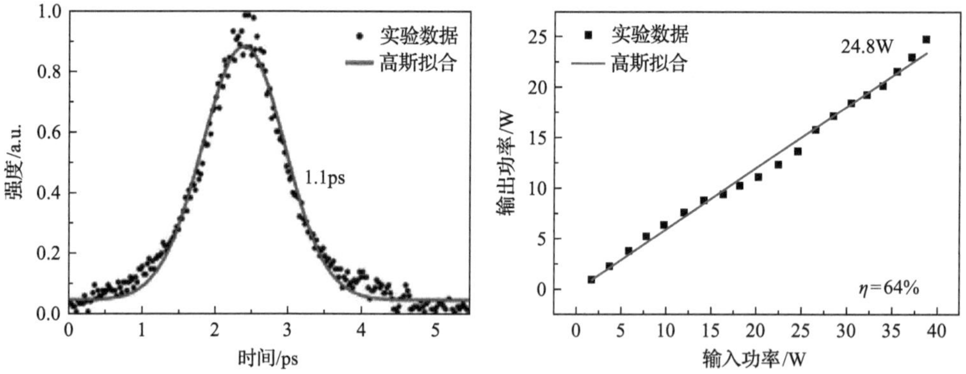

(a) 压缩脉冲宽度　　(b) 压缩脉冲输出功率曲线

图 4.51　压缩后的输出数据

采用此方法获得的最短脉冲宽度为 1.1ps。由傅里叶变换极限可得，其极限脉冲宽度约为 320fs，这表明压缩脉冲宽度还可以被进一步优化。此外，宝蓝公司 Wan 等[57]获得了脉冲宽度 790fs 的压缩脉冲输出，证明了这种方法能够实现飞秒激光脉冲输出。

将平均功率 210mW 的脉冲激光注入 30/250μm 双包层掺镱光纤，利用 4 个 LD 为放大器注入 100W 泵浦功率，通过泵浦剥除后获得了平均功率 38.7W 的激光输出，对应着放大器的斜效率为 38.7%、脉冲宽度为 330ps、重复频率为 20MHz。

对于 CVBG 压缩过程，由于光纤激光放大器采用的是非保偏光纤结构，输出的激光为椭圆偏振光。而 CVBG 压缩器对偏振不敏感，于是将脉冲激光以一个微小的夹角注入 CVBG 压缩器，再利用反射镜将入射激光与反射激光分开。放大器的输出功率为 38.7W,光斑直径为 2.8mm,注入 CVBG 进行脉冲压缩。如图 4.50(a)所示，经过 CVBG 压缩后，可以获得中心波长 1030.3nm、10dB 带宽 5.1nm、平均输出功率 24.8W、峰值功率 1.1MW 的激光输出，对应的压缩效率为 64%，如图 4.51(b)所示。

当 30/250μm 放大器的输出功率大于 25W 时,继续增加放大器输出功率,CVBG 的压缩效率会显著下降。此外，64%的压缩效率明显小于 CVBG 本身 90%的衍射效率。

4.3.4 其他波段飞秒光纤激光放大器

1. 1.5μm 光纤激光放大器

1.5μm 光纤激光放大器结构示意图如图 4.52 所示。

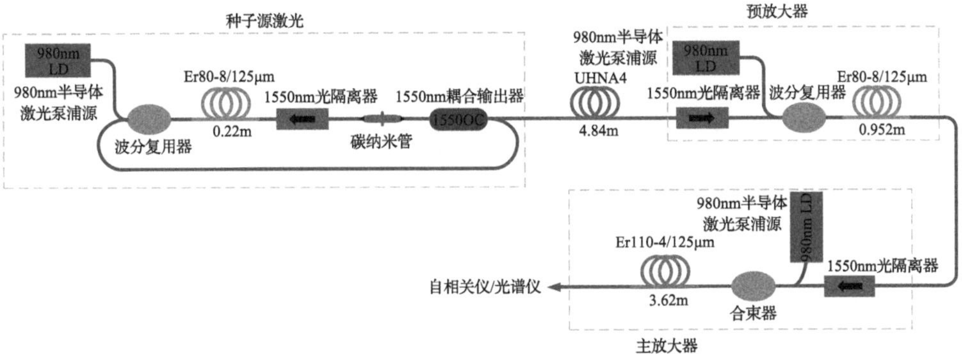

图 4.52 1.5μm 光纤激光放大器结构示意图

针对以单模双包层光纤作为增益光纤的主放大级使用的多模 976nm LD 泵浦源在较低功率下无法精调的问题，使用掺铒增益光纤放大器作为主放大级，这一级的泵浦源使用的是最大输出功率 300mW 的单模 976nm LD。

振荡器输出的光谱和重复频率分别如图 4.53(a)和(b)所示，振荡器锁模阈值为 70mW，激光中心波长为 1559.1nm，3dB 带宽为 4.2nm，脉冲的重复频率为 57.85MHz，平均功率为 1.26mW。图 4.54 为通过 UHNA4(一种高数值孔径光纤)光纤前后的光谱对比，光谱的整体形状不变，宽度略有增加($\Delta\lambda$：4.2nm→4.8nm)。

图 4.55 为在不同预放泵浦功率下的预放大级输出光谱。由图 4.55(a)可知，在 10mW 的泵浦功率下，输出光谱中包含泵浦光成分；由图 4.55(b)可知，随着预放泵浦功率的提升，预放大级输出光谱宽度开始展宽，在预放泵浦功率达到 113mW 之后，预放大级输出光谱出现轻微变形。图 4.56(a)为预放大级输出功率与泵浦功率曲线，预放大级的光光转换效率为 23.4%；图 4.56(b)为在 218mW 预放泵浦功率下预放大级输出脉冲宽度，为 1.39ps。

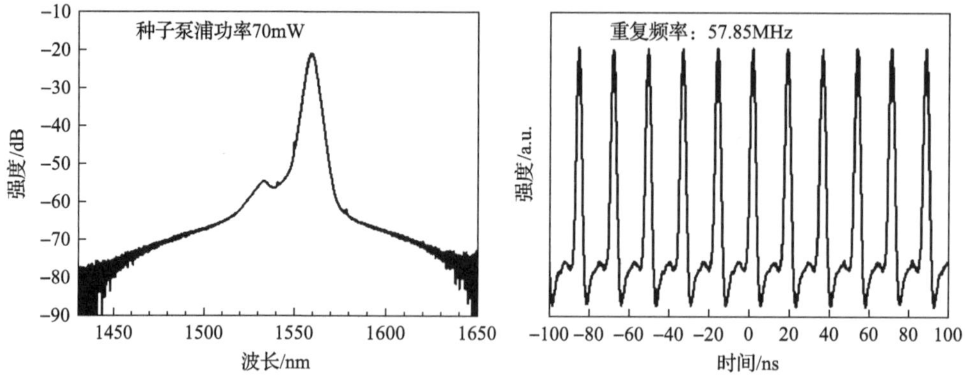

(a) 种子光谱曲线 (b) 种子光脉冲序列

图 4.53 种子光输出数据

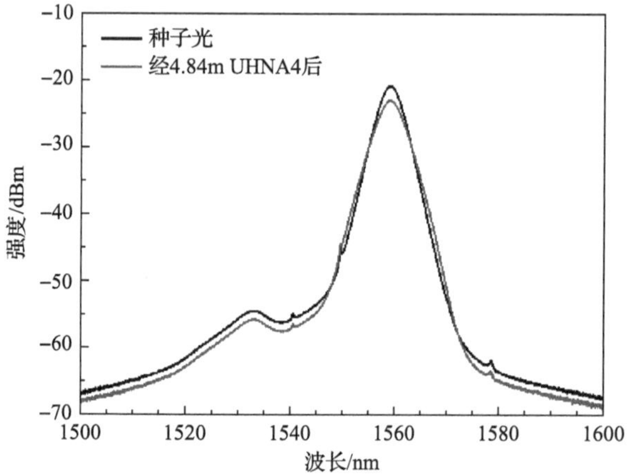

图 4.54 通过 UHNA4 前后光谱对比

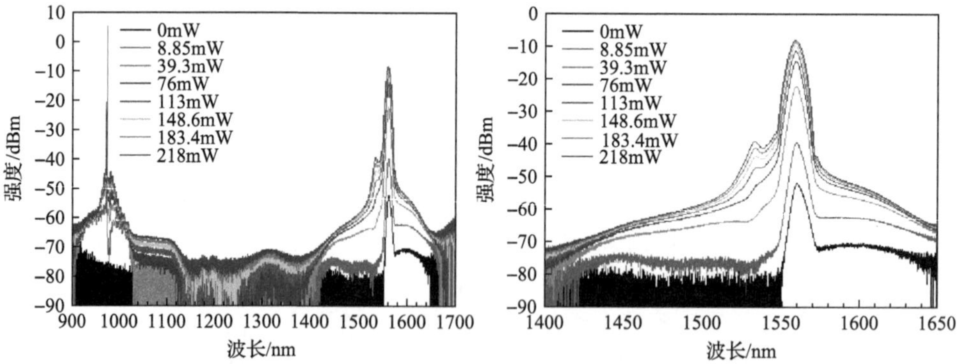

(a) 900~1700nm (b) 1400~1650nm

图 4.55 不同预放泵浦功率下的预放大级输出光谱

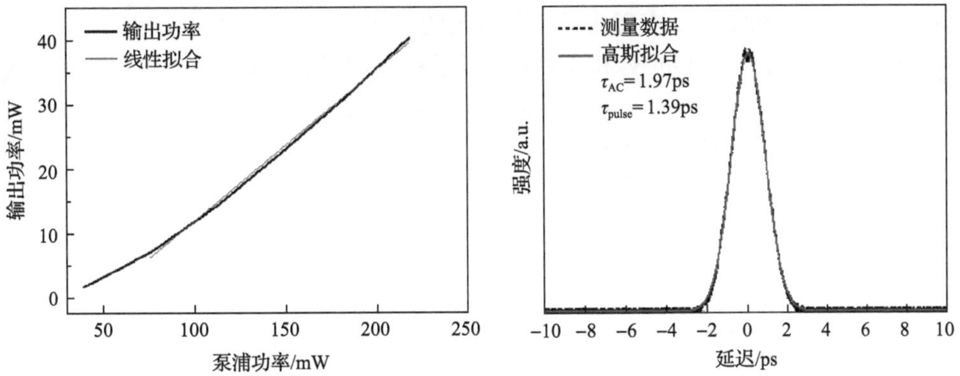

(a) 预放大级的泵浦功率与输出功率　(b) 218mW预放泵浦功率下预放大级输出脉冲宽度

图 4.56　预放大级的输出数据

图 4.57(a)为未加主放泵浦功率时不同预放大级泵浦功率下主放大级输出光谱。由于使用的展宽光纤较短，预放大级输出脉冲宽度相对较窄，因此在通过主放大级后，在未加主放泵浦功率的情况下，主放大级输出端脉冲的光谱中已经能够观察到较强的非线性效应。

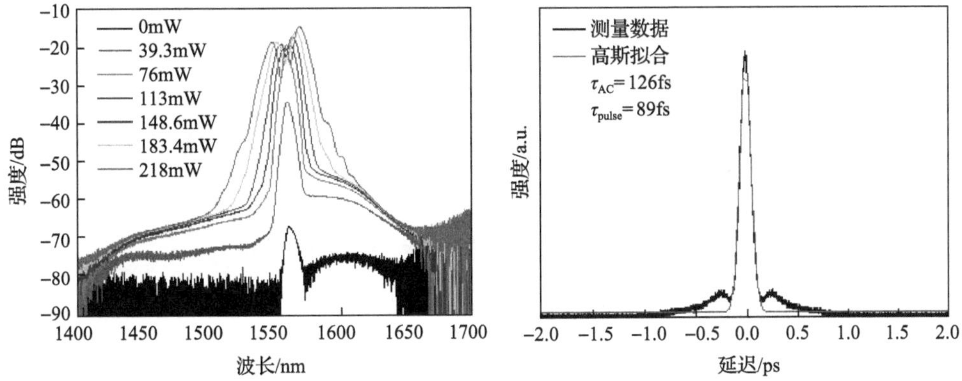

(a) 未加载主放泵浦功率时不同预放大级泵浦功率下主放大级输出光谱　(b) 148.6mW预放泵浦、260mW主放泵浦下主放大级输出脉冲宽度

图 4.57　主放大级输出数据

通过改变预放泵浦功率和主放泵浦功率，当预放泵浦功率为 148.6mW、主放泵浦功率为 260mW 时，脉冲宽度为 89fs，如图 4.57(b)所示，对应输出功率约为 57mW(仅考虑信号光)。图 4.58 和图 4.59 分别为预放泵浦功率保持不变(对应输出功率 7.10mW(含泵浦光))，不同主放泵浦功率下主放大级输出脉冲的光谱和脉冲宽度变化。

另外，激光放大器利用非线性脉冲压缩技术，仅使用保偏增益光纤和保偏通信光纤两种光纤，通过设计放大器中光纤长度、调节泵浦功率等手段，控制光纤中的色散和非线性效应，实现亚百飞秒量级的 1.56μm 超短脉冲激光输出。激光放大器分别在 97mW、144mW 和 180mW 的功率输出时脉冲宽度较短，在 180mW

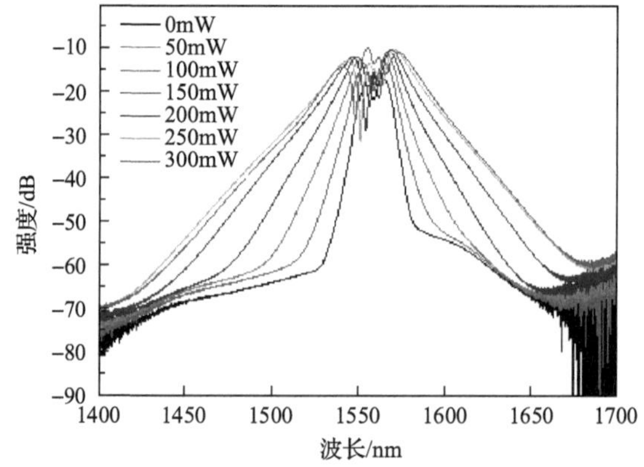

(a) 不同主放泵浦功率下的主放大级输出光谱

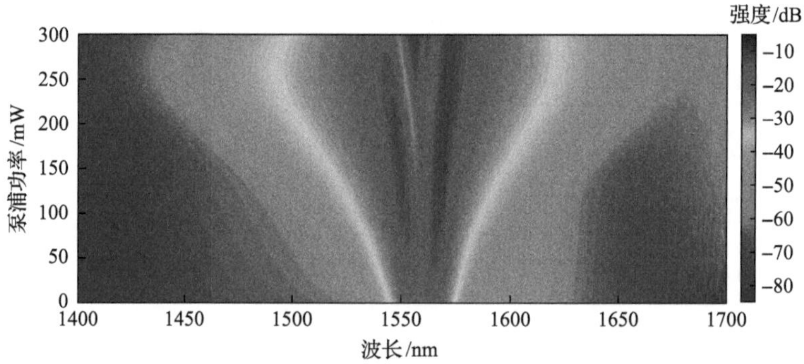

(b) 不同主放泵浦功率下的主放大级输出光谱演化图

图 4.58　不同主放泵浦功率下的主放大级输出光谱(0～300mW，1300～1700nm)

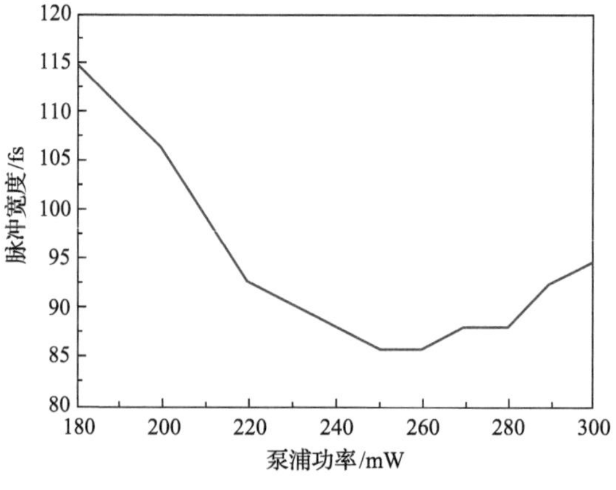

图 4.59　主放泵浦功率和主放大级输出脉冲宽度

功率输出条件下，激光脉冲宽度最短为 62fs。不同功率下的激光输出光谱和脉冲宽度分别如图 4.60～图 4.62 所示。放大输出功率随泵浦功率的变化和激光器输出脉冲宽度随泵浦功率变化如图 4.63 所示。

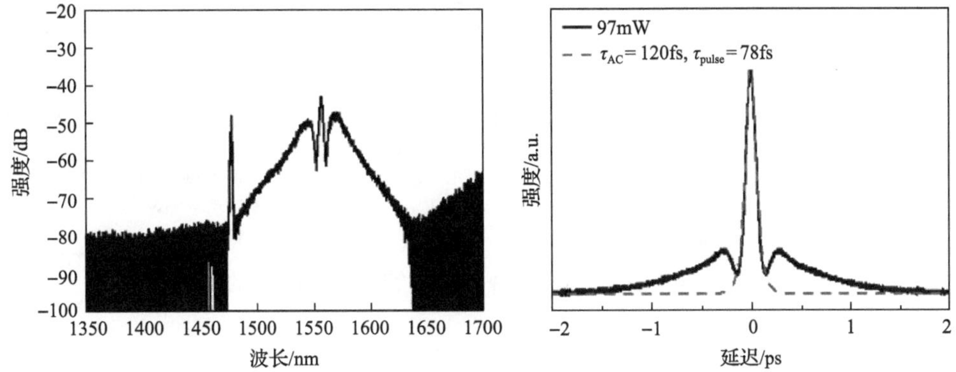

图 4.60　激光放大器在 97mW 输出功率下的光谱和脉冲宽度

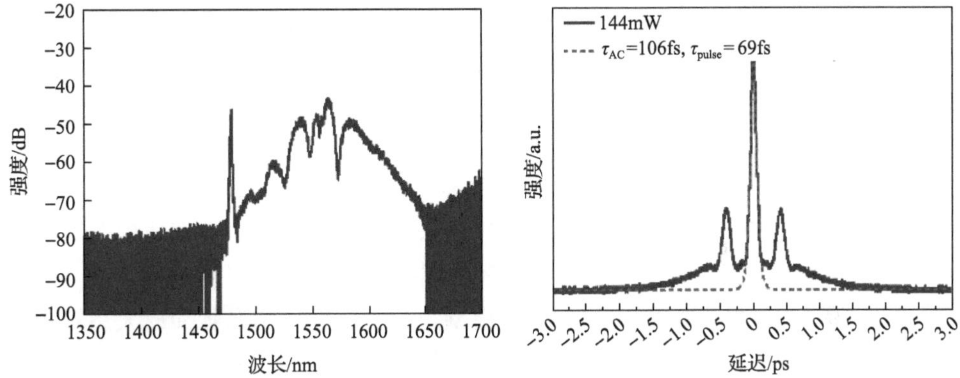

图 4.61　激光放大器在 144mW 输出功率下的光谱和脉冲宽度

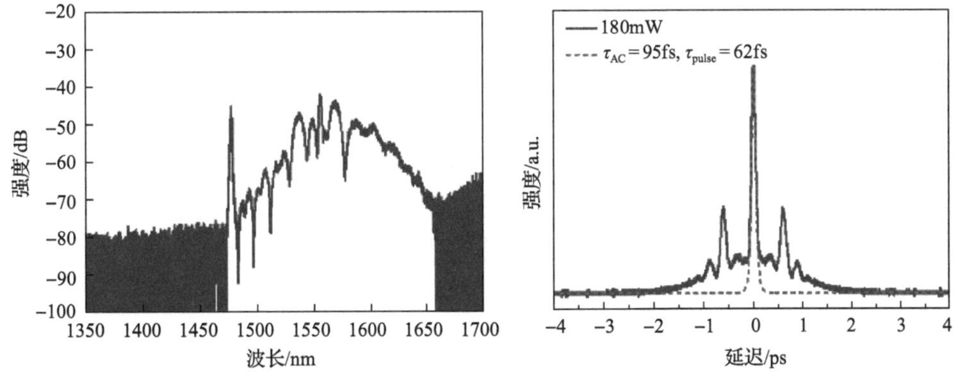

图 4.62　激光放大器在 180mW 输出功率下的光谱和脉冲宽度

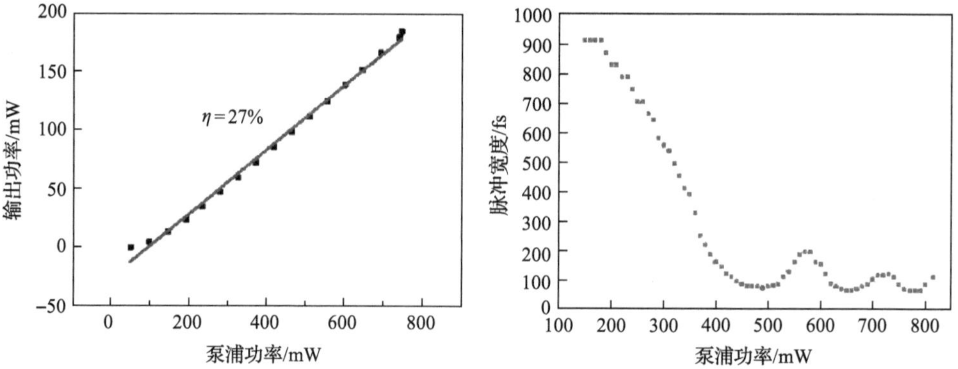

(a) 输出功率　　(b) 脉冲宽度

图 4.63　激光放大器输出功率和脉冲宽度随泵浦功率的变化

2. 2μm 飞秒光纤激光放大器

结合孤子锁模技术和啁啾脉冲放大技术研制了平均功率瓦量级、脉冲宽度百飞秒的全光纤 2μm 飞秒光纤激光放大器。激光放大器种子源是基于透射式碳纳米管(CNT)可饱和吸收体的 2μm 光纤激光振荡器，通过研究腔内色散分布、非线性系数、饱和吸收能、增益、损耗、输出耦合比等参数对输出锁模脉冲的影响，获得中心波长 1960nm、3dB 带宽 4.6nm、重复频率 48.16MHz、平均功率 4.3mW 稳定锁模脉冲激光输出。

在激光放大器功率放大方面结合光纤啁啾脉冲放大技术，分别使用色散补偿光纤和单模无源光纤作为展宽器和压缩器，搭建 2μm 飞秒光纤激光放大器，通过建立基于掺铥光纤的啁啾脉冲放大理论模型，模拟并设计啁啾脉冲放大系统中光纤长度、调节放大器泵浦激光功率等手段，控制光纤中的色散和非线性效应，实现脉冲宽度 129fs、平均功率 0.98W 的超短脉冲激光输出。激光放大器整体光纤链路中仅使用增益光纤、色散补偿光纤和通信光纤三种单模光纤，具有全光纤化、结构紧凑的特点。

2μm 飞秒光纤激光放大器光路如图 4.64 所示，由振荡器、展宽光纤、一级光纤激光放大器和压缩器组成。振荡器中，将 CNT 与羧甲基纤维素钠混合制成透射式 CNT 薄膜，覆盖在光纤跳线的端面上，形成结构紧凑的环形谐振腔。泵浦源为 1570nm 单模半导体激光放大器，泵浦光耦合进 5.5/125μm 的单模单包层掺铥光纤(TSF)，其在 2μm 波段的群速度色散系数 β_2 约为–40fs^2/mm。除增益光纤，振荡器的光纤均为 9/125μm 的单模无源光纤(SMF28e)，在 2μm 处的 β_2 约为–76fs^2/mm。振荡腔内总色散量约为–0.468ps^2。展宽光纤为正色散的超高数值孔径光纤(2.2/125μm)，在 2μm 处的 β_2 约为 93fs^2/mm，可以有效地拉伸脉冲宽度，提高后续功率放大的效率。光纤激光放大器中，使用 793nm 多模 LD 作为泵浦源，通过光纤

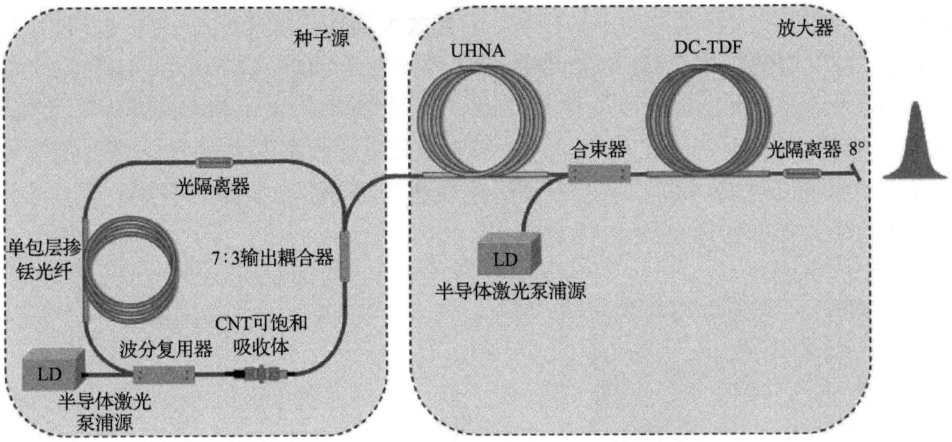

图 4.64　2μm 飞秒光纤激光放大器光路示意图

合束器耦合进 10/130μm 单模双包层掺铥增益光纤(DC-TDF)中($\beta_2=-86\text{fs}^2/\text{mm}$@2μm)。尾纤是一段 SMF28e 光纤。该激光放大器可以实现中心波长 1960nm、重复频率 48.16MHz 的稳定脉冲输出。激光放大器输出的飞秒脉冲宽度为 129fs，平均功率为 0.98W。

振荡器输出激光中心波长为 1960nm，3dB 带宽为 4.6nm，脉冲重复频率为 48.16MHz，平均功率为 4.3mW。图 4.65(a)和(b)为激光放大器输出光谱和脉冲宽度随放大器泵浦功率的变化，当泵浦功率为 7.4W 时，激光放大器可以实现最短的脉冲输出。

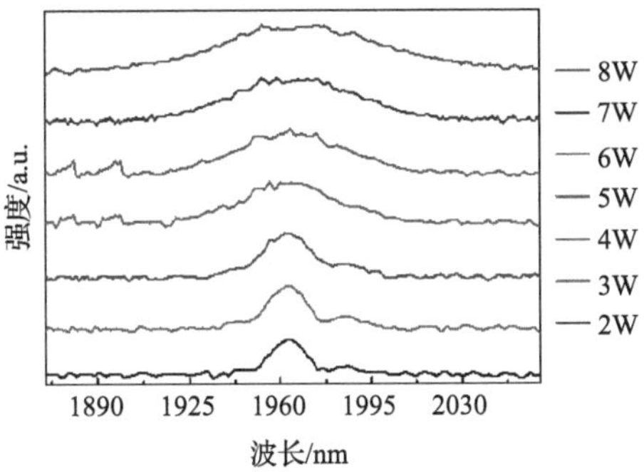

(a) 不同放大器泵浦功率下的激光器输出光谱(2~8W, 1860~2060nm)

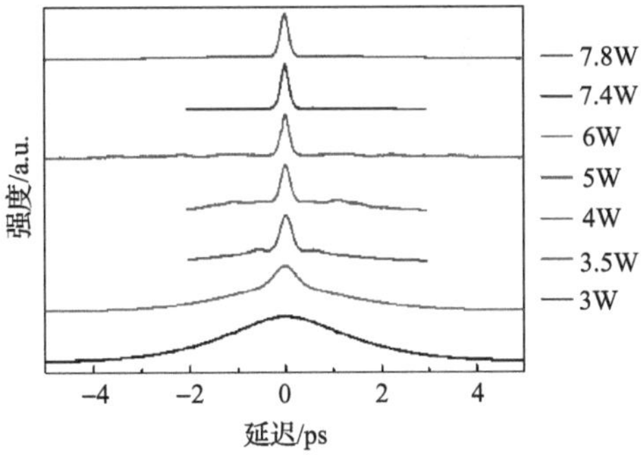

(b) 不同放大器泵浦功率下的激光器输出脉冲宽度(3~7.8W)

图 4.65　激光放大器输出数据

图 4.66(a)为激光放大器输出光谱随泵浦功率的演化过程，其中放大器的泵浦功率从 2W 到 8W 以 1W 为步进递增，通过图 4.66(a)可以更加直观地观察到激光放大器输出光谱随泵浦功率的变化。图 4.66(b)为激光放大器输出脉冲的脉冲宽度和输出功率随放大器泵浦功率的变化趋势，由图 4.66(b)可知，在泵浦功率小于

7.4W 时，随着放大器泵浦功率的提高，激光放大器输出锁模脉冲的脉冲宽度呈递减趋势，并在泵浦功率 7.4W 时达到最小值，为 129fs，如图 4.67 所示，与图 4.65(a)和(b)的光谱变化和脉冲宽度变化趋势相对应，此时对应输出功率 0.98W。当泵浦功率增加至 7.8W 时，输出功率超过 1.04W，此时脉冲宽度为 137fs。激光放大器的输出功率随放大器泵浦功率的提高呈线性递增趋势，在泵浦功率 8W 时，达到 1.08W，放大器的斜效率约为 18.8%。

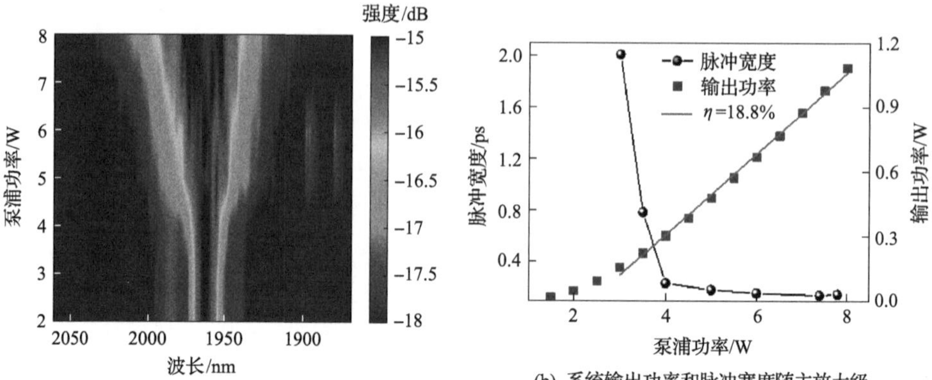

(a) 不同放大器泵浦功率下的激光器输出光谱演化图(2~8W, 1870~2060nm)

(b) 系统输出功率和脉冲宽度随主放大级泵浦功率的变化曲线

图 4.66　激光放大器输出数据图

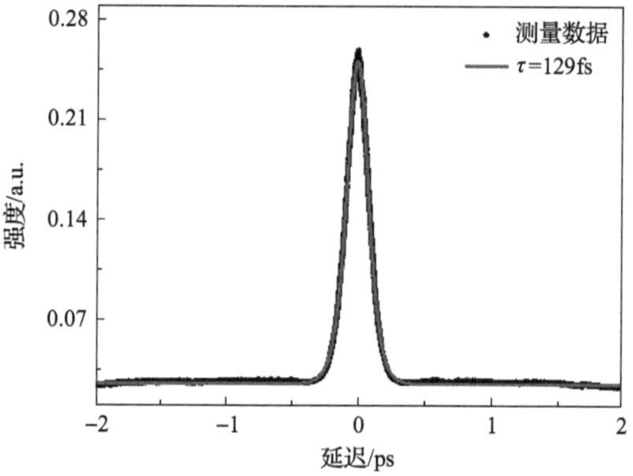

图 4.67　激光放大器输出最窄脉冲宽度

4.4　超短脉冲光纤激光相干合成

4.4.1　相干合成基本原理

随着半导体泵浦激光技术的发展，以碟片、板条、光纤系统为代表的激光器由于其高效率和高稳定性而成为强激光重要的发展方向，其中，高功率掺镱光纤啁啾脉冲放大(FCPA)更代表着当下这一方向的先进水平。光纤激光放大器具有简单稳定的放大器结构，其光束质量在很大程度上不会随输出功率的提高而发生明显退化，与常规激光放大器相比，具有转换效率高、光束质量好、热管理方便、系统结构紧凑以及容易实现集成化等优点，因此 FCPA 系统已经成为超短脉冲激光领域十分重要的技术手段。

从目前的研究结果可知，虽然单路光纤激光放大器结构已经实现了平均功率千瓦量级[49,57]、单脉冲能量毫焦量级[50]、峰值功率吉瓦量级的激光输出，然而，受限于模式不稳定性、非线性效应、增益窄化效应、热损伤、光纤端面损伤及热透镜效应等因素，进一步实现更高的平均功率、单脉冲能量和峰值功率却存在诸多困难，其中，模式不稳定性已成为当前限制光纤激光平均功率提升的主导因素[58]，非线性效应和增益窄化效应更是限制着光纤激光系统峰值功率的提升[59]。此外，多种形式的光纤损伤机制也在不断地考验着光纤激光系统，总之，单根光纤激光放大器的输出功率和单脉冲能量不可能无限提高，一般认为，单路 FCPA 系统的峰值功率水平限制在 10GW 左右[60]。但是，未来在原子/分子和固体粒子研究、强场物理、激光粒子加速和碰撞等领域，需要进一步提升超短脉冲激光的单脉冲能量、重复频率和峰值功率(如焦耳量级脉冲能量、兆赫兹重复频率、拍瓦以上峰值功率)。所以寻求新的技术方法来提升光纤超短脉冲激光的性能水平，突破单路光纤激光放大器的输出限制是目前面临的主要问题。

当前，在空域进行相干合成和在时域进行分割脉冲放大成为在这一领域寻求突破的最新手段。在相干合成系统中，脉冲放大过程分散于若干空间分离的放大器通道中，并在分别放大结束后实现相干叠加组束；而在分割脉冲放大器中，由一列脉冲分割产生的、带有时间延迟的多列子脉冲先后经过同一个放大器通道，并在分别放大结束后实现组束相干叠加。由于这两种技术方案的核心均为基于相干叠加的原理而将不同脉冲有效合成为一个脉冲，一般来说，可以将这两种方案分别归结为空域和时域的相干合成技术方案。当然，这两种方案的侧重点有所不同，时域相干合成侧重于将一个放大器通道的性能更好地发挥出来，提高能量提取效率，对脉冲能量的提升作用明显；而空域相干合成侧重于将不同放大器通道的输出能力整合起来，从而突破单路放大的限制，对平均功率与脉冲能量均有显著的提升作用。将这两种技术方案相结合可以有效发挥它们的技术优势，从而实现飞秒光纤激光领域的新发展。目前，基于相干合成技术路径，在飞秒光纤激光领域，已经实现了平均功率 10.4kW[26]、单脉冲能量 23mJ[25]、峰值功率 200GW[61]的飞秒激光输出。

4.4.2　超短脉冲光纤激光相干合成方法

超短脉冲光纤激光相干合成技术可以按其组织形式分为空域相干合成[62]、时域相干合成[63]及频域相干合成[64]三种结构。空域相干合成是对空间上分离的光束进行合成，依据孔径拼接方式的不同，又可以分为分孔径合成与共孔径合成两种方式[65]，前者在合成时采用阵列式发射并使光束在远场聚焦以得到合成光束，可以明显提升输出功率，但这种方式存在较强的旁瓣激光，而作为后者的一种常见方案的相干偏振合成[66]在合成时采用偏振光束合束器对光束进行合束，可以在近场和远场同时得到合成光束，且可以有效地避免旁瓣激光的产生。时域相干合成是对时间上分离的光束进行合成，典型的技术方案为分割脉冲放大技术，这一技术对在时间上先后通过同一放大器的光束进行合成，可以在有效提高光束单脉冲能量的同时避免严重的非线性积累，这一技术也可以看成啁啾脉冲放大技术的延伸[67]。频域相干合成是对频率上部分分离的光束进行合成，即相干光谱合成，这种方式可以避免不同频谱成分同时放大时出现的增益竞争以获得更宽的输出光谱范围[68]。空域、时域、频域相干合成的核心思想都是依次对光束进行分束、放大及合束，并且在应用时往往与啁啾脉冲放大技术结合起来，但三种类型的相干合成的意义也各有侧重，其中，空域相干合成侧重于将不同放大器的输出进行整合，突破单路光纤激光放大器能量和功率的限制，实现更高能量、更高功率的激光输出；时域相干合成侧重于将一个放大器的输出更大程度地发挥出来，在提升单路放大器的单脉冲能量方面具有独特优势；频域相干合成侧重于对放大过程中出现的增益窄化效应进行克服。

在相干合成中，由于增益光纤的热效应和外界环境的振动等因素，分束后的子光束之间出现相位差，从而导致相干合成的合成效率降低。为了消除各路子光束之间的相位差，使得各子光束能够进行相干，需要对各子光束进行相位控制。一般将相位控制分为被动相位控制和主动相位控制[69]。而在脉冲激光的相干合成中，主要的被动相位控制方法有全光纤自组织[68-72]、倏逝波耦合[73,74]和单模光纤滤波环形腔[75,76]等。虽然被动相位控制有着结构简单、稳定性好、不需要额外的探测器进行相位检测等优点，但是被动相位控制所得的激光输出功率相对较小，难以获得高能量和高平均功率的脉冲激光输出。所以超短脉冲相干合成中大多使用主动相位控制，该技术是用多个探测器来获取合束后的光场信息，然后从光场信息中间接或直接得到相位信息或者光程信息，然后以此对每个子光束进行相位补偿，使得各路子光束相位锁定。

主动相位控制技术按照获取相位误差的手段不同，分为直接控制和间接控制。直接控制是指通过一些手段，使得探测器所得信号可以通过数学模型直接获得相位误差，然后反馈给各个子光束，实现各路的相位锁定。直接控制有着精度高、控制速度快的优点，但是为了实现直接控制，往往需要使用多个探测器或者需要对子光束进行一定处理，这样导致直接控制算法在多路相干合成中实现并不容易。

比较有代表性的直接控制算法有 H-C 探测法[77]、外差法[78]、多抖动算法[79]等。间接控制不直接获得相位误差，一般是通过优化迭代的方式逐渐逼近相位误差，最后得到最优的激光输出。该类算法有着很好的稳定性，且控制系统的结构简单，一般用于几十路的相干合成中，主要的算法是随机并行梯度下降(stochastic parallel gradient descent，SPGD)算法、模拟退火(simulated annealing，SA)算法等。在 MOPA 结构的超短脉冲相干合成中，主要使用的主动相位控制方法是多抖动(LOCSET)算法和随机并行梯度下降算法。

1. 多抖动算法

多抖动算法是从自适应光学发展而来的主动控制算法。2006 年，美国空间实验室的 Shay 等使用该方法进行相位控制[80]。该算法的数学模型如图 4.68 所示，相干合成中经过调制的子光束合束到光电探测器上，光电探测器的光电流与调制子光束的射频信号相乘，解调出相应的相位信号。然后通过积分得到对应的相位误差信号，接着将相位误差信号和射频信号一起反馈给相位调制器，完成相位的控制。该算法使用单一探测器，而且可以对多个相干合成的子光束进行相位锁定。

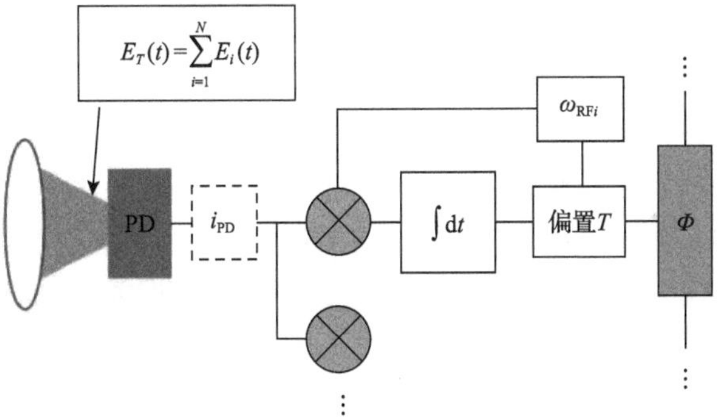

图 4.68　多抖动算法数学模型[80]

多抖动算法通过使用射频调制技术，能够得到一个准确的误差信号，该误差信号正比于相位误差。研究发现，随着相干合成路数的增加，多抖动算法射频信号的频率增加，这使得多抖动算法的相干合成路数被限制在百路以内[81]。2015 年，韩国科学技术院的 Ahn 等提出了级联的多抖动算法，并在 16 路相干合成实验中进行了验证，其结果如图 4.69 所示[82]。2019 年，北京工业大学的 Li 等采用了多抖动算法，该算法能够自适应地获取增益系数和射频幅值，使得多抖动算法参数调试过程更加简单[83]。虽然多抖动算法有着结构简单、易于实现的优点，但很难应用在几十路相干合成中，为了解决该问题，研究人员将诸如 SPGD 算法等优化算法应用在相干合成中。

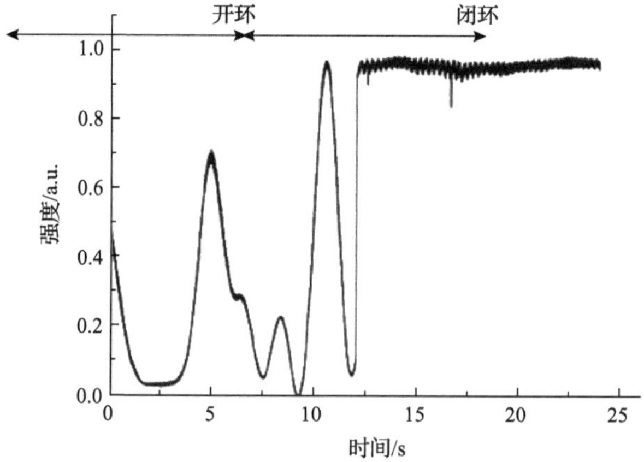

图 4.69　级联多抖动算法 16 路相干合成

2. 随机并行梯度下降算法

SPGD 算法是一种梯度下降的方法。在多路相干合成中，SPGD 算法并行地将随机相位扰动应用于每个需要相位控制的光束，然后以扰动后的光强作为评价函数，最后通过时序差分的方式估计评价函数的梯度，以此梯度作为迭代步长进行迭代，最终使得评价函数梯度不断减小，评价函数趋于最优值。由于 SPGD 算法是并行控制，能够一次对多个控制器施加随机扰动，所以适用于控制变量较多的优化控制过程。该算法使用一个探测器，算法结构简单，可以在结构复杂且无法建立数学模型的系统中使用。SPGD 算法与多抖动算法的区别是该算法无法得到具体的相位误差模型，而是通过迭代的方式逼近相位误差，最终得到目标值。

1998 年，美国陆军研究实验室的 Vorontsov 等提出了 SPGD 算法并将其应用在自适应光学领域[84]。2005 年，美国马里兰大学的 Liu 等将 SPGD 算法应用在相干合成中，并进行了 7 路相干合成实现验证该算法的可行性[85]。2009 年，国防科技大学的 Zhou 等报道了基于 SPGD 算法的 2 路相干合成实验方案，光电探测器电压与时间的关系如图 4.70 所示，表明 SPGD 算法应用在相干合成中存在挑战，但是可以通过更快的控制器来解决[86]。

随着控制器响应速度的提升，在超短脉冲的相干合成领域，SPGD 算法已经应用在 61 路的超短脉冲相干合成中[87]。2020 年，国防科技大学的 Chang 等用 107 路连续激光相干合成验证了 SPGD 算法在 100 路以上的合成效率，最终合成效率为 40%，其算法运行结果如图 4.71 所示[88]。实验表明，SPGD 算法进行相干合成时，合成路数太多也会导致效率下降。

2009 年，国防科技大学的周朴等对 SPGD 算法进行了详细的分析，结果表明

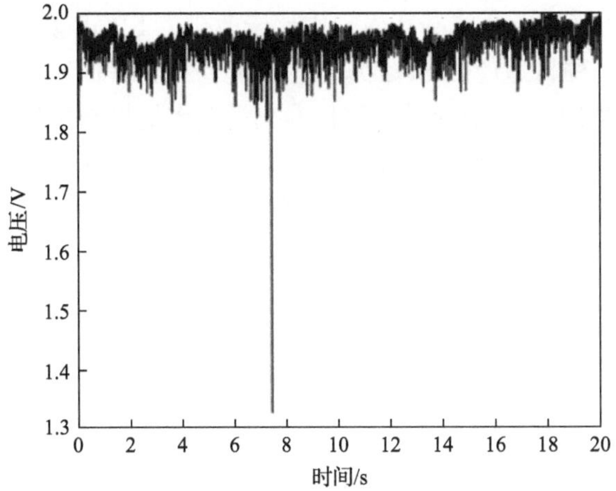

图 4.70　基于 SPGD 算法的 2 路相干合成方案电压与时间的关系[86]

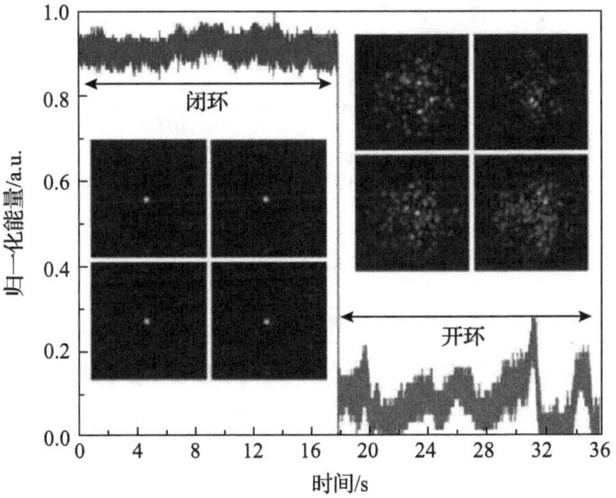

图 4.71　基于 SPGD 算法的 107 路相干合成中能量与时间的关系[88]

SPGD 算法随着相位噪声强度和频率的增加，算法的控制带宽减小，其带宽的大小与子光束数目 N 的–4/3 次方成正比[89]。2018 年，重庆大学的张森等对 SPGD 算法的带宽进行了分析，分析指出相位噪声的强度和频率越大，SPGD 算法执行的速度越慢，相干合成的路数越多，SPGD 算法的有效控制带宽越小[90]。目前，利用 SPGD 算法实现 4 路以上亚百飞秒量级超短脉冲相干合成依然存在挑战。

为了解决上述问题,国内外研究人员对 SPGD 算法进行了改进,为了提高 SPGD 算法运行速度和减少调试步骤,对 SPGD 算法进行自适应调整。2001 年,Weyrauch 等提出了一种自适应的 SPGD 算法，该算法使用系统性能评价函数进行增益更新[91]。2015 年，中国工程物理研究院的黄智蒙等将 SPGD 算法的固定增益改为 C/J^a，其中 J 为 SPGD 算法的评价函数，C、a 为需要设定的参数[92]。改进后的

SPGD 算法在 100 路相干合成静态模拟中比未改进的 SPGD 算法快 75%。2019 年，雷婕妤等提出了一种自适应的 SPGD 算法，该算法与 SPGD 算法相比运算速度提高了 12.7%[93]。2020 年，中国科学院长春光学精密机械与物理研究所的 Song 等报道了一种基于自适应梯度的 AdaSPGD 算法，该算法利用自适应梯度算法改进了 SPGD 算法中的增益系数，使得 SPGD 算法能够自适应地获取增益系数，该算法 2 路相干合成运行结果如图 4.72 所示[94]。

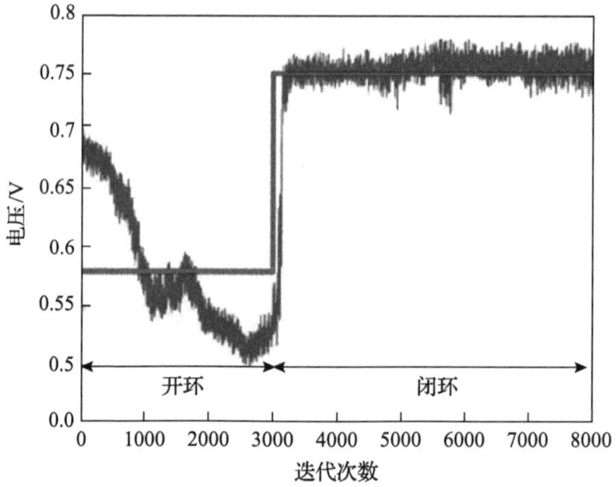

图 4.72 AdaSPGD 算法 2 路相干合成

为了提高 SPGD 算法的运行速度和有效带宽，对 SPGD 算法的梯度估计进行了改进。2020 年，中国科学院长春光学精密机械与物理研究所的 Song 等利用动量法对 SPGD 算法的梯度估计进行改进，提出了 momSPGD 算法，该算法的 2 路相干合成运行结果如图 4.73 所示[95]。

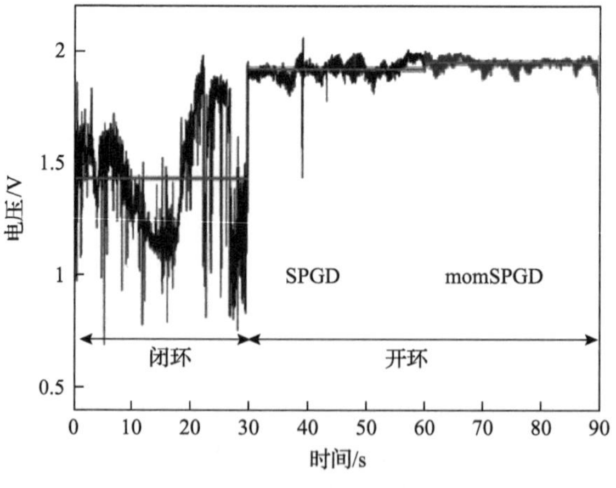

图 4.73 momSPGD 算法 2 路相干合成

虽然对 SPGD 算法进行了改进，但是 SPGD 算法的带宽仍然会随着相干合成路数的增加而减小，从而导致合成效率降低[96]。目前，原始的 SPGD 算法已经难以满足连续激光相干合成的需求，而超短脉冲相干合成对运行速度和带宽的要求越来越严格。

3. 其他主动相位控制方法

为了满足相干合成相位控制需求，研究人员在相干合成领域提出了一些新的控制方法。2019 年，日本电气通信大学的 Tünnermann 等首次将深度强化学习(deep reinforcement learning，DRL)应用在相干合成中，并用 2 路相干合成实验证明了该算法的可行性，其算法运行后的结果如图 4.74 所示[97]。2019 年，国防科技大学的 Hou 等将卷积神经网络应用在相干合成中，证明了该算法的带宽不会随着相干合成路数的增加而增加，与 SPGD 算法联合使用有望解决 SPGD 算法带宽限制的问题[98]。

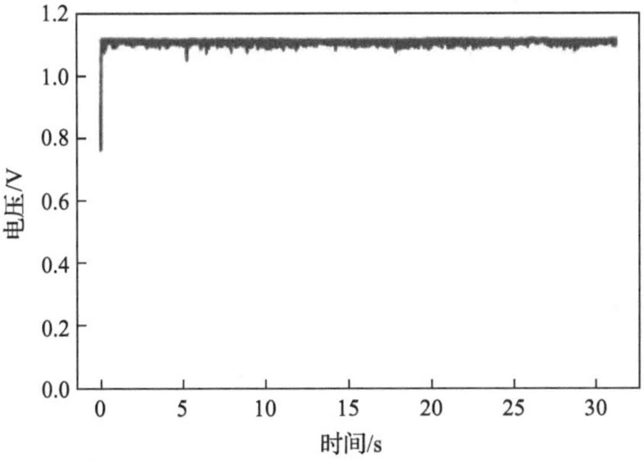

图 4.74　DRL 算法 2 路相干合成

综上所述，相干合成技术正朝着多路数发展，对于多抖动算法，它使用一个探测器就能得到相位误差与光电信号的数学关系，该算法有精度高、实现容易的优点，但是该算法因为需要对每一路子光束进行射频调制，限制了其在多路相干合成中的应用。SPGD 算法的探测手段与多抖动算法类似，但是该算法结构更加简单，只需要一个简单的闭环控制系统就能进行相位的控制。与多抖动算法不同的是，SPGD 算法无法得到准确的相位误差，而是依靠迭代的方式逼近相位误差，而且该算法能够进行大规模的相干合成。但是随着相干合成路数的增加，SPGD 算法需要更多次地迭代才能实现收敛，这影响着合成效率。而且 SPGD 算法有着两个相互制约的参数，使得其调试复杂。人工智能有望解决相干合成时路数上限的问题，但是目前该算法在多路相干合成中使用存在困难。

4.4.3 超短脉冲光纤激光相干合成研究

本实验搭建 2 路超短脉冲光纤激光相干合成系统，该系统由锁模光纤激光振荡器产生皮秒脉冲序列，利用保偏的偏振分束器对子光束进行分束合束，同时使用 FPGA 和相位调制器来控制系统的相位。将 SPGD 算法和 Q-learning 算法应用在 2 路超短脉冲光纤激光时域相干合成系统中，得到相应的锁相输出，并对其输出进行对比分析，也使用搭建的 2 路超短脉冲光纤激光时域相干合成系统对基于群智能的新群智能(novel swarm intelligence，NSI)算法进行可行性验证。

1. 2 路超短脉冲光纤激光相干合成实验

基于 FPGA 系统的 2 路超短脉冲时域相干合成实验装置如图 4.75 所示，由锁模光纤激光振荡器、时域脉冲分割装置、保偏光纤激光放大器、时域合束装置和相位控制系统五部分组成。锁模光纤激光振荡器输出的脉冲被时域脉冲分割装置分割为包含两个子脉冲的脉冲串，脉冲串被保偏光纤激光放大器进行放大，然后被时域合束装置合成一个脉冲进行输出，最后相位控制系统探测输出脉冲的光强信号对实验装置进行锁相。

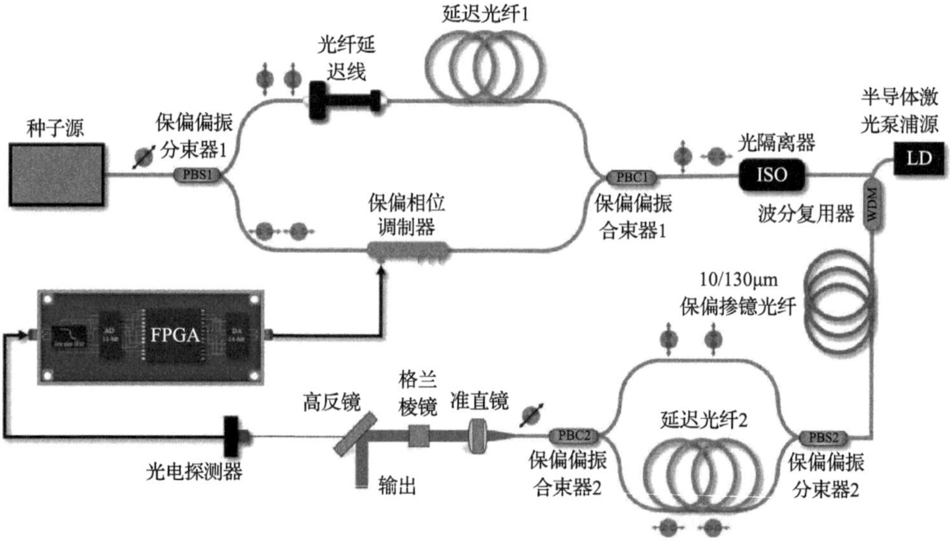

图 4.75　2 路时域相干合成实验装置

锁模光纤激光振荡器输出脉冲宽度为 34.5ps，中心波长为 1064nm，重复频率为 14.74MHz，其输出的脉冲序列如图 4.76 所示。

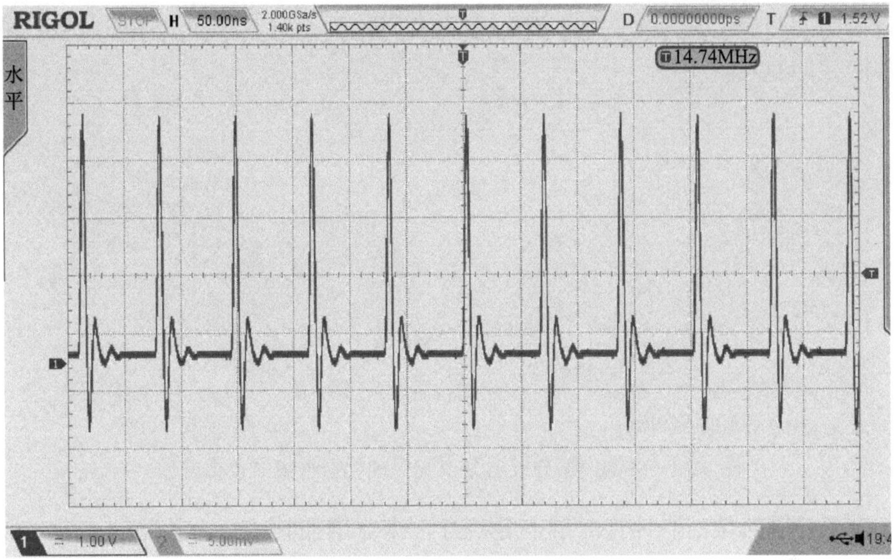

图 4.76　振荡器的脉冲重复频率

时域脉冲分割装置由保偏偏振分束器(PBS1)、相位调制器、光纤延迟线、延迟光纤和保偏偏振合束器(PBC1)构成，该装置可以将锁模光纤激光振荡器输出的脉冲分割成 2 个子脉冲。首先锁模光纤激光振荡器输出的线偏振光，被 PBS1 分为 2 束等幅值的光束，即把一个脉冲分为等幅值的两个子脉冲；然后对其中的一个子脉冲进行光程调节，使得它与另一个子脉冲在时域上延迟；最后使用一个保偏偏振合束器(PBC1)把两个脉冲合成一个包含 2 个子脉冲的脉冲串，这样就实现了脉冲的时域分割。合成后的脉冲序列如图 4.77 所示。

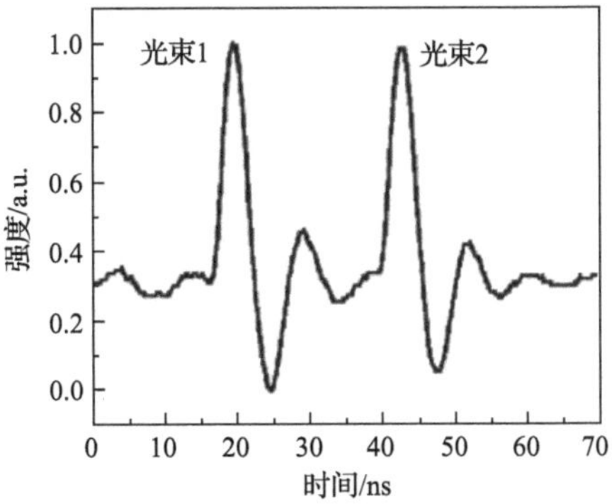

图 4.77　合成后的脉冲序列

保偏偏振分束器分束和保偏偏振合束器合束原理如图 4.78 所示。对于保偏偏振分束器，输入保偏光纤的慢轴和两个输出保偏光纤的慢轴成 45°夹角，这样就能将输出的脉冲分为两个幅值一样但偏振方向相互正交的脉冲。保偏偏振合束器也是同样的原理。

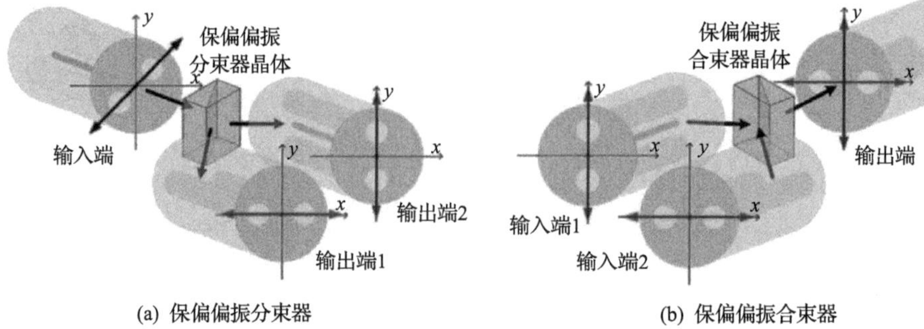

图 4.78　保偏偏振分束器分束和保偏偏振合束器合束原理

为了让同时域的脉冲在时域上分割开，需要增加其中一个脉冲的光程，如果光程太短，那么两个脉冲间隔时间太短，第一个脉冲通过增益光纤所消耗的反转粒子数无法得到及时补充，导致第二个脉冲的放大出现增益饱和效应。所以为了减少这两个脉冲之间的增益饱和效益，两个脉冲需要在时域上完全分离开来。种子光的重复频率为 14.74MHz，所以该装置中延迟光纤的长度为 6.9m。

通过使用延迟光纤的方法，能够让脉冲在时域上分割开来，但是在对脉冲进行合成的时候也需要使用长度一样的延迟光纤来补偿光程。因为无法保证脉冲分割和脉冲合成时延迟光纤的长度，所以在脉冲合成时存在一定的光程差。该光程差不仅会造成脉冲在时域上无法完全重合，而且还会造成群延迟，使两个脉冲之间的相位存在频域啁啾。为了实现相干合成，就需要将光程差控制在相干长度内。本实验装置的相干长度为 14mm。该装置在延迟光纤前加入一个调节精度 1μm、调节范围 10cm 的光纤延迟线(optical delay line，ODL)，来对光程差进行进一步调节，保证相干长度。由于环境的振动等环境噪声，也会导致分割的两个子脉冲存在相位差，需要对整个系统进行实时相位补偿，采用响应频率为 100MHz 的相位调制器(phase modulator，PM)。

时域脉冲合成装置主要由保偏偏振分束器(PBS2)、延迟光纤、保偏偏振合束器(PBC2)、准直镜、格兰棱镜、高反镜构成，该装置将放大后的脉冲串合成一个脉冲。脉冲串的两个偏振态正交子脉冲被 PBS2 偏振分束到 2 路光纤中，为了使得两个子脉冲能够合成，需要对前一个子脉冲使用延迟光纤进行延迟。延迟后的两个子脉冲依然存在一定的光程差，如图 4.79(a)所示。通过调节延迟光纤对光程差进行精确的补偿，补偿结果如图 4.79(b)所示。

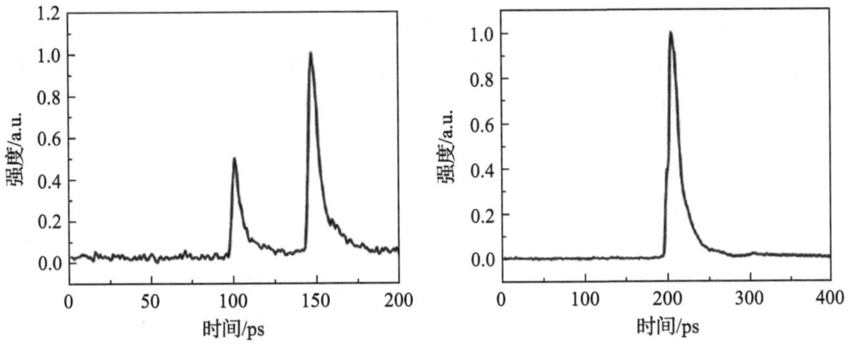

(a) 光程差未完全补偿　　(b) 光程差完全补偿

图 4.79　光程差完全补偿前后波形图

合成后的光脉冲使用准直镜进行准直输出。将准直后的光束经过格兰棱镜进行检偏，之后再使用光电探测器(photoelectric detector，PD)探测高反镜透过的光的强度，将光强信息转为电流强度。显然，光电探测器的电流强度与两个子脉冲相位差有关。

相位控制系统由低通滤波器、模数转换器(analog to digital converter，ADC)、现场可编程逻辑门阵列(field programmable gate array，FPGA)和数模转换器(digital to analog converter，DAC)构成。使用低通滤波器对光电探测器的光电信号进行滤波，然后将滤波后的电信号进行模数(analog to digital，AD)转换，将模拟信号转换为数字信号，以便 FPGA 系统处理。ADC 使用的是 ALINX 公司的 AN9238，该模块的最大采样率为 65MS/s，能够将模拟信号转化为 12 位的数字信号，其中该模块的模数转换芯片是 AD9238。

同样，FPGA 系统输出的信号也需要进行数模(digital to analog，DA)转换，实验中使用的数模转换模块是 ALINX 公司的 AN9767，该模块有 125MS/s 的采样率，能够进行 14 位的数模转换，其中该模块的数模转换芯片为 AD9767。AN9238 和 AN9767 的详细参数如表 4.1 所示。

表 4.1　AN9238 和 AN9767 详细参数

AN9238 模块参数说明	AN9767 模块参数说明
模数转换芯片：1 片 AD9328	数模转换芯片：AD9767
模数转换通道数：2 路	数模转换通道数：2 路
模数采样率：65MS/s	数模采样率：125MS/s
模数采样数据位数：12 位	数模转换位数：14 位
模数模拟信号输入范围：–5～5V	输出电压范围：–4～4V
输入接口：SMA 接口	输出接口：BNC 接口

FPGA 使用的是 ALINX 公司的 AX301 FPGA 开发平台，该平台搭建了一颗 ALTERA 公司的 Cyclone IV 系列芯片，型号为 EP4CE6F17C8。该平台使用 50MHz 有源晶振电路，使用 FPGA 内部的锁相环能够进行分频和倍频，使得芯片处理速度更快。

2. SPGD 算法相位控制实验

SPGD 算法是基于梯度下降的算法，它通过对系统施加正负的随机扰动后，获得正负的评价函数，以此来估计梯度。该算法能够处理多维的无约束优化问题，其在超短脉冲的相位控制中有着很好的效果。该算法的程序流程如图 4.80 所示。

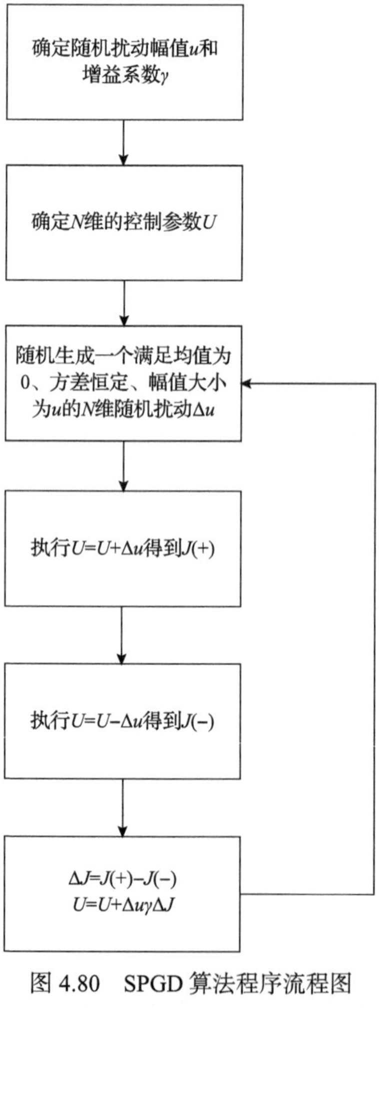

图 4.80　SPGD 算法程序流程图

根据 SPGD 算法的流程图，要使用该算法在相干合成中进行锁相，需要确定 SPGD 算法的两个参数，一个是随机扰动向量的幅值，另一个是增益系数。这两个参数的选取直接影响着算法的性能，其中的随机扰动幅值存在下限值，而且该值与噪声的频率和迭代的频率有关。SPGD 算法的增益系数和随机扰动幅值存在一定的约束关系，该约束关系一般是增益系数与随机扰动幅值的乘积的取值区间在[0.26, 1.09][99]。所以在实际应用中，需要对 SPGD 算法的增益系数和随机扰动幅值进行参数选择。

在使用 SPGD 算法对上述 2 路超短脉冲光纤激光时域相干合成实验装置进行锁相时，需要找到合适的增益系数与随机扰动幅度，所以先进行了 SPGD 算法参数选择。实验装置中使用的 FPGA 作为控制芯片，该芯片无法进行浮点运算，只能进行整数运算，而且数模转换器的精度为 0.49mV。所以 FPGA 输入相位控制器的最小电压为 0.49mV，以该电压为一个单位，即 FPGA 输出 5 个单位则相位控制器的输入电压为 5×0.49mV。以此对 SPGD 算法参数调试，得到的实验结果如图 4.81 所示。

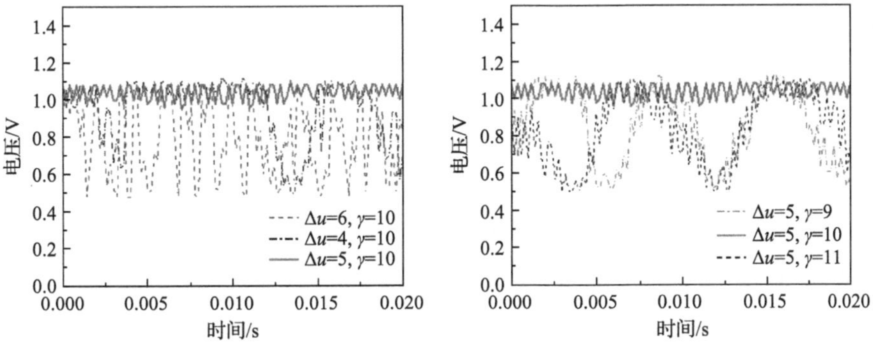

(a) 增益系数为10，扰动幅值为4、5、6个单位　(b) 扰动幅值为5个单位，增益系数为9、10、11

图 4.81　SPGD 参数选择实验结果

在 SPGD 算法参数选择中，首先保证增益系数不变，设置其大小为 10，分别取随机扰动幅值为 4、5、6 个单位进行锁相输出，如图 4.81(a)所示。SPGD 算法的随机扰动幅值取 5(即 2.45mV)最合适。然后保证随机扰动幅值不变，设置其大小为 5 个单位，分别取增益系数为 9、10、11 进行锁相输出，如图 4.81(b)所示，SPGD 算法的增益系数取 10 最合适。

利用上面所得的参数对 2 路超短脉冲光纤激光时域相干合成系统进行相位锁定，利用示波器测得光电探测器信号如图 4.82 所示，SPGD 算法运行后，相位误差被限定在一个范围内，光强也趋于稳定。在锁相的过程中存在一些毛刺现象，这可能是因为 SPGD 算法的增益系数和随机扰动幅值无法取到小数，这也是 SPGD

算法的局限。最后超短脉冲光纤激光相干合成实验装置的输出功率为 260mW，合成效率为 85%。

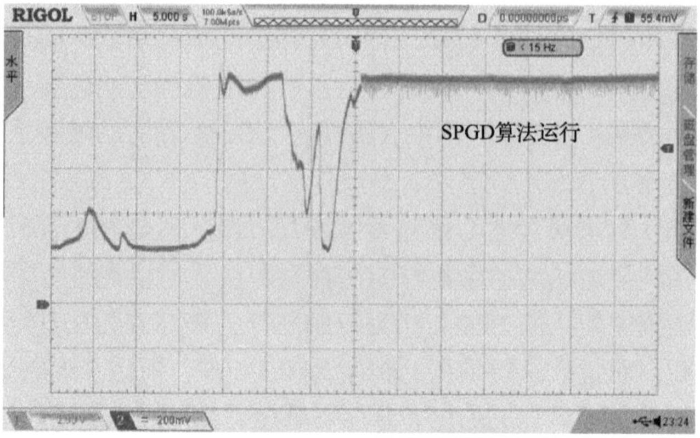

图 4.82　SPGD 算法锁相

3. *Q*-learning 算法相位控制实验

强化学习算法是一种无模型的机器学习算法，它与其他机器学习算法的区别是不需要进行监督学习。在强化学习中，智能体与环境进行交互，交互产生样本和环境反馈，然后智能体根据产生的样本和环境反馈进行强化学习，最终达到目标环境状态。强化学习算法根据更新的方式不同，分为基于值函数的算法和基于策略的算法。基于值函数的算法包括 *Q*-learning 算法、SARSA 算法、Deep *Q*-learning 算法等。这些算法的更新依靠状态价值函数 $V(s)$ 和动作价值函数 $Q(s,a)$。状态价值函数 $V(s)$ 一般是输入一个状态 s，而输出一个奖励值；动作价值函数 $Q(s,a)$ 是输入一个状态 s 和一个动作 a，输出的是在状态 s 下采取动作 a 预期的收益。基于策略的算法，有策略梯度(policy gradient)算法等。策略梯度算法可以通过学习，根据当前环境的状态直接给出需要输出的动作值，能应用在连续的状态空间，但是其更新需要完成一个回合才能进行。

1) *Q*-learning 算法流程图

Q-learning 算法是一种基于值函数的强化学习算法。该算法通过建立一个 *Q* 值表来找到一个最优的策略，使得该策略能够最大化从当前状态到最后状态的累积奖励，该算法的核心在于 *Q* 值表的更新。*Q*-learning 算法因为需要建立一个 *Q* 值表，所以只能解决离散的问题。*Q*-learning 算法在相干合成中的程序流程如图 4.83 所示。

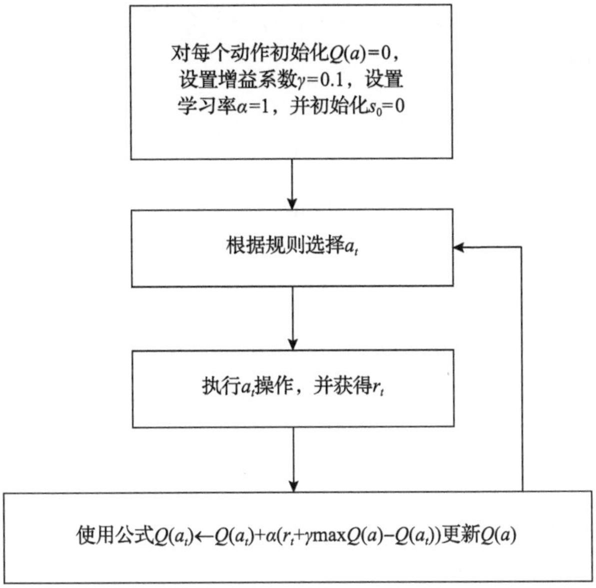

图 4.83　Q-learning 算法应用在相干合成中的程序流程图

由图 4.83 可知，Q-learning 算法首先需要建立一个一维的、长度为动作空间大小的 Q 值表，Q 值表里面的每个元素的值为 $Q(a)$。然后设置增益系数 γ 为 0.1，设置学习率 α 为 1，初始化最初的环境状态。接着根据 ε-贪婪策略从动作空间中选择动作 a_t，之后执行动作 a_t，再得到一个奖励值 r_t。然后使用公式对 Q 值表进行更新：

$$Q(a_t) \leftarrow Q(a_t) + \alpha(r_t + \gamma \max Q(a) - Q(a_t)) \tag{4.43}$$

最后又继续选择动作，重复迭代。

2) Q-learning 算法实验

利用搭建的 2 路超短脉冲光纤激光时域相干合成实验装置，验证 Q-learning 算法的可行性。Q-learning 模块输入的是光电探测器在时间 t 处的光电流 I_t，而智能体从环境中得到的状态 S_t 为

$$S_t = I_t / \max(I) \tag{4.44}$$

式中，I 为 2 路子脉冲相位差为零时光电探测器获得的光强。

对于 2 路超短脉冲光纤激光时域相干合成实验装置，设置 Q-leaning 算法的学习率 α 为 1，增益系数 γ 为 0.1。为了保证算法具有一定的探索性，设置 ε-贪婪策略的概率 ε 为 0.3。智能体从动作空间 A 中选择一个动作 a 执行，动作 a 的大小设置为 5 个单位，即 2.45mV，那么动作空间 A 为[−5, 5]个单位。据此可以建立一个大小为 1×2 的 Q 值表。智能体执行一个动作 a，则 Q-learning 模块给相位调制器

一个输入电压 U，该电压的大小为 $U = U+a$。智能体执行动作 a 后环境返回给智能体一个奖励函数：

$$r_t = \begin{cases} s_t, & \Delta s_t \geqslant 0 \\ -10, & \Delta s_t < 0 \end{cases}, \quad \Delta s_t = s_t - s_{t-1} \tag{4.45}$$

最后通过式(4.43)对 Q 值表中的 Q 值进行更新。将上述算法部署在 FPGA 系统中，得到实验结果如图 4.84 所示。

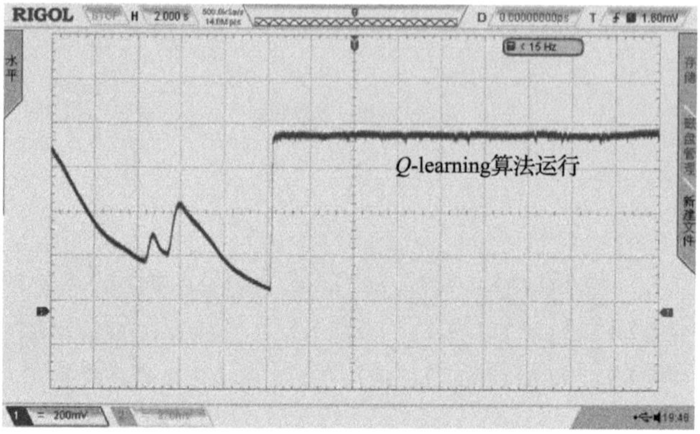

图 4.84　Q-learning 算法运行结果

在运行 Q-learning 算法后，光电探测器电压迅速上升，并趋于稳定，说明 Q-learning 算法对两个子脉冲之间的相位差进行了补偿。实验结果证明了 Q-learning 算法在相干合成中进行锁相是可行的，而且能够实现长时间稳定锁相。为了对比 Q-learning 算法和 SPGD 算法的性能，使用 Q-learning 算法和 SPGD 算法分别对 2 路超短脉冲光纤激光时域相干合成实验装置进行锁相，得到的光电探测器电压随时间变化的趋势如图 4.85 所示。

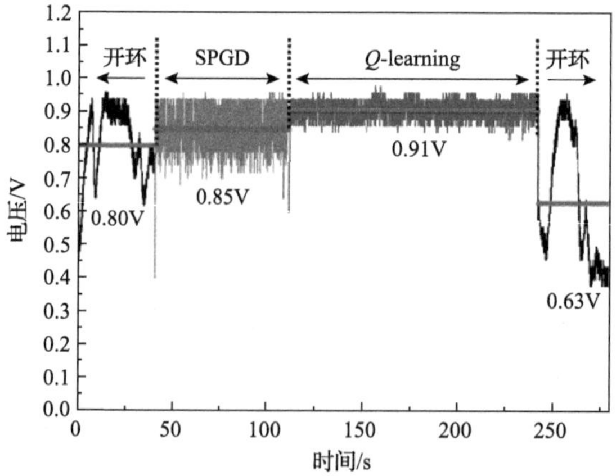

图 4.85　Q-learning 算法和 SPGD 算法对比

由图 4.85 可知，当未进行锁相时，光电探测器电压浮动大，此时光强不稳定。而运行 SPGD 算法锁相后，光电探测器电压稳定在一个区间，此时电压的平均值为 0.85V。然后使用 *Q*-learning 算法进行锁相，此时光电探测器电压的平均值为 0.91V。SPGD 算法的电压稳定区间比 *Q*-learning 算法要大，该实验说明 *Q*-learning 算法的稳定性优于 SPGD 算法；而这得益于 *Q*-learning 算法具有一定的学习性，能够根据当前环境状态学习，使得其稳定性优于 SPGD 算法。使用 *Q*-learning 算法进行了 100s 的锁相后该算法依然稳定，这进一步证明了其能够进行长时间稳定锁相。但是随着相干合成路数的增加，*Q*-learning 算法的 *Q* 值表的大小呈指数上升，这会导致算法的学习时间越来越长，反映在相干合成中就是算法不收敛。将动作空间在时域上分离能够大大减小 *Q*-learning 算法 *Q* 值表的大小。

3) *Q*-learning 算法模拟分析

由时域相干合成原理可知，造成光斑光强下降的主要原因是环境噪声导致了两个子脉冲在合成时存在相位差，所以通过给每路光束动态添加相位噪声，可建立相干合成动态相位噪声模型。

对于相干合成系统，其需要合成的子光束可看成基模高斯光束，假设合成的基模高斯光束波长为 1064nm，束腰半径为 7.5mm，目标屏与出射点的距离为 1m，目标屏像素为 300×300。为了更好地模拟脉冲相位在光纤中的变化，对每一路光引入一个相位噪声。影响相干合成的噪声主要是低频噪声，所以通过白噪声滤波的方式产生一个相位噪声，保证其频率在 1kHz 以下。模拟的时钟频率为 200kHz(FPGA 能够到达 100MHz 的频率)，产生的相位噪声频率如图 4.86(a)所示，幅值如图 4.86(b)所示。

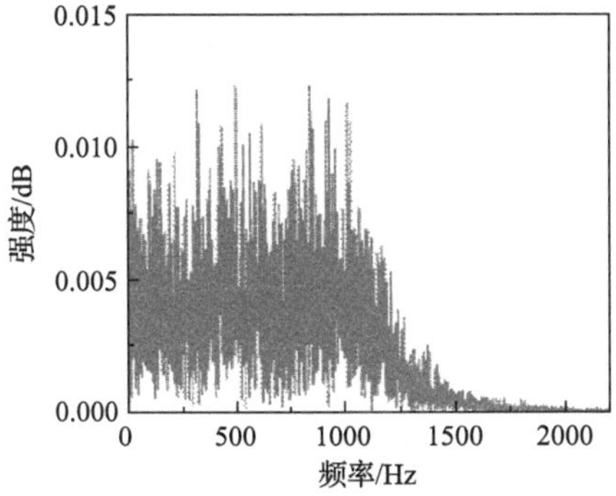

(a) 相位噪声频率

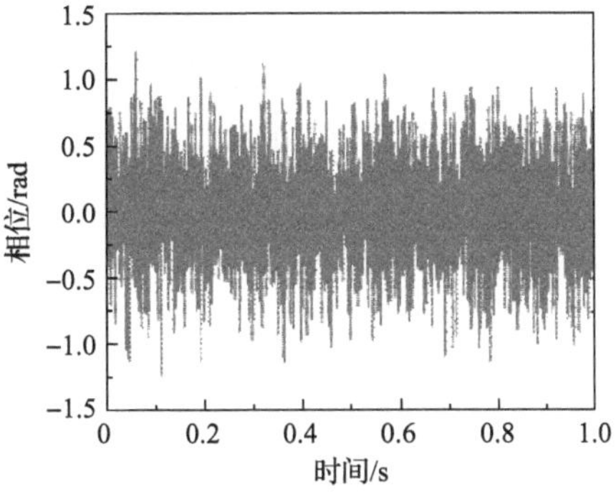

(b) 相位噪声幅值

图 4.86　相位噪声图

由图 4.86(a)可知，频率噪声从 1kHz 处开始下降，到 1.5kHz 基本消失。由图 4.86(b)可知，噪声幅值在−1.5～1.5rad。假设相干合成路数为 4 路，选择其中一路光为参考光，给其他 3 路光添加相位噪声。添加的相位噪声之间彼此有 0.5π rad 的相位差，噪声幅值与时间的关系如图 4.87(a)所示。合成光束的斯特列尔比随时间的变化如图 4.87(b)所示，相位噪声和光程差对最终相干合成后光强的影响是光程差让相干合成光强下降到一个低点，而相位噪声让相干合成光强在这个低点附近振动。

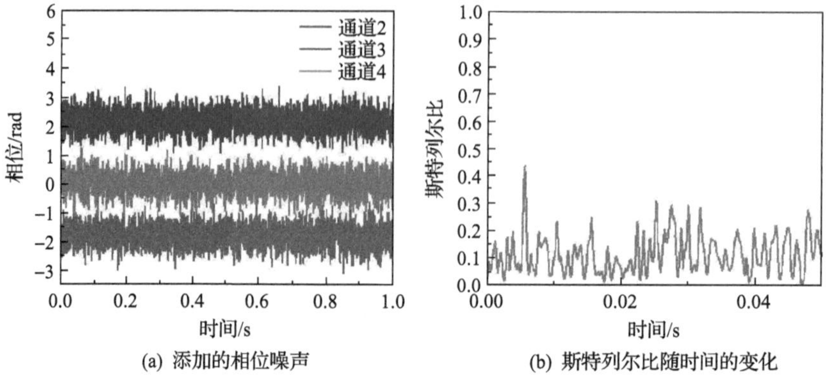

图 4.87　相位噪声和斯特列尔比变化图

利用上述基于白噪声滤波的相位噪声模型，对 *Q*-learning 算法和 SPGD 算法的 2 路相干合成进行了模拟，如图 4.88 所示。

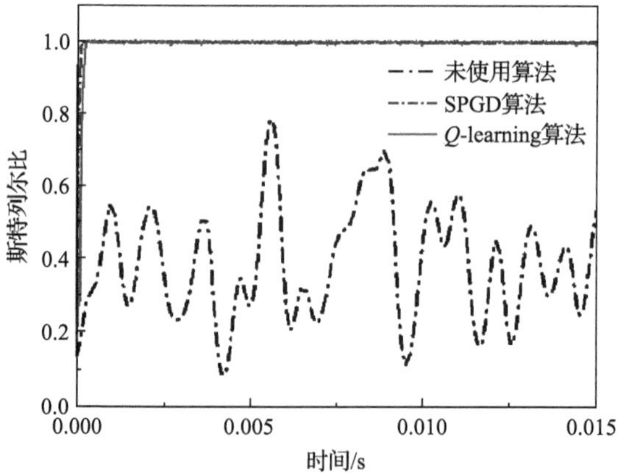

图 4.88　*Q*-learning 算法和 SPGD 算法 2 路相干合成

SPGD 算法和 *Q*-learning 算法都有着很好的收敛性。该模拟中 SPGD 算法锁相后斯特列尔比的平均值为 0.9991，而 *Q*-learning 算法锁相后斯特列尔比的平均值为 0.9994。在实验中，相干合成光强的降低还受诸如群延迟等其他因素的影响，而 *Q*-learning 算法的学习性使得该算法对复杂环境造成的误差有一定的容忍性，所以更加稳定。

利用上述基于白噪声滤波的相位噪声模型对 Q-learning 算法和 SPGD 算法进行 4 路相干合成模拟。在对 SPGD 算法模拟时，对 SPGD 算法进行了参数选择，得到如图 4.89 所示的结果。首先将 SPGD 算法的增益系数固定为 400，然后取随机扰动幅值为 0.02、0.03、0.04，得到合适的随机扰动幅值为 0.03；接着固定随机扰动幅值为 0.03，得到最合适的增益系数为 400。所以选择 SPGD 算法的随机扰动幅值为 $\Delta u = 0.03$，增益系数为 $\gamma = 400$。

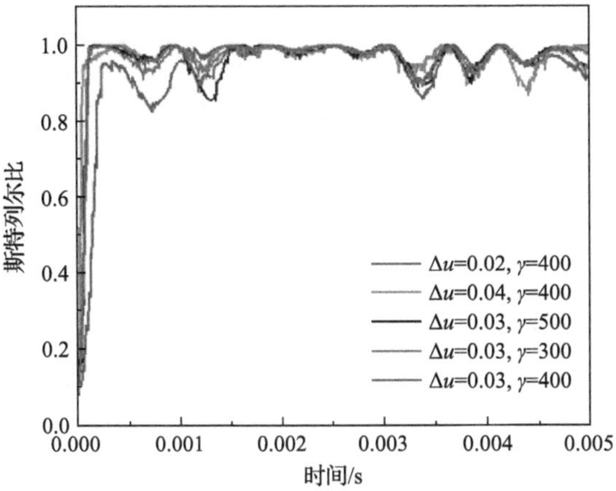

图 4.89　SPGD 算法参数选择

对于 Q-learning 算法，设置其动作幅值为 0.03。对于 4 路相干合成，可以选择其中一路为参考光束。所以实际需要进行相位控制的光路有 3 路，那么 Q-learning 算法的动作空间 A 可用表 4.2 表示。

表 4.2　Q-learning 算法的动作空间

路数	a_1	a_2	a_3	a_4	a_5	a_6	a_7	a_8
第 1 路	−0.03	−0.03	−0.03	−0.03	0.03	0.03	0.03	0.03
第 2 路	−0.03	−0.03	0.03	0.03	−0.03	−0.03	0.03	0.03
第 3 路	−0.03	0.03	−0.03	0.03	−0.03	0.03	−0.03	0.03

动作空间 A 的大小为 3×8，此时建立的 Q 值表的大小为 1×8，如表 4.3 所示。

表 4.3　Q 值表

a_1	a_2	a_3	a_4	a_5	a_6	a_7	a_8
$Q(a_1)$	$Q(a_2)$	$Q(a_3)$	$Q(a_4)$	$Q(a_5)$	$Q(a_6)$	$Q(a_7)$	$Q(a_8)$

在 4 路相干合成中运行 SPGD 算法和 Q-learning 算法，结果如图 4.90 所示。

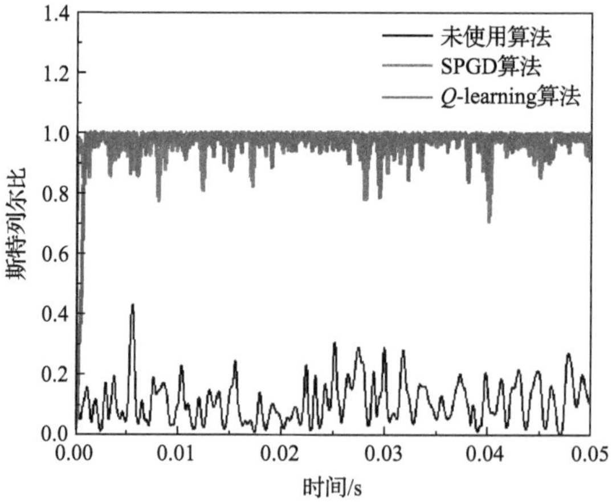

图 4.90　SPGD 算法和 Q-learning 算法的 4 路相干合成

Q-learning 算法在程序开始运行时收敛的速度会落后于 SPGD 算法。这是因为 Q-learning 算法刚开始运行时需要建立 Q 值表，而此时的 Q 值表中没有数值，需要通过学习的方式将 Q 值表的数值填满。Q-learning 算法的稳定性明显强于 SPGD 算法，这得益于 Q-learning 算法的学习性。同时在实际使用时，SPGD 算法需要进行两个参数的调试才能收敛，这两个参数相互相关，与环境噪声的频率和幅值都有着密切的关系，所以初始调试 SPGD 算法并不是特别容易。而 Q-learning 算法只需要调整动作幅值的大小就可以收敛，而且该值是一个与噪声幅值有关的标量，相对 SPGD 算法来说该算法调试更加容易。

为了验证 Q-learning 算法在多路上的使用，建立了 13 路的相干合成动态相位噪声模型。在 13 路的相干合成中，也选择其中一路为参考光路，所以需要进行相位控制的光路有 12 路。按照 4 路相干合成的方法建立 Q-learning 算法的动作空间 A 为 12×2^{12} 的矩阵，其 Q 值表的大小为 4096。显然这样完成动作空间需要耗费大量的时间，其结果就是 Q-learning 算法不收敛。

为了减小 Q 值表的大小，构建新的动作空间。其核心是将 N 路光束的相干合成在时域上分为 n 部分，这 n 部分中的 c 路光进行相干合成，这样就大大减小了动作空间。例如，将 12 路光分为 4 部分，每部分有 3 路光束，每次进行 3 路光的相干合成，此时 Q-learning 算法的动作空间 A 为 12×32 的矩阵，而此时的 Q 值表的大小为 32，这样就大大减少了需要学习的时间。同时为了加速 Q-learning 算法的收敛，可以对动作 a 的值进行分段，如下所示：

$$a=\begin{cases}0.004, & s>0.9\\ 0.05, & 0.8<s\leqslant 0.9\\ 0.1, & \text{其他}\end{cases} \tag{4.46}$$

式中，s为当前的环境状态。如图4.91所示，表明Q-learning算法仍然可以收敛，且性能与SPGD算法相似。模拟结果证明了对Q-learning算法的动作空间进行分割，可以使得Q-learning算法应用在多路相干合成上。

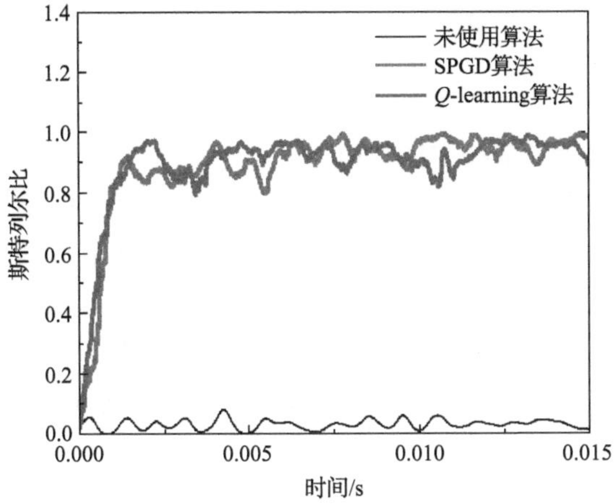

图4.91 SPGD算法和Q-learning算法的13路相干合成

4. 基于群智能算法的相位控制实验

群智能算法是一类生物启迪算法(bio-inspired algorithm)，算法的灵感来源如蚂蚁、鸟群、鱼群等动物的集体行为和个体行为之间的联系。在该类算法中，主要有粒子群优化(particle swarm optimization，PSO)算法和蚁群算法[100]。2019年，国防科技大学的Chang等[101]将粒子群优化算法应用在相干合成中,证明了粒子群优化算法有着比SPGD算法更好的稳定性和收敛速度。下面介绍一种新的用于相干合成的群智能算法——新群智能(NSI)算法。该群智能算法与其他群智能算法一样，在算法开始时需要设置种群大小。但是算法更新只和群中个体适应度函数最大值和迭代步长有关。

1) NSI算法原理

在超短脉冲时域相干合成系统中，锁相是在时域中完成的。对于一个需要进行N束光合成的相干合成系统,它的每一束子光束需要补偿的相位为$U= u_1, u_2,\cdots, u_N$。可以将相干合成中的一段时间认为是包含c个个体的群体。群体中的每个个体d_i都具有适应度函数$f(u_1, u_2,\cdots, u_N)$。一般来说，相干合成系统的适应度函数是检测器反馈的光电信号。当一个群体中所有个体的适应度函数都被获得时，求出该群体的最大适应度函数值J和该适应度的补偿相位，该补偿相位为最佳补偿相位U_{best}。个体的补偿相位U按式(4.47)进行更新：

$$U = U_{\text{best}} + a \cdot \text{rand}(1, N) \tag{4.47}$$

式中，a 为迭代步长；rand(1,N)为 N 维的随机变量，其取值区间[–0.5, 0.5]。在超短脉冲时域相干合成中，一般使用斯特列尔比作为适应度函数，那么其迭代步长可以写为

$$a = 1 - J \tag{4.48}$$

式中，J 为群体中最大的适应度函数值。

NSI 算法的原理如图 4.92 所示，其由三个个体组成，即 d_1、d_2 和 d_3。在算法开始时，Group 由个体 d_1、d_2 和 d_3 组成，其适应度函数值分别为 $f_1(U_1)$、$f_2(U_2)$、$f_3(U_3)$，此时的适应度函数就是归一化的光电检测器电压。d_3 的适应度函数最大，因此该群体的最佳补偿相位 U_{best} 为 U_3。然后对个体 d_1、d_2、d_3 的补偿相位 U_1、U_2、U_3 按式(4.47)进行更新，得到 Group1，然后继续进行迭代。

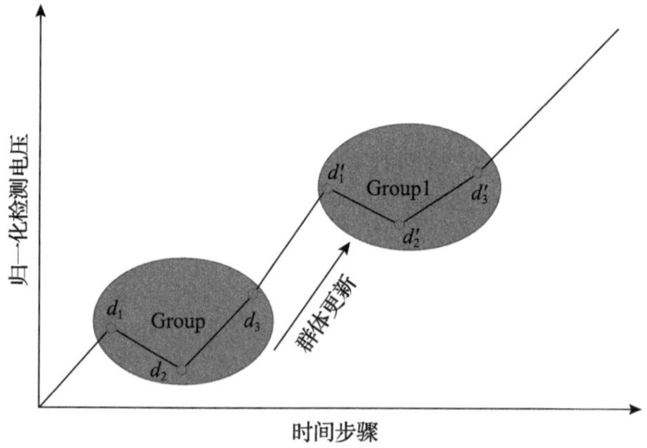

图 4.92　NSI 算法原理

2) NSI 算法实验

使用 NSI 算法对搭建的 2 路超短脉冲光纤激光时域相干合成实验装置进行锁相。只有一路光需要进行相位控制，所以设置群体的大小为 2，结果如图 4.93 所示。在开环时，光电探测器电压上下浮动很大，其平均值为 0.45V。而运行 NSI 算法后光电探测器电压稳定，此时电压平均值为 0.56V。图 4.93(b)是功率密度谱，可以看到 NSI 算法运行后低频噪声明显降低，表明 NSI 算法可以在超短脉冲相干合成中完成相位锁定。

将该算法的群体大小设置为 4 时，结果如图 4.94 所示。虽然光强依然稳定，但是其平均电压为 0.47，低于群体大小为 2 时的平均电压，显然群体大小与算法的性能有关。

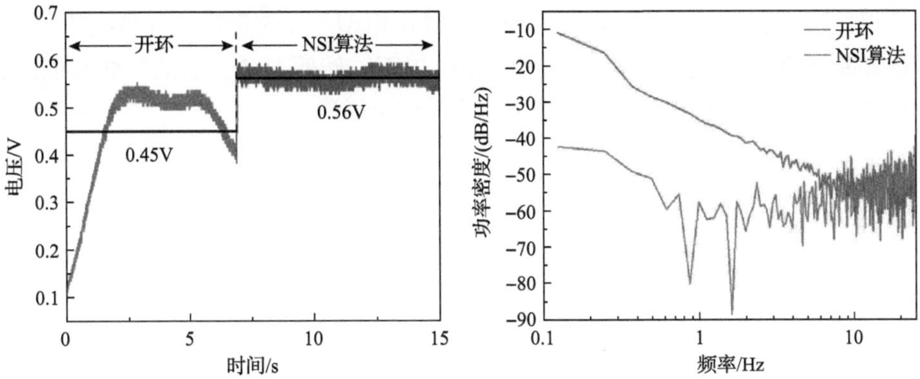

(a) 开环和闭环时的电压　(b) 开环和闭环时的功率密度谱

图 4.93　NSI 算法实验结果

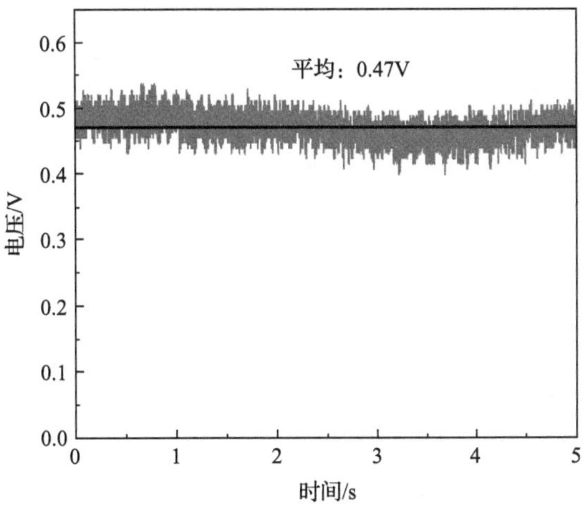

图 4.94　群体大小为 4 的 NSI 算法实验结果

3) NSI 算法模拟

为了研究该算法在多路数上的性能情况，对 NSI 算法进行了相干合成动态相位噪声模拟。由傅里叶变换原理可知，任何一段有限长时间的信号都可以展开成不同频率的正弦波叠加，通过不同的幅值、初始相位和频率正弦波的叠加来模拟噪声中的低频段。对于高频噪声，可以再次叠加一个随机白噪声模型。噪声模型可以表示为

$$N_{\text{noise}} = \sum_{i=1}^{n} A_i \cos(\omega_i t + \varphi_i) \tag{4.49}$$

式中，A_i、ω_i、φ_i 分别为第 i 组正弦波的随机幅值、随机频率和随机相位，这种方法获得的噪声是一系列不同频率的噪声和，与 Q-learning 算法中使用白噪声滤

波所得的噪声有着很大的区别，即使用该噪声模型的动态模型更容易收敛。为了接近实验环境，设置随机噪声频率在 1kHz 以下。然后 NSI 算法的种群大小为 2，进行 2 路相干合成的动态模拟，结果如图 4.95 所示。

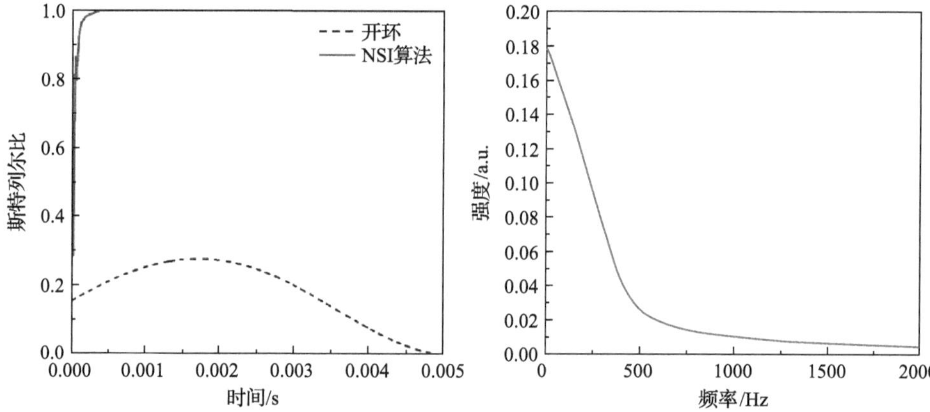

(a) 开环和闭环时的斯特列尔比　　(b) 开环时的频率分布

图 4.95　2 路相干合成动态模拟

2 路相干合成模型的相位噪声主要集中在 500Hz 以下，在种群大小为 2 时，NSI 算法能够很好地收敛。为了研究不同种群大小对算法的影响，分别进行了 11 路相干合成和 31 路相干合成的模拟，其结果如图 4.96 所示。

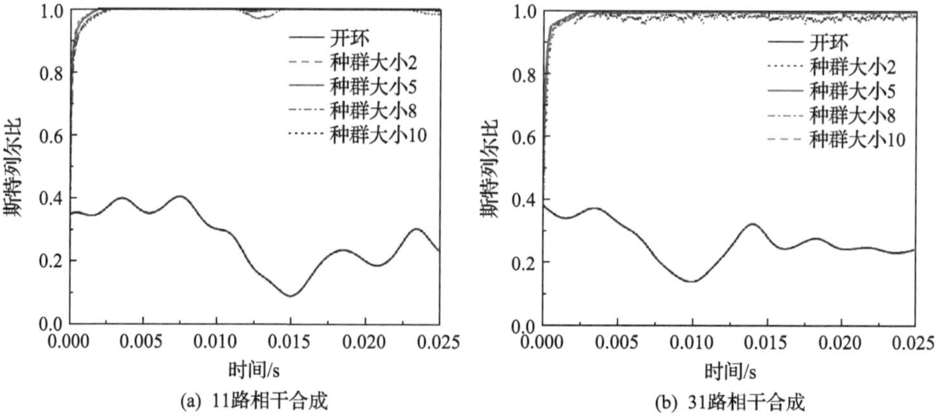

(a) 11路相干合成　　(b) 31路相干合成

图 4.96　多路相干合成

在 11 路时，种群大小为 2～5 时算法都很稳定，而在 31 路、种群大小为 2 时，算法反而不能稳定收敛，而种群大小为 5～10 时算法收敛稳定。该实验结果表明 NSI 算法种群大小随相干合成路数的增加而增加，但是增加幅度并不大。

最后使用 SPGD 算法和 NSI 算法进行了 101 路相干合成的静态模拟，此时 NSI 算法的种群大小设置为 10。为了减小随机性，两个算法都重复运行了 50 次，然后取各自的平均为该算法的斯特列尔比与时间的关系，其结果如图 4.97 所示。

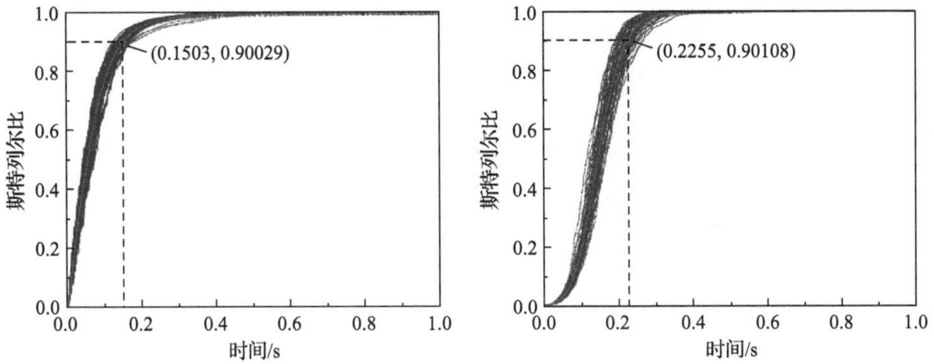

(a) NSI算法　(b) SPGD算法

图 4.97　NSI 算法和 SPGD 算法的 101 路相干合成

在 101 路时，NSI 算法依然能够收敛，而且其收敛的速度快于 SPGD 算法。影响 NSI 算法的因素主要是种群大小，所以 NSI 算法很容易完成锁相，几乎不需要进行调试。

综上所述，时域、空域的相干合成技术正在引领着飞秒激光的新发展，这将有助于解决 FCPA 系统功率和能量提升面临的模式不稳定性、非线性效应、增益窄化等诸多限制，而将时域相干合成与空域相干合成相结合，将成为未来 FCPA 系统有效拓展光纤激光放大器路数、有效提高脉冲能量提取能力、有效突破非线性效应限制，从而获得高平均功率、高峰值功率输出结果的重要选择。近年来，飞秒光纤激光的时域、空域相干合成技术取得快速发展，但在拓展合成路数、提高输出功率、进行光纤化集成等方面，出现了相干调控参量多、因素相互串扰、非线性积累严重等一系列新问题。为此，在已有的仅时域或者空域皮秒脉冲光纤激光相干合成研究基础上，进一步开展飞秒光纤激光的时空域相结合相干合成的研究，将攻克理论建模、算法设计、智能调控等诸多科学和关键技术难题，同时结合飞秒脉冲的非线性放大、非线性光谱展宽与压缩等技术手段，进一步提高放大效率和压窄脉冲宽度，最终实现高平均功率、高峰值功率的飞秒激光输出，为阿秒激光、高次谐波、精密加工以及大科学装置等应用提供必不可少的强大工具，同时为打破西方国家对我国在该激光技术领域的封锁和国际垄断，发展自主知识产权的优质飞秒光源打下坚实基础。

4.5 超短脉冲光纤激光的应用

超短脉冲激光具有高峰值功率、窄脉冲宽度、高亮度等优点，是当前国际激光技术领域的主攻方向和战略制高点，作为国家重大战略发展的前沿技术之一，在国防、医学、工业、超快科学等领域都有着广泛的应用。

4.5.1 超短脉冲激光在国防领域的应用

超短脉冲激光用于现代军事，不仅可以提高现有常规武器的命中率，而且可为军队提供新型战术武器，极大地增强军队在现代战争中的作战能力，其应用领域涉及光电对抗、精密测距、激光引雷、航空航天等方面，得到各大军事强国的重视。

1. 光电对抗

在信息化作战发展的大背景下，军用光电技术广泛应用于信息化战场的多种军事装备，执行探测、预警以及精确打击等作战任务。战争已由平面走向立体，由一维走向多维，敌天基侦察卫星、天基预警卫星、空基侦察载荷、精确制导武器等光电装备侦察、预警与精确打击能力显著提高，我国导弹发射基地、航空母舰战斗群、机场、战略母港和指挥所等重要军事单元面临着严重威胁，对我军区域防护、末端防御能力提出了严苛的要求。

光电对抗是指敌对双方在紫外、可见光和红外波段范围内，利用光电设备或器材通过光波的作用，对敌方光电制导武器和光电侦测设备等光电武器装备进行光电侦察告警和干扰，削弱以致破坏其使用效能，以保护己方武器装备和重要目标免遭敌方的侦察、干扰和攻击所采取的各种技术措施。因此，光电对抗技术的发展和光电对抗装备的研制，受到了世界各主要军事大国的高度重视。尤其是对装有多种探测装备的照相侦察卫星和红外预警卫星的光电对抗装备的研制。多年来，随着激光技术的持续迅速发展，利用激光对照相侦察卫星相机、红外预警卫星光电系统、空基侦察载荷以及精确制导武器导引头实施干扰，获得了不小进步。上述光电载荷的成像系统作为“视觉系统”，由于具有较大的光学增益，激光辐照后极易造成有效干扰。一旦激光辐照到相机，会使相机的探测器像元达到饱和。当干扰光能量足够强时，可形成一定区域的像元饱和，从而在像面上形成干扰光斑，使相机无法侦察被干扰光斑的覆盖区域。迄今为止，用于干扰、破坏照相侦察卫星的激光光源主要为连续激光、纳秒激光和部分皮秒激光。连续激光和纳秒激光与硅基探测器相互作用时，其破坏机理主要为热效应，皮秒脉冲则是热效应和等离子体冲击波效应(冷破坏)的共同作用，要实现可见光波段星载相机的像元饱和，需要激光器提供较大的能量。通过近红外及中红外不同脉冲宽度激光对相应波段光电探测器的干扰或损伤实验，可以发现除了激光器的波段范围、输出能量和功率，脉冲宽度等参数也起着关键性的作用，对抗效果(干扰/损伤)效能等方面有明显差别。飞秒激光脉冲与光电探测器相互作用时，损伤过程是由电子与晶格之间的能量转移引起的，飞秒激光使元件材料电离形成等离子体，在材料内部产生冲击应力。等离子体的产生将会导致光电探测器的输出信号失真，而冲击应力将会导致光电器件内部损伤而使探测器失效。飞秒脉冲因其冷破坏的特性，只能在照射范围内形成点破坏，不能达到使探测器完全失效的效果，同时受限于现阶段的飞秒激光器结构相对复杂、价格昂贵且运行维护成本较高，实战效果还有待进一步研究。

大能量高重复频率超短脉冲激光还可作为泵浦源，结合光学参量振荡器(optical parametric oscillator，OPO)、光学参量放大器(optical paranetric amplifier，OPA)和差异频率产生器(different frequency qeneration，DFG)，可以产生宽波段中波红外(2～5μm)甚至中长波红外(2～20μm)激光光源，由于该类光源的光谱范围覆盖多个探测器的响应范围，因此可以实现军事上宽波段的光电对抗应用，而且中长波红外波段覆盖了大部分有毒气体和爆炸物分子的吸收范围，开发此波段红外激光光源可为危险物的定性、定量检测或特征掩藏，战场环境监测等提供强有力的手段，对抗示例如图 4.98 所示。

图 4.98　超短脉冲激光光电对抗示例[102]

2. 精密测距

激光精密测距具有重要意义，进入 20 世纪以来，超短脉冲激光的出现为距离测量提供了新的解决方法。激光测距在国家国防建设和科技发展方面做出了突出贡献，其相关研究成果极大地推动了地形测量与勘探、航空航天技术、精密仪器制造、雷达系统等领域的发展。同时，大尺寸空间绝对距离快速测量是卫星编队飞行、地球观测、深空探测成像以及高端制造领域不可或缺的关键技术。卫星编队队形保持与控制是高分辨干涉成像任务的关键，要实现星间位置和姿态的精确控制，必须突破长距离(数十千米)、超高准确度(微纳米)、快速(数千赫兹)绝对测距，如图 4.99 所示。高端制造领域大型零部件外形测量、大型设备装配对接也对大尺寸高精度快速无导轨测距提出了迫切需求。超短脉冲激光具有超高时间分辨能力，在使用脉冲飞行时间(time of flight, TOF)法测距时，极大地提高了测量分辨率，同时带来了更高的精度。另外，其具有频域上的宽带分立光谱特性，应用在光学干涉法测距时，能在保持距离测量精度的同时大幅提高距离测量范围[103]。光学频率梳能够从源头上将时间标准与测量误差相匹配，由此建立整个完全的量值传递体系。

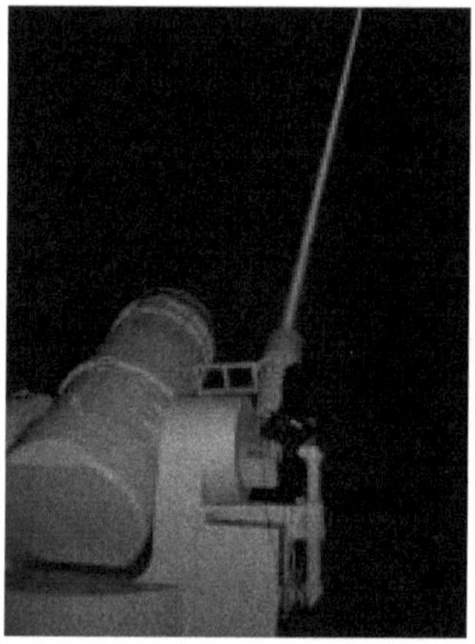

图 4.99　飞秒激光测距[103]

3. 激光引雷

飞秒激光脉冲由于具有很高的峰值功率，当其在大气中传输时，可以产生较强的非线性克尔效应，这种非线性克尔效应会在大气中产生自聚焦效应，当聚焦的激光强度超过空气的电离阈值时，会使大气电离产生等离子体。当自聚焦效应和等离子体散焦效应达到动态平衡时，激光光束就能传播很远的距离，从而在飞秒激光传播路径上形成一条具有一定导电性能的等离子体通道，如图 4.100 所示。

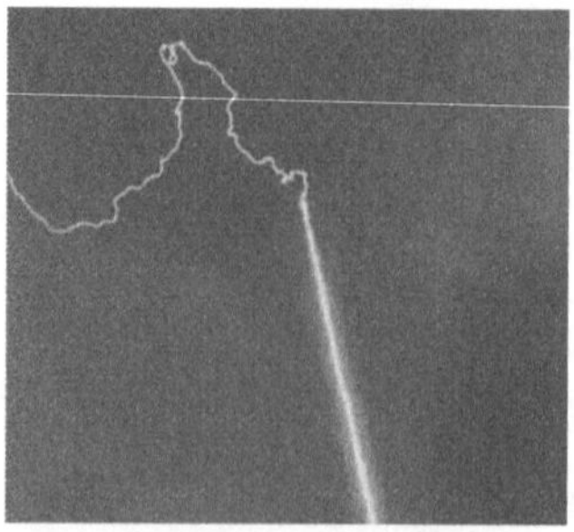

图 4.100　激光引雷[104]

现在有军事实验室正在研究如何在大气中建立可通电的等离子通道，由激光引雷精确打击敌对目标。科研人员使用超短超强激光来制造激光电磁场，该电磁场可以从空气分子中收集电子，从而形成可供电流通过的等离子通道。这样一条激光诱发的等离子通道除能引导电流，还可引导高能量微波脉冲，而后者早已被空军用作攻击武器，可摧毁敌军防空中心、军用飞机或无人机的电子系统。

4.5.2　超短脉冲激光在医学领域的应用

自 1960 年世界上第一台红宝石激光器问世以来，激光很快就在医学中得到了应用，而随着各种激光专用治疗仪的不断涌现，激光在医疗领域的应用不断得到拓展。1981 年，世界卫生组织正式宣布激光医学为医学的一个新分支。目前激光医学已基本发展为一门体系完整、相对独立的学科，其诊疗范围覆盖了内科、外科、口腔科以及皮肤科等临床多学科。其中超短脉冲激光因其优异的性能和不俗的表现在临床医学上起到越来越重要的作用。

1. 超短脉冲激光角膜手术

超短脉冲激光对组织特殊的相互作用过程在时间标尺上远远短于经典的热传导或声波的传播过程：当脉冲能量尚局限在焦点范围内时即发生光致破裂，这使得激光在组织内产生强烈的局部效应。在激光系统可行的前提下，审慎地选择激光波长与脉冲宽度可以在特定的医学需求中增强某种确定的激光效应而减小其他不需要的效应。在角膜上比较纳秒、皮秒与飞秒激光脉冲的实验很早就已经进行，并且证实飞秒激光制作的切口质量优异。到 20 世纪 90 年代中期全固态超快激光器和光纤激光器迅速发展，可供眼科临床常规使用的超短脉冲激光得以实现。

在角膜手术中，飞秒激光主要应用于制作角膜植片和植床，准确切割各层病变角膜组织，即使在轻度的角膜斑翳和角膜水肿时，也可以达到部分切割的目的，还能够根据不同型号的飞秒激光设备提供不同的边切方式[105]。最初的切割过程设定为从角膜内皮面开始逐渐上移至上皮面。目前的飞秒激光仪器可从上皮面切割供体角膜，减少了内皮面切割所致的植床和植片对合角度的差异，利于植片和植床准确对合，减少术后散光。传统的后板层角膜移植手术非常困难，使用飞秒激光做角膜切割，可以简化手术步骤，提高手术安全性和准确性。全飞秒激光手术过程如图 4.101 所示。

尽管超短脉冲激光透明角膜手术已成为常规临床应用，角膜移植手术中最佳激光参数的判断以及性能可靠、成本低廉的超短脉冲激光光源的发展仍是科学与技术的挑战。飞秒角膜切割的可行性已经在大量体外实验中得到评估，未来的体外、体内研究需讨论利用改良参数的飞秒激光辅助的角膜移植手术的有效性、安全性与视觉效果，并且利用新的切割方式进行无缝线角膜移植手术的可行性也

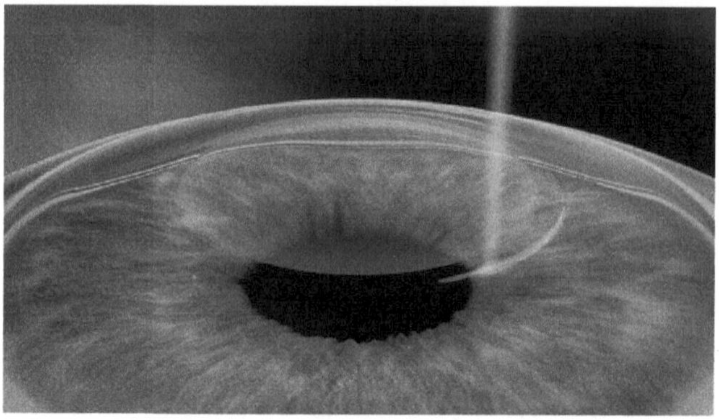

图 4.101　全飞秒激光手术过程[106]

需要进一步探索。

2. 超短脉冲激光用于牙体硬组织切割

近年来超短脉冲激光用于牙体硬组织切割是研究的热点。由于在切割牙体硬组织时，激光为非接触式切割，与传统高速气涡轮手机相比，激光能够在有效切割牙体硬组织的同时具有无振动、无噪声、产热少等优点，减少了患者的牙齿敏感和疼痛，如图 4.102 所示。超短脉冲激光的脉冲宽度小于 100ps，脉冲功率密度超过 10^{11}W/cm^2，在与牙体硬组织之间的相互作用时，直接以气相蒸发方式去除牙体硬组织，与长脉冲激光相比具有热扩散对焦点周围影响小、能量利用率高的特点[107]。

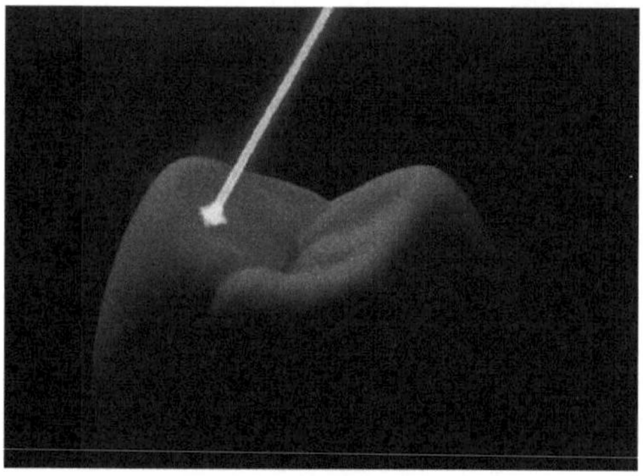

图 4.102　激光牙体硬组织切割[108]

超短脉冲激光不仅针对口腔硬组织切割，在口腔软组织的切割过程中也发挥其独特的魅力。随着超短脉冲激光技术的不断提高，其能够输出更加稳定的激光光源，成本较低，在技术层面能够得到绝大多数口腔医疗机构和患者的认可。除此之外，在口腔其他领域的产品加工与制造方面，超短脉冲激光也会发挥其作用。例如，利用超短脉冲激光切割玻璃陶瓷来代替传统刀具雕铣加工工序，在加工精度提高的同时还能减少加工时间，缩短患者的治疗周期。总之，超短脉冲激光将替代目前市场上在口腔医疗领域常用的激光器以及传统的高速气涡轮手机，为实现"精准医疗"贡献力量，让越来越多的口腔疾病患者得到更加舒适有效的治疗体验。

3. 超短脉冲激光用于激光美容

以超短脉冲激光为核心技术进行的光子嫩肤，区别于纳秒激光美容的灼伤效果和皮秒激光美容的冲击效果，能作用于分子内部化学键到分子内部原子振动过程，超高精度的靶向定位作用于皮肤，达到无创美白嫩肤的效果，实现无创美白、嫩肤、祛斑等功效，在安全医疗美容方面跨出了巨大的一步。

近年来，随着美容医学的发展，超短脉冲激光在外源性和内源性色素去除、痤疮瘢痕治疗、光老化改善及除皱等方面也得到广泛应用[109]。与传统纳秒激光产生的光热效应不同，超短脉冲激光产生的光机械效应会产生强烈的机械应力导致靶组织爆破，使之变成更小的微细颗粒形态，从而被更好地包裹、吞噬，通过表皮及淋巴系统排出体外，且由于超短脉冲激光脉冲宽度远小于黑素小体的热弛豫时间，即靶结构受激光照射后温度降低 50%所需的时间(thermal relaxation time, TRT)，组织吸收的激光能量将更好地被限制在目标球团中，对周围结构和血管的破坏也将被最小化。超短脉冲激光在相同注量下产生的光声应力比纳秒激光产生的热应力具有更高的能量和更彻底的色素碎裂效应，因此在治疗过程中，皮秒激光相比纳秒激光具有更高的安全性和有效性。

已有的研究证明，皮秒 755nm 绿宝石激光与深度学习辅助(deep learning assistence，DLA)联合治疗面部皮肤光老化、色素沉着、皱纹以及角化症均有所比较好的效果，此外还具有紧致皮肤的功效。且该治疗仅伴有短暂的红斑、水肿和中度治疗相关疼痛等副作用，如图 4.103 所示。

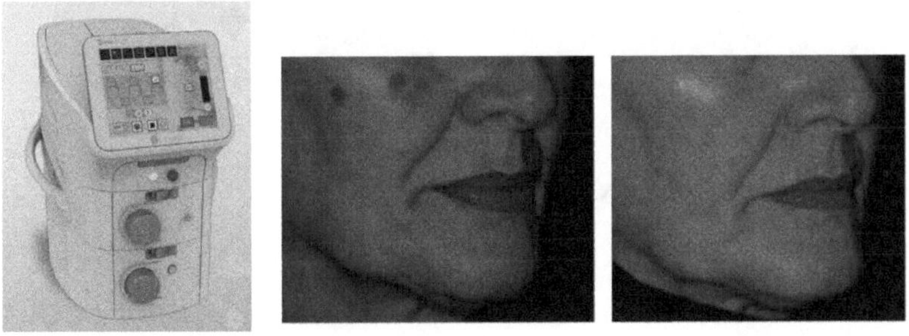

图 4.103　Lumenis 公司的恒星 M22 平台及其术后表现[110]

4. 超短脉冲激光用于材料改性

不同于目前临床应用的生物惰性医用金属材料，未来医用金属材料将以生物功能化金属材料为主，即通过材料表面/界面生物功能化及表面改性技术，或金属材料自身离子释放等，使其具有特定的生物活性和医学功能，从而达到更佳的临床医疗效果。钛合金具有优良的综合性能，作为医用金属材料广泛应用于临床医学，而在钛合金植入物表面进行微造型有助于提高钛合金的生物相容性，因此可以通过超快激光直写的方法，利用皮秒激光或飞秒激光在钛合金表面制得微纳结构来完成钛合金的材料改性。

2013 年 10 月，Palmaz Scientific、Spectra-Physics 和 ILT(International Light Technologies)三家公司共同宣布了新一代植入式医疗设备飞秒激光微加工系统的演示，该系统借助 Spectra-Physics 公司的飞秒激光器和 ILT 公司的精密加工系统，实现了具有超精细和先进表面纳米技术的尖端可植入支架的制造，并证明该支架具有较好的生物相容性。2015 年，法国里昂大学的 Dumas 利用飞秒激光在钛合金表面制得纳米波纹和微米凸起结构、纳米波纹和微坑结构、纳米柱和微米柱结构来完成钛合金材料的改性，并对间充质干细胞(mesenchymal stem cell，MSC)在材料表面的生物性能分析发现三种结构都可以显著提高 MSC 向成骨细胞转变的潜力和细胞在表面的扩展速度，并对 MSC 脂肪形成产生抑制作用。2017 年，上海交通大学的胡俊等采用 1064nm 波长的皮秒激光在钛合金表面制得平行微沟槽结构，如图 4.104 所示，并且实验证明该微沟槽结构有助于细胞的黏附增殖并对细胞生长起到接触引导的作用[111]。

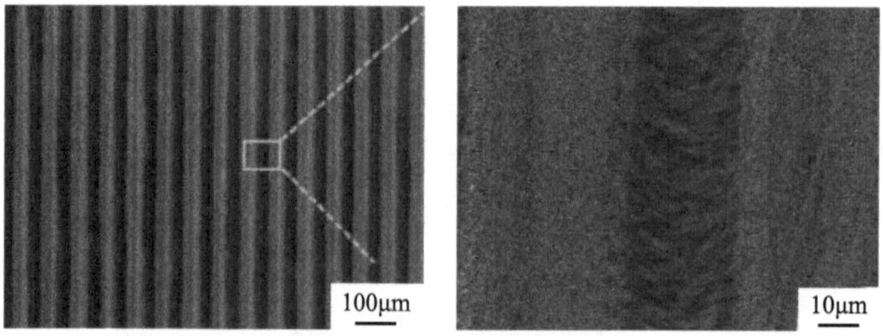

图 4.104　平行微沟槽结构[111]

5. 超短脉冲激光制备植入材料

血管支架植入是治疗动脉硬化等血管疾病的有效手段。然而，血管支架植入后，由于血小板过度增殖会出现血栓、再狭窄等并发症，利用超快激光对支架表面进行处理，可以控制细胞在支架表面的黏附性，从而有效避免血管支架植入所带来的并发症。金属心血管支架植入是目前治疗血管疾病应用最多的方法。2014 年，爱尔兰国立大学 NCLA/Inspire 实验室的 Clare 等采用脉冲宽度 500fs、频率为 100kHz、波长分别为 1030nm 及 515nm 的飞秒激光，在不锈钢表面诱导出两种周期性表面结构，并研究了两种周期结构对成纤维细胞和单核细胞的影响。结果表明，微结构表面不利于血细胞黏附，从而较少产生凝血的机会，提高了血管支架的血液相容性，且周期和深度的增加会降低细胞的黏附性。但金属支架在植入后会永久留存在动脉中，存在引发医疗并发症的风险。为了降低该风险，可吸收支架的概念也成为当今的研究热点。该支架可以选择左旋聚乳酸(PLLA)、聚乳酸(PLA)等材料制作而成，但这种材料熔点低，热效应敏感，大大增加了加工工艺的难度。利用超快激光对可吸收支架进行加工制造，使激光束能量对支架材料的热效应降到最小。2014 年，合肥工业大学的程萍等使用飞秒激光加工技术，辅以加工衬套的椅形设计，成功制得可降解心脏支架样品，如图 4.105 所示，样品支架结构无热损伤、切边光滑且筋宽一致性约为±6μm。但目前超快激光微纳制造的可吸收血管支架造价昂贵、产量较低，如何使用该技术实现血管支架工业化是研究人员亟须解决的难题[112]。

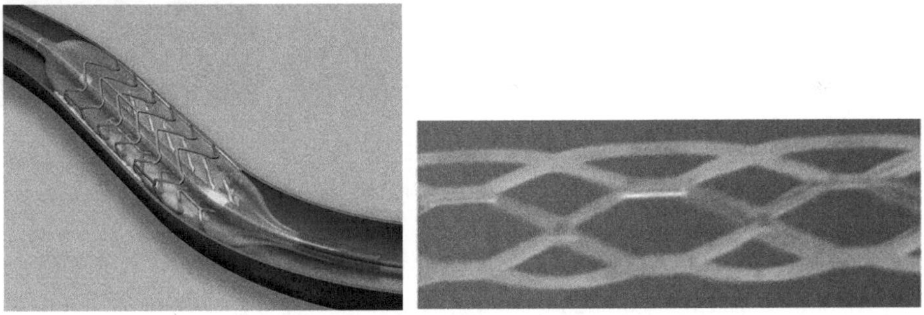

图 4.105　飞秒激光加工制备的 PLA 可降解心脏支架[112]

6. 激光辅助生物打印材料

器官损伤和衰竭是人类医学中最困难的问题之一，而全世界的器官移植都面临捐赠者严重不足的问题。生物打印技术基于快速成型原理，使用 3D 打印设备将细胞和生物材料混合而成的“生物墨水”打印成组织和器官，虽在一定程度上解决了供体缺乏问题，由于材料中的细胞成分来自患者自身细胞，因此也不会出现生物不相容的问题，但打印出来的细胞存活率较低。近年来，科研工作者开发出一种新的生物打印技术，即超短脉冲激光辅助生物打印技术，希望能够解决这一问题。

该技术是基于激光诱导前向转移(laser-induced forward transfer，LIFT)原理的打印技术，在 LIFT 装置中存在一层吸收层，其主要作用是防止激光和生物墨水的直接接触，保护细胞免受激光束的影响并且改善其再现性，但是由于在打印期间金属吸收层的蒸发，金属残留物存在于最终的生物打印构造中污染结构。因此，为了避免吸收层的污染，科研工作者提出了使用超快激光从而去除吸收层的解决方案。

2010 年，巴塞罗那大学的 Duocastella 等证明了利用飞秒激光直接聚焦到生物墨水上时有足够的强度引起光学击穿形成空腔，空腔膨胀而产生射流，从而可以避免金属残留物带来的污染。2017 年，慕尼黑应用科学大学张军等使用了超快激光对目标细胞进行诱导转移，如图 4.106 所示，该过程不需要牺牲无机材料来吸收能量，且转移后大约 95%的细胞存活并保持生命力，已达到了未转移细胞的活力。除此之外，由于超快激光本身的优势，利用超快激光辅助打印的生物材料还具有横向分辨率高、3D 结构控制能力强和可同时打印微米和纳米双尺寸结构的优势[113]。

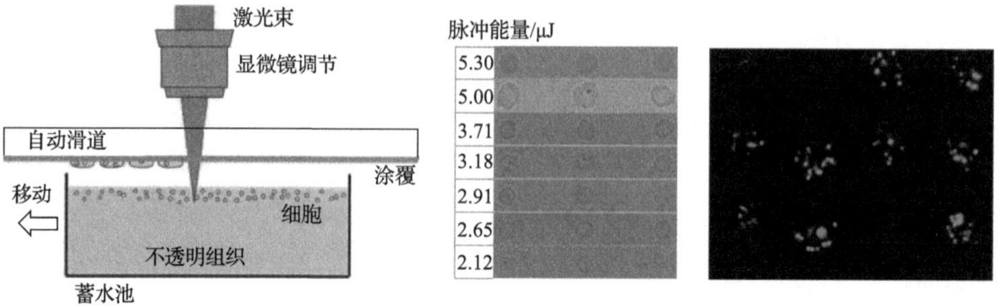

(a) 激光诱导活细胞向前转移示意图　(b) 不同激光脉冲能量时显微镜下的打印微滴阵列图像　(c) 打印细胞的荧光显微镜图像[113]

图 4.106　激光辅助生物打印材料

超快激光在生物医疗领域拥有广阔的应用前景，激光的应用将不再只局限为一种外科手术工具，通过其相关技术可以赋予传统生物材料新的结构和功能，并可以显著提高人体的自主修复能力，实现被损伤组织或器官的快速有效复原，已逐步发展为当今生物医学极具热点和希望的发展方向。

4.5.3　超短脉冲激光在工业领域的应用

超短脉冲激光具有峰值功率高、脉冲宽度窄的特点，可以用于大部分金属和非金属材料的微加工，在工业领域具有广泛应用。

1. 超短脉冲激光用于材料切割

对于铼、钛等金属材料，其具有较高的热导性和熔点温度，在其表面实现高精度和高质量的钻孔和切割有很大的困难。图 4.107 是不同宽度脉冲切割铝板

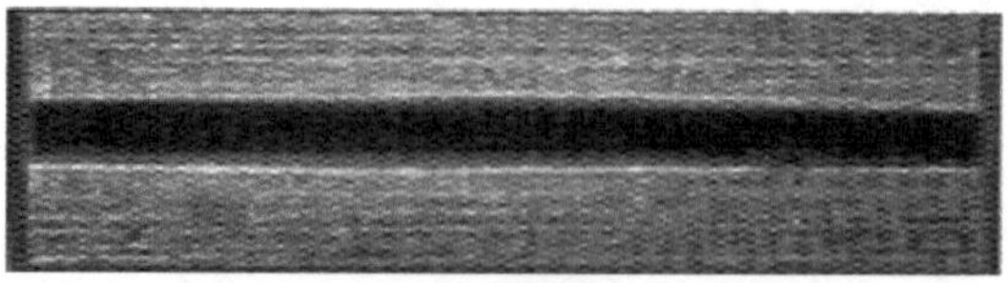

(a) 超短脉冲

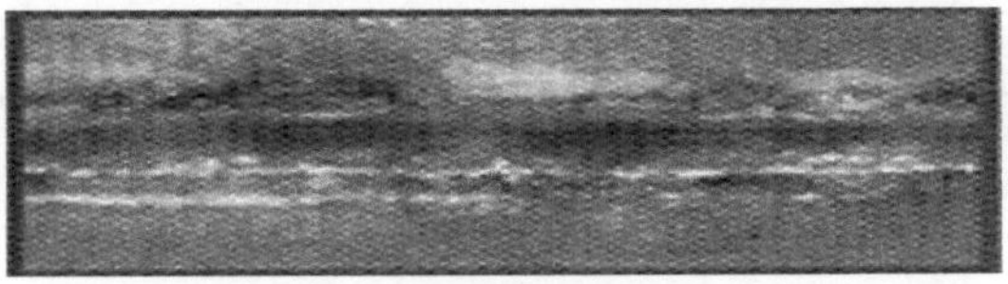

(b) 长脉冲

图 4.107　用超短脉冲和长脉冲切割铝板的结果

对比照片。长脉冲激光切割样品熔化和再凝固的痕迹十分明显，而超短脉冲激光切割样品边缘锐利且没有材料熔化和再凝固的痕迹。

使用传统的连续或纳秒脉冲激光切割不锈钢板料会存在加工的边缘凹凸不平、表面有熔渣等缺陷，这是因为该方式的材料去除通过熔化和蒸发获得，由于汽化过程的反冲压力，液相材料向外膨胀，从而造成环绕加工位置边缘“冠状物”的存在，大大降低了加工质量和清洁度。而使用超短脉冲激光切割形成的切缝边缘整齐，金属表面不会有材料熔化的痕迹。对于非金属(如硅、石英等)材料加工中使用纳秒级脉冲时，由于热扩散，在照射区的外侧会形成熔融相，因此用它加工石英和玻璃等光学材料时的一个大问题，就是由于熔融相造成的热应力会在加工小孔的周围产生裂缝，传统的红外波长的激光对大多数透明的玻璃甚至根本无法加工。而飞秒激光的出现，使这一问题得到了顺利解决，可对所有材料实现“冷”加工。由于在加工的过程中不产生冲击波，汽化物质也不把热量传给相邻的物质，因此避免了加工过程中热损伤的产生，得到了较高的加工质量。超短脉冲激光切割如图 4.108 所示，其和传统长脉冲激光加工相比有着加工材料广泛、精确性高、能耗低等无法比拟的独特优势，在材料的微细加工等高技术领域有着广泛的应用前景[114]。

图 4.108　超短脉冲激光切割[114]

2. 飞秒激光表面改性

利用飞秒激光直接照射可制备出具有微米/亚微米量级周期性的表面结构，这些结构可使表面显现出超疏水、耐腐蚀、吸收光等特性，如图 4.109 所示。

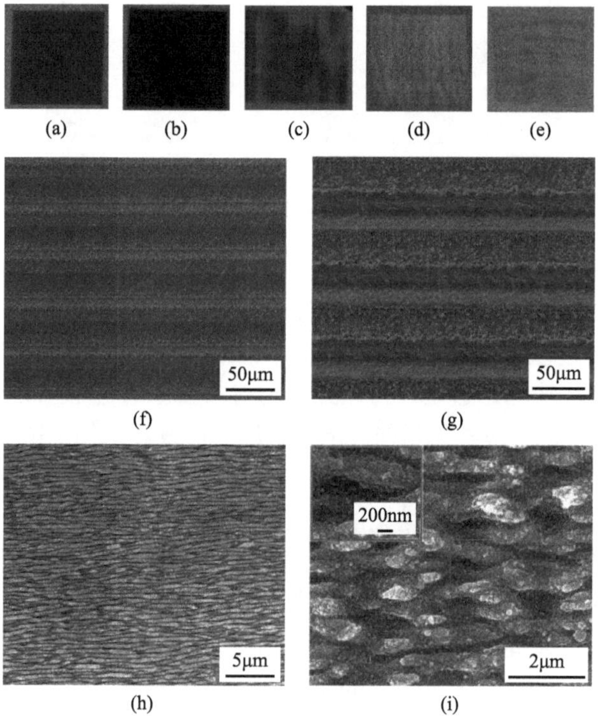

图 4.109　飞秒激光表面改性

研究人员使用飞秒激光表面处理和硅烷化相组合来实现铜表面的超疏水性能，发现该超表面可有效延迟水滴冻结[115]。同时随着时间的推移，微纳结构表面可实现由亲水到疏水功能的自发转变，并且延时表面结冰效果与低温条件的表面疏水性有关[116]。飞秒激光照射在奥氏体不锈钢(AISI 316L)上可以形成微米级脊状结构，这些结构使表面显现出超疏水的特性[117]；采用蔗糖溶液和乙醇辅助飞秒激光辐照，可以在镍表面制备低反射、疏水的多功能镍表面[118]；飞秒激光使表面产生微纳米结构，再与化学处理相结合，可以制备出具有长期润湿性的钛表面结构[119]。

激光诱导表面着色技术也是近年的研究热点之一，着色的主要原理有两种：一种是在金属表面进行光化学反应形成有色氧化膜；另一种是在金属表面制造出周期性的微结构以产生结构色[120,121]。飞秒激光照射可使不锈钢表面产生周期性微孔(随机分布且相连的微粒)改变了光的吸收率，从而使不锈钢显现出单色或者多色，且入射角度不同可使某些不锈钢产生不同的颜色[122]，如图 4.110 所示；通过改变表面结构而直接着色可有助于改善现阶段涂装行业污染过重的现象；利用飞秒激光技术对金属钛表面进行黑化处理，通过不同实验状态下样品的表面形貌和反射率，发现调节激光参数可在金属钛表面获得不同形貌的微结构和反射率，但是都会降低钛表面的反射率[123]。

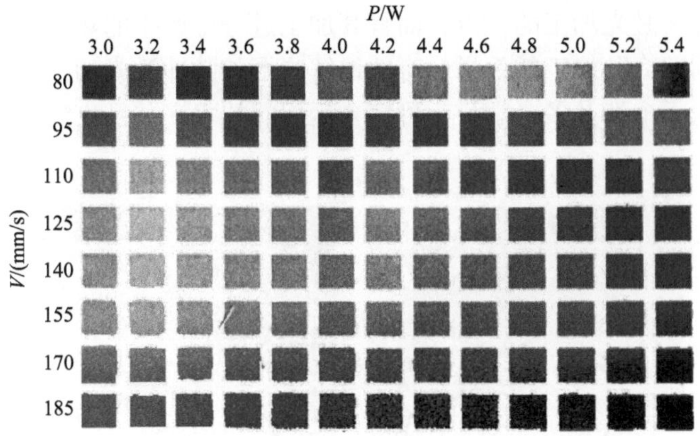

图 4.110　不同激光功率和扫描速度的金属表面着色效果

3. 飞秒激光气膜打孔

飞机发动机制造水平往往代表着一个国家的高端制造水平，航空发动机的制造水平对飞机的动力、寿命和可靠性都有着重要的影响。随着对航空发动机性能要求的不断提升，对其制造工艺水平也提出了巨大的挑战。发动机叶片的耐高温性能直接影响到发动机的推力，如何提高叶片的耐高温性能是航空发动机发展的重要研究方向。目前涡轮叶片主要采用气膜冷却技术来降低叶片工作时的表面温度，实现该技术的前提条件就是在叶片上加工出高质量的通孔。气膜孔的质量直接影响叶片的安全性和可靠性。若实际加工出的气膜孔的孔型与设计孔型有较大偏差，则在发动机高温高速运转时，叶片表面不能形成均匀而完整的气膜，叶片暴露在超高温的环境下，极易发生烧蚀损坏，会直接威胁整机的安全[124]。

涡轮叶片通常采用镍基单晶高温合金直接铸造成型，机加工性能较差，叶片上的气膜孔多达数百个，孔径较小且角度各异，不易加工。飞秒激光由于具有加工精度高、近似于“冷”加工的特点，将飞秒激光运用于叶片气膜孔加工中，就可以解决气膜孔加工这一难题，如图 4.111 所示[125]。

2017 年，中国科学院西安光学精密机械研究所田东坡等研制出超快激光极端制造装备，如图 4.112 所示[126]，在国际上率先突破了小空腔 0.5mm 叶片对壁无损伤微孔加工的世界技术难题，在国内率先攻克了高精度、三维可编程、异型微结构扫描成型技术，实现了超高精度(50±2)μm 及异型气膜孔的高品质加工，为实现先进气膜冷却技术提供了重要的技术支撑，达到了国际领先水平，完成了国产发动机多型号、多批次高压涡轮单晶叶片的气膜孔加工及验证。我国航空发动机领域的发展由此向前迈进了一大步。

飞秒激光与材料作用时可以在极短的时间内将激光能量注入需要加工的区域，材料的温度瞬时升高，直接转化为等离子态喷发出去实现去除。飞秒激光不仅继承了长脉冲激光加工的优点，而且其加工过程中产生的热影响区极小，在理论上可以达到“冷”加工的效果，有效地解决了长脉冲激光加工的不足。以它独特的优势成为一个涉及多个学科、可综合运用的技术，并且也代表着我国的科研发展水平。

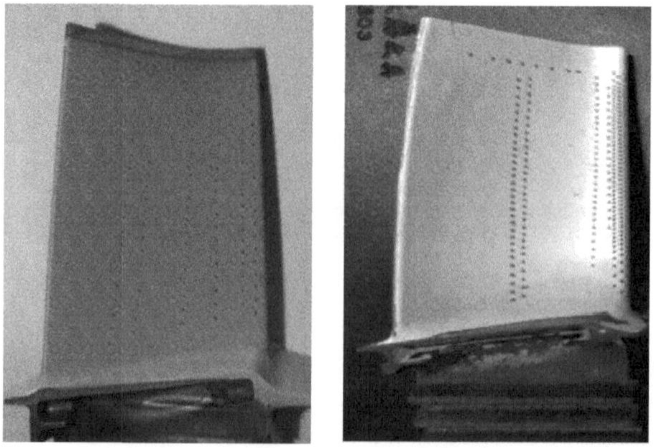

图 4.111　采用气膜冷却技术的涡轮叶片

(a) 孔正面　　(b) 孔反面

图 4.112　超高精度的气膜孔

4.5.4　超短脉冲激光在超快科学领域的应用

超短脉冲激光是指同时具有超快时域特性和超高峰值功率特性的特殊光场，为人类在实验室中创造出了前所未有的超快时间、超高场强、超高温度和超高压力等极端物理条件，它的发展直接带动物理、化学、生物、材料与信息科学的研究进入微观超快过程领域。超快超强激光是用于拓展人类认知的前沿基础科学研究的重要工具之一。

1. 泵浦-探测(pump-probe)技术

在泵浦-探测系统中，超短脉冲光纤激光器出射激光由分束镜分为两束，其中能量较高的称为泵浦光，能量较低的称为探测光。两束光之间通过一个时间延迟系统，可以调节泵浦光和探测光之间的延迟时间。对于不同的光学非线性机制，有着不同的形成时间和恢复时间，可以利用这一特点研究和区分材料的光学非线性响应机制。泵浦光与探测光作用在材料上相同的区域，泵浦光的光强较强，它的作用是激发材料的光学非线性。当强泵浦光入射到待测样品上时，样品在强光照射下产生非线性光学响应，材料的性质发生改变，因此能够对经过其中的探测光形成调制。通过调节泵浦光和探测光的光程差(延迟时间差)，在不同延迟时间下测量样品的透过率，即可研究该材料的非线性动力学过程。

在实验光路中，一束光经过可调的光学延时平台，两束光的相对延迟时间通过移动延时平台进行控制，使得两束光可以先后通过样品。在样品处需要两束光在空间上重合，通常情况下，泵浦光的覆盖面积较大，可以保证探测光处于其中。通过改变延时时间，可以得到样品激发状态的相关特性随时间的变化关系。这项技术可测量的性质包括样品对光反射和透射的变化、拉曼散射信号、光诱导吸收的改变等。另外，泵浦-探测技术被广泛运用于物质激发态载流子动力学过程的研究中，其原理如图 4.113 所示。

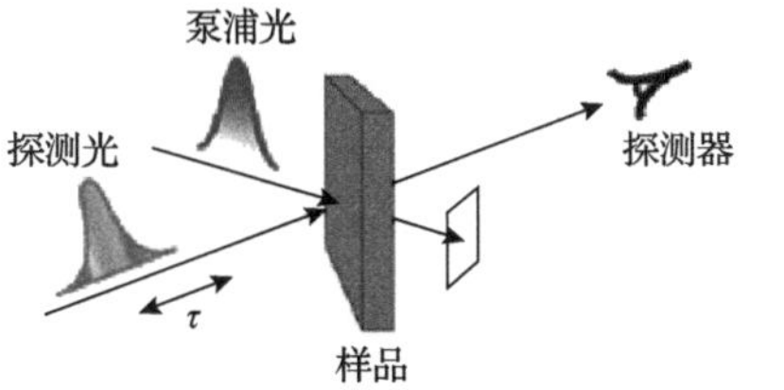

图 4.113　泵浦-探测原理图

1990 年，Zewail 将飞秒泵浦-探测技术运用到化学实验中，如图 4.114 所示，在泵浦光通过材料后观测探测光的透过情况，以此判断分子中化学键的断开情况，测得氰化碘化学键的消失需要约 180fs[127]。

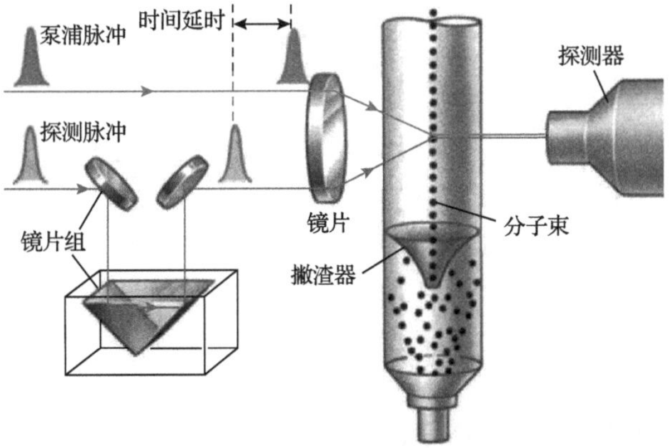

图 4.114　飞秒泵浦-探测技术首次运用到化学实验

飞秒泵浦-探测技术可探测原子级别的运动情况，而对于电子的运动，其弛豫时间比飞秒量级更小，因此诞生出了对阿秒泵浦-探测技术的需求。

2009 年，Chini 等在利用双色激光场实现阿秒泵浦-探测的实验中，首次将连续光与 XUV(极紫外)光同轴传播，用连续光进行辅助锁定，实现了马赫-曾德尔干涉仪两臂相对相位的稳定控制，其均方根时间小于 20as[128]。阿秒泵浦-探测实验装置如图 4.115 所示，未经锁定时均方根时间为 370as，即光路锁定后相对相位误差降低为原来的 1/20。

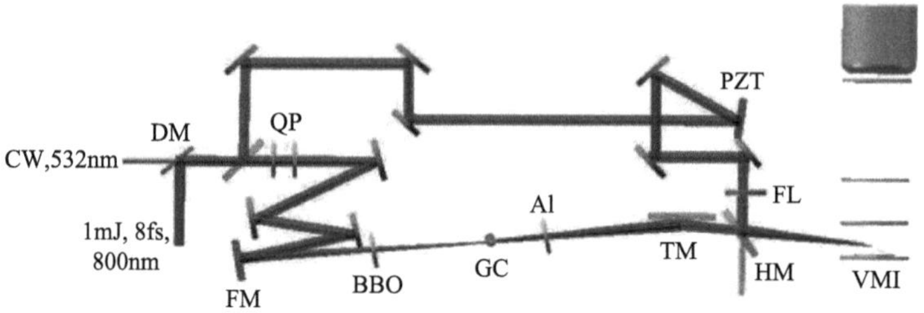

图 4.115　阿秒泵浦-探测实验光路图

DM 指介质镜，QP 指石英片，FM 指聚焦镜，BBO 指二次谐波晶体，GC 指气体室，Al 指铝滤波器，TM 指环形镜，PZT 指压电镜，FL 指聚焦透镜，HM 指钻孔电介质镜，VWI 指速度成像光谱仪

2. *Z* 扫描(*Z*-scan)技术

1990 年，Sheik 等提出了单光束激光 *Z* 扫描技术，它通过测量高斯光束在非线性介质内自折射作用引起的光束横向分布畸变来确定介质的非线性折射系数，是一种测量非线性极化率比较方便而有效的方法。通常只需要单束光就可以同时对物质的非线性折射系数和吸收系数进行测量。由于具有较高的测试灵敏度，*Z* 扫描技术广泛应用于非线性材料的研究中。

传统的 *Z* 扫描技术中多采用纳秒量级的脉冲光激发，激发光的脉冲宽度远大于响应时间，因此在测量过程中有积分效应。另外，传统光源重复频率较低，单脉冲能量涨落较大，因此取样信号的随机性较大。为了校准信号，测量中需要较复杂的检测设备。而飞秒激光器的优点之一便是它的输出功率比较稳定，因此采用飞秒光源激发不仅可以克服测量过程中的积分效应，而且检测设备非常简单。近年来有关飞秒 *Z* 扫描技术测量材料的光学非线性性质的报道逐渐增多。

一种基于飞秒激光 *Z* 扫描技术的材料非线性折射特性测量方法，其实验装置如图 4.116 所示[129]，利用该方法可以对熔融石英的材料非线性折射特性进行研究。

根据装置的不同，*Z* 扫描可以分成开孔 *Z* 扫描和闭孔 *Z* 扫描两种方法[130]。在闭孔 *Z* 扫描中，其测量结果包含了被测样品非线性折射的信息。会有两种情况：如果测试信号曲线为先谷后峰的结构，如图 4.117(a)所示，表示材料的非线性折射率为正值，此现象是由被测样品自聚焦效应(self-focusing)引起的；如果测试信号曲线为先峰后谷的结构，如图 4.117(b)所示，表明材料的非线性折射率为负值，此现象由自散焦效应(self-defocusing)引起。

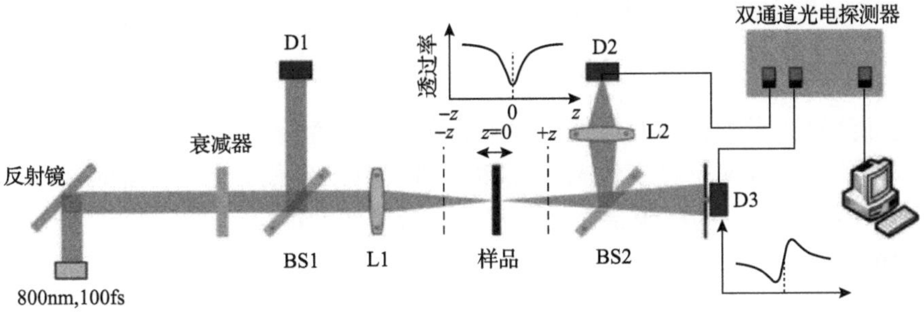

图 4.116　基于飞秒激光 Z 扫描技术的材料非线性折射特性测量原理图

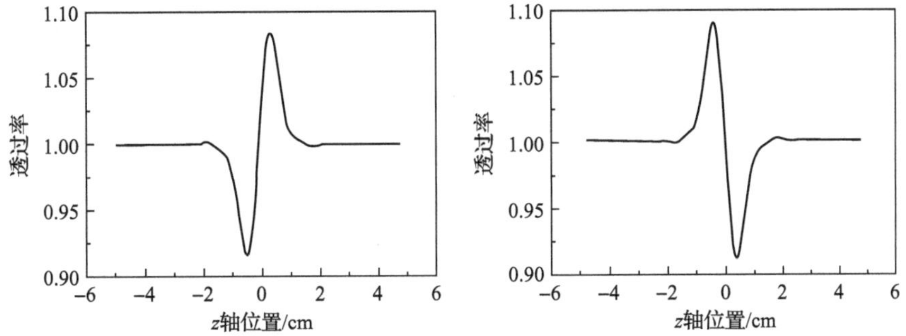

(a) 正非线性系数介质(先谷后峰)　(b) 正非线性系数介质(先峰后谷)

图 4.117　Z 扫描技术

开孔 Z 扫描技术的测量结果反映的是样品的非线性吸收性质。一般来说，样品的非线性吸收也分为两种情况：可饱和吸收与反饱和吸收。对于饱和吸收机制的介质，Z 扫描曲线呈关于焦点对称的峰；而对于反饱和吸收、双光子吸收和三光子吸收机制的介质，Z 扫描曲线呈关于焦点对称的谷，分别如图 4.118(a)和(b)所示。

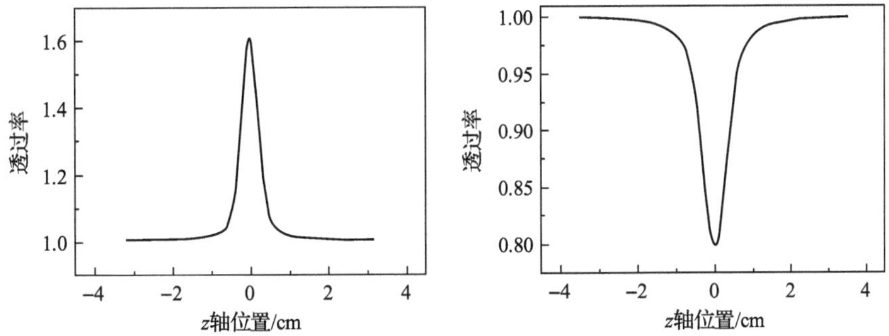

(a) 饱和吸收介质　(b) 反饱和吸收介质和双光子吸收介质

图 4.118　饱和吸收、反饱和吸收和双光子吸收介质光谱透过率

如今 Z 扫描技术已经广泛用于测量金属纳米复合薄膜、半导体等材料的非线性系数大小与符号以及材料的非线性动力学机制，获得了很多研究成果，充实了相关材料光学非线性方面的理论。

3. 四波混频技术

在非线性光学中，当两束特定频率的光在非线性介质中交会时，由于相互作用可能会产生额外两个频率的光波,这种非线性光学现象称为四波混频(four-wave mixing，FWM)，它的根源是介质材料的三阶非线性极化效应。四波混频原理如图 4.119 所示。

图 4.119　四波混频原理示意图

四波混频效应是输入光场中的频率分量 ω_1、ω_2 以及 ω_3 在非线性材料中相互作用，生成新的频率分量 ω_4 的光与物质相互作用的过程，常见的四波混频过程包括交叉偏振波产生、自衍射效应、瞬态光栅效应、四波光参量放大等。

相比于二阶非线性的光参量放大(optical parametric amplification, OPA)，因为不需要特殊的非线性晶体，所以飞秒四波混频参量放大适用的光谱范围更宽[131]。并且在飞秒四波混频过程中，自相位调制和交叉相位调制会同时发生，从而可以在放大的同时增大光谱宽度，具有独特的优势。飞秒四波混频参量放大的实验装置如图 4.120 所示[132]，飞秒激光器产生的超快激光脉冲经一分束片分成两路，其中反射一路光的脉冲能量约为 1mJ，其作为第一个四波混频装置的入射光。第一

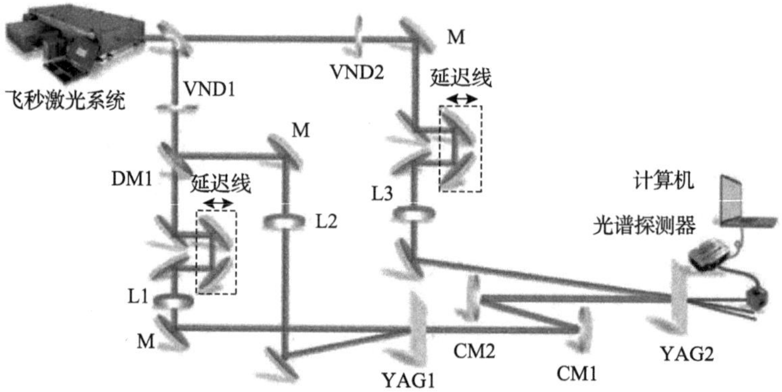

图 4.120　飞秒四波混频参量放大实验装置图[130]

VND 指可变中性密度滤光片，DM 指长通二色镜，M 指反射镜，L 指熔融石英平凸透镜，YAG 指晶体片

个四波混频装置产生的多色信号光经准直后作为第二个四波混频装置的种子光。另外透射的一路光作为第二个四波混频装置的泵浦光。结果发现利用不同波长的窄光谱种子光，其光谱宽度都得到了一定拓展。

四波混频的优良特性极大地促进了其在各个领域的应用。例如，通过四波混频技术对光源的频率进行调节，从可见区域扩大到红外或者紫外区域；利用其产生的相位共轭效应对图像进行处理，可以提高图像的传输质量；在材料学科中，共振四波混频技术作为一种非常有用的光谱技术可以对材料的构成进行分析。

4. 双光子成像

近年来，随着光学生物成像技术的发展，双光子显微成像技术备受人们关注。双光子显微成像是将双光子激发荧光与激光扫描共聚焦显微镜相结合的一种新技术，其优势在于成像深度较大，穿透性强，对生物活体组织的损伤较小，空间分辨率和对比度高，同时荧光收集率高。可调谐飞秒激光器作为双光子显微成像系统的重要组成部分，其激光性能直接影响到后续的生物显微成像效果。大尺度的三维超高分辨率成像技术可以在获取大尺度脑联结信息的同时解析突触的精细结构，而具有穿透深度大、背景激发低、光毒性小等优势的高功率宽带可调谐飞秒激光光源是这一影像技术成功开发的关键之一。

本节介绍了超短脉冲光纤激光器在国防、医学、工业加工以及超快科学领域中的应用。除了上述介绍到的应用场景，在大规模集成电路芯片模板修复、芯片内部缺陷无损检测、燃油发动机喷嘴钻微孔、微流体生物芯片微加工、纳米尺度光电器件制造、3C(中国强制性产品认证)领域超薄或柔性显示屏和印刷电路板切割等关键工业技术领域中也发挥着巨大的作用。

本章详细介绍了超短脉冲光纤激光技术的工作原理、研究现状和应用前景等，主要包含超短脉冲光纤激光器简介、超短脉冲锁模光纤激光振荡器、超短脉冲FCPA 技术、相干合成技术以及超短脉冲光纤激光的应用五部分内容。通过被动锁模方式获得皮秒或者飞秒量级的超短脉冲激光输出，并对 FCPA 中常用的展宽器结构(单模光纤、CFBG 等)和压缩器结构(CFBG、CVBG 等)进行了详细的系统分析和理论计算，为 FCPA 中展宽器和压缩器参数的选择提供了可靠性判据。光纤激光放大器中采用 MOPA 技术和 FCPA 技术可实现高单脉冲能量、高平均功率的脉冲激光输出。由于单路光纤激光器输出功率较低，可采用相干合成方式进一步获得千瓦量级超短脉冲激光输出。随着被动锁模机制的深入研究及光纤器件制造水平的不断提升，超短脉冲光纤激光技术日益成熟，在军事国防、生物医学、工业加工、超快科学等领域都有着广泛的应用。

参考文献

[1] Li P X, Yao Y F, Chi J J, et al. 980nm all-fiber NPR mode-locking Yb-doped phosphate fiber oscillator and its amplifier[J]. Optics Communications, 2014, 332: 187-191.

[2] Wang T S, Ma W Z, Jia Q S, et al. Passively mode-locked fiber lasers based on nonlinearity at 2-μm band[J]. IEEE Journal of Selected Topics in Quantum Electronics, 2018, 24(3): 1-11.

[3] Zhao Z H, Jin L, Set S Y, et al. Broadband similariton generation in a mode-locked Yb-doped fiber laser[J]. Optics Letters, 2022, 47(9): 2238-2241.

[4] Lefrançois S, Kieu K, Deng Y J, et al. Scaling of dissipative soliton fiber lasers to megawatt peak powers by use of large-area photonic crystal fiber[J]. Optics Letters, 2010, 35(10): 1569-1571.

[5] Song Y J, Hu M L, Wang C L, et al. Environmentally stable, high pulse energy Yb-doped large-mode-area photonic crystal fiber laser operating in the soliton-like regime[J]. IEEE Photonics Technology Letters, 2008, 20(13): 1088-1090.

[6] Song Y J, Hu M L, Zhang C, et al. High pulse energy femtosecond large-mode-area photonic crystal fiber laser[J]. Chinese Science Bulletin, 2008, 53(23): 3741-3745.

[7] Song Y J, Hu M L, Gu C L, et al. Mode-locked Yb-doped large-mode-area photonic crystal fiber laser operating in the vicinity of zero cavity dispersion[J]. Laser Physics Letters, 2010, 7(3): 230-235.

[8] Zhang D P, Hu M L, Xie C, et al. A high power photonic crystal fiber laser oscillator based on nonlinear polarization rotation mode-locking[J]. Acta Physica Sinica, 2012, 61(4): 044206.

[9] Russell P. Photonic crystal fibers: A historical account[J]. IEEE LEOS Newsletter, 2007, 21(5): 11-15.

[10] Baumgartl M, Jansen F, Stutzki F, et al. High average and peak power femtosecond large-pitch photonic-crystal-fiber laser[J]. Optics Letters, 2011, 36(2): 244-246.

[11] Mao D, Liu X M, Lu H. Observation of pulse trapping in a near-zero dispersion regime[J]. Optics Letters, 2012, 37(13): 2619-2621.

[12] Xu Z, Dou Z Y, Hou J, et al. All-fiber wavelength-tunable Tm-doped fiber laser mode locked by SESAM with 120nm tuning range[J]. Applied Optics, 2017, 56(21): 5978-5981.

[13] Huang L H, Zhou Y, Dai Y T, et al. 835MHz SESAM burnt-free mode locked femtosecond Er-doped fiber oscillator[C]. The 16th International Conference on Optical Communications and Networks, 2017: 1-3.

[14] Han D D, Liu X M, Cui Y D, et al. Simultaneous picosecond and femtosecond solitons delivered from a nanotube-mode-locked all-fiber laser[J]. Optics Letters, 2014, 39(6): 1565-1568.

[15] Woodward R I, Kelleher E J R, Runcorn T H, et al. Fiber grating compression of giant-chirped nanosecond pulses from an ultra-long nanotube mode-locked fiber laser[J]. Optics Letters, 2015,

40(3): 387-390.

[16] Tsang Y, Tsang K S, Cheung J, et al. 2μm mode-locked fiber laser with a carbon nanotube absorber[C]. International Conference on Optical Communications and Networks, 2017: 1-2.

[17] Chen Y P, Zhai J P, Xu X T, et al. Mode-locked thulium-doped fiber laser based on 0.3nm diameter single-walled carbon nanotubes at 1.95μm[J]. Chinese Optics Letters, 2017, 15(4): 41403-41406.

[18] 刘奂奂, 蒋巧, 宋伟, 等. L 波段可切换双波长被动锁模光纤激光振荡器[J]. 中国激光, 2019, 46(7): 45-52.

[19] Aguergaray C, Broderick N G R, Erkintalo M, et al. Mode-locked femtosecond all-normal all-PM Yb-doped fiber laser using a nonlinear amplifying loop mirror[J]. Optics Express, 2012, 20(10): 10545-10551.

[20] Bowen P, Erkintalo M, Provo R, et al. Mode-locked Yb-doped fiber laser emitting broadband pulses at ultralow repetition rates[J]. Optics Letters, 2016, 41(22): 5270-5273.

[21] Yu Y, Teng H, Wang H B, et al. Highly-stable mode-locked PM Yb-fiber laser with 10nJ in 93-fs at 6MHz using NALM[J]. Optics Express, 2018, 26(8): 10428-10434.

[22] Želudevičius J, Danilevičius R, Viskontas K, et al. Femtosecond fiber CPA system based on picosecond master oscillator and power amplifier with CCC fiber[J]. Optics Express, 2013, 21(5): 5338-5345.

[23] Yu H, Wang X, Zhang H, et al. Linearly-polarized fiber-integrated nonlinear CPA system for high-average-power femtosecond pulses generation at 1.06μm[J]. Journal of Lightwave Technology, 2016, 34(18): 4271-4277.

[24] Gaida C, Gebhardt M, Heuermann T, et al. Ultrafast thulium fiber laser system emitting more than 1kW of average power[J]. Optics Letters, 2018, 43(23): 5853-5856.

[25] Stark H, Buldt J, Müller M, et al. 23mJ high-power fiber CPA system using electro-optically controlled divided-pulse amplification[J]. Optics Letters, 2019, 44(22): 5529.

[26] Müller M, Aleshire C, Klenke A, et al. 10.4kW coherently combined ultrafast fiber laser[J]. Optics Letters, 2020, 45(11): 3083.

[27] Kuznetsov I, Mukhin I, Palashov O, et al. Thin-rod Yb:YAG amplifiers for high average and peak power lasers[J]. Optics Letters, 2018, 43(16): 3941-3944.

[28] Kuznetsov I. High average and peak power laser based on Yb:YAG amplifiers of advanced geometries developed in IAP RAS[C]. International Conference Lasers and Elector-Optics Pacific Rim, 2018: 711-712.

[29] Lv X L, Su H P, Peng Y J, et al. High-energy, quasi-CW 355nm UV pulses generation from a diode pumped sub-nanosecond Nd: YAG system[C]. Solid State Lasers XXVIII: Technology and Devices, 2019: 1-7.

[30] 蓝信钜. 激光技术[M]. 2 版. 北京: 科学出版社, 2005.

[31] Moloney J V, Newell A C. Nonlinear optics[J]. Physica D: Nonlinear Phenomena, 1990, 44(1-2): 1-37.

[32] Agrawal G P. Nonlinear Fiber Optics[M]. 北京: 世界图书出版社, 2005.

[33] 郭玉彬, 霍佳雨. 光纤激光器及其应用[M]. 北京: 科学出版社, 2008.

[34] Davey S T, Williams D L, Ainslie B J, et al. Optical gain spectrum of GeO_2-SiO_2 Raman fibre amplifiers[J]. IEE Proceedings J Optoelectronics, 1989, 136(6): 301-306.

[35] Chong A, Renninger W H, Wise F W. All-normal-dispersion femtosecond fiber laser with pulse energy above 20nJ[J]. Optics Letters, 2007, 32(16): 2408-2410.

[36] Pask H M, Carman R J, Hanna D C, et al. Ytterbium-doped silica fiber lasers: Versatile sources for the 1-1.2/spl mu/m region[J]. IEEE Journal of Selected Topics in Quantum Electronics, 1995, 1(1): 2-13.

[37] 程永师, 陈瑰, 李进延. 高功率铒镱共掺光纤激光器研究进展[J]. 激光与光电子学进展, 2019, 56(17): 104-112.

[38] 周炳琨, 高以智, 陈倜嵘, 等. 激光原理[M]. 北京: 国防工业出版社, 2000.

[39] Glebov L, Smirnov V, Rotari E, et al. Volume-chirped Bragg gratings: Monolithic components for stretching and compression of ultrashort laser pulses[J]. Optical Engineering, 2014, 53(5): 051514.

[40] 徐岩, 彭志刚, 程昭晨, 等. 掺镱光纤-固体高功率超短脉冲放大研究进展[J]. 中国激光, 2021, 48(5): 0501003.

[41] 封建胜. 基于大色散延迟量的啁啾布拉格光栅脉冲展宽与压缩研究[D]. 苏州: 苏州大学, 2015.

[42] 孙若愚. 高功率全光纤 1μm 超快脉冲产生及啁啾脉冲放大技术研究[D]. 北京: 北京工业大学, 2017.

[43] 刘军. 超短脉冲激光放大理论与实验研究[D]. 西安: 西北大学, 2003.

[44] 闫东钰, 刘博文, 宋寰宇, 等. 高功率光纤飞秒激光放大器的研究现状与发展趋势[J]. 中国激光, 2019, 46(5): 0508012.

[45] 池俊杰. 全纤化超短脉冲掺镱光纤激光器及产生超连续谱的研究[D]. 北京: 北京工业大学, 2015.

[46] Röser F, Eidam T, Rothhardt J, et al. Millijoule pulse energy high repetition rate femtosecond fiber chirped-pulse amplification system[J]. Optics Letters, 2007, 32(24): 3495-3497.

[47] Chi J J, Shi H X, Fu C, et al. Passive harmonic mode-locked ytterbium-doped fiber laser with chirped pulse amplification[J]. Optik, 2019, 183(2019): 1133-1139.

[48] Papadopoulos D N, Hanna M, Druon F, et al. Compensation of gain narrowing by self-phase modulation in high-energy ultrafast fiber chirped-pulse amplifiers[J]. IEEE Journal of Selected

Topics in Quantum Electronics, 2009, 15(1): 182-186.

[49] Eidam T, Hanf S, Seise E, et al. Femtosecond fiber CPA system emitting 830W average output power[J]. Optics Letters, 2010, 35(2): 94-96.

[50] Eidam T, Rothhardt J, Stutzki F, et al. Fiber chirped-pulse amplification system emitting 3.8GW peak power[J]. Optics Express, 2011, 19(1): 255-260.

[51] Su H P, Peng Y J, Li Y Y, et al. Multipass active stretcher with large chirp for high-flux ultra-intense lasers[J]. Optics Letters, 2019, 44(8): 1980-1983.

[52] 饶云江, 王义平, 朱涛. 光纤光栅原理及应用[M]. 北京: 科学出版社, 2006.

[53] 宋志强, 祁海峰, 李淑娟, 等. 光纤光栅制作中波长拉力控制技术的研究[J]. 光学学报, 2013, 33(7): 0706009.

[54] Agrawal G P, 葛春风, 王肇颖, 等. 非线性光纤光学[M]. 北京: 电子工业出版社, 2014.

[55] 于海龙, 王小林, 粟荣涛, 等. 高功率飞秒光纤激光系统的研究进展[J]. 激光与光电子学进展, 2016, 53: 50007.

[56] Chen H W, Chen S P, Liu T, et al. High power supercontinuum source based on multi-core photonic crystal fiber[J]. High Power Laser and Particle Beams, 2013, 25(5): 1073-1074.

[57] Wan P, Yang L M, Liu J. All fiber-based Yb-doped high energy, high power femtosecond fiber lasers[J]. Optics Express, 2013, 21(24): 29854-29859.

[58] Eidam T, Wirth C, Jauregui C, et al. Experimental observations of the threshold-like onset of mode instabilities in high power fiber amplifiers[J]. Optics Express, 2011, 19(14): 13218-13224.

[59] Jauregui C, Limpert J, Tünnermann A. High-power fibre lasers[J]. Nature Photonics, 2013, 7(11): 861-867.

[60] Schimpf D N, Limpert J, Tünnermann A. Optimization of high performance ultrafast fiber laser systems to >10GW peak power[J]. Journal of the Optical Society of America B: Optical Physics, 2010, 27(10): 2051-2060.

[61] Nagy T, Hädrich S, Simon P, et al. Generation of three-cycle multi-millijoule laser pulses at 318W average power[J]. Optica, 2019, 6(11): 1423-1424.

[62] Seise E, Klenke A, Limpert J, et al. Coherent addition of fiber-amplified ultrashort laser pulses[J]. Optics Express, 2010, 18(26): 27827-27835.

[63] Zhou S A, Wise F W, Ouzounov D G. Divided-pulse amplification of ultrashort pulses[J]. Optics Letters, 2007, 32(7): 871-873.

[64] Chang W Z, Zhou T, Siiman L A, et al. Femtosecond pulse spectral synthesis in coherently-spectrally combined multi-channel fiber chirped pulse amplifiers[J]. Optics Express, 2013, 21(3): 3897-3910.

[65] 王小林, 周朴, 粟荣涛, 等. 高功率光纤激光相干合成的现状、趋势与挑战[J]. 中国激光,

2017, 44(2): 0201001.

[66] Uberna R, Bratcher A, Tiemann B G. Coherent polarization beam combination[J]. IEEE Journal of Quantum Electronics, 2010, 46(8): 1191-1196.

[67] Eckhouse V, Ishaaya A A, Shimshi L, et al. Intracavity coherent addition of 16 laser distributions[J]. Optics Letters, 2006, 31(3): 350-352.

[68] Kambayashi Y, Yoshida M, Sasaki T, et al. All-fiber phase-control-free coherent-beam combining toward femtosecond-pulse amplification[J]. Optics Communications, 2017, 382: 556-558.

[69] 粟荣涛, 周朴, 张鹏飞, 等. 超短脉冲光纤激光相干合成(特邀)[J]. 红外与激光工程, 2018, 47(1): 13-31, 12.

[70] Wang X L, Zhou P, Ma H T, et al. Synchronization and coherent combining of two pulsed fiber ring lasers based on direct phase modulation[J]. Chinese Physics Letters, 2009, 26(5): 054212.

[71] Zhang C, Chang W Z, Galvanauskas A, et al. Simultaneous passive coherent beam combining and mode locking of fiber laser arrays[J]. Optics Express, 2012, 20(15): 16245-16257.

[72] Zhou P, Wang X, Chen Z, et al. Coherent combining of two pulsed fibre lasers in phase modulated mutually coupled fibre laser array[J]. Electronics Letters, 2008, 44(21): 1238-1239.

[73] Huo Y M, Cheo P K, King G G. Fundamental mode operation of a 19-core phase-locked Yb-doped fiber amplifier[J]. Optics Express, 2004, 12(25): 6230-6239.

[74] Michaille L, Taylor D M, Bennett C R, et al. Characteristics of a Q-switched multicore photonic crystal fiber laser with a very large mode field area[J]. Optics Letters, 2008, 33(1): 71-73.

[75] Ji X, Zhou P, Wang X L, et al. Polarized beam coherent combination of pulsed fiber[J]. Acta Physics Sinica, 2012, 61(24): 244201.

[76] Liu H K, He B, Zhou J, et al. Coherent beam combination of two nanosecond fiber amplifiers by an all-optical feedback loop[J]. Optics Letters, 2012, 37(18): 3885-3887.

[77] Hansch T W, Couillaud B. Laser frequency stabilization by polarization spectroscopy of a reflecting reference cavity[J]. Optics Communications, 1980, 35(3): 441-444.

[78] Goodno G D, Mcnaught S J, Rothenberg J E, et al. Active phase and polarization locking of a 1.4kW fiber amplifier[J]. Optics Letters, 2010, 35(10): 1542-1544.

[79] 马阎星. 光纤激光抖动法相干合成技术研究[D]. 长沙: 国防科技大学, 2012.

[80] Shay T M, Benham V, Spring J, et al. Self-referenced locking of optical coherence by single-detector electronic-frequency tagging[C]. Technology, Systems, and Applications, 2006: 1-6.

[81] Zervas M N, Codemard C A. High power fiber lasers: A review[J]. IEEE Journal of Selected Topics in Quantum Electronics, 2014, 20(5): 219-241.

[82] Ahn H K, Kong H J. Cascaded multi-dithering theory for coherent beam combining of

multiplexed beam elements[J]. Optics Express, 2015, 23(9): 12407-12413.

[83] Li P X, Zhang T S, Zhu Y C, et al. A method to obtain the gain coefficient and dithering amplitude of multi-dithering algorithm in coherent beam combining system based on threshold testing[J]. Applied Physics B, 2019, 125(4): 64.

[84] Vorontsov M A, Sivokon V P. Stochastic parallel-gradient-descent technique for high-resolution wave-front phase-distortion correction[J]. Journal of the Optical Society of America A, 1998, 15(10): 2745-2758.

[85] Liu L, Vorontsov M A. Phase-locking of tiled fiber array using SPGD feedback controller[J]. Proceedings of the SPIE, 2005, 5895(1): 58950P-P-9.

[86] Zhou P, Liu Z J, Wang X L, et al. Coherent beam combining of fiber amplifiers using stochastic parallel gradient descent algorithm and its application[J]. IEEE Journal of Selected Topics in Quantum Electronics, 2009, 15(2): 248-256.

[87] Fsaifes I, Daniault L, Bellanger S, et al. Coherent beam combining of 61 femtosecond fiber amplifiers[J]. Optics Express, 2020, 28(14): 20152-20161.

[88] Chang H X, Chang Q, Xi J C, et al. First experimental demonstration of coherent beam combining of more than 100 beams[J]. Photonics Research, 2020, 8(12): 1943-1948.

[89] 周朴, 马阎星, 王小林, 等. 基于随机并行梯度下降算法光纤放大器相干合成的动态模拟与控制带宽分析[J]. 中国激光, 2009, 36(11): 2972-2977.

[90] 张森, 张军伟, 母杰, 等. 基于随机并行梯度下降算法的相干合成动态相差控制与带宽分析[J]. 光学学报, 2018, 38(5): 163-171.

[91] Weyrauch T, Vorontsov M A, Bifano T G, et al. Microscale adaptive optics: Wave-front control with a mu-mirror array and a VLSI stochastic gradient descent controller[J]. Appl. Optics, 2001, 40(24): 4243-4253.

[92] 黄智蒙, 唐选, 刘仓理, 等. 变增益随机并行梯度下降算法及其在相干合成中的应用[J]. 中国激光, 2015, 42(4): 30-40.

[93] 雷婕妤, 孙鑫鹏, 李晔, 等. 激光相干合成系统中 SPGD 算法的自适应优化[J]. 光学技术, 2019, 45(4): 486-490.

[94] Song J K, Li Y Y, Che D B, et al. Numerical and experimental study on coherent beam combining using an improved stochastic parallel gradient descent algorithm[J]. Laser Physics, 2020, 30(8): 085102.

[95] Song J K, Li Y Y, Che D B, et al. Coherent beam combining based on the SPGD algorithm with a momentum term[J]. Optik, 2020, 202: 163650.

[96] Zhou P, Liu Z J, Ma Y X, et al. Bandwidth analysis and improvement of the beam phasing of fiber amplifiers using the stochastic parallel gradient descent algorithm[J]. Optics & Laser Technology, 2010, 42(7): 1059-1065.

[97] Tünnermann H, Shirakawa A. Deep reinforcement learning for coherent beam combining applications[J]. Optics Express, 2019, 27(17): 24223-24230.

[98] Hou T Y, An Y, Chang Q, et al. Deep-learning-based phase control method for tiled aperture coherent beam combining systems[J]. High Power Laser Science and Engineering, 2019, 7: e59.

[99] 李兴珂，何云涛．相干合成中的随机并行梯度下降算法性能研究[J]．光学学报，2016, 36(12): 8-15.

[100] Parpinelli R S, da Silva R S, Narloch P H, et al. A review of techniques for online control of parameters in swarm intelligence and evolutionary computation algorithms[J]. International Journal of Bio-Inspired Computation, 2019, 13(1): 1-20.

[101] Chang Q, Su R T, Hou T Y, et al. Coherent beam combination based on particle swarm optimization algorithm[C]. Advanced Laser Materials and Laser Technology, 2019: 1-4.

[102] 搜狗百科．中国激光武器[EB/OL]. https://baike.sogou.com/v30281.htm[2022-10-20].

[103] 姜宇．超短激光脉冲包络重构的 FPGA 实现及其在精密测距中的应用[D]．天津：天津大学, 2020.

[104] 若风．中科院大气所人工引雷实验曝光“一雷冲天”画面震撼[EB/OL]. https://news.mydrivers.com/1/769/769147.htm[2024-1-10].

[105] 王曙亮，邱志方，李红莉，等．飞秒激光在角膜手术中的应用[J]．国际眼科杂志，2015, 15(10): 1734-1736.

[106] 南通大学附属医院眼科激光中心．全飞秒激光手术介绍[EB/OL]. http://www.ahnmc.com/yk[2022-10-20].

[107] 胡培鑫，姜新宇，聂子林，等．超短脉冲激光牙体硬组织切割应用的研究进展[J]．全科口腔医学电子杂志, 2020, 7(4): 9-11.

[108] 中国科学院长春光学精密机械与物理研究所．一文看懂激光技术[EB/OL]. http://www.laserfair.com/news/201707/24/64909.html[2024-3-8].

[109] 李梁，管晓玉．皮秒激光在皮肤美容中的临床应用进展[J]．中国美容医学，2021, 30(9): 185-189.

[110] LUMENIS[EB/OL]. https://lumenis.com[2024-4-15].

[111] Iilac 的老父亲．在生物医疗领域，超快激光微纳制造技术仍可大显身手[EB/OL]. https://zhuanlan.zhihu.com/p/167801590[2024-5-10].

[112] 华日激光[EB/OL]. https://www.huaraylaser.cn/Industry_Application/349.html[2024-3-10].

[113] 光电汇[EB/OL]. http://www.oeshow.cn/11759[2024-3-10].

[114] 张兴权，周建忠，王广龙．飞秒激光在材料微加工中的应用[J]．电加工与模具，2005, (1): 4-6.

[115] 龙江游，吴颖超，龚鼎为，等．飞秒激光制备超疏水铜表面及其抗结冰性能[J]．中国激光，2015, 42(7): 156-163.

[116] 薛磊, 于竞尧, 马学胜, 等. 飞秒激光制备铜微纳结构表面的润湿及抗结冰特性研究[J]. 航空制造技术, 2018, (12): 74-79.

[117] Rukosuyev M V, Lee J, Cho S J, et al. One-step fabrication of superhydrophobic hierarchical structures by femtosecond laser ablation[J]. Applied Surface Science, 2014, 313: 411-417.

[118] 李国强. 基于飞秒激光微纳米技术的仿生功能结构研究[D]. 合肥: 中国科学技术大学, 2015.

[119] Lu J L, Huang T, Liu Z, et al. Long-term wettability of titanium surfaces by combined femtosecond laser micro/nano structuring and chemical treatments[J]. Applied Surface Science, 2018, 459: 257-262.

[120] 高鸿志, 李建美, 霍孟友. 纳秒激光金属表面着色技术机理研究的发展与展望[J]. 应用激光, 2017, 37(5): 752-758.

[121] 彭滟, 温雅, 张冬生, 等. 飞秒激光功率与脉冲数的比例关系对制备硅表面微结构的影响[J]. 中国激光, 2011, 38(12): 83-87.

[122] Ahsan M S, Ahmed F, Kim Y G, et al. Colorizing stainless steel surface by femtosecond laser induced micro/nano- structures[J]. Applied Surface Science, 2011, 257(17): 7771-7777.

[123] 李坤, 曹生珠, 张晓宇, 等. 利用飞秒激光对钛金属表面黑化处理的研究[J]. 表面技术, 2018, 47(5): 39-42.

[124] 马国庆. 飞秒激光加工镍基高温合金气膜孔的技术研究[D]. 西安: 西安工业大学, 2021.

[125] 温嵘, 王琦, 李璇, 等. 超快激光加工技术在航空发动机制造中的应用[J]. 电加工与模具, 2020, (6): 56-59.

[126] 田东坡, 贺斌, 李朋, 等. 飞秒激光气膜孔对面壁无损伤制孔工艺研究[J]. 航空精密制造技术, 2018, 54(2): 6-9.

[127] Zewail A H. The birth of molecules[J]. Scientific American, 1990, 263(6): 76-82.

[128] Chini M, Mashiko H, Wang H, et al. Delay control in attosecond pump-probe experiments[J]. Optics Express, 2009, 17(24): 21459-21464.

[129] 张霖, 石振东, 任寰, 等. 基于飞秒激光 Z 扫描技术的熔石英材料非线性折射特性研究[C]. 第十六届全国光学测试学术交流会, 2016: 55.

[130] 邹林儿, 张泽, 傅继武. 激光 Z 扫描技术测量光学非线性实验[J]. 实验技术与管理, 2019, 36(2): 62-65.

[131] 王鹏, 宣雅萍, 徐艺林, 等. 飞秒四波混频在超快超强激光技术中的应用(特邀)[J]. 光子学报, 2022, 51(10): 22-55.

[132] Huang S L, Wang P, Shen X, et al. Multicolor concentric annular ultrafast vector beams[J]. Optics Express, 2020, 28(7): 9435-9444.

第 5 章　中红外脉冲光纤激光器

本章主要回顾中红外脉冲光纤激光器的发展历程和现今面临的科学问题，并从其底层光纤基质材料入手，分析材料各项特性对激光的影响，进而介绍光纤的结构设计与制备工作及其在中红外脉冲激光中的作用，根据中红外脉冲光纤激光的产生方式不同，分别介绍中红外脉冲激光的典型工作，最后展望中红外脉冲光纤激光的发展趋势和应用前景。

5.1　概　　述

5.1.1　中红外脉冲光纤激光概述

中红外波段是指处于电磁波谱特定波长范围的一个波段，不同技术领域对于中红外波段的定义不同，在激光技术领域中，一般认为 2～5μm 为中红外波段。该波段是重要的大气传输窗口之一，并且覆盖了众多分子的振动吸收峰，还是高温物体黑体辐射的主要波长范围，因此该波段激光在军事、医疗和环境监测等领域具有独特的应用优势，成为国内外研究的热点。中红外脉冲光纤激光的产生方式主要有气体激光器、固体激光器、量子级联激光器和光纤激光器。其中光纤激光器具有光束质量好、环境适应性好、可实现超短脉冲输出等特点，是产生中红外脉冲激光的一种有效手段，近年来发展迅速。

中红外脉冲光纤激光与近红外光纤激光最大的不同在于其激光产生和传输介质，近红外光纤激光主要采用成熟的石英光纤作为激光介质，包括稀土掺杂增益光纤、非线性光纤以及传输光纤等。然而，石英材料的声子能量高达 1100cm^{-1}，导致在波长大于 2.2μm 时传输损耗会很大，不能作为中红外脉冲光纤激光器的增益光纤或非线性光纤介质，只能选择红外透过窗口更宽的软玻璃光纤（锗酸盐光纤、氟化物光纤、碲酸盐光纤、硫系光纤等）。与近红外光纤激光相比，中红外脉冲光纤激光所对应的激光能级间隔很小，上下能级间的多声子辅助无辐射跃迁过程很容易发生，而多声子吸收效应是玻璃材料在红外波段损耗的主要来源。因此，为了实现激光高效产生，需要采用低声子能量的软玻璃光纤作为增益介质或非线性介质，例如，氟化物玻璃是近年来应用非常广泛的中红外光纤基质材料，其中氟化锆玻璃（$53ZrF_4$-$20BaF_2$-$4LaF_3$-$3AlF_3$-20NaF，ZBLAN）光纤是仅次于石英光纤的一种成熟商用光纤，具有较宽的玻璃透过窗口(0.2～4.5μm)、较低的背景损耗(<10dB/km)和较大的拉曼增益系数，是目前应用最广泛的中红外增益光纤。此外，中红外脉冲光纤激光器通常需要近红外波段或可见波段激光作为泵浦光源，通过稀土离子下转换或非线性频移等方式实现中红外脉冲光纤激光输出，该过程的量子亏损非常严重，光纤中产生大量的热量并聚集在纤芯处，导致整个激光系统的转换效率较低、输出功率受限，且中红外光纤基质材料的热损伤阈值非常低，因此如何实现高输出功率、高转换效率的中红外脉冲光纤激光输出是一项关键的科学难题。另外，中红外脉冲光纤激光的脉冲调制手段也不如近红外激光技术成熟，因此中红外脉冲光纤激光器的发展是一个综合多个学科的话题，包括激光技术、光纤技术和材料技术等。

5.1.2 中红外脉冲光纤激光研究现状

中红外脉冲光纤激光发展比较缓慢，其输出功率、脉冲能量、技术成熟度均远落后于近红外波段光纤激光。近年来，随着光电对抗、特殊材料加工和临床医疗方面的应用驱动逐渐明确，人们对中红外波段脉冲激光也越发重视，多种输出波长、多种脉冲类型的中红外脉冲光纤激光先后被报道。根据产生方式不同，中红外脉冲光纤激光器主要分为直接产生方式和间接产生方式。

直接产生方式主要是将近红外或可见波段的半导体激光器作为泵浦源，激发掺杂稀土离子的中红外光纤产生中红外波段的激光，进而结合相应的脉冲调制技术(锁模、调 Q)获得脉冲形式的中红外脉冲光纤激光输出。受限于中红外光纤基质材料及制备工艺发展较为缓慢，一直到 20 世纪 70 年代，Poulain 开发出一种高稳定性的氟化锆玻璃组分，其不仅具有较低的声子能量，更为重要的是稀土离子溶解度非常高(摩尔分数高达 10%)，并基于其制备出低损耗的氟化物光纤，为中红外脉冲光纤激光产生提供了可能。1988 年，英国电信研究实验室 Brierley 等报道了第一台工作波长位于 2.7μm 的中红外连续光运转的掺 Er^{3+} 氟化物光纤激光器。1994 年，布伦瑞克工业大学的 Freechs 等首次报道了 2.7μm 调 Q 激光输出，实验中采用了声光调制器和旋转镜调 Q 两种调制方法，从此脉冲中红外脉冲光纤激光器走上了历史舞台。而锁模技术应用于中红外波段的时间较晚，直到 2015 年，加拿大拉瓦尔大学的 Simon Duval 等才首次报道了 2.8μm 锁模激光输出，实验中采用了非线性偏振旋转锁模技术。之后，其他波长的中红外脉冲光纤激光也相继出现，如 3.5μm 和 3.9μm。为了不断提升中红外脉冲光纤激光器的各项性能，研究人员从多个层面和多种角度开展了相关研究。2011 年，加拿大拉瓦尔大学利用 Er^{3+} 重掺杂(摩尔分数 7%Er^{3+}掺杂浓度)的方式实现了高效率的 2.7μm 激光输出，转换效率提高至 35.4%，这是一种非常重要而为后人广泛应用的技术，利用它可以实现激光转换效率的大幅提升，也为其他波长的中红外脉冲光纤激光器提供了很好的思路。在提升光纤损伤阈值方面，国内外研究人员从光纤基质材料入手，探索了热稳定性更好的中红外玻璃，如吉林大学和哈尔滨工程大学研究的 AlF_3 玻璃光纤，其抗潮解能力大大提升，并基于该玻璃光纤实现了 2.7μm 和 2.9μm 的激光输出。除此之外，双波长泵浦、激发态再吸收等技术手段也被用于提升中红外脉冲光纤激光器的输出功率、效率及其他性能。

随着人们的研究逐渐深入，中红外脉冲光纤激光器存在的问题也逐渐清晰，主要问题在于如何提升量子效率及抑制光纤中大量的热量积累、如何实现脉冲能量提升和脉冲的压缩，以及如何实现激光系统结构的全光纤化，尤其是全光纤结构方面，直接产生的中红外脉冲光纤激光器通常需要采用大量的光纤器件来实现光脉冲的调制、补偿和压缩等，而目前中红外脉冲光纤器件的研制存在很多技术难题，导致基于直接产生技术的中红外脉冲光纤激光器几乎全为空间光结构。此外，中红外脉冲光纤激光的脉冲调制、展宽和压缩等技术也不如近红外波段成熟，使得中红外脉冲光纤激光器的指标和性能较差，限制了中红外光纤脉冲激光器的产业应用。

间接产生方式主要是通过光纤中的非线性效应实现激光波长向中红外波段的转移，其系统构成主要包括近红外波段的泵浦激光（通常为 2μm、1.5μm 等脉冲光纤激光器）和非线性光纤（主要是红外玻璃光纤、氟化物光纤、重金属氧化物光纤和硫系光纤等）。与稀土掺杂光纤激光器不同，非线性效应中红外脉冲光纤激光器输出波长更加丰富，且激光产生过程不需要复杂的脉冲调制技术，所产生的中红外脉冲光纤激光的性质主要取决于前端的泵浦光源。因此，基于光纤中非线性效应的产生方式成为中红外脉冲光纤激光器的主要技术手段。最常用的非线性效应主要是孤子自频移效应、受激拉曼散射效应、红移色散波，以及综合了多种非线性效应的超连续谱产生技术。其中孤子自频移效应主要用于获得飞秒量级的中红外脉冲激光，其对泵浦源和非线性光纤均有较高的要求，泵浦光源的脉冲宽度需要在亚皮秒及以下，且泵浦光波长处的光纤色散值为负；受激拉曼散射效应主要用于获得纳秒或亚纳秒的中红外脉冲激光，其泵浦光源通常为高峰值功率的纳秒脉冲光纤激光，光纤的色散值一般在大范围内为正值，得益于当前空芯光纤技术的快速发展，将充气空芯光纤作为非线性介质的中红外脉冲光纤激光器成为研究的热点；红移色散波主要用于获得皮秒脉冲中红外波段的激光产生，其是在孤子自频移的基础上衍生的，通过设计非线性光纤的色散曲线，使其具有两个零色散波长（zero dispersion wavelength，ZDW），且两个色散点之间的色散值为负，当孤子自频移效应靠近第二个零色散点时，根据相位匹配条件，将向零色散波长的更长波长处辐射色散波，色散波的脉冲宽度通常为皮秒量级；超连续谱主要是泵浦脉冲在非线性光纤中传输时，激发产生多种复杂的非线性效应(自相位调制、交叉相位调制、调制不稳定性、孤子劈裂和孤子自频移等)从而使激光光谱连续向长波长甚至短波长拓展，从而形成的一种超宽光谱的激光，由于超连续谱产生涉及的非线性效应非常复杂，选择不同性能的泵浦光源和设计不同参数的非线性光纤，可以获得多种特性的超连续谱激光，是目前中红外脉冲光纤激光领域非常重要的一类光源。

在间接产生方式中，作为泵浦源的近红外光纤激光技术相对较为成熟，输出功率已达千瓦甚至万瓦，脉冲参数也极尽丰富。相对而言，作为非线性介质的中红外光纤各方面性能尚存在较大差距，主要是中红外玻璃材料普遍存在玻璃软化温度低(比石英玻璃低数百摄氏度)、机械强度低等，导致其很难承受较高的激光传输功率(普遍低于数十瓦)。因此，间接产生的中红外脉冲光纤激光器的研究重点大多集中于探索高稳定性、高损伤阈值、宽透光窗口的中红外玻璃材料，以及设计制备低损耗特定色散曲线的非线性光纤方面。根据不同的产生方式或不同的性能追求，所使用的中红外光纤也不尽相同。

5.1.3　中红外脉冲光纤激光面临的挑战

与近红外波段脉冲光纤激光器相比，中红外脉冲光纤激光器具有大气损耗较低、水分子吸收强等特点，在激光雷达、激光测距、大气通信以及医疗手术等方面独具优势，逐渐成为军事和民用研究的重点。随着激光和新材料技术的进步，中红外波段的脉冲激光源在国防建设和国民经济中的作用日益凸显。然而，本技术领域仍然存在诸多技术和应用难题亟待解决，主要如下。

1. 缺少高性能中红外光纤基质材料

为了获得中红外脉冲光纤激光，要求使用的光纤具有低的声子能量并在中红外波段传输损耗较小。目前，最常用的中红外增益光纤为氟化物光纤。氟化物玻璃主要包含 ZrF_4 基玻璃、AlF_3 基玻璃和 InF_3 基玻璃。其中，最先广泛应用的氟化物光纤是以 ZBLAN 为代表的 ZrF_4 基玻璃光纤，且已实现了商用化。

虽然基于氟化物光纤已经实现了多种波长和脉冲宽度的激光输出，但是氟化物玻璃较差的热稳定性和化学稳定性对于进一步提高中红外脉冲光纤激光的输出功率以及优化脉冲特性是一个挑战。此外，重金属氧化物玻璃光纤(如碲酸盐光纤、锗酸盐光纤等)具有较好的稳定性，近年来被广泛用于非线性介质获得中红外超连续谱，然而，受限于其较强的声子吸收效应以及羟基去除难等问题，其玻璃透光窗口通常局限于 4μm 以内，且很难用作稀土掺杂增益光纤(无辐射跃迁概率大)。因此，当前中红外光纤基质材料的抗损伤阈值较低、稳定性较差及机械强度低等共性问题，是中红外脉冲光纤激光器发展面临的主要挑战，未来亟须探索和优化新型中红外光纤基质玻璃材料，使其满足高功率中红外脉冲光纤激光器对底层材料性能的应用需求。

2. 缺少关键光纤器件和脉冲调制器件

在中红外脉冲光纤激光器中，光纤光栅、光隔离器、耦合器、波分复用器是实现全光纤化红外激光器的关键光学器件。目前，中红外光纤基质材料的力学性能和化学稳定性较差限制了此类器件的制备，虽然一些器件如氟化物光纤光栅、光纤合束器的研究已经有所报道，但其激光损伤阈值和长期稳定性等关键性能仍有待验证，而其他重要光纤器件如光隔离器、耦合器、波分复用器和光纤耦合输出的调制器件很难通过传统的光纤器件制备工艺进行研制，导致中红外光纤器件的研究仍进展缓慢。此外，中红外脉冲光纤激光器件特殊的应用环境也对高质量中红外光纤器件的性能提出了更高的要求。因此，高性能中红外全光纤器件的制备是中红外脉冲光纤激光器所面临的挑战之一。

3. 中红外脉冲激光产生技术不成熟

虽然中红外超快光纤激光器近年来发展迅速，但相对近红外波段，脉冲激光产生技术仍然不够成熟，许多近红外波段已成熟的超短脉冲产生和放大技术无法直接运用在中红外波段，同时也包括一些在近红外波段验证可行有效的新颖激光技术如 Mamyshev 振荡器、时空锁模技术以及纯偶数阶色散孤子锁模等。因此，根据中红外脉冲光纤激光领域的特点，创新中红外脉冲光纤激光产生和放大技术，实现中红外脉冲光纤激光器性能的提升，也是目前面临的一项挑战。

总之，由于应用驱动逐渐清晰，中红外脉冲光纤激光器正显示出茂盛的生命力，2012 年，*Nature Photonics* 用一整版期刊介绍了中红外光子学领域进展，并认为中红外脉冲光纤激光为激光领域的下一个新机遇。近十年，研究人员从材料科学、光纤制备工艺和中红外脉冲光纤激光技术等多方面开展了大量研究，取得了系统的成果。在中红外玻璃材料方面，研究人员探索出多种特性的玻璃体系，并优化提升中红外玻璃材料的玻璃透光窗口、抗损伤阈值和稳定性等物化性质，实现了低损耗的玻璃制备；在多种中红外光纤制备方面，多种中红外光纤损耗性能实现了数量级的提升；在激光技术方面，也涌现了大量的激光产生和脉冲调制的新技术，实现了转换效率和多种参数的脉冲输出；此外，人们也极为重视中红外光纤器件的研制，迄今已实现了高耦合效率的中红外光纤合束器、中红外光纤光栅等，为中红外脉冲光纤激光器实现全光纤结构提供了器件基础。因此，随着诸多关键技术难题的突破，中红外脉冲光纤激光器逐渐成熟，未来将在关乎国计民生和国防安全等领域发挥越来越重要的作用。

5.2　中红外光纤简介

中红外光纤是中红外脉冲光纤激光器的核心组成器件，主要的光纤种类包括增益光纤、非线性光纤、传输光纤和特殊色散结构的光纤等。各类中红外玻璃材料具有独特的物理和化学性质，甚至同一种玻璃体系会因为玻璃组分不同表现出迥异的特点，因此在中红外脉冲光纤激光产生研究工作中，通常会选择合适的中红外光纤实现预期的目标。例如，直接产生方式的中红外脉冲光纤激光器主要使用稀土掺杂的氟化物光纤作为增益光纤，高功率高稳定性中红外超连续激光产生通常选择碲酸盐光纤作为非线性介质，波长⩾4μm 的中红外脉冲光纤激光产生则主要采用透光窗口更远的硫系光纤。

本节主要包括中红外光纤基质玻璃材料、中红外光纤种类及其特点、中红外光纤制备技术三个主要内容，系统介绍中红外光纤相关的基础知识和研究进展。在中红外光纤基质玻璃材料部分，重点介绍当前几种典型的中红外玻璃材料的概念、玻璃网络组成及基本性质、当前玻璃材料存在的问题；在中红外光纤种类及其特点部分，重点介绍中红外光纤的种类、性质和在中红外脉冲光纤激光的应用；在中红外光纤制备部分，重点介绍几种典型的中红外光纤的制备工艺、关键技术和制备难题。

5.2.1　中红外光纤基质玻璃材料

石英玻璃光纤具有较高的声子能量(约为 1100cm^{-1})，多声子吸收效应导致其对于波长大于 2.3μm 的光损耗较大，无法作为中红外脉冲光纤激光器中增益光纤和非线性光纤的基质材料。材料的红外多声子吸收带边位置与化合物的折合质量 μ 及力常数 κ 有关，声子振动频率与折合质量的开方成反比，与力常数的开方成正比，公式如下：

$$\nu = \frac{1}{2\pi}\sqrt{\frac{\kappa}{\mu}} \tag{5.1}$$

式中，ν 为振动频率；κ 为力常数；$\mu = \dfrac{m_\text{a} m_\text{c}}{m_\text{a} + m_\text{c}}$ 为振动离子的折合质量。红外玻璃材料一般具有折合质量高、化学键强度较弱的特点。其红外截止频率受限于玻璃网络的最大振动频率，其中，网络形成体对玻璃红外截止波长影响最为关键。根据玻璃网络结构不同，中红外脉冲光纤激光玻璃可分为氟化物玻璃(氟化锆玻璃、氟化铟玻璃、氟化铝基玻璃)、重金属氧化物玻璃(包括锗酸盐玻璃、碲酸盐玻璃、铋酸盐玻璃等)、硫系玻璃(包括硫基玻璃、硒基玻璃、碲基玻璃等)。

图 5.1 是几种典型中红外光纤基质材料的损耗曲线。

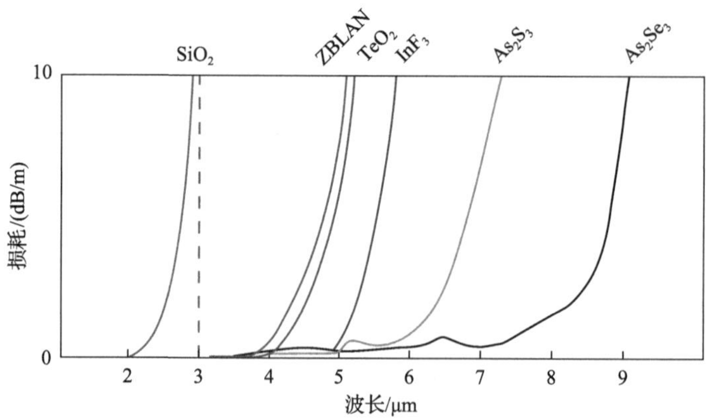

图 5.1　几种典型光纤基质材料的损耗曲线

下面对典型的中红外玻璃材料进行详细介绍。

1. 氟化物玻璃

氟化物玻璃是一种以氟化物组分为主要成分的玻璃体系，其透光窗口通常可以覆盖短波紫外至中红外波段，是研究最广泛的中红外玻璃材料之一。氟化物玻璃的历史可以追溯到 1926 年，人们发现了第一种氟化物玻璃——BeF_2 玻璃，这是因为 BeF_2 熔体具有很高的黏度，是唯一可以利用简单的熔融冷却技术获得单组分玻璃的氟化物，成玻稳定性较好，但由于其红外透光窗口较窄且有剧毒，该玻璃并未得到实际应用[1]。氟化物玻璃真正走进人们的视野是在 20 世纪 70 年代中期，法国雷恩大学的 Michel Poulain 在研究 $BaZrF_6$ 和 $LnZrF_7$ 的晶相时意外发现了一种新的氟化物玻璃系统，他首次将多种氟化物组分混合熔制，获得了多组分的重金属氟化物玻璃。在此之后，全世界数十个实验室加入了氟化物玻璃和光纤技术的研究，迄今氟化物玻璃体系已达数百种。由于这些玻璃的形成区域面积很大，有些参数可根据应用进行修改，包括折射率、玻璃化转变温度、密度、机械强度、热膨胀系数、热导率和潮解性等。目前被广泛应用的氟化物玻璃体系主要有三种，分别是基于氟化锆、氟化铟和氟化铝的玻璃，即玻璃中网络形成体含量最多的成分。

氟化锆基玻璃的稳定性最好，玻璃中杂质缺陷可控，容易被制备成低损耗光纤，是目前商用氟化物光纤的基质材料，尤其是组分为 $53ZrF_4$-$20BaF_2$-$4LaF_3$-$3AlF_3$-$20NaF$ 的 ZBLAN 光纤，已被大量用作中红外增益光纤和非线性光纤。玻璃的性质主要取决于玻璃的结构，一般认为多元系统氟化锆基玻璃为八配位体结构模型，Zr 与 6 个 F 配位，由［ZrF_6］八面体构成锯齿状链形玻璃结构，Ba 离子将链交叉连接在一起，八面体中的两个 F 与链中其他［ZrF_6］八面体桥接，其余 4 个 F 为非桥氟，共边或共角的 Zr—F—Zr 链的数量受玻璃结构中 Ba 离子和其他玻璃调整体浓度的影响，调整体越多给出的非桥氟越多[2]。由于氟化物玻璃失透性较强，往往需要加入多种氟化物组分改善其性能。在 ZBLAN 光纤中，LaF_3 的加入可提高玻璃的形成能力，少量 AlF_3 作为网络中间体的加入使玻璃的析晶速度大大降低，NaF 作为网络外体加入其中可大大改善玻璃的性能，但 Na 离子较小的尺寸极容易从玻璃网络中析出，导致 ZBLAN 玻璃在高温潮湿环境中容易潮解失透，这也是 ZBLAN 光纤在高功率激光应用中的主要问题所在。

氟化铟基玻璃相对于氟化锆基玻璃，化合物离子的综合折合质量较高且力学常数小，使其声子能量更低，且透光波段覆盖至 8μm，氟化铟基玻璃光纤在波长小于 5μm 范围内可实现低损耗传输(ZBLAN 光纤低损耗传输波段为波长小于 4.2μm)。因此，氟化铟基玻璃光纤近年来发展迅速，成为中红外增益光纤和非线性光纤的新的选择。氟化铟基玻璃网络结构与氟化锆基玻璃类似，也是由［InF_6］八面体单元构成的，但是单纯的氟化铟基玻璃结构稳定性较差，易析晶，通常需要向氟化铟基玻璃中加入 GaF_3、YF_3 等组分来提高玻璃的稳定性，形成稳定的氟化铟基玻璃[3]，近些年来也制备研究出一系列具有较高稳定性的氟化铟基玻璃。而氟化铟基玻璃的缺点主要在于玻璃键强较弱，导致玻璃的抗激光损伤阈值较低，目前基于氟化铟基玻璃的中红外脉冲光纤激光输出功率仅为 10W 量级，相信随着玻璃制备技术的发展，氟化铟基玻璃光纤将会发挥越来越重要的作用。

氟化铝基玻璃也是一种传统的氟化物玻璃，近年来越来越得到大家的青睐，主要原因是氟化铝基玻璃具有优异的抗潮解能力、较高的玻璃化转变温度和较好的化学稳定性，为中红外脉冲光纤激光器进一步提升输出功率和改善激光系统的环境稳定性提供了良好的基质材料选择。氟化铝基玻璃的结构是通过［AlF_3］八面体构成三维无规则网络而形成的，氟化铝基玻璃成玻璃性能较差，通常需要加入 MgF_2、SrF_2、CaF_2、BaF_2、PbF_2、YF_3 等氟化物组分，降低玻璃的晶化活化能来抑制玻璃析晶倾向，改善玻璃的性能[4]。但目前氟化铝基玻璃光纤的损耗特性相对成熟的 ZBLAN 光纤仍然具有较大的差距，而且氟化铝基玻璃红外透光窗口更窄(低损耗传输波段为波长小于 4μm)，这些也是氟化铝基玻璃光纤在实际应用中需要重点考虑的问题。

总之，氟化物玻璃由于较弱的阴阳离子化学键使其具有较小的力常数，加上重金属阳离子相对原子质量较大，使氟化物玻璃体系具有较低的声子能量、优异的中红外透过性能，另外氟化物玻璃本身具有较高的稀土离子溶解度的优点使其中红外增益性能较优越，稀土离子掺杂的氟化物光纤是目前中红外脉冲光纤激光器增益介质的唯一选择。

2. 重金属氧化物玻璃

重金属氧化物玻璃相对于石英玻璃(SiO_2)的突出特点是以高相对原子质量的金属氧化物(TeO_2、GeO_2、PbO、Bi_2O_3、Sb_2O_3 等)作为主要组成成分，具有更低的声子能量和更宽的红外截止边带，主要包括碲酸盐玻璃体系、锗酸盐玻璃体系、铋酸盐玻璃体系等。重金属氧化物玻璃通常具有较高的折射率及非线性折射率、更高的热损伤阈值、更好的抗潮解能力和力学性能，同时声子能量较低时，玻璃中多声子弛豫速率也降低，作为激光增益介质时发光原子辐射跃迁的概率会增大，具有更高的光光转换效率。因此，重金属氧化物玻璃是一种理想的中红外光纤基质材料，被广泛应用于中红外超连续光源、中红外拉曼激光及孤子脉冲产生等应用中。

在重金属氧化物玻璃中，碲酸盐玻璃是研究最多的玻璃体系，其玻璃形成体主要为 TeO_2。TeO_2 本身不能形成玻璃，需要加入其他氧化物组分可在较大范围内形成玻璃，包括二元系统、三元系统、多元碲酸盐玻璃系统，碲酸盐玻璃具有良好的红外透过性能(0.4～6μm)、较低的最大声子能量(约 750cm^{-1})、良好的力学性能、较高的抗激光损伤阈值以及较高的折射率(2.0 以上)和非线性折射率，是中红外超连续谱产生的良好非线性介质材料[5]。一般认为，组成碲酸盐玻璃网络的主要结构单元有两种，即 TeO_4 双三角锥体和 TeO_3 三角棱锥体，它们的拉曼特征峰位置不同，对于玻璃性质的作用也不同，通过引入不同的组分，二者的占比也会随之发生变化，从而对其最大声子密度进行调节。总之，碲酸盐玻璃主要作为中红外超连续谱产生的非线性介质材料，此外，稀土掺杂碲酸盐玻璃具有较大的发射截面和荧光发光谱宽度，在高增益宽带光纤激光放大器等方面具有得天独厚的优势。但是，碲酸盐光纤性能距离成熟的石英光纤与氟化物光纤也存在一定差距，主要是由于在玻璃层面仍存在诸多难题，其一是玻璃中羟基含量较高且难以去除，羟基在玻璃中的吸收范围覆盖 2.7～4μm，造成中红外波段非本征损耗严重，且羟基基团对玻璃网络结构存在弱化作用，降低玻璃耐水性；其二是玻璃原料中存在其他杂质(如 Cu、Fe、Cr 等)难以提纯，以及玻璃制备过程中易形成气泡、条纹等散射曲线，使玻璃光纤的损耗降低非常困难。

锗酸盐也是比较常见的玻璃体系，其玻璃形成体主要是 GeO_2，主要结构为锗-氧四面体和八面体两种结构单元，玻璃的密度、黏度等物化性能随两种结构单元的相对变化而变化[6]。目前国内外研究团队对锗酸盐玻璃体系研究较多的有 BaO-Ga_2O_3-GeO_2、CaO-Ga_2O_3-GeO_2、La_2O_3-Ga_2O_3-GeO_2 和 SrO-Al_2O_3-GeO_2 等。作为一种中红外材料，锗酸盐玻璃除了具有较宽的红外透光窗口(约 3.5μm)、非线性折射率高和相对较低的声子能量，其最大的优势为物化性能与石英玻璃极为接近，常被用作中红外非线性介质以弥补石英光纤在 2.2～3.5μm 波段损耗较大的不足，且锗酸盐光纤易于与石英光纤进行低损耗熔接，容易实现全纤化。此外，锗酸盐玻璃稀土离子溶解度较高，因此锗酸盐光纤也常作为 2μm 波段激光产生的增益光纤。

3. 硫系玻璃

硫系玻璃是以元素周期表中 VI-A 族的硫（S）、硒（Se）、碲（Te）元素为主要成分，与砷（As）、锗（Ge）、锑（Sb）、镓（Ga）、磷（P）、碘（I）等电负性较弱的元素化合而形成的两组分或多组分玻璃。由于硫系玻璃具有极低的声子能量（300～450cm^{-1}），硫系玻璃有着超宽的红外透过窗口（最远可达 25μm），是所有光学玻璃中唯一具有中远红外透过特性的玻璃体系。硫基硫系玻璃红外长波截止边带最高可达 12μm，硒基硫系玻璃红外长波截止波长可达 16μm，碲基硫系玻璃的红外截止波长最高可达 25μm[7]。由于硫系玻璃中高极化率基团的存在使其有着高线性折射率 n_0（2.0～3.5）与极高的非线性折射率 n_2（比石英高 2～3 个数量级），可将硫系玻璃[8]优良的红外透过性能、微结构光纤的结构可灵活设计、非线性和色散可控等优势结合，使其在中远红外超连续谱产生方面带来重要应用。硫系玻璃高的拉曼增益系数 g_R（10^{-11}m/W 量级，比石英、氟化物高 2 个数量级）与高的布里渊散射增益系数（10^{-9}m/W 量级，比石英高 2 个数量级）、超快的非线性响应（<100fs）、无自由载流子等特点，这使硫系玻璃在红外激光与光子器件等领域有着重要的应用，如图 5.2 所示。

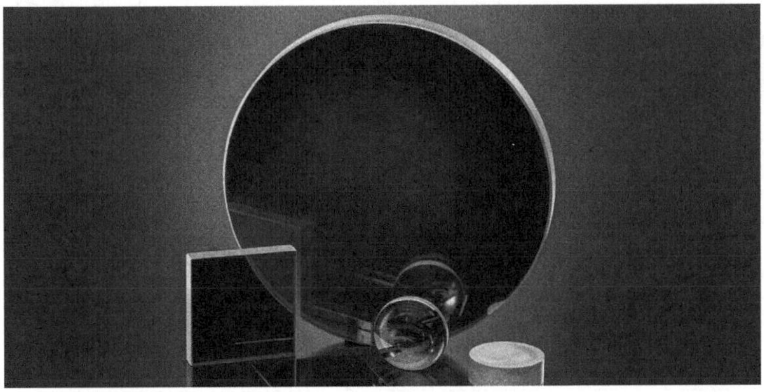

图 5.2　硫系玻璃样品[8]

5.2.2　中红外光纤种类及其特点

中红外光纤主要是围绕不同应用需求，经过光纤结构设计、光纤预制棒制备及光纤拉制而成的器件。根据所使用的基质材料不同，以及光纤结构不同，中红外光纤可以有多种分类形式，本节主要从基质材料角度介绍多种中红外光纤的特点及典型应用。

氟化物光纤具有声子能量低（500～600cm^{-1}）、稀土离子溶解度高、色散值低、透光性能好等特点，在过去二三十年有了很大的发展，并已用于各种工业应用，包括要求严格的航空应用，因此氟化物光纤技术得到了国内外的广泛关注。西方国家从 20 世纪 70 年代就已重点布局了大量的研究工作，掌握了从玻璃熔制工艺、预制棒制作技术，到光纤拉制技术，尤其是 ZBLAN 光纤，美国 Thorlabs 公司提出并掌握了在太空中制备低损耗光纤的技术，制备的 ZBLAN 光纤最低传输损耗低于 0.01dB/m，因此 ZBLAN 光纤被广泛作为中红外增益光纤、非线性光纤和传输光纤，是目前最成熟的中红外光纤，光纤结构涵盖了普通阶跃型光纤、双包层光纤（内包层为六边形、方形和 D 形等）、光子晶体光纤。作为增益光纤，氟化物光纤是用于中红外脉冲光纤激光产生的唯一选择，目前已经实现了不同波长（Tm^{3+} 为 2.3μm、Er^{3+}/Ho^{3+}/Dy^{3+}约为 3μm、Er^{3+}为 3.5μm、Ho^{3+}为 3.9μm 等）的中红外脉冲光纤激光振荡输出及放大；作为非线性介质，已实现了 40W 量级的高功率以及覆盖 5.4μm 的宽波段中红外超连续激光产生，氟化物光纤热损伤阈值较低，力学性能及化学稳定性较差，在潮湿空气中易潮解，在高功率激光长时间运转方面较为困难。单模 ZBLAN 光纤与石英光纤的参数对比如表 5.1 所示。

表 5.1　单模 ZBLAN 光纤与石英光纤参数对比

材料	ZBLAN	石英
光纤类型	中红外单模光纤	光通信单模光纤
传输单模光波段	2～3.6μm	1260～1630nm
典型最低损耗	5～10dB/km @2.5μm	<0.18dB/km@1550nm
数值孔径 NA	±0.02	±0.02（typ.）
色散	12.5ps/（nm·km）@2.5μm	<18.0ps/（nm·km）@1550nm
纤芯/包层同心度	⩽ 2μm	⩽ 0.5μm
强度测试	25kpsi	⩾ 100psi
弯曲直径	⩾ 30mm	⩾ 12mm
最大一次拉制长度	100m	约 63km

注：1psi=6.9×10^{3}Pa，“typ.”代表典型值。

重金属氧化物光纤相比于氟化物及硫系光纤具有更好的热力学和化学稳定性，以及更高的机械强度。重金属氧化物玻璃的玻璃网络基团极化率和密度高，导致其折射率和非线性折射率高，且相较于石英光纤，重金属氧化物光纤透光窗口宽，是良好的中红外超连续谱产生的非线性介质，应用较多的重金属氧化物光纤主要为锗酸盐光纤和碲酸盐光纤。低损耗碲酸盐光纤的制备过程中，最关键的技术难题是玻璃光纤中羟基及杂质金属颗粒的去除。目前去除碲酸盐玻璃中的羟基主要采用干燥气氛熔制以及引入除水剂两种方式，干燥气氛主要通过在 Ar、N_2、O_2 等干燥环境完成玻璃的熔制，通过降低玻璃熔体中水蒸气的不饱和分压来实现羟基消除。除水剂法一般通过引入除水剂（CCl_4、$SOCl_2$、NH_4HF_2 等）与熔融状态的玻璃液中的羟基发生化学反应从而降低羟基含量，或者将玻璃组分中部分氧化物以氟化物或氯化物等卤化物的形式进行取代，电负性大于 O^{2-}的 Cl^-和 F^-夺取 OH^-的 H^+形成 HCl、HF 等气体逸出玻璃熔体，同样可以达到减小玻璃中羟基含量的目的。实际在制备玻璃过程中，通常将两种方法结合使用来实现玻璃中羟基的最大限度去除，减小在中红外波段尤其是 3μm 左右羟基的吸收损耗。人们为了进一步提高碲酸盐光纤的非线性系数，除了引入极化率大的基团组分外，通过灵活设计光纤的结构来调控色散、非线性系数等实现中红外光谱的展宽。

在稀土掺杂碲酸盐光纤方面，其较高的稀土溶解度和较大的折射率使其比传统光学玻璃具有更大的发射截面和半峰全宽，因而碲酸盐玻璃和光纤在约2.0μm 激光器应用方面得到了广泛研究。遗憾的是，现阶段碲酸盐光纤中的大量羟基含量导致约 3.0μm 的吸收损耗增大，同时还会使稀土离子在能级跃迁过程中将能量通过羟基受迫振动的形式耗散，另外中红外脉冲光纤激光所对应的稀土离子能级跃迁寿命对最大声子能量变化比较敏感，较大的声子能量导致中红外跃迁的下能级荧光寿命大于上能级，限制了粒子数的反转使其无法产生激光输出，因此至今还未产生 3μm 波段及更大波长的激光输出。

硫系光纤是另一种用于产生及传输中红外脉冲光纤激光的重要光纤，1965 年，Kapany 等报道了由 As_2S_3 玻璃拉制成的第一根硫系光纤[9]。此后，国内外研究机构报道了 GeAsSe、AsSe、AsS、AsSeTe 等体系的光纤。与氟化物玻璃一样，在中红外波段具有较低传输损耗和较宽的传输带，是目前唯一透射中远红外波段的光纤材料，可应用于中红外能量传输，其极高的玻璃网络基团极化率使其具有极高的线性及非线性折射率，是目前中远红外超连续谱产生的唯一介质材料。但硫系光纤瑞利散射损耗严重、氢氧杂质及过渡金属离子杂质难以彻底去除、硫系光纤本身的稀土离子溶解度较低等不足，使其难以用作增益介质产生激光输出。

5.2.3　中红外光纤制备技术

随着通信光纤的迅猛发展，石英光纤预制棒的制备技术已经比较成熟，常用的制备方法为化学气相沉积法，包括改良化学气相沉积（modified chemical vapor deposition，MCVD）法、气相轴向沉积（vapor phase axial deposition，VAD）法、等离子化学气相沉积（plamsa enhanced chemical vapor deposition，PCVD）法、外部气相沉积（outside vapor deposition，OVD）法，以及溶胶凝胶法等，也可直接采用双坩埚法拉制光纤。与石英光纤制备方法不同，中红外光纤制备分为预制棒拉制和双坩埚法直接拉制。中红外光纤预制棒很难利用化学气相沉积法制备，制备过程一般需要先制备基质玻璃，常采用熔融淬冷法制备，然后利用各种工艺方法制备预制棒。目前中红外光纤预制棒制备方法包括管棒法、打孔法、吸注法、挤压法等，根据不同玻璃基质材料的特性选择不同的工艺。

管棒法制备的具体做法为将熔融淬冷法制备出的柱形纤芯包层玻璃进行切割、研磨、抛光，加工成合适的尺寸，对包层玻璃进行打孔或通过旋转甩管而成，将纤芯棒插入玻璃管中即得到预制棒。这种方法制备光纤预制棒的优点为纤芯包层尺寸比例容易控制，原理和操作较为简单，可以对预制棒加工任意尺寸和形状。管棒法同时存在一些缺点：一是中红外软玻璃光纤大部分力学性能较差，加工时容易产生裂纹、破损现象；二是受机械加工条件的限制，包层套管中心孔和芯棒直径有一定限制，难以加工抛光小尺寸包层管，且由机械加工引入的纤芯包层界面杂质颗粒及缺陷造成损耗过大，对加工质量要求较高。

打孔法是指按照设计好的光子晶体光纤横截面结构直接在玻璃棒上钻孔，包括超声波钻孔与机械钻孔等。打孔法需要精确控制打孔位置、钻头旋转速度、刀口推进速度等。打孔法的优点是可以灵活设计打孔的大小和间距，工艺技术容易操作；缺点是无法制备出小孔径的光子晶体光纤预制棒，并且打孔法容易引入杂质金属颗粒污染物，增加光子晶体光纤表面损耗，影响光学性能[7]。

吸注法使用的圆筒模具底部有特殊设计的蓄液槽，其具体制备过程为：将包层玻璃熔体倒入模具中，并在其完全固化前将纤芯玻璃熔体倒入。由于玻璃熔体冷却过程中会发生体积收缩，因此当蓄液槽中的包层玻璃冷却发生体积收缩时，在包层玻璃中心沿长度方向形成圆柱状小孔，并产生对纤芯玻璃熔体的吸力从而形成纤芯-包层结构。采用这种方法可制备纤芯/包层直径比相当大的预制棒，并可通过选择模具底部蓄液空间的体积以及模具直径精确控制纤芯/包层直径比和预制棒长度。但是在预制棒中也存在纤芯直径成锥形的现象，且在制备各种纤芯/包层直径比的预制棒时显得灵活性不够，亟须制备多种规格的模具[10]。

采用挤压法制备光纤预制棒在高黏度（10^8～10^9P）环境中操作，并且相对于前几种制备方法其操作温度要低很多，因此这种工艺对于易析晶和高挥发性的玻璃系统具有相当大的优势。其制备方法为：首先制备高质量的纤芯和包层玻璃块，然后将清洗后的玻璃放入压机圆筒中并在干燥气氛中加热到变形温度，再在50bar（1bar=10^5Pa）的压力下挤出成型即可[11]。这种成型技术得到的纤芯直径比较大，因此不能直接应用于制备单模光纤预制棒。在需制备直径较小并且均匀的纤芯结构时可考虑加上包层外套管的方法，而外套管的制备可采用旋转浇注法制备。采用挤压法也可单独制备棒状玻璃或管状玻璃，并且通过对挤出模具设计可制备不同形状的棒和管，这对于制备异形结构的玻璃光纤预制棒十分有利。

双坩埚法是一种玻璃完全处于熔融状态下进行光纤拉制的方法，就是将玻璃纤芯和包层组分分别放入内外两个坩埚中加热进行拉制。首先将玻璃升温至熔制温度进行玻璃液澄清与均化，然后降温至拉丝温度进行拉丝，通过调节内外坩埚的气压来控制纤芯/包层直径比。由于双坩埚法在拉制光纤时温度高、时间长，此方法比预制棒拉制法对玻璃的稳定性要求更高，但是由于不像预制棒制备过程中容易产生界面气孔或在界面引入颗粒杂质，可以提供高质量的芯包界面，实现低损耗光纤的制备[7]。目前商用硫系光纤的制备普遍采用此种方法。

中红外软玻璃光纤相较于传统石英光纤熔制温度低、黏度对温度依赖特性强，需要对拉丝塔温度精度控制要求更高。光纤拉制设备主要包括送棒系统、惰性气体保护系统、加热系统、光纤外径检测装置、张力检测装置、牵引系统以及盘丝装置六个部分。在拉制光纤前，通常需要对预制棒进行一次拉伸。对于易析晶的光纤如氟化物预制棒在拉制过程中，表面会有轻微的析晶现象，需要进行抛光处理。将一次棒与玻璃外管套装，而后固定在夹具中，光纤预制材料经过电炉加热软化拉制成光纤。实验过程中，需在加热电炉中匀速输入氮气来提供气氛保护，同时确保加热电炉的热量均匀分布。通过调整下棒和牵引的速度来控制光纤的直径。光纤外径、张力检测装置会实时监控纤径和玻璃材料的软化程度，如图 5.3 所示。

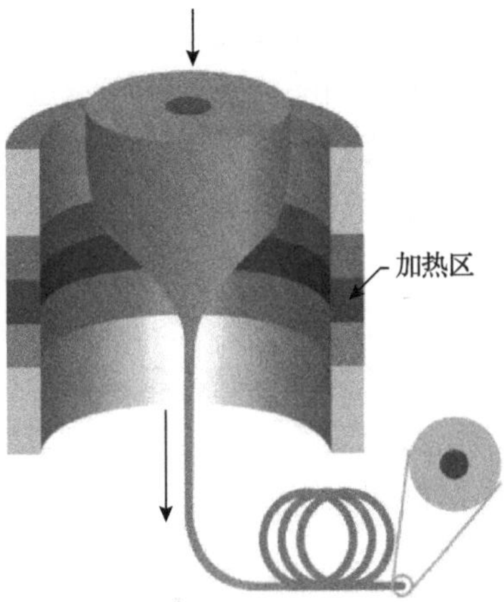

图 5.3　光纤拉丝示意图

本节对碲酸盐光纤、硫系光纤以及氟化物光纤的制备工艺进行介绍。

1. 低损耗碲酸盐光纤的制备

制备传统实心碲酸盐光纤预制棒可采用管棒法、挤压法及吸注法。对于复杂结构的光纤预制棒，主要采用挤压法制备，通过设计复杂挤压模具结构可制备不同结构的光纤预制棒。在挤压工艺方面，机械模具结构、尺寸、挤压速度、挤压温度、挤压压力及玻璃黏度等参数影响光纤预制棒性能，对不同的碲酸盐玻璃体系需要优化出最佳的预制棒挤压工艺，并在氧气、氩气或氮气等气氛保护条件下进行挤压，从而获得低缺陷、可控结构的多芯碲酸盐光纤预制棒。

1) 在光纤微晶控制方面

碲酸盐玻璃易析晶、表面皴化等问题引起的光纤拉丝困难，通常需要分析碲酸盐玻璃拉丝过程中内部微晶和表面皴化与拉丝温度的关系，分析高温还原环境与氧化气氛的补偿关系，通过快速拉丝、窄带加热技术降低碲酸盐光纤拉丝过程中的内部析晶和表面皴化。

2) 在光纤拉丝稳定性控制方面

因为玻璃的表面张力、黏度均受温度的影响，且碲酸盐玻璃黏度-温度曲线相较于传统石英光纤陡峭，一般来说温度升高，玻璃表面张力和黏度均会减小，而拉丝是靠玻璃液在一定温度范围内有合适的成型黏度才能正常进行的，玻璃液黏度太低会形成不连续的液滴而断丝，黏度太高玻璃液变稠，拉丝张力过大也会造成断丝，故拉丝过程加热炉在一定空间范围内温度要均匀，还要精密控制炉子温度。通过优化拉丝中的控制参数，解决光纤制备中丝径波动和多芯形变问题，稳定光纤拉制工艺，获得低损耗、芯径均匀性好的碲酸盐光纤。

3) 在光纤强度提升方面

针对碲酸盐光纤在制备过程中的尺寸波动和表面缺陷引起的光纤强度问题，需要研究光纤表面应力分布不均与表面裂纹、污染、晶化、还原、分解等缺陷产生的机理，分析不同拉丝速度下光纤张力与缺陷产生之间的关系，研究快速拉丝与光纤缺陷、应力分布、光纤强度之间的平衡，通过优化拉丝速度，有效控制表面缺陷的产生与扩展；对比聚合物保护的预制棒共拉丝与光纤拉丝涂敷两种条件下的光纤强度变化，研究聚合物保护共拉丝对碲酸盐玻璃的强度提升作用，优选出适合碲酸盐光纤共拉丝的聚酰胺高温聚合物保护层，减少易还原碲酸盐光纤表面的缺陷，大幅提升光纤强度。

2. 低损耗硫系光纤的制备

硫系光纤拉制一般先利用原料合成玻璃，再采用管棒法、打孔法或挤压法制备预制棒，进一步拉制成光纤；也可使用双坩埚法直接拉制低损耗硫系光纤，目前商用硫系光纤主要采用此种方法制备。

整个硫系玻璃的制备过程需要在无氧密闭容器中操作，制备过程为：将提纯后的高纯单质原料进行称量并放入石英玻璃容器中，待真空泵将容器抽至高真空后用高温火焰将容器口熔封，然后将盛有原料的石英玻璃容器放入摇摆炉中在一定温度下熔制。熔融完成后取出石英玻璃容器在空气中或放入水中淬冷，然后转移至已升温至预定温度的退火炉中进行退火以消除玻璃中的残余应力，待退火完成后即可将硫系玻璃从容器中取出，等待后续加工处理。

硫系光纤的拉制一般采用双坩埚法和预制棒拉制法[12]，原理如图 5.4 所示。双坩埚法是将蒸馏提纯后的高纯度纤芯和包层玻璃组分原料分别放入内、外两个坩埚中，加热至熔融态后进行拉丝。由于双坩埚法拉制光纤具有拉丝效率高、成本低、芯包界面质量高、机械强度好且可以连续生产的优点，目前商用硫系光纤普遍采用此方法。然而，双坩埚法拉制光纤的温度高、时间长，这对玻璃的稳定性有更高的要求。

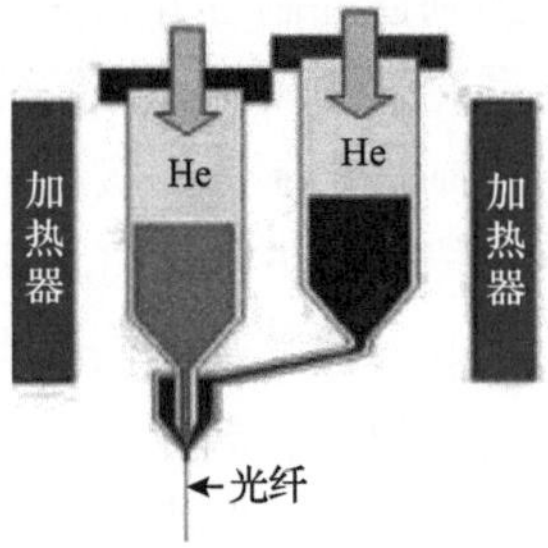

(a) 双坩埚法

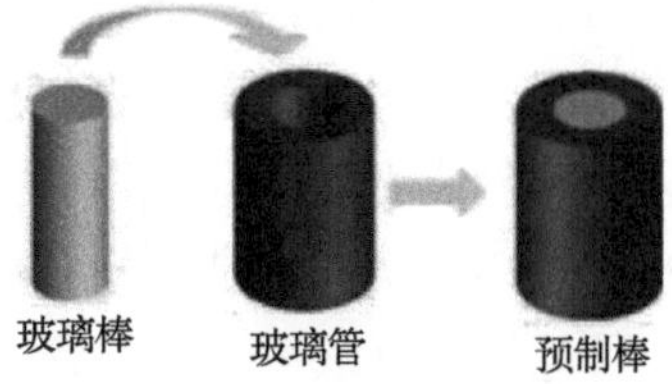

(b) 管棒法

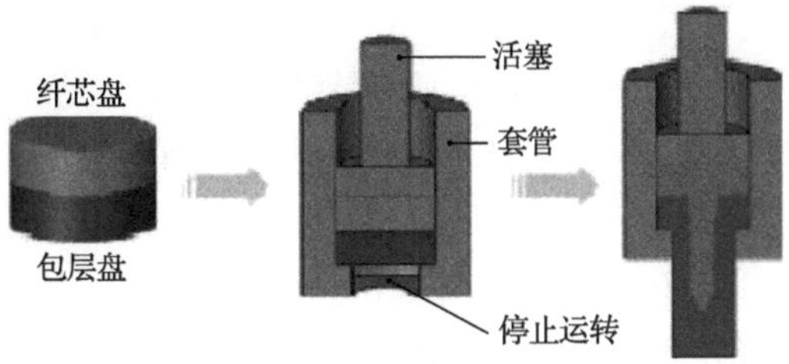

(c) 挤压法

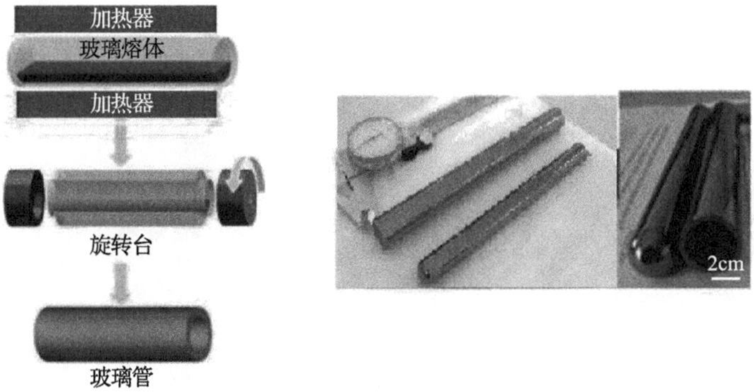

(d) 旋管法

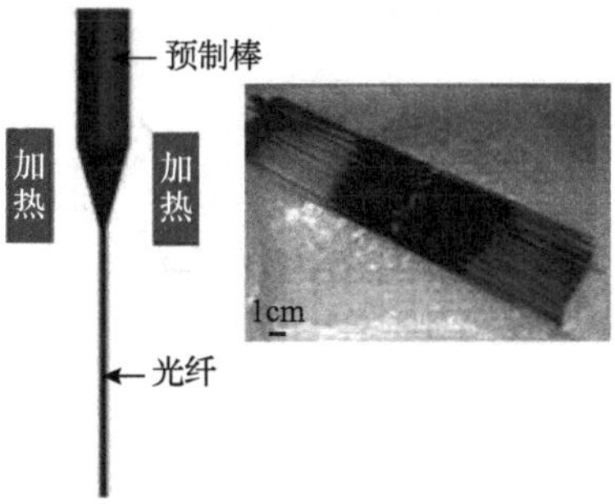

(e) 预制棒拉制法[12]

图 5.4　拉制硫系光纤的原理示意图

预制棒拉制法是另一种常用的制造硫系光纤的方法，传统芯包结构光纤预制棒的制备包括管棒法、挤压法等，微结构光纤预制棒的制备方法主要有堆拉法、浇注法、挤压法、钻孔法等。管棒法制备的硫系光纤预制棒及拉制的光纤具有较好的芯包结构同心度和均匀性，芯包比例容易控制。预制棒一般由芯棒玻璃插入包层玻璃管构成，要求包层玻璃的折射率低于芯棒。该方法可将大多数热稳定性较好的硫系玻璃拉制成光纤，且芯包结构一致性好，但其难点在于要先制备具有高光学质量的预制棒。挤压法是将纤芯成分玻璃和包层玻璃片通过设计的模具挤压成预制棒，通过挤压可以得到棒、管，以及其他设计的形状。

3. 氟化物光纤的制备

氟化物光纤的制备工艺较为成熟，主要包括预制棒的浇注与拉制、玻璃管制备、光纤拉制三个环节。氟化物玻璃大部分通过熔融淬冷法制备，首先将氟化物原料按相应摩尔百分比进行称量、研磨，而后置于铂金坩埚中熔制，熔制后要进行快速的冷却淬火，淬火不够快则容易结晶(最少要 0.2～1℃/s)，而后转移至退火炉进行退火处理。预制棒的制备主要在充满氮气的手套箱中完成，为了避免在操作过程中引入羟基等杂质或缺陷，通常采用吸注法来制备阶跃型氟化物光纤预制棒。光纤拉制工艺与上述两种光纤基本一致。图 5.5 为氟化物光纤拉丝时的玻璃珠。

图 5.5　氟化物光纤拉丝时的玻璃珠[13]

目前，氟化物光纤已经实现产品系列化，主要生产商为美国 Thorlabs 公司、法国 Le Verre Fluoré 公司以及日本 Fiberlabs 公司，产品主要包括标准阶跃折射率单模和多模光纤、用于高功率的双包层多模光纤、双包层和六边形包层结构单模光纤、用于激光器和放大器的稀土掺杂光纤、跳线和器件等。稀土掺杂的氟化物玻璃预制棒如图 5.6 所示。

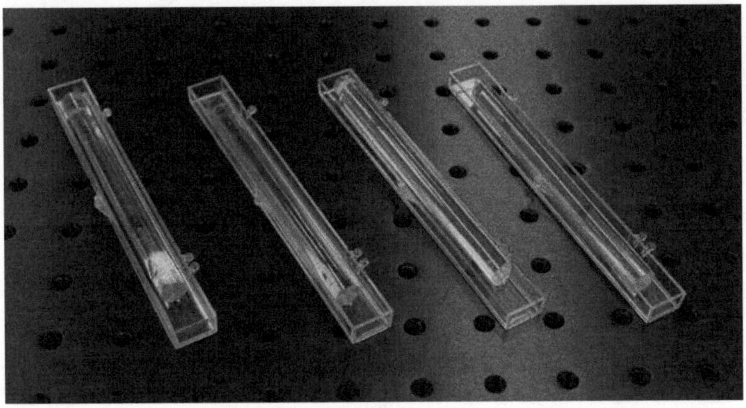

图 5.6 稀土掺杂的氟化物玻璃预制棒(从左到右：掺钬、铒、镨、铥)[13]

5.3 中红外脉冲激光直接产生方法

中红外脉冲光纤激光主要通过泵浦掺 Er^{3+}、Ho^{3+}和 Dy^{3+}等稀土离子中红外增益光纤直接产生，进一步对激光进行脉冲调制实现纳秒甚至飞秒的中红外脉冲输出，相对于传统的中红外固体激光器，其具有光光转换效率高、体积小、环境适应性好等优点。随着新型增益光纤以及关键器件的迅速发展和日渐成熟，中红外脉冲光纤激光器输出功率、脉冲能量及波段覆盖范围都将大幅度提升，从而满足中红外脉冲光纤激光在环境监测、气体测量、干扰对抗等领域的广泛应用。本节主要从稀土离子的中红外光学特性、中红外脉冲光纤激光器理论和中红外脉冲激光产生三方面来介绍。

5.3.1 Er^{3+}和 Ho^{3+}等稀土离子的中红外光学特性

在 3～5μm 中红外波段，可用于激光产生的稀土离子主要有三种，分别为 Er^{3+}、Ho^{3+}和 Dy^{3+}，其不同能级跃迁过程分别对应不同的输出波长区间。如图 5.7 和图 5.8 所示，分别是上述三种稀土离子在氟化物玻璃中的能级发射谱和相应的能级跃迁过程。可以看到，这三种稀土离子的发射谱范围几乎可以覆盖 2～4μm 整个中红外波段，下面将依次介绍基于这几种稀土离子的能级跃迁过程及光谱特性。

1. Er^{3+}的 $^4I_{11/2}\rightarrow{}^4I_{13/2}$ 能级跃迁

如图 5.7 和图 5.8 所示，Er^{3+}的 $^4I_{11/2}\rightarrow{}^4I_{13/2}$跃迁可以产生约 2.8μm 的激光，其上下能级均为亚稳态，属于典型的四能级系统。$^4I_{15/2}\rightarrow{}^4I_{11/2}$ 为指向激光上能级的基态吸收(ground state absorption，GSA)过程，对应波长为约 976nm 的半导体激

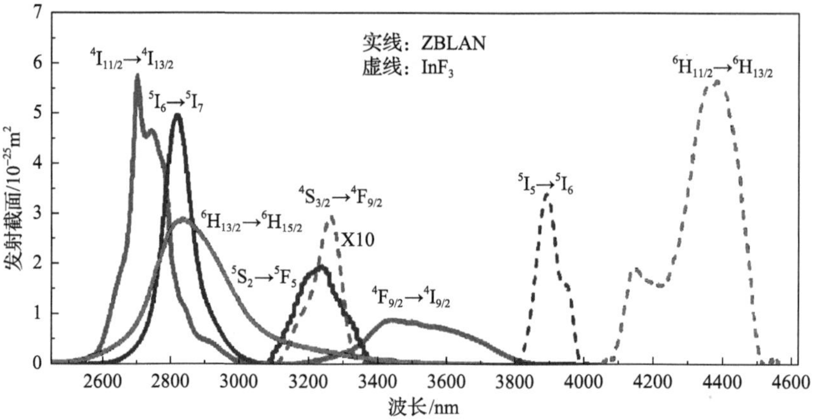

图 5.7　掺 Er^{3+}、Ho^{3+}、Dy^{3+}氟化物玻璃中不同能级的中红外发射谱[14-19]

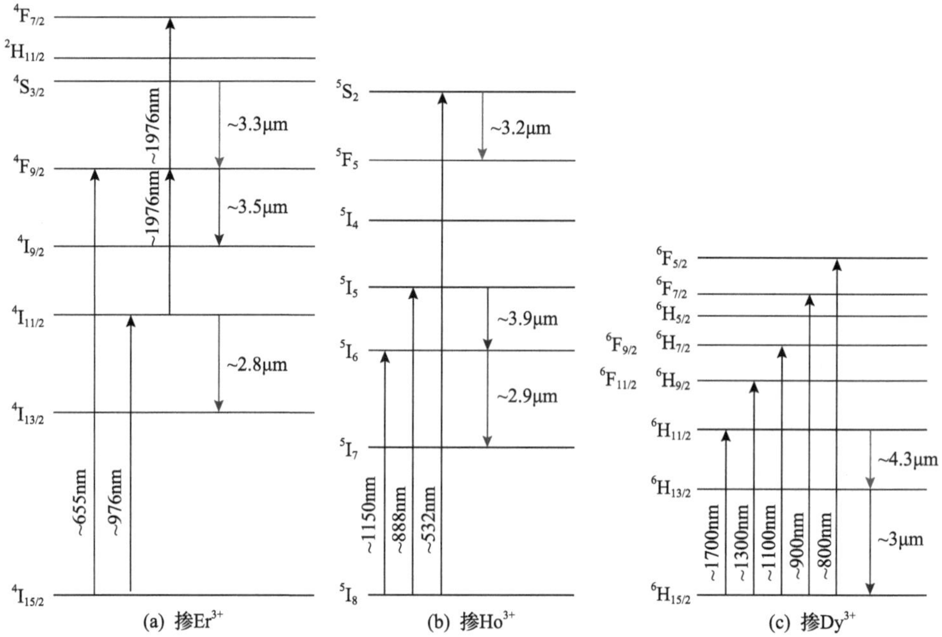

图 5.8　掺 Er^{3+}、Ho^{3+}、Dy^{3+}氟化物玻璃对应 2～4μm 能级跃迁过程[20]（“~”代表“约”）

光器，此类激光器发展成熟，为其实现高功率输出提供了有利条件。1988 年，英国电信研究实验室 Brierley 等报道了第一台工作波长位于 2.7μm 的中红外连续光运转的掺 Er^{3+}氟化物光纤激光器[21]。影响该类激光器性能的主要因素是激光下能级 $^4I_{13/2}$ 寿命(典型值 6.9ms)高于激光上能级 $^4I_{11/2}$ 寿命(典型值 9ms)，导致无法产生有效反转的粒子数。有三种常用的方法可有效解决这个问题：①通过 Er^{3+}与 Pr^{3+}之间高效的能量传递(energy transfer, ET)有效释放激光下能级粒子，如图 5.9(a)

所示，从而促进粒子数反转[22]。②采用高浓度掺杂，使 Er^{3+}中发生高效的能量传递上转换(energy transfer upconversion, ETU)过程(即 $2^4I_{13/2}\rightarrow{}^4I_{15/2}+{}^4I_{11/2}$)。利用粒子循环对激光下能级粒子进行有效释放，如图 5.9(b)所示，相比第一种方法，该方法理论上可以突破斯托克斯效率转化极限，但系统也会由于进行了高浓度掺杂而大量产热。若综合考虑光纤中稀土离子的掺杂工艺以及系统效率，该方法目前仍是产生约 2.8μm 激光最常用的方法[23]。③利用约 1.6μm 激光激射对 $^4I_{13/2}$ 能级粒子进行有效释放，如图 5.9(c)所示，该方法需要在低掺杂浓度下运转从而减小其他能量传递过程，理论上具有 100%的光光转化效率，是实现低产热、高功率输出的一种有效方法[24]。综合来看，约 2.8μm 掺 Er^{3+}: ZBLAN 光纤激光器的发展较为迅速，已成为最成熟的中红外脉冲光纤激光器，为该波段脉冲激光的产生提供了良好的研究基础。

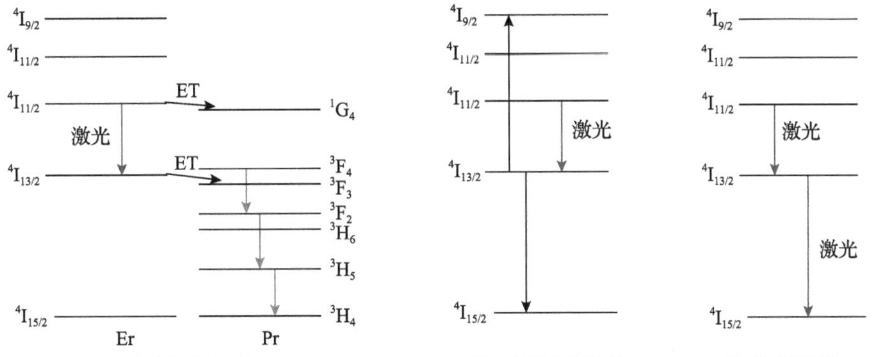

图 5.9　提高掺 Er^{3+}: ZBLAN 光纤激光器性能的三种方法[20]

2. Er^{3+}的 $^4F_{9/2}\rightarrow{}^4I_{9/2}$ 能级跃迁

对于掺 Er^{3+}氟化物光纤，除了上面提到的 $^4I_{11/2}\rightarrow{}^4I_{13/2}$ 跃迁过程，位于更高能级的 $^4F_{9/2}\rightarrow{}^4I_{9/2}$ 跃迁同样具有强辐射带，可以产生约 3.5μm 波段的辐射，如图 5.7 所示。早在 1991 年，德国布伦瑞克工业大学 Többen 就采用 655nm 染料激光器泵浦掺 Er^{3+}: ZBLAN 光纤，率先实现了约 3.5μm 的激光输出[25]，但在室温条件下此系统输出功率和效率极低(约 2mW 和 2.8%)，这是由于激光亚稳态能级 $^4I_{11/2}$ 和 $^4I_{13/2}$ 均拥有较长的寿命，绝大部分被激发的粒子释放光子后长时间停留在上述两个能级上，无法快速返回基态，导致 655nm 泵浦光难以维持粒子高效循环。此外，当年 ZBLAN 光纤较差的质量也是造成激光输出性能较差的原因之一。

经过之后研究人员的大量研究，掺 Er^{3+}: ZBLAN 光纤质量以及系统输出性能大幅提升，但粒子数瓶颈问题仍阻碍着约 3.5μm 激光的高效激射。直到采用

1973nm 和 985nm 双波长级联泵浦激励约 3.5μm 激光[26]的方法出现，有效替代了传统 655nm 单波长泵浦方式，其中 985nm 激光用于为长寿命的 $^4I_{11/2}$ 能级提供粒子，1973nm 激光则将该能级上的粒子进一步抽运到激光上能级，从而保证大部分粒子能够在 $^4F_{9/2}$ 与 $^4I_{11/2}$ 能级间高效循环，有效解决了粒子数的瓶颈问题。该方法使约 3.5μm 掺 Er^{3+}: ZBLAN 光纤激光器得到了迅猛发展，输出的连续激光功率已达数瓦，这为该波段脉冲激光的实现奠定了基础。第一台双波长级联泵浦的 3.5μm 掺 Er^{3+}氟化物光纤激光器结构如图 5.10 所示。

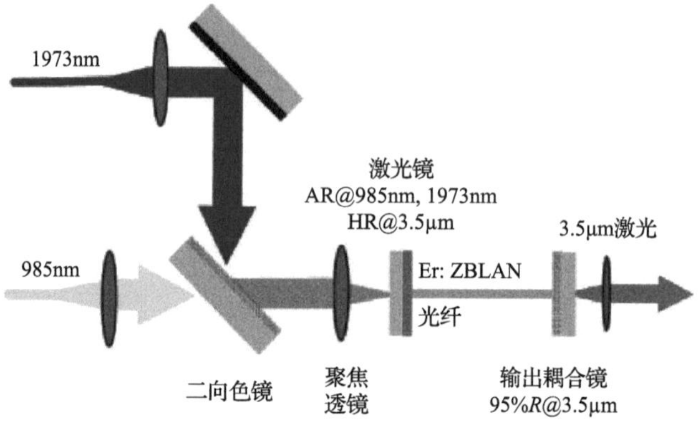

图 5.10　第一台双波长级联泵浦的 3.5μm 掺 Er^{3+}氟化物光纤激光器结构[26]

R 指反射率

3. Ho^{3+}的 $^5I_6 \rightarrow {}^5I_7$ 能级跃迁

掺 Ho^{3+}与掺 Er^{3+}氟化物光纤拥有相似的能级结构，如图 5.8 所示，$^5I_6 \rightarrow {}^5I_7$ 和 $^4I_{11/2} \rightarrow {}^4I_{13/2}$ 跃迁的上下能级都分别作为第二和第一激发态，且激射波长也相近。相较于发展成熟的掺 Er^{3+}氟化物光纤激光器(基于 $^4I_{11/2} \rightarrow {}^4I_{13/2}$ 跃迁)，基于 $^5I_6 \rightarrow {}^5I_7$ 跃迁的掺 Ho^{3+}氟化物光纤激光器具备以下优势：①如图 5.8 所示，掺 Ho^{3+}氟化物光纤拥有更长的荧光谱，可以产生更长波长的激光，且其增益峰更接近 2940nm 水吸收峰，该波长可广泛应用于医学领域；②更长的泵浦波长(1150nm)意味着其具有更大的斯托克斯效率极限；③激发态吸收(excited state absorption，ESA)是阻碍激光器功率提升的关键因素之一，而后者在 1150nm 的激发态吸收过程较前者在 976nm 的激发态吸收过程少[27]，这表明掺 Ho^{3+}氟化物光纤激光器具有更大的功率提升潜力。此外，由于激光下能级 $^5I_7$ 寿命(典型值 12ms)高于上能级 $^5I_6$ 寿命(典型值 3.5ms)，掺 Ho^{3+}氟化物光纤中 $^5I_6 \rightarrow {}^5I_7$ 跃迁中同样存在粒子数难以有效反转的问题。与 Er^{3+}中的解决方法类似，Pr^{3+}共掺和级联跃迁[28-30]成为目前实现约 2.9μm 掺 Ho^{3+}氟化物光纤激光高效激射的两种较为常用的方法，相应跃迁过程如图 5.11

所示。值得注意的是，Ho^{3+}下能级 $^5I_7$ 对应的能量传递上转换速率小于上能级 $^5I_6$ 对应的能量传递上转换速率，因此基于能量传递上转换过程的粒子循环方法对 Ho^{3+}将不再适用[31]。

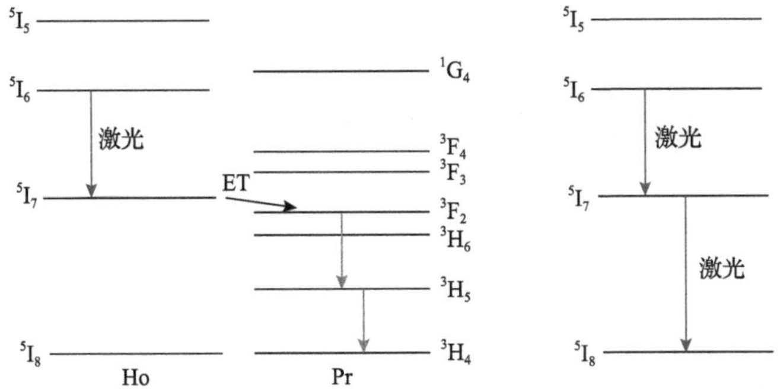

(a) 基于 Pr^{3+}共掺的能量传递法　　(b) 级联跃迁法

图 5.11　掺 Ho^{3+}氟化物光纤中用于有效释放激光下能级 $^5I_7$ 离子的两种典型方法[20]

4. Ho^{3+}的 $^5S_2 \rightarrow {}^5F_5$ 能级跃迁

在掺 Ho^{3+}氟化物玻璃中，除了可以发射 2.9μm 激光，利用 $^5S_2 \rightarrow {}^5F_5$ 跃迁还可以实现更长波长的 3.22μm 激光激射，但此波长的激光器目前鲜有报道。其中，1998 年德国布伦瑞克工业大学 Carbonnier 等利用 532nm 激光泵浦掺 Ho^{3+}: ZBLAN 光纤实现了 3.22μm 激光输出[32]，其高效激射潜力还有待进一步探索。

5. Ho^{3+}的 $^5I_5 \rightarrow {}^5I_6$ 能级跃迁

$^5I_5 \rightarrow {}^5I_6$ 跃迁过程是目前掺 Ho^{3+}氟化物玻璃中输出波长最长的跃迁过程，1995 年，德国布伦瑞克工业大学 Schneider 利用 640nm 激光泵浦掺 Ho^{3+}: ZBLAN 光纤，在液氮制冷的情况下率先获得了 3.9μm 激光输出[33]，实验中对泵浦波长和腔镜进行优化，最终将输出功率提升到 11mW，但在室温条件下仍然只能观测到荧光[34]。导致该波长掺 Ho^{3+}: ZBLAN 光纤激光器在室温条件下难以实现激光输出的原因主要有两点：①相较于 2.1μm、2.9μm 和 3.2μm 短波长辐射，该长波长辐射系统量子亏损大且产热严重，同时跃迁对应的能级间隔减小，加快了多声子弛豫速率，故必须通过降低温度的方法尽可能地减小多声子弛豫速率才能有效产生激光；②相比于短波长辐射，ZBLAN 光纤在 3.9μm 损耗有明显提升。因此，在室温条件下，可以使用掺 Ho^{3+}的 InF_3 光纤替代传统的掺 Ho^{3+}: ZBLAN 光纤作为增益介质来产生 3.9μm 激光[35]。这是由于 InF_3 玻璃比 ZBLAN 玻璃具有更低的声子能量(典型值 $509cm^{-1}$)，不仅降低了 $^5I_5 \rightarrow {}^5I_6$ 的多声子弛豫速率，同时大大降低了其在 3.9μm 的传输损耗。

图 5.12 是典型的掺 Ho^{3+}: InF_3 光纤激光器结构示意图，其中，增益光纤为掺杂浓度 10%(摩尔分数)的双包层掺 Ho^{3+}: InF_3 光纤，泵浦源为 888nm LD，在室温条件下该系统可输出约 200mW 的 3.92μm 激光，斜效率为 10.2%，阈值为 4.3W，由于系统产热严重，端面损坏限制了系统功率的进一步提升。

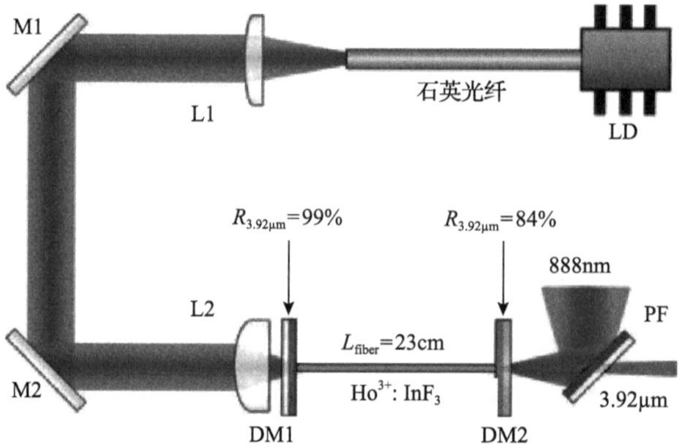

图 5.12　第一台室温条件下的 3.92μm 掺 Ho^{3+}氟化物光纤激光器结构示意图[35]

6. Dy^{3+}的 $^6H_{13/2}\rightarrow{}^6H_{15/2}$ 能级跃迁

如图 5.8 所示，氟化物玻璃中 Dy^{3+} ($^6H_{13/2}\rightarrow{}^6H_{15/2}$) 与 Er^{3+} ($^4I_{11/2}\rightarrow{}^4I_{13/2}$) 和 Ho^{3+} ($^5I_6\rightarrow{}^5I_7$) 的辐射带有很大的交叠区，但 Dy^{3+}具有更宽的带宽，其荧光谱几乎可以从 2.5μm 覆盖到 3.5μm。图 5.8(c)是掺 Dy^{3+}氟化物玻璃的吸收谱，四个 GSA 吸收峰依次对应约 1.1μm、约 1.3μm、约 1.7μm 和约 2.8μm 波长，这表明其具有四种可供选择的泵浦方式。其中，1.1μm 的抽运光可以将位于基态 $^6H_{15/2}$ 的粒子抽运到 $^6H_{7/2}$ 能级和 $^6F_{9/2}$ 能级，1.3μm 的抽运光可以将位于基态 $^6H_{15/2}$ 的粒子抽运到 $^6H_{9/2}$ 能级和 $^6F_{11/2}$ 能级，而 1.7μm 的抽运光被基态粒子吸收后可以跃迁到 $^6H_{11/2}$ 能级。被抽运到高能级的粒子经过无辐射跃迁到达 3μm 激光的上能级 $^6H_{13/2}$，最终受激辐射产生 3μm 激光，同时回到基态能级。

随着掺 Yb^{3+}光纤激光器和掺 Nd^{3+}固体激光器不断发展成熟，1.1μm 和 1.3μm 波长的激光率先被用作 3μm 掺 Dy^{3+}光纤激光器的抽运源[36,37]，但这两种波长的抽运光会产生激发态吸收和上转换过程，致使其抽运效率变低，激光阈值也会变高。于是人们开始探索更高效的抽运波长，1.7μm 激光因具有更低的量子损耗而被视为一种新的选择[38]，但是目前仍然缺乏商业化和发展成熟的 1.7μm 激光源。对于 2.8μm 抽运光，研究者将发展成熟的 2.8μm 中红外掺 Er^{3+}氟化物光纤激光器作为激光抽运源[39-41]，对掺 Dy^{3+}氟化物光纤进行带内抽运，可以产生更长波长(如 3.2μm)的中红外脉冲光纤激光。

5.3.2　中红外 Er^{3+}: ZBLAN 光纤激光器理论

掺杂 Er^{3+}的激光器可以发射 3μm 附近的激光，该波段位于大气窗口，对水吸收比较强烈，处于热辐射能量主要集中区，在自由空间通信、激光医学、光电对抗及光谱学等科学和技术应用领域具有大量的应用需求。目前，典型的中红外脉冲光纤激光器主要针对中红外 2.8μm 及 3.5μm 波段的 Er^{3+}: ZBLAN 光纤激光器，接下来将从泵浦方式、稀土离子种类、能级跃迁过程和光谱特性介绍两种类型的激光器，并在理论和实验上给出具体的实例。

1. 泵浦方式及稀土离子种类

2.8μm 光纤激光器主要采用 976nm 半导体激光器泵浦掺 Er^{3+}氟化物光纤来实现。为了得到 2.8μm 的中红外脉冲光纤激光辐射放大，既可以采用 Er^{3+}/Pr^{3+}共掺 ZBLAN 光纤作为增益介质，也可以采用仅掺杂 Er^{3+}的 ZBLAN 光纤作为增益介质。其中，Pr^{3+}的作用是转移激光下能级的粒子来消除自终止现象，而在单一掺杂的 Er^{3+}: ZBLAN 光纤中是通过 Er^{3+}自身的能量转移过程来消除自终止现象，以实现粒子数的反转。

实验上，研究人员采用摩尔分数 7%的重掺杂双包层增益光纤，在增益光纤纤芯两侧刻写光纤光栅，将长度 650μm 的商用 AlF_3 多模光纤(芯径 400μm)作为端帽与增益光纤输出端面熔接，并在增益光纤两端分别通过熔接石英玻璃尾纤与空间聚焦耦合的方法实现双端泵浦，增益光纤与光纤光栅置于铝制 V 形槽内，AlF_3 端帽用于热管理，最终获得了 41.6W 的高功率激光输出[42]，平均斜效率为 22.9%，如图 5.13 所示。此激光系统在热管理、光栅刻写、低损耗熔接、端帽设计等工艺上都做到了极致，取得了目前此波段最高的激光功率输出。此外还可以做成单端泵浦的一体式全光纤结构，以及将侧面泵浦耦合技术应用于全光纤 Er^{3+}: ZBLAN 激光器。

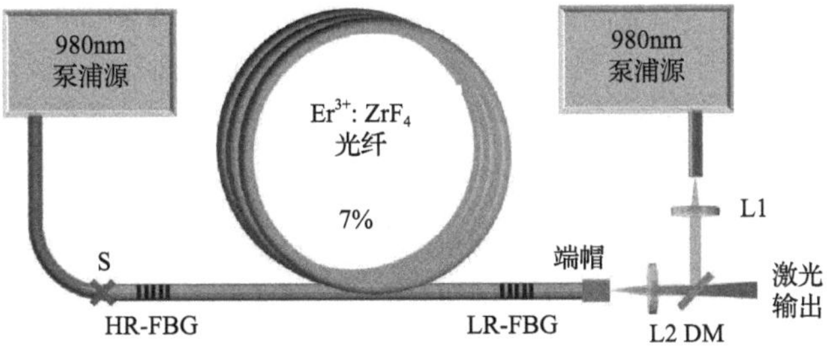

图 5.13　41.6W 高功率 2.8μm Er^{3+}: ZBLAN 激光器[42]

HR-FBG 代表高反射率光纤布拉格光栅，LR-FBG 代表低反射率光纤布拉格光栅

3.5μm 中红外脉冲光纤激光位于许多分子振动能级和转动能级的特征吸收带，即分子指纹区，因此中红外脉冲光纤激光在医疗、大气监测、气体传感等领域都具有潜在的应用价值。此外，3.5μm 中红外脉冲光纤激光还位于 3～5μm 的大气窗口区，使其在激光雷达、光电对抗、激光制导等国防应用方面也具有重大战略意义，3.5μm 波段的相干光源一直是国内外研究的热点。经过二十多年的发展，Er^{3+}: ZBLAN 光纤制备工艺得到大幅改进，高质量的中红外氟化物光纤已经制备出来，它在中红外波段的损耗降到了 0.01dB/m[43]，这为中红外 3.5μm 激光的发展奠定了坚实的基础。

3.5μm 的光纤激光器目前只能利用稀土离子掺杂的 Er^{3+}: ZBLAN 氟化物光纤实现，与 3.0μm 的 Er^{3+}: ZBLAN 光纤激光器不同，在 3.5μm 的 Er^{3+}: ZBLAN 光纤激光器中，Er^{3+}的掺杂浓度相对很低，摩尔分数 1%的 Er^{3+}掺杂浓度比较适宜。因为 Er^{3+}掺杂浓度能够改变各能级间的能量转移速率，经过实验测量和数值计算发现高掺杂的浓度不利于 3.5μm 激光的辐射。

目前，产生 3.5μm 激光的泵浦方式分为两种，一种是单波长泵浦，另一种是双波长泵浦。1992 年，Többen 在室温下泵浦一段掺杂摩尔分数为 1%的 Er^{3+}: ZBLAN 光纤，获得了 3.5μm 激光输出[44]。这是第一个工作在室温条件下的 3.5μm 光纤激光器，但该激光器输出功率和效率极低，主要原因在 5.3.1 节中已说明。该问题困扰了研究人员 20 多年，直到 2014 年，Henderson-Sapir 等通过使用双波长泵浦(dual-wavelength pumping, DWP)方案进一步抽运长寿命激发态上布居的粒子，解决了由于长寿命激发态造成的自终止效应问题，使转化效率提高了一个数量级以上。其使用的两个泵浦源：一个是 985nm 激光二极管，用来将粒子激发到长寿命的 $^4I_{11/2}$ 能级，使该能级出现显著的粒子数增长；另一个泵浦光由 1973nm 掺铥光纤激光器提供，将 $^4I_{11/2}$ 能级上的粒子抽运至激光上能级 $^4F_{9/2}$，从而形成粒子数反转，两能级之间跃迁发射 3.5μm 中红外波长激光，再让粒子通过快速多声子无辐射跃迁从激光下能级跃迁回 $^4I_{11/2}$ 能级，因此双波长泵浦中粒子在 $^4I_{11/2}$ 和 $^4F_{9/2}$ 能级间多次循环，在更高能级上创建了一个“虚拟基态”[45]。

在理论仿真方面，2016 年，Malouf 等提出了一种适用于双波长泵浦的 3.5μm 掺 Er^{3+}: ZBLAN 光纤激光器的数值模型，该模型在时间和空间上提供了深入研究光纤中原子和光子相互作用的方法，可通过优化系统参数来提升激光器性能[46]。同年，Henderson-Sapir 等发现使用低掺杂浓度光纤可以减少新能量转移过程($^4I_{11/2}+{}^4F_{9/2}\to{}^4I_{13/2}+{}^4S_{3/2}$)对于激光输出的不利影响[47]。2017 年，Maes 等发现 $^4F_{9/2}\to{}^4F_{7/2}$ 的虚拟激发态吸收过程可有效降低激光上能级粒子数，若双波长泵浦的两种泵浦波长(976nm 和 1973nm)中 976nm 泵浦功率较低，则激光上能级粒子数消布居使 3.5μm 辐射猝灭，会导致输出功率的大幅度降低，甚至完全抑制激光发射[48]。相关理论的发展让科研人员进一步建立了新的、更完整的激光器模型，有助于人们更好地理解 Er^{3+}中与 3.5μm 跃迁相关的能级跃迁过程，促进了双波长泵浦方案的改进，而双波长泵浦耦合技术的发展反过来也让理论仿真更加精确可用。图 5.14 的右边是典型的双波长泵浦方案。

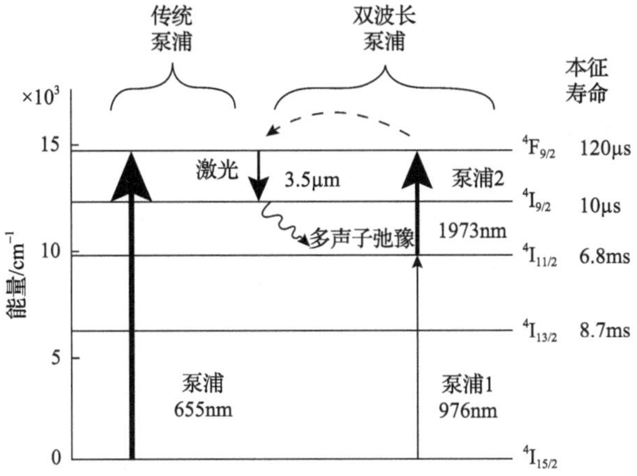

图 5.14　传统单波长泵浦方案和新型双波长泵浦方案比较[26]

首先，利用 976nm 的泵浦光将电子从基态抽运到亚稳态 $^4I_{11/2}$，该能级的寿命较长，可以积累大量的粒子数用于进一步的激发态吸收。随后 1973nm 的泵浦光将电子从亚稳态 $^4I_{11/2}$ 抽运至 3.5μm 激光上能级 $^4F_{9/2}$，上能级的粒子辐射 3.5μm 的光子跃迁到寿命较短的激光下能级 $^4I_{9/2}$，粒子会通过快速的多声子弛豫回到亚稳态 $^4I_{11/2}$，完成一个循环。通过此循环，976nm 泵浦光将亚稳态 $^4I_{11/2}$ 变成虚拟基态。粒子在亚稳态以上能级之间循环时，少量粒子会通过自发辐射和热弛豫过程逃离循环而落到真实的基态，此时 976nm 泵浦光会把这些逃离循环的粒子再次抽运到虚拟基态，故只需要较低的 976nm 的泵浦光功率就能维持激光器的正常运转。利用双波长的泵浦方案，激光的斜效率可以被大大提升到理论极限值 56.37%。双波长泵浦方案也对其他具有长寿命激发态的增益介质具有借鉴意义，如 Ho^{3+}掺杂的 3.9μm 光纤激光器。

2. Er^{3+}: ZBLAN 光纤激光能级跃迁过程

图 5.15 是 Er^{3+}: ZBLAN 光纤激光器的能级结构示意图和各个能级间存在的能量转移过程。三个能级 $^4F_{7/2}$、$^2H_{11/2}$ 和 $^4S_{3/2}$ 间隔很小，即使两个能级 $^4F_{7/2}$ 和 $^2H_{11/2}$ 存在粒子，这些粒子也会通过声子弛豫快速落到能级 $^4S_{3/2}$ 上面，因此这三个能级可以看成热耦合在一起的第五激发态能级[49]。由于每个能级上的电子可以通过辐射荧光和多声子弛豫掉到能量比较低的能级，因此每个能级都有各自的寿命，激

光上能级 $^4I_{11/2}$ 的寿命为 6.9ms，激光下能级的寿命为 9.0ms，根据激光受激辐射放大的原理，这样的能级寿命无法形成粒子数反转，激光辐射会出现自终止现象，但是能级间的能量转移过程可以克服这一问题。

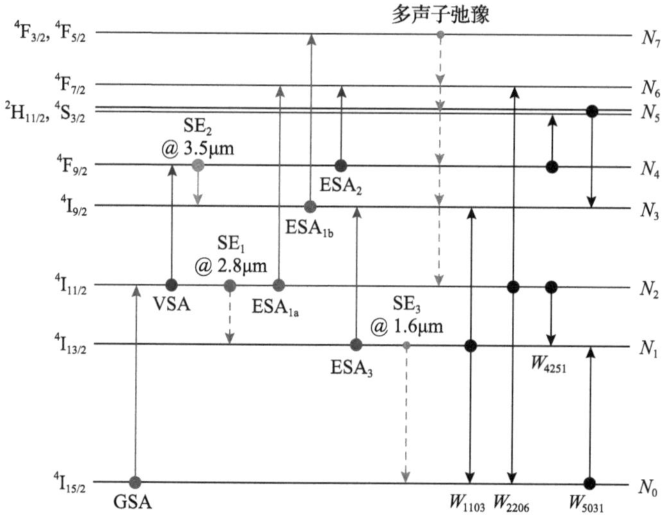

图 5.15　2.8μm 和 3.5μm Er^{3+}: ZBLAN 光纤激光器能级结构和能量转移过程示意图

与 2.8μm Er^{3+}: ZBLAN 光纤激光器相比，3.5μm 的光纤激光器有两点不同：第一点，增益介质的浓度必须大大降低；第二点，单波长泵浦变成双波长泵浦，976nm 的泵浦光是包层泵浦，1973nm 的泵浦光是纤芯泵浦。如图 5.14 所示，976nm 泵浦光将粒子激发到亚稳态 $^4I_{11/2}$，由于该能级的离子寿命长达 6.8ms，粒子能够大量积累在该能级上，形成一个虚拟基态。该“基态”上的粒子在 1973nm 的泵浦光作用下，继续向上跃迁到激光的上能级 $^4F_{9/2}$。从图中可以看出，激光上能级 $^4F_{9/2}$ 的寿命(120μs)远远长于激光下能级 $^4I_{9/2}$ 的寿命(10μs)，因此可以实现粒子数反转，该能级结构属于典型的四能级系统。

3. 中红外 Er^{3+}: ZBLAN 连续光纤激光器的理论分析

以 2.8μm 激光产生为例，下面介绍中红外 Er^{3+}: ZBLAN 连续光纤激光器的理论模拟。在 Er^{3+}: ZBLAN 激光系统中存在着大量的粒子动力学过程，根据激光器类型的差异其占比会有很大区别，图 5.16 中给出了级联 2.8μm/1.6μm-Er^{3+}: ZBLAN 激光系统中涉及的部分主要过程，包含了辐射跃迁、离子间无辐射能量传递、荧光及多声子跃迁，辐射跃迁包含 980nm 波段相关的基态吸收与激发态吸收以及 2.8μm 与 1.6μm 波段的受激辐射。

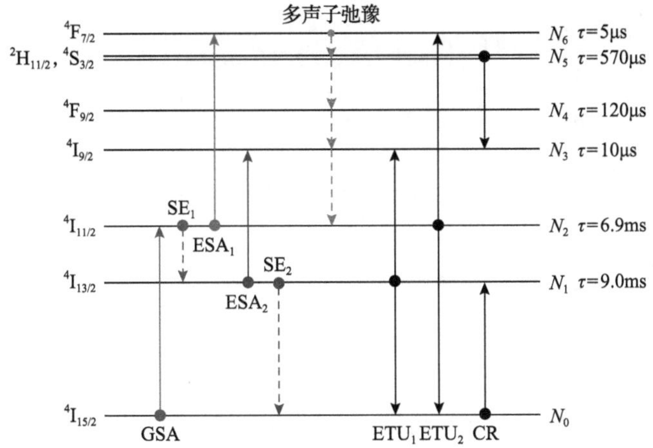

图 5.16　级联 Er^{3+}: ZBLAN 部分能级系统示意图(绿色箭头代表 980nm 的泵浦吸收，蓝色箭头代表 1.6μm 处的吸收与发射，红色箭头代表 2.8μm 处的发射，黑色箭头代表部分离子间无辐射相互作用，灰色箭头代表部分多声子弛豫；CR 指交叉弛豫)

结合示意图 5.16，2.8μm/1.6μm-Er^{3+}: ZBLAN 级联激光系统的动力学过程与粒子数密度分布可由以下速率方程组表示：

$$\begin{cases}\dfrac{\partial N_6(z,t)}{\partial t}=-\dfrac{N_6}{\tau_6}+R_{\mathrm{ES11}}+R_{\mathrm{ETU2}}\\ \dfrac{\partial N_5(z,t)}{\partial t}=-\dfrac{N_5}{\tau_5}+\beta_{65}\dfrac{N_6}{\tau_6}-R_{\mathrm{CR}}\\ \dfrac{\partial N_4(z,t)}{\partial t}=-\dfrac{N_4}{\tau_4}+\sum\limits_{i=5}^{6}\beta_{i4}\dfrac{N_i}{\tau_i}\\ \dfrac{\partial N_3(z,t)}{\partial t}=-\dfrac{N_3}{\tau_3}+\sum\limits_{i=4}^{6}\beta_{i3}\dfrac{N_i}{\tau_i}+R_{\mathrm{ES12}}+R_{\mathrm{ETU1}}+R_{\mathrm{CR}}\\ \dfrac{\partial N_2(z,t)}{\partial t}=-\dfrac{N_2}{\tau_2}+\sum\limits_{i=3}^{6}\beta_{i2}\dfrac{N_i}{\tau_i}+R_{\mathrm{GSA1}}-R_{\mathrm{ES11}}-R_{\mathrm{SE1}}-2R_{\mathrm{ETU2}}\\ \dfrac{\partial N_1(z,t)}{\partial t}=-\dfrac{N_1}{\tau_1}+\sum\limits_{i=2}^{6}\beta_{i1}\dfrac{N_i}{\tau_i}+R_{\mathrm{SE1}}-R_{\mathrm{ES12}}-R_{\mathrm{SE2}}-2R_{\mathrm{ETU1}}+R_{\mathrm{CR}}\\ \dfrac{\partial N_0(z,t)}{\partial t}=\sum\limits_{i=1}^{6}\beta_{i0}\dfrac{N_i}{\tau_i}-R_{\mathrm{GSA}}+R_{\mathrm{SE2}}+R_{\mathrm{ETU1}}+R_{\mathrm{ETU2}}-R_{\mathrm{CR}}\end{cases}\tag{5.2}$$

其中，$N_i=\sum iN_i(z,t)$。增益光纤中 980nm 泵浦光功率与 1.6μm/2.8μm 激光功率的演化则可通过一组功率传输方程组的形式表征：

$$\begin{cases}\dfrac{\partial P_1^{\pm}(z,t)}{\partial z}=\pm\Big[-\varGamma_{\mathrm{clad}}\left(\sigma_{\mathrm{ESA1}}N_2-\sigma_{\mathrm{ABS62}}N_6\right)\\ \qquad -\varGamma_{\mathrm{clad}}\left(\sigma_{\mathrm{GSA}}N_0-\sigma_{\mathrm{ABS20}}N_2\right)-\alpha_1\Big]P_1^{\pm}(z,t)\\ \dfrac{\partial P_{\mathrm{s1}}^{\pm}(z,t)}{\partial z}=\pm\Big[\varGamma_{\mathrm{core}}\sigma_{\mathrm{SE1}}\left(b_2N_2-b_1N_1\right)-\alpha_{\mathrm{s1}}\Big]P_{\mathrm{s}}^{\pm}(z,t)\\ \dfrac{\partial P_{\mathrm{s2}}^{\pm}(z,t)}{\partial z}=\pm\Big[\varGamma_{\mathrm{core}}\sigma_{\mathrm{SE2}}\left(b_1N_1-b_0N_0\right)\\ \qquad -\varGamma_{\mathrm{core}}\left(\sigma_{\mathrm{ESA2}}N_1-\sigma_{\mathrm{ABS31}}N_3\right)-\alpha_{\mathrm{s2}}\Big]\cdot P_2^{\pm}(z,t)\end{cases} \tag{5.3}$$

式中，α_1、α_{s1}、α_{s2} 分别为三种传输光的背景损耗常数；$P^{+}(z,t)$ 表示正向传输光；$P^{-}(z,t)$ 表示反向传输光。结合前向泵浦与后向泵浦两种方案，可以给出激光腔的两点边界条件：

$$\begin{cases}P_1^{+}(0)=P_1^{-}(0)R_{10}+P_{10}\\ P_1^{-}(L)=P_1^{+}(L)R_{1\mathrm{L}}+P_{1\mathrm{L}}\\ P_{\mathrm{s1}}^{+}(0)=P_{\mathrm{s1}}^{-}(0)R_{\mathrm{s10}}\\ P_{\mathrm{s1}}^{-}(L)=P_{\mathrm{s1}}^{+}(L)R_{\mathrm{s1L}}\\ P_{\mathrm{s2}}^{+}(0)=P_{\mathrm{s2}}^{-}(0)R_{\mathrm{s20}}+P_{\mathrm{s20}}\\ P_{\mathrm{s2}}^{-}(L)=P_{\mathrm{s2}}^{+}(L)R_{\mathrm{s2L}}\end{cases} \tag{5.4}$$

式中，R_{10}、R_{s10}、R_{s20} 分别为三种传输光在 $z=0$ 处的腔镜反射率；$R_{1\mathrm{L}}$、R_{s1L}、R_{s2L} 分别为三种传输光在 $z=L$ 处的腔镜反射率；P_{10} 与 $P_{1\mathrm{L}}$ 分别为 980nm 泵浦光在两端的泵浦功率；P_{s20} 为 1.6μm 入射光功率。基态吸收(GSA)与激发态吸收(ESA1)的跃迁速率可表示为

$$R_{\mathrm{GSA}}(z,t)=\varGamma_{\mathrm{clad}}\frac{\lambda_1\left(P_1^{+}(z,t)+P_1^{-}(z,t)\right)}{hcA_{\mathrm{eff}}}\sigma_{\mathrm{GSA}}N_2(z,t) \tag{5.5}$$

$$R_{\mathrm{ESA1}}(z,t)=\varGamma_{\mathrm{clad}}\frac{\lambda_1\left(P_1^{+}(z,t)+P_1^{-}(z,t)\right)}{hcA_{\mathrm{eff}}}\sigma_{\mathrm{ESA1}}N_2(z,t) \tag{5.6}$$

式中，λ_1=976nm；σ_{GSA} 与 σ_{ESA1} 为泵浦光的有效吸收截面；N_2 代表第 2 能级的粒子数密度；$\varGamma_{\mathrm{clad}}$ 为包层传输光的模式重叠积分因子，对于高阶模式的包层传输

光它可以通过纤芯/包层面积比近似表示：

$$\Gamma_1 \approx \frac{d_{\text{core}}}{d_{\text{clad}}} \tag{5.7}$$

因此，对于 2.8μm 与 1.6μm 激光的受激辐射跃迁速率，也可用类似的方式表示：

$$R_{\text{SE1}}(z,t) = \Gamma_{\text{core}} \frac{\lambda_{\text{s1}}\left(P_{\text{s1}}^{+}(z,t) + P_{\text{s1}}^{-}(z,t)\right)}{hcA_{\text{eff}}} \sigma_{\text{SE1}} \left(b_2 N_2(z,t) - b_1 \frac{g_2}{g_1} N_1(z,t) \right) \tag{5.8}$$

$$R_{\text{SE2}}(z,t) = \Gamma_{\text{core}} \frac{\lambda_{\text{s2}}\left(P_{\text{s2}}^{+}(z,t) + P_{\text{s2}}^{-}(z,t)\right)}{hcA_{\text{eff}}} \sigma_{\text{SE2}} \left(b_1 N_1(z,t) - b_0 \frac{g_1}{g_0} N_0(z,t) \right) \tag{5.9}$$

式中，λ_{s1}、λ_{s2} 分别为 2.8μm、1.6μm 波段的信号光波长，其具体数值需要根据激光系统结构与 Stark 能级对的相对位置得出。由于两信号光均在纤芯中传播，其横向光场强度分布可认为遵循高斯分布，因此纤芯中重叠积分因子 Γ_{core} 可表示为

$$\Gamma_{\text{core}} \approx 1 - \exp\left(-\frac{d_{\text{core}}^2}{2\omega_0^2} \right) \tag{5.10}$$

式中，ω_0 为单模光纤中的模场半径，对于高斯分布的光场，Marcuse 曾拟合出了一个误差小于 1%的经验公式[50]，如今在光纤光学中被广泛使用：

$$\omega_0 = \frac{d_{\text{core}}}{2} \left(0.65 + \frac{1.619}{V^{1.5}} + \frac{2.879}{V^6} \right) \tag{5.11}$$

$$V = \frac{\pi d_{\text{core}}^2}{\lambda} \sqrt{n_{\text{core}}^2 - n_{\text{clad}}^2} \tag{5.12}$$

式(5.11)中 V 为阶跃型光纤归一化频率参数，在 V<2.405 时为单模传输条件。在式(5.8)和式(5.9)中，σ_{SE1} 与 σ_{SE2} 分别为 2.8μm 与 1.6μm 的受激辐射横截面，g_2 与 g_1 为上下 Stark 能级的简并度系数，b_1 与 b_2 为 Stark 能级的玻尔兹曼分布系数。在晶体场理论中，稀土离子掺入玻璃基质中时，晶体场 Hamilton 量的球谐函数展开式中偶次项的作用会引起如图 5.17 所示的能级劈裂效应[51]，因此系统中某个波长的辐射跃迁过程实际上是发生在两个不同线簇(manifold of sublevel)中的 Stark 能级对之间[52]。

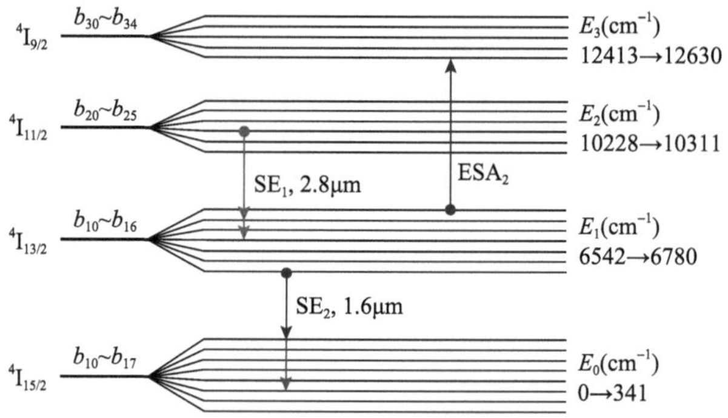

图 5.17　Stark 能级劈裂示意图（总角动量为 J 的能级劈裂出 $(2J+1)/2$ 个 Stark 子能级）

根据 Kramer 效应，在具有奇数个电子的 Er^{3+}系统中各子能级简并度系数 $g_i = g_j = 2$，每个总角动量为 J 的“能级”将劈裂为包含 $(2J+1)/2$ 个 Stark 子能级的线簇[53]，如图 5.17 所示，处于同一线簇中的各 Stark 能级粒子数密度遵循玻尔兹曼分布，因此某一波长的辐射跃迁上下能级粒子数可通过线簇总粒子数与此线簇中子能级的玻尔兹曼分布系数 b_i 的乘积表示。玻尔兹曼系数可通过配分函数进行计算：

$$b_i = \frac{\exp\left(-\beta E_i\right)}{\sum_j \exp\left(-\beta E_j\right)} \tag{5.13}$$

式中，$\beta = 1/(k_B T)$，k_B 为玻尔兹曼常量，T 为热力学温度；E_i 为第 i 个 Stark 能级的位置，单位取 cm^{-1}。

在稀土离子掺杂的光学玻璃中，具有匹配能级对的离子间会发生一种无辐射能量传递，即交叉弛豫[41]，其发生概率由掺杂稀土离子的平均间距直接决定，根据能量传递方向、施主与受主能级位置的不同可对信号光发射产生积极或消极影响。交叉弛豫过程在光纤激光动力学系统中扮演着极为关键的角色，通过不同的控制手段，可以对具有积极作用的交叉弛豫进行增强，或对具有消极作用的交叉弛豫进行抑制。交叉弛豫的发生速率可由施主能级粒子数密度与交叉弛豫参数的乘积表示[54]：

$$\begin{aligned} R_{\mathrm{ETU1}} &= N_1^2 W_{1103} \\ R_{\mathrm{ETU2}} &= N_2^2 W_{2206} \\ R_{\mathrm{CR}} &= N_0 N_5 W_{5031} \end{aligned} \tag{5.14}$$

式中，W_{ijxy} 为 $(i, j) \to (x, y)$ 能级间的宏观交叉弛豫参数；N_i 为特定能级的粒子数密度，在级联 2.8μm-Er^{3+}: ZBLAN 激光系统中，作用较为重要的交叉弛豫过程包括

$(^4I_{13/2},{}^4I_{13/2})\rightarrow(^4I_{15/2},{}^4I_{9/2})$、$(^4I_{11/2},{}^4I_{11/2})\rightarrow(^4I_{15/2},{}^4I_{7/2})$与$(^4S_{3/2},{}^4I_{15/2})\rightarrow(^4I_{9/2},{}^4I_{13/2})$，分别对应于图 5.16 中的 ETU_1、ETU_2、CR。

此外，对于任意的激发态能级的离子，都会存在固有的能级寿命，处于该能级的离子具有一定概率自发地回落到低能级，此过程包括荧光的产生与不产生辐射的多声子弛豫[55]，从 $i\rightarrow j$ 能级的总弛豫速率可由式(5.15)表示：

$$R_{ij}=\beta_{ij}R_i=\frac{\beta_{ij}N_i}{\tau_i} \tag{5.15}$$

式中，τ_i 为能级固有寿命；β_{ij} 为 $i\rightarrow j$ 能级的荧光分支比，在 Er^{3+}: ZBLAN 光纤激光器系统中，其值可参照文献[53]中给出的测量与计算结果。

在推导出速率方程组、功率传输方程组、边界值条件后，便需要选定合适的不变与可变光谱参数，其中 Er^{3+}在 ZrF_4 玻璃基质中的能级固有寿命、荧光分支比作为第一组光谱参数，在数值模型中作为不变光谱参数，而不同能级的吸收/发射横截面、玻尔兹曼分布系数、重叠积分因子等另一组参数需要根据实际情况进行查找或测量计算，在模型中作为可变光谱参数。选择准确合适的可变光谱参数是保证数值模型准确性最关键的因素。接下来对重掺杂 2.8μm-Er^{3+}: ZBLAN 光纤激光器系统进行数值模拟，内容包括对现有文献研究结果的复现，以及对几种腔型结构、输出耦合镜反射率等参数的模拟分析。

方程组(5.2)和(5.3)与对其进行求解的算法理论共同组成了激光器的数值模型。针对初值问题，通常采用有限差分与龙格-库塔思想结合的交替求解法[55]；而针对边值问题，通常采用弛豫法与打靶法[56]。本节利用新型的弛豫-打靶组合(RSM)算法[57]对重掺杂单波长 2.8μm-Er^{3+}: ZBLAN 光纤激光器做一个简要的仿真分析，仿真中 Er^{3+}的不变光谱参数如表 5.2 所示，其中包含了能级固有寿命与荧光分支比，参数来源于文献[58]。离子的部分有效吸收与发射截面、离子作用参数等一部分可变光谱参数如表 5.3 所示，在这里所采用的参数来源于文献[59]，剩余所需的可变参数如离子数密度、重叠积分因子、光纤损耗等则需要根据具体仿真的增益光纤进行计算。为验证数值模型的准确性，接下来将还原 2011 年 Gojanm 小组与 2012 年李剑锋小组在单波长 2.8μm-Er^{3+}: ZBLAN 光纤激光器中的仿真与实验结果。

表 5.2　不变光谱参数

参数	取值
τ_1	9ms
τ_2	6.9ms
τ_3	10μs

续表

参数	取值
τ_4	120μs
τ_5	570μs
τ_6	5μs
β_{21}, β_{20}	0.37, 0.63
β_{32}, β_{30}	0.999, 0.001
$\beta_{43}, \beta_{42}, \beta_{41}, \beta_{40}$	0.85, 0.006, 0.004, 0.14
$\beta_{54}, \beta_{53}, \beta_{52}, \beta_{51}, \beta_{50}$	0.34, 0.012, 0.015, 0.18, 0.44
β_{65}, β_{60}	0.99, 0.01

表 5.3　部分可变光谱参数

参数	取值(WI)	取值(SI)
$W_{1103}/(\mathrm{m^3/s})$	1.0×10^{-24}	36×10^{-24}
$W_{2206}/(\mathrm{m^3/s})$	0.3×10^{-24}	12×10^{-24}
$W_{5031}/(\mathrm{m^3/s})$	0.5×10^{-24}	27×10^{-24}
$\sigma_{02}/\mathrm{m^2}$	2.1×10^{-25}	2.1×10^{-25}
$\sigma_{26}/\mathrm{m^2}$	1.1×10^{-25}	1.1×10^{-25}
$\sigma_{21}/\mathrm{m^2}$	7.2×10^{-26}	7.2×10^{-26}
$\sigma_{12}/\mathrm{m^2}$	4.5×10^{-26}	5.085×10^{-26}
$\alpha_p/\mathrm{m^{-1}}$	3.0×10^{-3}	3.0×10^{-3}
$\alpha_s/\mathrm{m^{-1}}$	23×10^{-3}	23×10^{-3}

注：WI 表示弱离子作用，SI 表示强离子作用。

进行先行性仿真的目标增益光纤为双包层重掺杂光纤，掺杂浓度为 7%(摩尔分数)，换算成离子数密度可得出 $N_{\mathrm{Er}}=11.2\times10^{26}\mathrm{m}^{-3}$，纤芯直径 $d_{\mathrm{core}}=14.5\mu\mathrm{m}$，纤芯 NA=0.12，包层直径为 $d_{\mathrm{clad}}=250\mu\mathrm{m}$，包层 NA=0.4，在这里设定光纤长度为 L=5m，整体的激光腔型结构采用传统的端面泵浦，下面对三种端面泵浦方式进行分析，如图 5.18 所示。

图 5.18 给出了三种典型的端面泵浦方案示意图，从上至下分别为前向泵浦(forward pumping, FP)、后向泵浦(backward pumping)与双向泵浦(bi-directional pumping, BiP)。腔中的 2.8μm 高反射率光纤布拉格光栅(HR-FBG)的反射率设定为理想的 95%，输出耦合的低反射率光纤布拉格光栅(LR-FBG)反射率设定为 50%，入射的泵浦总功率为 10W，双向泵浦两端的功率均为 5W，不考虑纤芯温度特性的变化，下面给出三种方案下激光振荡器内的功率分布特性曲线，如图 5.19 所示。

从图 5.19 中数值模拟的结果可以看出，在总泵浦功率完全相等的情况下三种泵浦方式的输出功率相差并不大，对于前向泵浦与后向泵浦，泵浦光对入射端的增益很高，信号光在此处迅速增长至最大值附近，而在远离泵浦端一侧，增益迅速减小，功率增长速度放缓，在损耗系数偏大时甚至会出现负增长。从非线性效

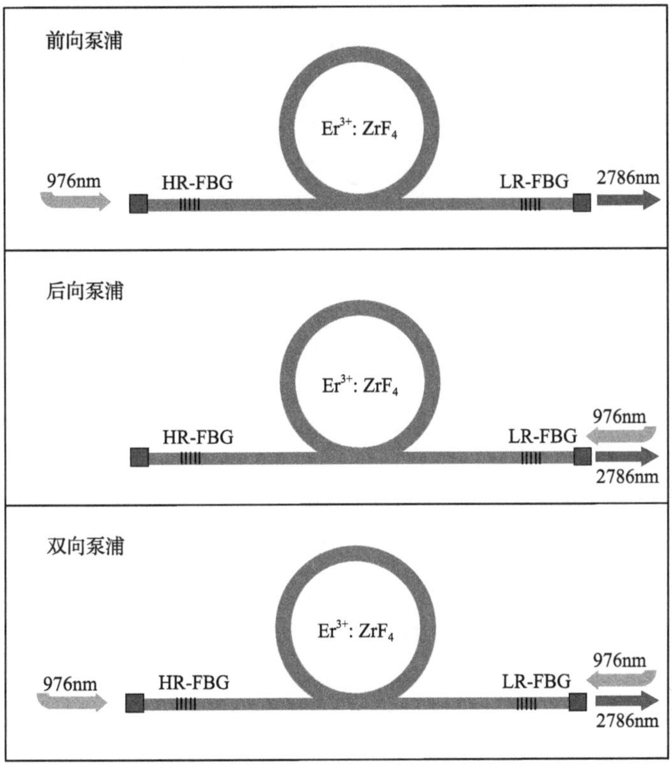

图 5.18　三种典型的端面泵浦方案

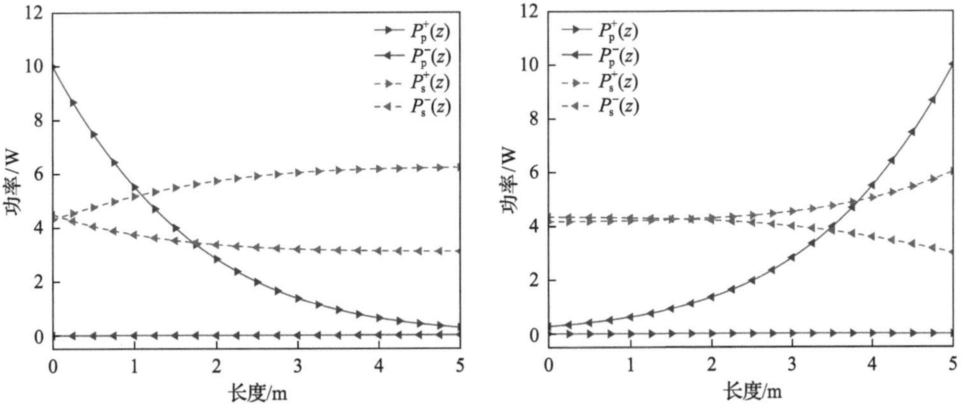

(a) 前向泵浦　　(b) 后向泵浦

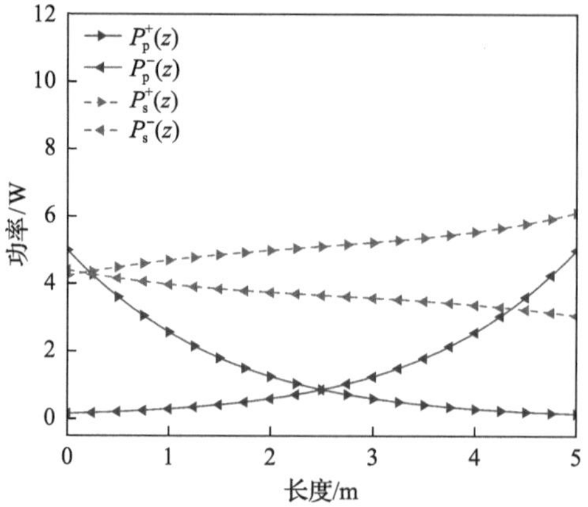

(c) 双向泵浦

图 5.19　激光振荡器内功率分布(实线代表 980nm 泵浦光，虚线代表 2.8μm 信号光)

应的角度来讲，采用后向泵浦可使信号光在光纤中的 B 积分降至最低，有利于抑制非线性效应的产生，然而泵浦光与信号光共用一套透镜耦合系统增加了调节难度与成本。双向泵浦则有利于抑制光纤热效应，因为其泵浦光分布更加均匀，在高功率端面泵浦下往往采用此方案。

图 5.20 主要反映了后向泵浦下 LR-FBG 对激光输出功率特性的影响，可以看出在重掺杂系统中，在反射率从 100%降低至零的变化下，输出功率先急速提升并逐渐趋于稳定，在接近零时快速降至最低，且泵浦功率越高此过程越剧烈。综上可知，腔镜反射率并不是影响重掺杂系统中信号光输出的关键因素，在实际激光腔中采用 40%的反射镜与仅依靠 4%菲涅耳反射的平角端面的功率输出相差不大。图 5.21 给出了四种反射率下的功率输出特性曲线，在反射率小于等于

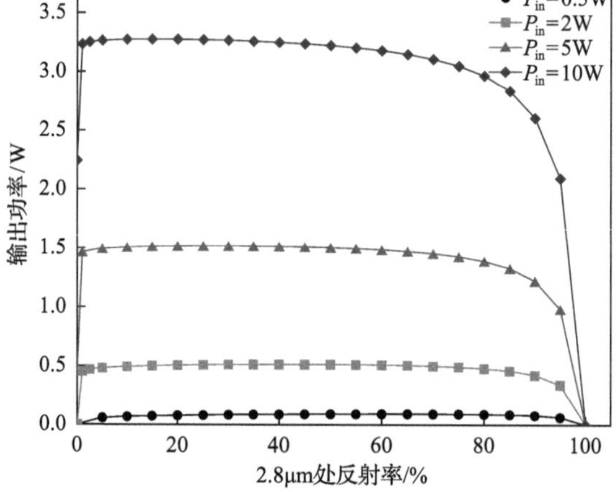

图 5.20　激光输出功率随 2.8μm 输出耦合光栅反射率的变化关系

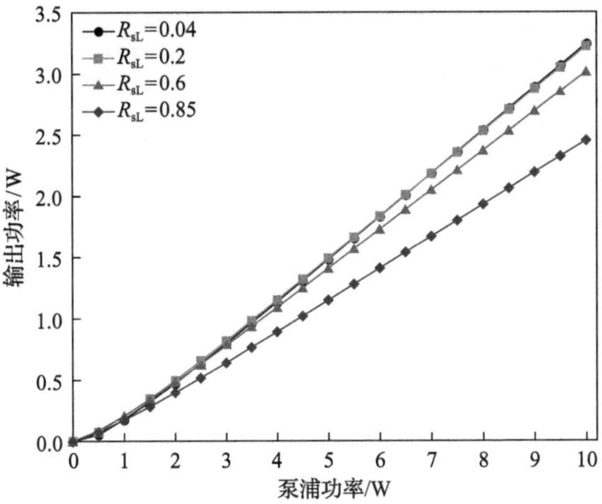

图 5.21　四种不同反射率下激光功率输出特性

0.2 时斜效率趋于稳定，达到了 34%，因此平角端面输出反而是最有利于高功率输出的情况，然而这并不意味着不再需要光纤光栅：一方面，光纤光栅还具有控制反射率与波长选择的功能，仅使用平角端面会带来激光阈值提升、起振模式数过多、波长性能差等问题；另一方面，仅依靠平角端面会使输出端易发生端面损伤，存在很大的局限性，因此仍十分有必要引入合适的 2.8μm 波段的输出耦合光栅。

4. Er^{3+}: ZBLAN 光纤激光振荡器

对于中红外全光纤连续激光器，传统的研究路径是先实现空间结构的 2.8μm 激光振荡器，以及空间结构 2.8μm 放大器，其间不断优化研究方案，提高输出性能，并与理论研究工作相互辅助。但空间泵浦结构本身稳定性较差，耦合效率不高，因此在空间腔型结构研究成熟后，可使用氟化物光纤侧面包层泵浦耦合器技术来实现泵浦耦合环节的全光纤化来提升系统的稳定性与耦合效率。2.8μm/1.6μm 级联激光系统及功率输出特性曲线如图 5.22 所示。

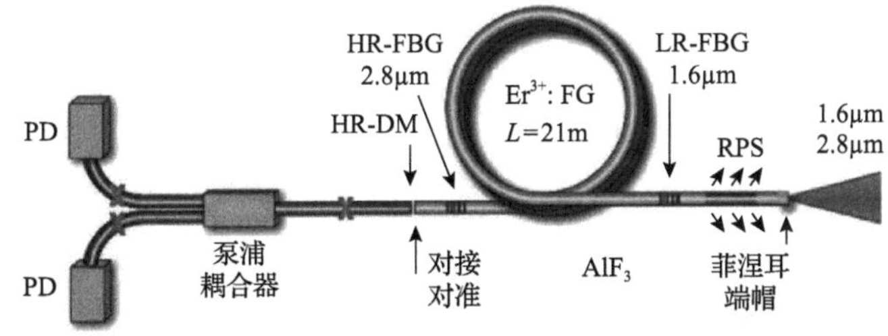

(a) 2.8μm/1.6μm级联激光系统

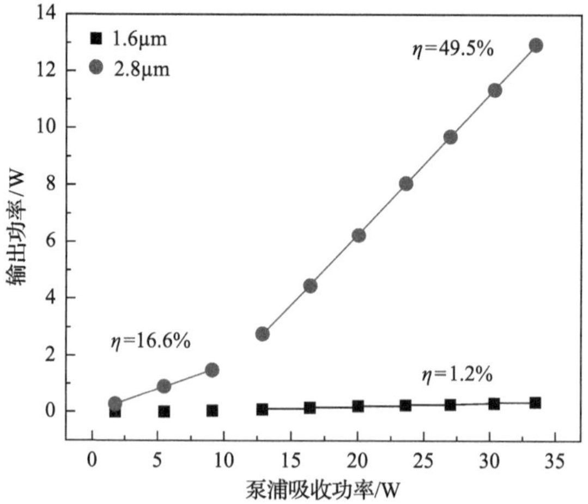

(b) 2.8μm/1.6μm激光功率输出特性曲线

图 5.22　2.8μm/1.6μm 级联激光系统及功率输出特性曲线[60]

2017 年，拉瓦尔大学的 Aydin 等采用 21m 的 1%(摩尔浓度)轻掺杂增益光纤，先在增益光纤一侧刻写 2.8μm 高反射率光纤光栅，配合另一侧的平角 AlF_3 端帽构成 2.8μm 振荡腔；随后在一侧镀 1.6μm 高反射率的二向反射膜，另一侧刻写 1.6μm 高反射率光纤光栅，从而构成 1.6μm 激光振荡腔来实现双波长的级联起振，980nm 泵浦源通过尾纤机械对接直接耦合进增益光纤中。在该研究中，当泵浦功率足够高并超过 1.6μm 激光阈值时，斜效率达到了惊人的 49.5%[60]，是目前世界上报道的最高的转换效率，最终在 52.9W 的泵浦功率(43.4W 进入增益光纤)下实现了 12.95W 的 2.825μm 激光输出，验证了此方法的发展潜力。

本节给出基于空间结构的自由运转 2.8μm-Er^{3+}: ZBLAN 光纤激光振荡器的实验装置，如图 5.23 所示。

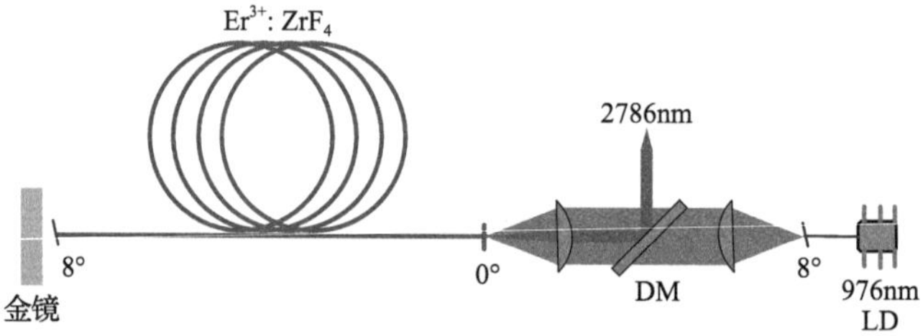

图 5.23　2.8μm-Er^{3+}: ZBLAN 光纤激光振荡器

图 5.23 为基于全空间结构的自由运转单波长 Er^{3+}: ZBLAN 光纤激光振荡器，采用后向端面泵浦结构，在这里采用的增益光纤为重掺杂双包层增益光纤，纤芯直径 d_{core}=14.5μm，数值孔径 NA=0.13，内包层为横向结构对称的双 D 形，尺寸

为 240μm×260μm，数值孔径 NA=0.4，图中最右侧的 976nm 商用 LD 泵浦源发射光由 8°角 105/125μm 多模石英尾纤输出，经过双球面透镜组的准直聚焦耦合进增益光纤内包层，左侧球面镜焦距为20mm，右侧球面镜焦距为25.4mm，增益光纤右侧的输入兼输出端研磨 0°角，以降低耦合损耗并通过 4%的菲涅耳反射起到输出耦合的作用，增益光纤左侧则研磨至 8°角并与一金制全反镜直接紧密对接。由于采用了后向泵浦结构，信号光与泵浦光共用一套透镜组，信号光经一片对 2800nm 波段高反，对 976nm 波段高透的二向色镜(dichroicmirror，45°角放置)输出，值得注意的是，若此处的二向色镜镀膜工艺不够完善，将产生较为严重的能量损耗。信号光输出功率特性曲线如图 5.24 所示。

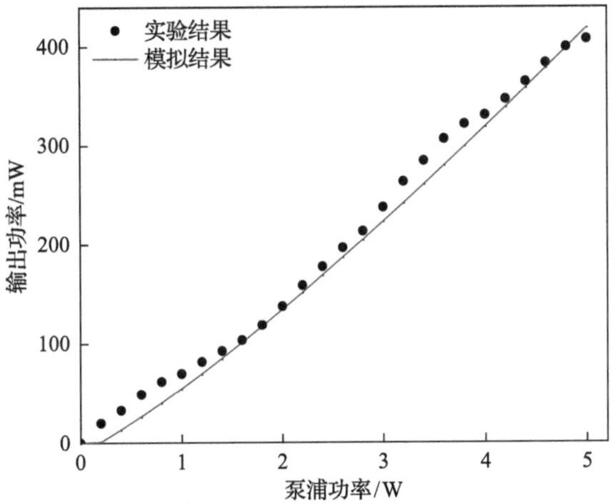

图 5.24　振荡器功率输出特性

图 5.24 为此腔型结构下振荡器的功率输出特性曲线，黑色点为实验结果，曲线为理论仿真结果，理论仿真中的不变光谱参数同表 5.2，可变光谱参数部分取自表 5.3 中 Gorjanm 等给出的弱离子作用(weekly interacting, WI)情况，由于此实验装置采用的是双球面透镜组进行泵浦光的准直聚焦包层耦合，聚焦光斑存在较强的球差与色差影响，耦合效率偏低，最终 2.8μm 信号光功率仅为 400mW，耦合效率约为 50%，此效率下功率输出曲线可以与理论模拟曲线比较好地吻合。实验中镜架、机械调节台、裸纤夹具等空间元件的热形变将会使输出功率产生严重的波动。另外，纤芯温度的提高也会导致线簇内 Stark 能级离子数密度的热分布发生变化，系统的增益谱线整体向长波方向移动，在带有光栅的定波长系统中会导致输出功率饱和，斜效率降低，而在采用透镜或裸纤输出的非定波长系统中，会使输出波长发生红移，在经过光谱测试后，在输出结果中同样观测到了这一点。信号光输出光谱特性曲线如图 5.25 所示。

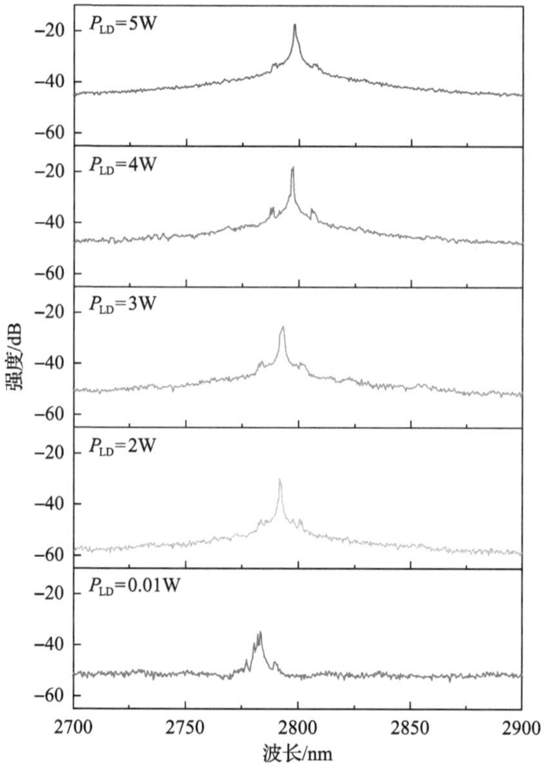

图 5.25　振荡器光谱输出特性

图 5.25 为不同泵浦功率下振荡器输出的光谱，由于没有使用光纤光栅等波长选择器件，除了主振荡模式，光谱增益带宽内还存在一定数量的其他起振纵模，而随着泵浦功率的提升，输出信号光的中心波长出现了红移现象，在 5W 变化范围内波长漂移量约 15nm(2783nm→2798nm)，此现象与上述分析以及文献[61]中预测的一致，发生原因可解释为增益光纤纤芯随泵浦功率上升而逐渐升温，导致 Er^{3+}的 $^4I_{11/2}$与 $^4I_{13/2}$线簇内各 Stark 子能级的热分布配置发生改变，引发激光发射截面曲线向长波方向漂移，具体的波长位移量与热力学温度之间的关系可以根据 Stark 能级的玻尔兹曼分布系数定义式以及配分函数进行计算。

5.3.3　中红外脉冲调制光纤激光器

基于脉冲调制的中红外脉冲激光产生方法主要包括调 Q 技术和锁模技术。中红外的主动调 Q 技术包括声光调 Q 和电光调 Q。声光调制器通过调制信号控制超声波开关从而影响声光晶体(TeO_2 等晶体)晶格排布改变腔内 Q 值；电光调制器通过控制电压改变腔内 Q 值。然而，基于电光调制器的 Q 开关的光能转换效率相当低，这是由于电光调制自身的偏振器和两个磷酸氧钛铷(RTP)晶体的低透射率，最终的输出功率较低。基于声光调制器的中红外主动调 Q 脉冲激光器在性能上具有优势，主要体现在获得的输出脉冲功率和峰值功率能保持较高的水平，但在中红外声光调 Q 领域仍然有很多值得探索的现象和可以优化的措施。相比较于主动调 Q 的方式，被动调 Q 成本低，结构更加简单，紧凑性好，可以直接集成到光纤内部易于实现全光纤化。因此，基于稀土离子掺杂 ZBLAN 光纤，将非线性光学材料作为可饱和吸收体掺入激光腔是产生中红外脉冲激光最主要的方法，这也是典型的被动调 Q 方式，其中，二维材料由于其宽带吸收、弛豫时间快、易于制造而被广泛研究。在过去几年中石墨烯、黑磷(BP)、拓扑绝缘体、拓扑半金属(TS)、过渡金属硫化物(TMD)等已被用作可饱和吸收体实现了中红外脉冲光纤激光器的被动锁模，本节将主要对中红外的锁模技术进行介绍。

1. 光纤激光器被动锁模理论研究

激光锁模(mode-locking, ML)作为产生皮秒与飞秒级超短脉冲最为常见的技术手段，经过数十年的发展其理论已经较为完善，其动力学机理的解释大致分为两个角度：相位锁定与激光输出关系的角度以及非线性光学角度[62]。在频域上，光纤激光器的增益与损耗特性共同决定了其振荡线宽，在激光器运转时线宽内存在大量同时起振的纵模，相邻纵模之间间隔为 $\Delta\omega = 2\pi/L_0$ ，在这里 L_0 为光学谐振腔腔长，每一个纵模的光场可表示为

$$E_q(z,t) = E_0 \exp\left(\mathrm{i}\left(\phi_q - \omega_q t\right)\right) \tag{5.16}$$

式中，ϕ_q 与 ω_q 为第 q 阶纵模的相位与角频率，每个纵模的振幅被视为完全相等(E_q=E_0)，现假定振荡线宽内的纵模总阶数为 N=2M+1，那么腔内的总光场可写为各纵模的光场叠加：

$$E(z,t) = \sum_{q=-M}^{M} E_0 \exp\left(\mathrm{i}\left(\phi_q - \omega_q t\right)\right) \tag{5.17}$$

光强与光场在数学上满足关系 $I(z,t)=|E(z,t)|^2$，在自由运转的激光器中，各纵模完全独立运转，相位间无特定关系，属于非相干叠加，干涉项平均效果为零，而在锁模运转激光器中，相邻纵模间的相位差锁定，并遵循关系：

$$\phi_m - \phi_{m-1} = \Delta\phi \tag{5.18}$$

$$\begin{cases} \phi_m = \phi_0 + m\Delta\phi \\ \omega_m = \omega_0 + m\Delta\omega \end{cases} \tag{5.19}$$

因此在相位差固定后，可以解析地表示出光强分布表达式：

$$I(z,t)=|E(z,t)|^2=\frac{\sin^2\left(\frac{1}{2}[(2M+1)(\Delta\omega t+\Delta\phi)]\right)}{\sin\left(\frac{1}{2}(\Delta\omega t+\Delta\phi)\right)}=\frac{\sin^2\left(\frac{1}{2}[(2M+1)a]\right)}{\sin\left(\frac{1}{2}a\right)} \tag{5.20}$$

式(5.16)中，采用$a=\Delta\omega t+\Delta\varphi$表示时域信息以便于作图，标准锁模脉冲序列包含了主脉冲序列与主脉冲之间的次脉冲序列，主脉冲重复频率与周期满足关系$f=c/L_0$，$T=1/f$，脉冲时域周期恰好是激光在谐振腔内往返循环一次的时间，因此在实际的锁模实验中往往可根据锁模重复频率或脉冲间隔判断腔长。此外脉冲峰值光强为单一模式光强的$(2M+1)^2$倍，因此更高的峰值功率也需要更多的起振模式数，这一点与 Agrawal 在其著作中给出的无啁啾高斯脉冲傅里叶变换极限定律一致[63]，由式(5.20)可以得出，单个主脉冲宽度满足关系：

$$\Delta T=\frac{1}{(2M+1)\Delta\nu_q}=\frac{1}{\Delta\nu} \tag{5.21}$$

主脉冲宽度可视作各纵模线宽之和，即总振荡线宽的倒数。因此，从相位锁定的角度，锁模运转可看成在振荡腔内不断循环的单个脉冲，每经过一次腔内循环实现一次脉冲输出。综上所述，从相位锁定与激光输出关系的角度解释锁模机理较为简单直观，易于理解，然而缺点在于假设条件较为理想，简单的光场叠加完全无视了色散与非线性效应的影响，因此不适合用在实际的锁模仿真中，若要准确仿真光纤激光器中的锁模动力学过程，还需采用非线性光学的方法，这里一般采用 Haus 等提出的主方程(master equation)，即 Ginzburg-Landau 方程(以下简称 G-L 方程)，此理论可较好地解释腔内元件相互独立且位置无关的弱脉冲成型锁模[64]。

2. 基于可饱和吸收体的被动锁模掺铒氟化物光纤激光器的理论模型

5.3.2 节简单介绍了锁模的基本原理，接下来将建立可饱和吸收体的理论模型。可饱和吸收体根据其材料恢复时间的长短可分为快速可饱和吸收体和慢速可饱和吸收体。快速和慢速可饱和吸收体相对应的理论模型是不一样的，通常在锁模实验中使用的是快速可饱和吸收体，其损耗系数可表示为

$$\alpha(t)=\frac{\alpha_0-\alpha_n}{1+\frac{|A|^2}{P_A}}+\alpha_n \tag{5.22}$$

式中，P_A为可饱和吸收体的饱和功率；α_0、α_n分别为可饱和损耗和非饱和损耗，另外调制深度$q=\alpha_0-\alpha_n$。而慢速可饱和吸收体的损耗系数表示为

$$\frac{\mathrm{d}\alpha(t)}{\mathrm{d}t}=-\frac{\alpha-\alpha_0+\alpha_n}{\tau_{\mathrm{A}}}-\frac{|A|^2}{E_{\mathrm{A}}}\alpha \tag{5.23}$$

式中，τ_{A} 和 E_{A} 分别为可饱和吸收体的恢复时间和饱和通量。当可饱和吸收体的恢复时间非常小时，求解式(5.23)可得

$$\alpha(t)=\frac{\alpha_0-\alpha_n}{f(t)}\left(\frac{1}{\tau_{\mathrm{A}}}\int_{-\infty}^{t}f(t)\mathrm{d}t+1\right)+\alpha_n \tag{5.24}$$

式中

$$f(t)=\exp\left(\int_{-\infty}^{t}\frac{1}{\tau_{\mathrm{A}}}+\frac{|A|^2}{E_{\mathrm{A}}}\mathrm{d}t\right) \tag{5.25}$$

式(5.22)和式(5.24)就是快速和慢速可饱和吸收体的损耗随光脉冲强度变化的理论模型。

为了和实验相对应，通常使用快速可饱和吸收体的理论模型(式(5.22))模拟被动锁模掺铒氟化物光纤激光器中光脉冲的传输演化过程。为了真实、准确地模拟基于可饱和吸收体的被动锁模掺铒氟化物光纤激光器中脉冲的产生和演化过程，充分考虑激光腔内各个元器件对光脉冲传输特性的影响，需要将描述增益光纤光脉冲传输特性的 G-L 方程以及可饱和吸收体的理论模型相结合。数值模拟中采用“脉冲跟踪”法来得到光脉冲在激光腔内不同位置的传输和演化过程，当光脉冲经过掺铒氟化物光纤时，采用 G-L 方程描述光脉冲传输特性；当光脉冲经过可饱和吸收体时，考虑可饱和吸收体的损耗系数(式(5.22))；之后光脉冲经聚焦透镜射入分光镜时，部分光脉冲透射成为输出光，剩余部分被反射回腔内，成为新一轮传输过程的初始光；光脉冲在激光腔内循环传输，最后可以获得稳定的锁模脉冲输出。

掺 Er^{3+} ZBLAN 锁模光纤激光振荡器目前已取得快速发展，采用了多种锁模方式与锁模材料实现了脉冲及超短脉冲的中红外脉冲光纤激光输出，但就输出性能而言，相较于成熟的近红外波段，无论是在性能指标，还是系统集成性、可靠性及稳定性方面都还有较大的差距，其面临的技术难题主要有以下几个方面。

1) 全光纤化问题

近红外波段拥有各种基于石英光纤的商用化光纤型功能器件，如合束器、耦合器、隔离器、滤波器、环形器以及锁模器件等。但在中红外波段，由于光纤功能器件的缺乏和光纤处理技术的不完善，整体全光纤化水平较低，尤其是锁模光纤激光振荡器，全光纤化结构仍然处于实验室阶段，大部分系统均采用空间结构，虽然有部分国外公司已经能够提供商用化的中红外超短脉冲光纤激光器，但仍然

无法避免系统内局部的空间结构。因此，研制中红外锁模产生所亟需的有源和无源光纤功能器件(如光纤型 SESAM、合束器、光纤光栅、隔离器及耦合器等)就显得尤为重要。

2)锁模脉冲性能提升问题

虽然目前中红外锁模光纤激光振荡器在脉冲宽度压缩、功率/能量提升、波长拓展、噪声抑制及稳定性提升等方面取得了快速进展，但从中外锁模振荡器中直接产生的脉冲宽度通常较宽，无法直接实现数十飞秒脉冲输出，这往往需要配合腔外增益提取、色散补偿及非线性演化等多个过程，大大增加了系统的复杂程度。已报道的飞秒中红外锁模氟化物光纤激光振荡器主要工作在传统孤子和拉伸孤子状态，受限于平均孤子面积定理，其脉冲能量仍然难以大幅提升，因此为了解决该问题就需要使振荡器工作在其他状态，如自相似、耗散孤子等。

3)锁模技术的多样化问题

相比于近红外波段，诸多极具优势的锁模技术还并未在中红外波段被发展起来，如非线性光纤环形镜(non-linear optical-fiber loop mirror，NOLM)及非线性放大环形镜(non-linear amplication loop mirror，NALM)锁模技术可有效解决非线性偏振旋转(NPR)技术存在的环境稳定性较差的问题；Mamyshev 再生锁模技术可有效抑制连续分量造成的锁模不稳定性，大幅提升脉冲峰值功率；非线性多模干涉(nonlinear multimode interference，NLMMI)锁模技术则具有先天的全光纤和低成本优势。因此，进一步拓展中红外脉冲光纤激光锁模技术不但有助于提升激光器本身的性能，同时也为不同实际应用需求提供了更多的选择。

从根本上来说，超短脉冲 Er^{3+}: ZBLAN 锁模光纤激光振荡器所使用的中红外氟化物光纤的软化温度很低、声子能量较大、量子效率较低，这就导致其很难在高功率激光输出时在长时间内稳定运转，同时电光效率也比较低，因此中红外的锁模光纤激光振荡器就要突破全光纤化技术、热管理与端帽设计等保护性技术、优化量子效率等，这也是中红外脉冲光纤激光领域必须达成的研究目标。可以预见的是，随着中红外光纤器件的成熟，中红外锁模技术将变得更加多样化，输出性能也将得到大幅提升。

3. 基于侧面泵浦耦合的 2.8μm 准全光纤锁模光纤激光振荡器及放大器

与近红外波段类似，在中红外超短脉冲锁模技术中，采用半导体可饱和吸收镜(SESAM)作为被动锁模器件同样是最为常见的锁模方法[65]，该锁模方法由于具备出色的工作稳定性、可进行精确的参数定制等特点，如今已被广泛应用于各种波段、各种类型的激光器中超快激光的产生。除传统的半导体可饱和吸收镜，近些年来研究人员还探索了大量具有可饱和吸收特性的新材料，其中如碳纳米管、石墨烯、拓扑绝缘体、过渡金属二硫族化合物、黑磷等低维材料由于具有长吸收带宽、极短的弛豫时间、低饱和通量等特性，成为超快激光锁模领域强有力的后备军。区别于上述实体可饱和吸收元件，基于环形腔结构的 NPR 锁模，属于一类较为经典的人工可饱和吸收体锁模方式，其可饱和吸收特性源自光纤内自相位调制产生的非线性相移，引发激光偏振方向的两正交分量间出现相位延迟[66]。NPR 锁模具有结构简单易搭建、易于自启动、响应速度极快的特点，也被广泛应用于中红外波段的光纤激光器。值得注意的是，上述几种锁模方式的实验装置通常采用空间结构，这无疑大大降低了锁模的稳定性。

高度集成化、全纤化的高功率 Er^{3+}: ZBLAN 光纤激光器具有十分广泛的应用前景，而实现激光器的全纤化首先需要攻克氟化物光纤的全光纤泵浦耦合技术，目前此类型的全光纤激光器除使用传统的端面熔接式泵浦外，还可以使用角度磨抛式侧面泵浦[67]与拉锥缠绕式侧面泵浦[68]，从国内外发展现状来看，端泵型熔融拉锥技术发展成熟，有制作工艺简单、泵浦和信号耦合效率高、工作稳定性高、耐高温等特点，广泛地应用于近红外波段光纤激光器系统。但针对内包层为特殊结构的双包层光纤，熔融拉锥过程会破坏内包层结构，影响泵浦光的传输，因此通常可使用侧泵型光纤合束器代替。虽然侧泵型光纤合束器在制作工艺上较端泵型合束器复杂，但其可以实现多点泵浦，不占用光纤端面，从而使信号光耦合效率得以提升，尤其在中红外光纤合束器的制作方面，侧面泵浦避免了光纤熔接造成的光损耗。因此，根据不同泵浦耦合方式制作光纤合束器是研制不同类型高功率光纤激光器必须解决的问题。接下来主要对全纤化高功率 Er^{3+}: ZBLAN 光纤激光器展开实验研究，主要内容包括基于侧面泵浦耦合的全光纤 Er^{3+}: ZBLAN 光纤激光器及放大器相关研究。

1) 2.8μm 准全光纤锁模光纤激光振荡器

本部分将围绕氟化物光纤侧面包层泵浦耦合器技术，展示实现泵浦光耦合环节的全光纤化的方法，并在振荡器中通过 SESAM 被动锁模技术实现 2.8μm 皮秒级脉冲输出。图 5.26 为准全光纤结构的 2.8μm 锁模脉冲种子源方案示意图。

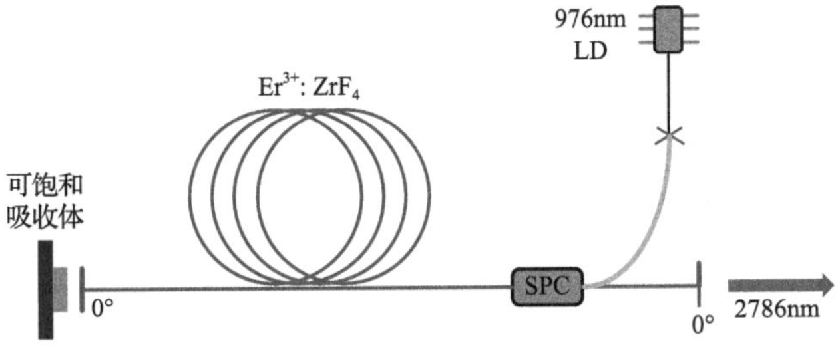

图 5.26　2.8μm 准全光纤锁模振荡器示意图

增益光纤整体置于一铝制螺旋形凹槽中进行热管理，增益光纤两端均研磨 0°

角，左端对接 SESAM 等被动锁模元件，右端 976nm LD 的 105/125μm 多模石英尾纤与一段直径 125μm 的石英制无芯光纤熔接，此段无芯光纤经过拉锥、切割、缠绕、贴合等一系列工艺操作与双包层 Er^{3+}: ZBLAN 光纤内包层一体化，制成全光纤侧面泵浦耦合器，在泵浦纤中传输的 976nm 泵浦光经弱耦合效应逐渐转移至信号纤内包层中，实现包层泵浦耦合，以下将介绍部分技术细节。侧面泵浦耦合器示意图如图 5.27 所示。

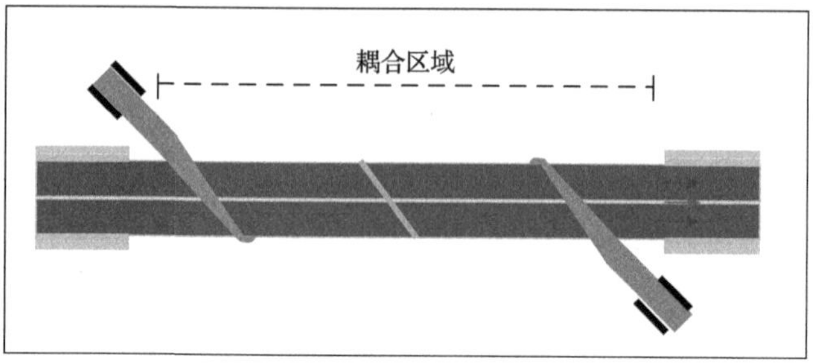

图 5.27　侧面泵浦耦合器示意图

中心区域即耦合区 (CR)，泵浦光在此区域内大量转化为紧贴纤芯表面且与芯内光波同向传输的消逝场，并与双包层光纤中的信号发生弱耦合，进而使能量逐渐发生转移，耦合效率受数值孔径、拉锥长度、拉锥比、折射率差等多种因素影响，因此在拉锥前需通过仿真软件预先设计结构，泵浦纤可采用 105/125μm 多模石英光纤或 125μm 无芯石英光纤，前者更为简单方便，后者可获得更高的耦合效率。在光纤拉锥时采用光纤拉锥机通过控制进气排气流量精确控制仓内气压，通过 3 电极间的环形电流产生高温等离子体对光纤进行加热熔融，光纤被固定在电极两端夹持平台的夹具上，拉锥时一侧平台固定另一侧平台移动，通过控制放电功率、内部气压、平台位置和移动速度实现特定参数的光纤锥体制造。

图 5.28 和图 5.29 分别为拉锥机内部拍摄图与拉锥界面。采用工业二氯甲烷溶液在抗腐蚀的聚四氟乙烯软管中浸泡 DC-Er^{3+}: ZBLAN 光纤，精准去除中间区域固定长度的涂覆层，擦净固定后进行微调，使拉锥无芯光纤均匀缠绕、紧贴于 DC-Er^{3+}: ZBLAN 光纤内包层上，在贴合过程中可将缠绕区浸入丙酮溶液并通过溶液提供的表面张力与背景折射率提升耦合效率，操作过程中需要实时在放大器输出端监测输出功率，微调节至输出功率最大时再浸入带有光学折射率匹配胶的铝制凹槽中，使用大功率紫外汞灯照射，使其形成固化膜封装。

对于折射率匹配胶的选取，使用波导仿真软件计算最佳折射率区间为 1.36～1.38，因此选取了相匹配的低折射率树脂进行封装。随后采用了自制的拉锥缠绕式侧面包层泵浦耦合器取代透镜组、抛物面镜等空间耦合器件，大幅提升了结构的紧凑性与稳定性，完全消除了机械件热跳变的影响，但存在的问题在于耦合效率偏低并且发热较为严重，因此仍具备很大的改进空间。在锁模种子源方面，在腔左侧端面对接一反射式可饱和吸收元件，以实现强度调制，实验中先后尝试对接 SESAM 与涂有碳纳米管的金制全反镜，光谱输出图像如图 5.30 所示。

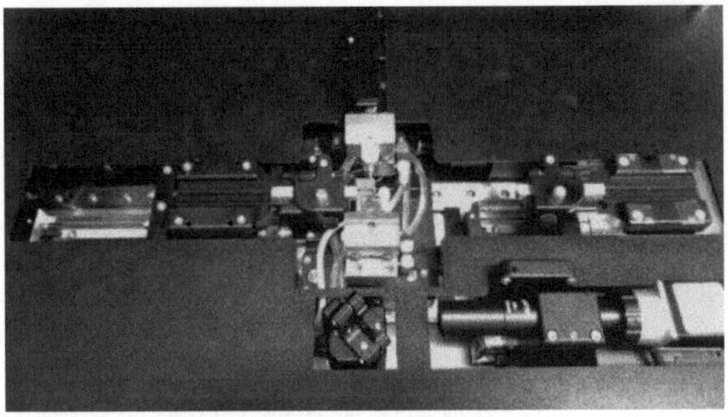

图 5.28　光纤拉锥机

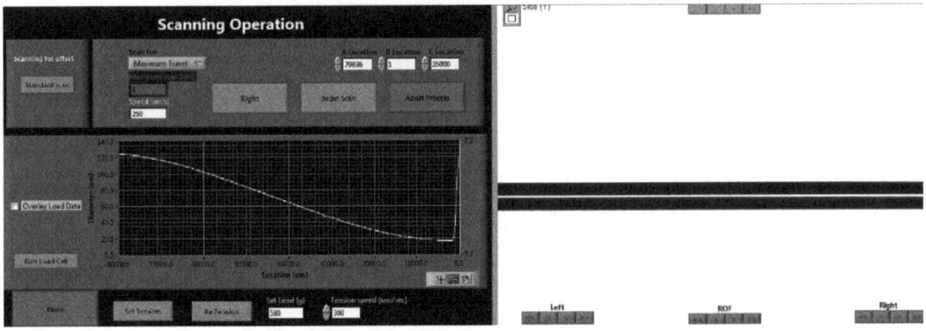

图 5.29　拉锥曲线界面

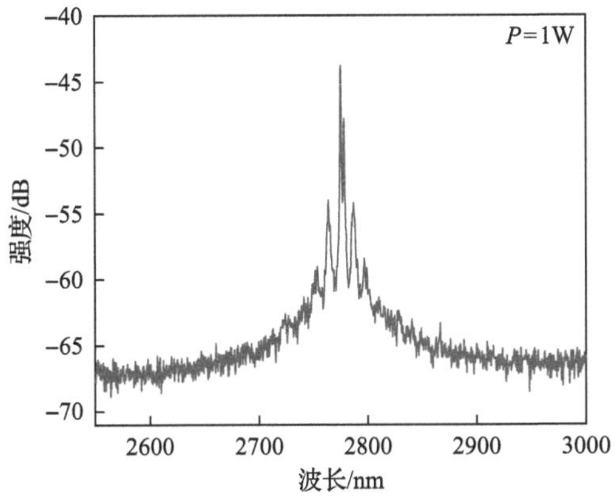

(a) 连续波

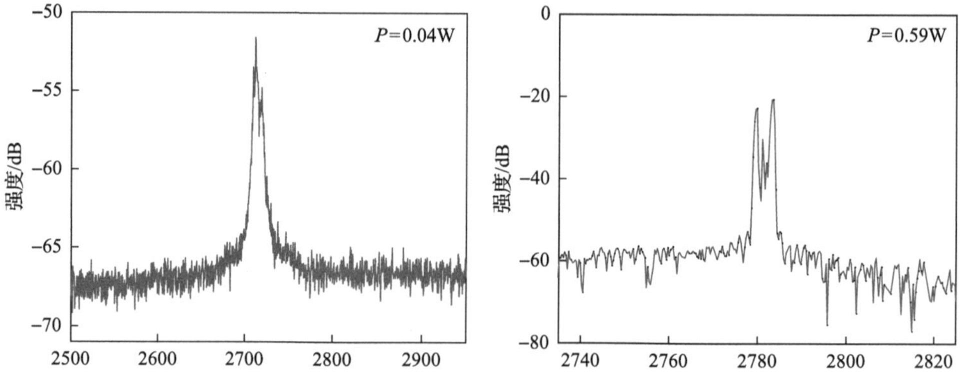

(b) 碳纳米管　　(c) SESAM

图 5.30　插入不同可饱和吸收元件后光谱对比

图 5.30 为三种情况下准全光纤激光振荡器中输出的光谱，图 5.30(a)为对接金镜、泵浦光 1W 时的连续光输出，图 5.30(b)为插入涂有碳纳米管的金镜、泵浦光功率 0.04W 的光谱输出，图 5.30(c)为插入 SESAM，泵浦光功率 0.59W 时的光谱输出。可以看出图 5.30(a)中为明显的尖峰状谱线，为纯粹的连续光输出，图 5.30(b)中则呈现出了疑似调 Q 的迹象，图 5.30(c)中是锁模输出的谱线。但两种非连续输出情况下光谱都不稳定，推测是耦合效率偏低导致实际泵浦功率未达到锁模阈值，因此需要测量光谱演化图确定锁模阈值功率，采用光谱仪测量了泵浦功率 1W 及以下的光谱演化过程，测量结果如图 5.31 所示。

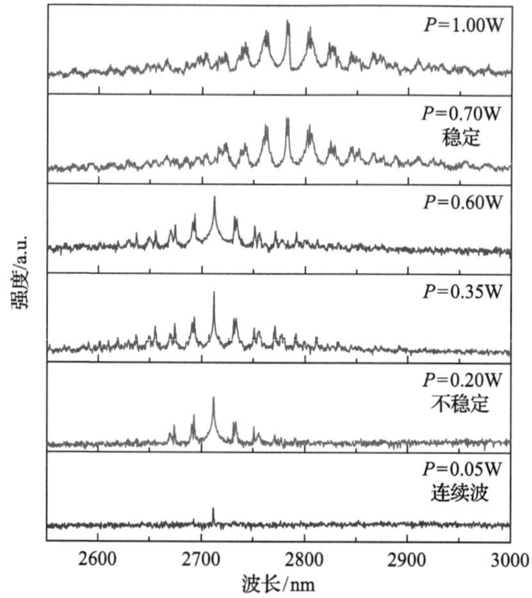

图 5.31　振荡器光谱输出特性

图 5.31 给出了 1W 及以下的输出光谱演化图，可以看出在 P=0.05W 时光谱呈现单个尖峰，随着功率提升脉冲的形状呈现出了多峰结构，当功率达到 0.6～0.7W 区间内时，中心波长发生了小幅度的长波方向跳变，之后光谱形状与位置不再发生改变，光谱的多峰结构是由光谱仪本身测量不准确导致的。在该光谱演化中，中心波长在 0.6～0.7W 区间中小幅度跳变可推测锁模产生的阈值，为验证这一点，测量了在大于 0.7W 泵浦光下的时域脉冲序列，时域信息采用购置的增益型碲镉汞(MCT)光电探测器采集，如图 5.32 所示。

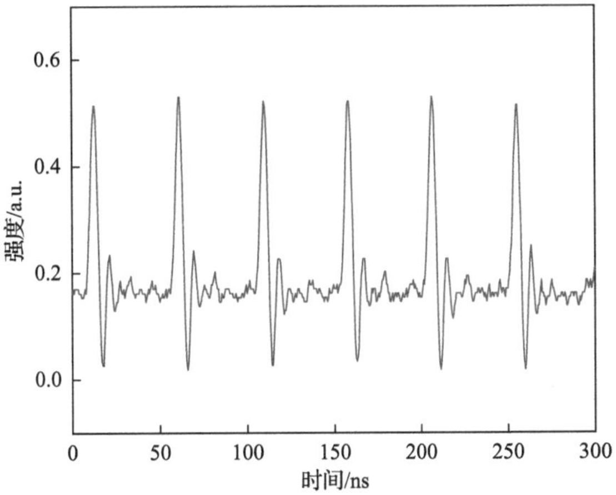

图 5.32　0.7W下时域脉冲序列(P_{LD}=0.7W，F=20.5948MHz)

图 5.32 给出了 LD 泵浦功率为 0.7W 时锁模脉冲的时域测量图像，可以看出，输出信号光在时域上呈现出了稳定的脉冲序列，重复频率为 20.5948MHz，符合 $f=c/(2nL_0)$ 的理论计算结果，因此可以判定此时已经达到了稳定的锁模，而在泵浦功率为 0.6W 时脉冲序列则无法稳定，可以证明锁模阈值位于 0.6～0.7W 区间内，种子源可以实现稳定的锁模脉冲输出，最终泵浦功率为 1W 时输出功率为 27.6mW。输出功率较低一方面在于 SESAM 的可饱和吸收效应消耗了一部分功率，另一方面说明泵浦光耦合效率过低，因此优化侧面泵浦耦合器的制备工艺十分关键。

2)全光纤 2.8μm 超短脉冲放大器

图 5.33(a)为全光纤 2.8μm 超短脉冲放大器装置图。在该装置中，采用后向泵浦的形式对重复频率 48.16MHz 的高重复频率脉冲激光进行放大。前面已经介绍了基于氟化物光纤的侧面泵浦耦合器，耦合器的具体结构如图 5.33(b)所示，其耦合效率及后向泵浦效率分别为 31%和 0.3%，几乎不存在后向泵浦光。本节使用的掺 Er^{3+}氟化物光纤与 5.3.2 节相同，长度均为 5m，实际装置中需要采用水冷板对 Er^{3+}: ZBLAN 光纤和耦合器进行冷却。在本放大实验中，2.8μm 的信号光为 2μm

飞秒脉冲激光泵浦锗酸盐光纤产生的拉曼孤子，其脉冲宽度为 126fs，通过机械对接的方式耦合进 Er^{3+}: ZBLAN 光纤激光放大器中，耦合效率为 51%。放大器的平均输出功率随着泵浦功率的增加而线性增加，光光转换效率约为 14.2%，在 8.8W 泵浦功率下获得了 1.25W 的最大平均输出功率。随着泵浦功率的增加，脉冲能量也显著增强，最高可达到 26.02nJ。

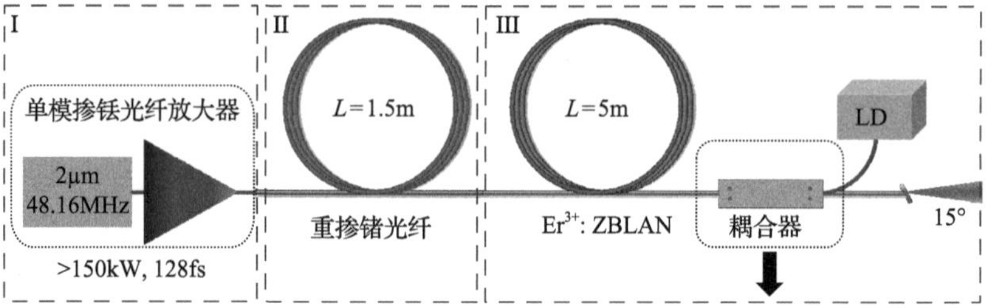

(a) 全光纤2.8μm超短脉冲放大器装置

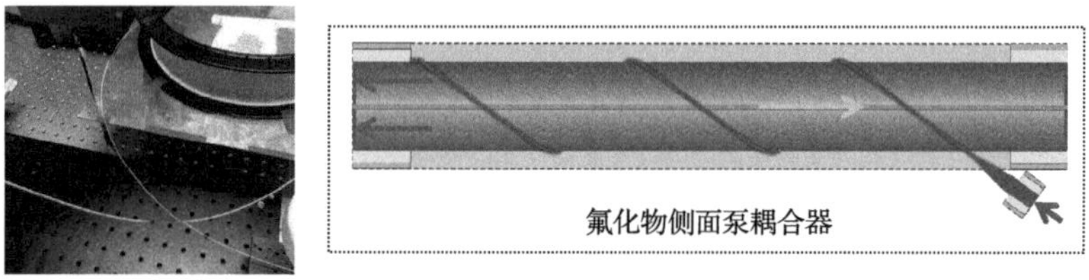

(b) 基于氟化物光纤的侧面泵浦耦合器的具体结构

图 5.33　全光纤 2.8μm 超短脉冲放大器装置及基于氟化物光纤的侧面泵浦耦合器的具体结构

5.4　基于非线性技术的中红外脉冲激光产生方法

中红外波段激光可以通过光纤非线性的波长频移法实现能量向长波长的转化，其中最为常用的是受激拉曼散射和拉曼孤子自频移效应两种。前者通常采用连续、准连续、短脉冲的半导体或光纤激光器泵浦非线性光纤，后者则通常采用百飞秒量级的超短脉冲激光在反常色散区泵浦开腔的非线性光纤。在非线性效应作用下，泵浦光能量会逐渐向长波带转化，该波带由泵浦波长和非线性光纤本身共同决定，是目前获得中红外脉冲光纤激光最常用的方式。本节将关注光纤中的非线性效应，通过数值仿真和具体实例介绍基于光纤非线性效应产生调谐中红外脉冲光纤激光的方法。

5.4.1　非线性效应理论

当光脉冲在光纤中传输时，介质的束缚电子在施加的光场影响下做非谐振运动，从而产生了光纤的非线性。光纤中的非线性效应主要是由光纤中的三阶电极化率产生的，在脉冲激光的作用下，光纤中的自相位调制(SPM)、受激拉曼散射(SRS)、拉曼孤子自频移、色散波(dispersion wave, DW)和调制不稳定性(MI)等非线性效应为中红外脉冲激光的产生提供了有力支持。

1. 脉冲传输方程

光纤中大多数非线性效应的研究涉及使用宽度范围从约 10ns 到 10fs 的短脉冲。当此类光脉冲在光纤内传播时，色散效应和非线性效应都会影响它们的形状和光谱。当光脉冲在非线性光纤中传播时，波动方程可以表示为

$$\nabla^2 E - \frac{1}{c^2}\frac{\partial^2 E}{\partial t^2} = \mu_0 \frac{\partial^2 P_{\mathrm{L}}}{\partial t^2} + \mu_0 \frac{\partial^2 P_{\mathrm{NL}}}{\partial t^2} \tag{5.26}$$

式中，感应极化的线性部分和非线性部分分别通过式(5.27)和式(5.28)与电场 $E(r, t)$ 相关:

$$P_{\mathrm{L}}(r,t) = \delta_0 \int_{-\infty}^{t} \chi^{(1)}(t-t') \cdot E(r,t')\mathrm{d}t' \tag{5.27}$$

$$\begin{aligned} P_{\mathrm{NL}}(r,t) = \delta_0 & \int_{-\infty}^{t} \mathrm{d}t_1 \int_{-\infty}^{t} \mathrm{d}t_2 \int_{-\infty}^{t} \mathrm{d}t_3 \\ & \cdot \chi^{(3)}\left(t-t_1, t-t_2, t-t_3\right) \cdot E(r,t_1)E(r,t_2)E(r,t_3) \end{aligned} \tag{5.28}$$

一般需要做如下几个假设再对方程(5.26)进行求解：①实际情况下折射率非线性变化小于 10^{-6}，所以把 $P_{\mathrm{L}}(r,t)$ 假定为 $P_{\mathrm{NL}}(r,t)$ 的微扰进行求解；②假设激光光场的偏振态在光纤介质的长度方向上保持不变，则可以直接将其视为标量场进行近似求解；③因为光场的谱宽与中心频率 ω_0 之比远小于 1，三次以上的高阶色散可以忽略，所以假设光场接近单色，假设对脉冲宽度短至 0.1ps 的脉冲是成立的。在这三个假设的基础上超短脉冲在光纤中演化的表达式，即广义薛定谔方程在频域表达形式为

$$\begin{aligned} & \frac{\partial A}{\partial z} + \frac{1}{2}\left(\alpha(\omega_0) + \mathrm{i}\alpha_1 \frac{\partial}{\partial t}\right)A - \mathrm{i}\sum_{n=1}^{\infty} \frac{\mathrm{i}^n \beta_n}{n!}\frac{\partial^n A}{\partial t^n} \\ & = \mathrm{i}\left(\gamma(\omega_0) + \mathrm{i}\gamma_1 \frac{\partial}{\partial t}\right)\left(A(z,t)\int_0^{\infty} R(t')\left|A(z,t-t')\right|^2 \mathrm{d}t'\right) \end{aligned} \tag{5.29}$$

式中，A 为频域光场的振幅变化，它是对时域光场 $A(z,t)$ 的傅里叶变换；$\frac{1}{2}\left(\alpha(\omega_0) + \mathrm{i}\alpha_1 \frac{\partial}{\partial t}\right)A$ 为光纤损耗项；$\mathrm{i}\left(\gamma(\omega_0) + \mathrm{i}\gamma_1 \frac{\partial}{\partial t}\right)$ 为非线性效应项；$R(t')$ 为归一化的拉曼

响应函数。频域广义薛定谔方程能够方便地表征光场、光纤损耗、光纤色散、非线性效应等与频率相关的物理量。

在慢变包络近似下，定义拉曼响应函数 $R(t')$ 的一阶矩为

$$T_{\mathrm{R}} \equiv \int_0^{\infty} tR(t)\mathrm{d}t \approx f_{\mathrm{R}} \int_0^{\infty} th_{\mathrm{R}}(t)\mathrm{d}t = f_{\mathrm{R}} \left.\frac{\mathrm{d}\left(\mathrm{Im}\,\tilde{h}_{\mathrm{R}}\right)}{\mathrm{d}(\Delta\omega)}\right|_{\Delta\omega=0} \tag{5.30}$$

注意，$\int_0^{\infty} R(t)\mathrm{d}t = 1$，则非线性薛定谔方程可以近似为

$$\frac{\partial A}{\partial z} + \frac{\alpha}{2}A + \frac{\mathrm{i}\beta_2}{2}\frac{\partial^2 A}{\partial T^2} - \frac{\beta_3}{6}\frac{\partial^3 A}{\partial T^3} = \mathrm{i}\gamma\left[|A|^2 A + \frac{\mathrm{i}}{\omega_0}\frac{\partial}{\partial T}\left(|A|^2 A\right) - T_{\mathrm{R}} A \frac{\partial |A|^2}{\partial T}\right] \tag{5.31}$$

非线性薛定谔方程(5.31)在一般情况下没有解析解，为了理解光纤中非线性效应的作用，可以通过分步傅里叶法对其进行数值求解。将式(5.31)改写为如下形式：

$$\frac{\partial A}{\partial z} = (\hat{D} + \hat{N})A \tag{5.32}$$

式中，$\hat{D}$ 为微分算符，表示线性介质中的色散和损耗；$\hat{N}$ 为非线性算符，控制光纤非线性对脉冲传播的影响。这两个算符分别表示为

$$\hat{D} = -\frac{\mathrm{i}\beta_2}{2}\frac{\partial^2}{\partial T^2} + \frac{\beta_3}{6}\frac{\partial^3}{\partial T^3} - \frac{\alpha}{2} \tag{5.33}$$

$$\hat{N} = \mathrm{i}\gamma\left[|A|^2 + \frac{\mathrm{i}}{\omega_0}\frac{1}{A}\frac{\partial}{\partial T}\left(|A|^2 A\right) - T_{\mathrm{R}}\frac{\partial |A|^2}{\partial T}\right] \tag{5.34}$$

一般情况下，色散和非线性沿光纤长度方向是同时作用的。分步傅里叶方法通过假设光场在小距离 h 上传播时，色散和非线性效应可以被假设为独立行动，从而得到近似解。更具体地说，从 z 到 $z+h$ 的传播分为两个步骤。在第一步中，非线性单独起作用，且式(5.32)中的 $\hat{D}=0$。在第二步中，色散单独作用，即 $\hat{N}=0$，如图 5.34 所示。该过程的数学形式表示为

$$A(z+h,T) \approx \exp\left(\frac{h}{2}\hat{D}\right)\exp\left(\int_z^{z+h}\hat{N}(z')\mathrm{d}z'\right)\exp\left(\frac{h}{2}\hat{D}\right)A(z,T) \tag{5.35}$$

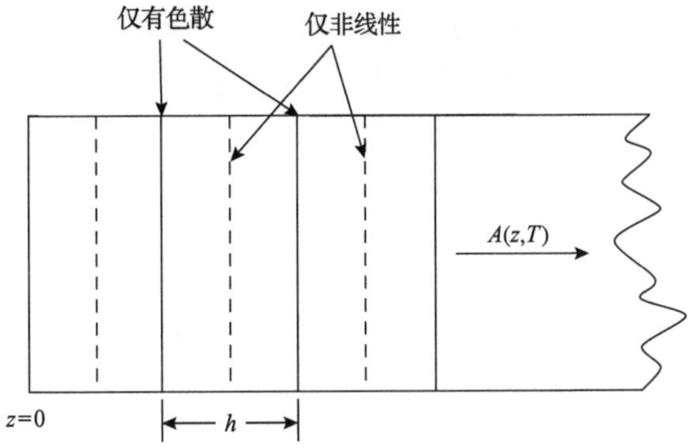

图 5.34　用于数值仿真的对称化分布傅里叶方法的示意图(光纤长度被分为大量的宽为 h 的小段，在一个段内，非线性的影响包括在虚线所示的平面中)

2. 非线性效应

在高强度的电磁场中，光纤对光的响应会变成非线性的。光纤较小的光斑尺寸使其非线性效应在较低的功率水平下就能被观察到，充分了解光纤的非线性效应，并加以利用，对于中红外脉冲光纤激光器的发展具有重要意义。本部分对中红外非线性光纤激光器中常涉及的非线性效应进行简单的介绍。

1) 自相位调制效应

自相位调制是指在光传播过程中由于光场自身的作用引起相位变化，光束在非线性介质中传播时，克尔效应导致介质的折射率发生变化，是最常见的非线性现象[69]。在距离光纤 L 处光束自身的相位变化量为

$$\phi=\left(n+n_2 I\right)k_0 L \tag{5.36}$$

式中，$k_0=\omega/c=2\pi/\lambda$，$\lambda$ 为波长。由式(5.36)可知，自相位调制引起的非线性相移为 $\varPhi_{\mathrm{NL}}=n_2 k_0 L I$。若入射光为脉冲信号(即有强度调制)，则由式(5.36)可知入射光脉冲的相位与光强有关，光强又是时间的函数，则光脉冲的相位会随时间而改变，这种时间上的频率分布就称为频率啁啾。脉冲在光纤传输过程中，由于频率啁啾效应，新的频率分量会持续产生并随着光纤的传输不断增强，进而使得光谱展宽。如果入射的脉冲对称，那么由自相位调制引起的频率啁啾将导致频率分量在脉冲中心波长两侧产生，频谱也会表现为对称展宽并在谱峰处出现振荡结构。值得注意的是，由自相位调制与色散效应所引起的啁啾是不同的，自相位调制引起的啁啾与光强密切相关，是一种非线性效应，会产生新的频率分量；色散引起的啁啾与光强无关，是一种线性效应，它只改变原有频率分量的时间排列，并不产生新的光谱成分。

若入射脉冲带有初始啁啾，则自相位调制效应导致频谱形状的改变不仅受光纤色散影响，还取决于入射脉冲的形状以及初始啁啾量的大小。而当入射脉冲啁啾为零时，自相位调制效应总是导致频谱展宽。

2）受激拉曼散射效应

光纤中的拉曼散射效应是由光子和光纤中热振动的分子之间非弹性碰撞而产生的，是光纤非线性效应中一个重要的非线性过程，依据入射光强的大小分为自发拉曼散射和受激拉曼散射，二者之间可以进行转化。

当一束泵浦光打到介质上时，很小一部分光功率会通过散射转移到新的频率上，新产生的谱线对称分布在入射泵浦光的两侧。频率比泵浦光低的成分称为斯托克斯波，频率比泵浦光高的成分称为反斯托克斯波。一般地，高频光的产生要远少于低频光，因此常忽略反斯托克斯波的作用。当有较强泵浦光入射时会激发出相干性很强的斯托克斯光，这种现象称为受激拉曼散射。在泵浦光功率达到一定阈值时，斯托克斯波吸收泵浦能量迅速被激发，当斯托克斯波强度再次达到阈值时，它又会作为新的泵浦源激发更高阶的斯托克斯波，像这样不断累积。拉曼响应函数 $h_{\mathrm{R}}(t)$ 可用式(5.37)描述：

$$h_{\mathrm{R}}(t)=\left(\tau_1^{-2}+\tau_2^{-2}\right)\tau_1\exp\left(-t/\tau_2\right)\sin\left(t/\tau_1\right) \tag{5.37}$$

式中，参量 τ_1、τ_2 与非线性介质组分相关。拉曼响应函数 $h_{\mathrm{R}}(t)$ 可通过测试拉曼增益谱的方式获得，二者的关系如下：

$$g_{\mathrm{R}}(\omega)=\frac{\omega_0}{cn_0}f_{\mathrm{R}}\chi^{(3)}\operatorname{Im}\left(\tilde{h}_{\mathrm{R}}(\omega)\right) \tag{5.38}$$

式中，ω_0 为泵浦光频率；n_0 为在 ω_0 处的折射率；f_{R} 为拉曼响应对 P_{NL} 贡献的比例；$\operatorname{Im}(\cdot)$ 表示取虚部；$\tilde{h}_{\mathrm{R}}(\omega)$ 为拉曼响应函数的傅里叶变换，拉曼增益谱可以表达为

$$g_{\mathrm{R}}(\omega)\propto\frac{2\omega\gamma}{\left(\omega^2-\omega_{\mathrm{v}}^2\right)^2+(2\omega\gamma)^2} \tag{5.39}$$

式中，$\omega_{\mathrm{v}}=1/\tau_1$，$\gamma=1/\tau_2$。将实验中测得的拉曼增益谱通过式(5.39)进行拟合，便能够计算出拉曼响应函数的具体形式。拉曼增益谱与具体分子介质材料有关，图 5.35 给出了石英光纤以及常用中红外光纤(碲酸盐光纤、氟化物光纤、硫系光纤)的归一化拉曼增益谱。

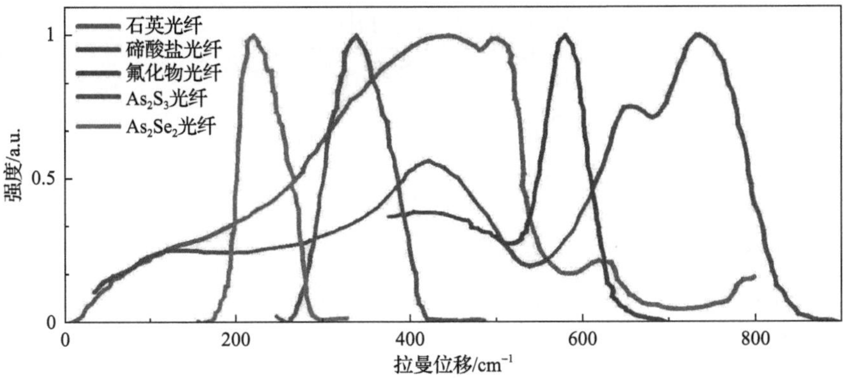

图 5.35　石英光纤、碲酸盐光纤、氟化物光纤和硫系光纤的归一化拉曼增益谱[70]

3) 光孤子产生与孤子自频移效应

光孤子是一种特殊的脉冲包络，它由光纤色散和非线性效应共同作用而成，可以在光纤内部传输而不变形。在光纤的反常色散区，自相位调制效应和群速度色散参量引起的频率啁啾可以相互抵消。从数学上来讲，在只考虑自相位调制效应和色散作用下，光孤子脉冲有满足双曲正割函数的解析表达式[71]：

$$A(z,T)=\sqrt{P_0}\,\mathrm{sech}\left(\frac{T}{T_0}\right)\exp\left(\frac{\mathrm{i}\gamma P_0 z}{2}\right) \tag{5.40}$$

式中，P_0 为脉冲峰值功率；T_0 为脉冲宽度。定义孤子阶数 N 为

$$N^2=\frac{L_{\mathrm{D}}}{L_{\mathrm{NL}}}=\frac{\gamma P_0 T_0^2}{|\beta_2|} \tag{5.41}$$

式中，$L_{\mathrm{D}}=T_0^2/|\beta_2|$ 为色散长度；$L_{\mathrm{NL}}=1/(\gamma P_0)$ 为非线性长度。当光工作在光纤的反常色散区时，$\mathrm{sgn}(\beta_2)=-1$，广义非线性薛定谔方程的标准形式表示为

$$\mathrm{i}\frac{\partial u}{\partial \xi}+\frac{1}{2}\frac{\partial^2 u}{\partial \xi^2}+|u|^2 u=0 \tag{5.42}$$

因为广义非线性薛定谔方程这类非线性波方程的特殊性，只能采用逆散射方法对其求解。当孤子阶数 N=1 时，即基态孤子状态下，求得的一阶解为

$$u(\xi,\tau)=\mathrm{sech}(\tau)\exp(\mathrm{i}\xi/2) \tag{5.43}$$

从式(5.43)中不难分析出：当峰值功率 P_0 和脉冲宽度 T_0 满足方程(5.41)且 N=1 的双曲正割脉冲时，在传输过程中不会发生任何畸变，这样的孤子脉冲就是基阶孤子，且维持其传输所需的峰值功率为

$$P_0 = \frac{|\beta_0|}{\gamma T_0^2} \approx \frac{3.11|\beta_0|}{\gamma T_{\mathrm{FWHM}}^2} \tag{5.44}$$

当孤子阶数 $N>1$ 时，即高阶孤子的状态，其解为

$$u(0,\tau) = N\operatorname{sech}(\tau) \tag{5.45}$$

由上述公式可以看出，孤子阶数 N 受到 L_{D} 和 L_{NL} 数值的共同影响，即色散效应和非线性效应的相互平衡状态。高阶孤子在光纤中传输时，脉冲的形状和光谱都将周期性演化。

实际情况中，高阶孤子在微扰情况下平衡容易被破坏，就会分裂成许多特性不同的基阶孤子，其具有不同的峰值功率和脉冲宽度，并遵循以下关系：

$$P_k = \frac{(2N+1-2k)^2}{N^2}P_0, \quad T_k = \frac{T_0}{2N+1-2k} \tag{5.46}$$

式(5.46)中 k 的取值范围为 1～N 的整数，可以发现高阶孤子状态下分裂得到的基阶孤子具有更窄的脉冲宽度和更高的峰值功率。这个状态下的基阶孤子频谱与拉曼增益谱会发生重叠，同时产生受激拉曼散射效应，最终使孤子脉冲的中心波长连续红移，这种现象即拉曼孤子自频移效应。考虑到频移分量与脉冲参数的关系式：

$$\Omega(z) = -\frac{8T_{\mathrm{R}}\gamma P_0}{15T_0^2}, \quad z = -\frac{8\gamma|\beta_2|T_{\mathrm{R}}}{15T_0^4} \tag{5.47}$$

式(5.47)中的“–”表示载频减小，孤子波长红移。可以发现孤子的频移量与泵浦光源的脉冲宽度 T_0^4 成反比，与泵浦光源的峰值功率成正比。所以，在 k=1 的情况下对应的孤子状态即脉冲宽度最窄、峰值功率最高。随着传输距离 z 增加，频率发生红移，即向长波长移动，可以获得性能最好、频移量最大的波长转换。当超短脉冲在光纤反常色散区传输时，其本身具有较宽的频谱，能够与光纤拉曼增益谱发生交叠，促使脉冲的蓝端分量通过自感应的受激拉曼散射泵浦红端分量，最终使得频谱的主峰连续地红移。图 5.36 为孤子波长频移最为直观的演化过程。

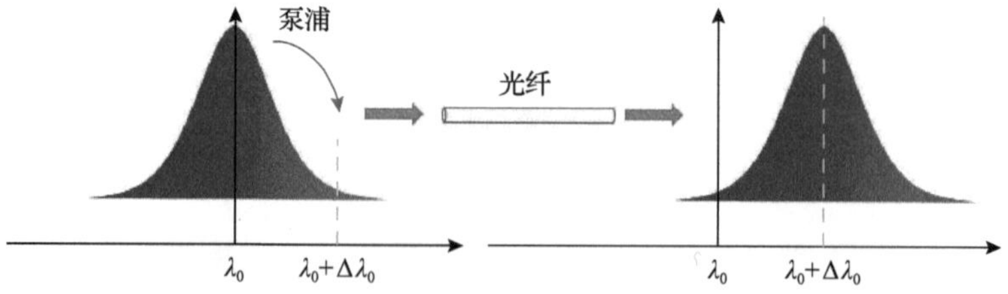

图 5.36　孤子演化图

通过孤子自频移效应，能够获得极宽的调谐范围，并且能够覆盖掺杂光纤增益带宽以外的波长区域。然而，在孤子自频移过程中，若光纤损耗增加、非线性系数降低、光纤色散值增大等，则会使孤子自频移速度减慢甚至终止，表现为孤子自频移的饱和现象。由于这些效应的影响，一阶孤子的能量开始减小，泵浦功率的增加只会造成更多高阶孤子劈裂效应的发生，以及多级孤子的进一步频移。当继续增加泵浦功率时，多个孤子之间的波长间隔逐渐被填充，就会导致超连续谱的产生。除波长频移，产生孤子自频移效应的非线性光纤也可被设计成光谱展宽和压缩器件。光纤中脉冲的压缩或展宽主要取决于色散和非线性作用的平衡，如果这些作用与输入脉冲达到相对平衡，就可以获得有效的脉冲压缩。

4）色散波产生

孤子自频移效应是反常色散机制下发生的重要非线性效应，事实上，孤子脉冲在传输过程中会受到高阶色散扰动，这种扰动将使孤子脉冲变得不稳定，并通过切伦科夫辐射的形式发射色散波。色散波的频率由相位匹配条件决定，该条件要求色散波的相速度与孤子脉冲匹配。当在零色散波长附近抽运时，色散波与孤子脉冲的相位匹配条件更加容易满足，此时色散波和孤子脉冲的频率相差小，对孤子脉冲的峰值功率要求也相对较低。而色散波的群速度不需要与孤子一致。然而，当它们在时域上有交叠时，色散波和经历孤子自频移效应的孤子脉冲之间会发生交叉相位调制等相互作用，这将改变色散波的频谱，该过程称为孤子诱捕色散波产生。由于孤子脉冲向长波方向红移，被诱捕的色散波将向短波方向蓝移，这个过程将进一步拓展超连续谱的光谱范围。

对于只有一个零色散波长的光纤，孤子脉冲在反常色散区传播，因而匹配的色散波在短波方向的正常色散区。而当光纤的零色散波长不止一个时[72]，只要满足色散波产生的相位匹配条件，也可以在波长长于第二个零色散波长的正常色散区产生色散波。因此，红移的色散波效应通常在两个零色散波长的光纤中被观察到[72-74]。

5）调制不稳定性

非线性系统中表现出的不稳定性是一种由非线性和色散相互作用引起的对稳态的调制，称为调制不稳定性。光纤中的调制不稳定性需要反常色散条件（即$\beta_2<0$），它是系统形成孤子之前的一种非稳态，随着功率的提升这种现象会演化为孤子状态，这种不稳定性会将连续或准连续的辐射分裂成一系列短脉冲，可以急剧提高脉冲的峰值功率，使光谱发生显著增宽。因此，调制不稳定性作为一种非线性效应，对于脉冲放大而言它是不利的，应尽量避免调制不稳定性的产生，而对于超连续谱的产生它又是有利的，所以可以利用这种效应来获得宽光谱的激光输出。

事实上，在光纤内部还有交叉相位调制、四波混频、受激布里渊散射等非线性过程[75]。这些非线性效应同前文介绍的自相位调制、受激拉曼散射、光孤子、色散波产生和调制不稳定性等非线性效应一样，它们中的某一种可能会主导整个非线性过程，或者某些非线性效应共同决定了脉冲在光纤中的频谱演化。

5.4.2 基于受激拉曼散射效应的中红外纳秒脉冲激光

1962 年在强泵浦场中观察到，在受激拉曼散射效应作用下斯托克斯波在介质内快速增长，并得到了大部分泵浦能量的传递。从那时起，拉曼激光器得到了广泛的研究。拉曼激光器通常采用连续、准连续、短脉冲的半导体或光纤激光器泵浦非线性光纤，在受激拉曼散射效应作用下，泵浦光能量会逐渐向由拉曼增益谱决定的长波带转化，与稀土离子掺杂光纤不同，该波带由泵浦波长和非线性光纤本身共同决定，然后通过构建谐振腔的方式使该波带内增益最强的激光分量起振并输出。

在中红外波段，硫系光纤具有最宽的红外透过窗口和大的拉曼增益系数，其拉曼增益系数比石英玻璃高 2～3 个数量级，非常适合用于拉曼激光的产生。2013 年报道了第一台基于硫系光纤的中红外拉曼激光器[76]，采用 3μm 的准连续掺铒氟化物光纤激光器泵浦纤芯直径为 4μm 的 As_2S_3 玻璃光纤获得的 3.34μm 拉曼光纤激光输出，最大峰值功率为 0.6W。2014 年，Bernier 等[77]通过热退火的方式，改变了输出耦合器的反射率以优化激光器的性能，进一步实现了工作波长位于 3.77μm 的二阶级联拉曼激光输出。2019 年，Peng 等[78]在理论方面对基于硫系光纤的 4.3μm 拉曼激光器进行了仿真，但是目前缺少相应的泵浦源（约 3.9μm 激光器），目前尚未见到相关实验报道。

当采用空芯光纤作为拉曼激光的产生介质时，通过向空芯光纤的纤芯内部充气体或微粒，可以为激光与物质相互作用提供一个优良的场所，此时由于非线性介质为气体，其菲涅耳反射极小，非线性阈值和光损伤阈值很高，传输谱带也可以突破材料的限制，能够覆盖紫外到远红外波段。因此，空芯光纤也是常被用作中红外波段的非线性光纤。基于石英基的充气空芯反谐振光纤，可以将拉曼激光拓展到 4.42μm[79]。图 5.37 为反谐振空芯光纤截面的扫描电子显微照片及损耗谱。当空芯光纤内部气体为甲烷时，由于甲烷分子在转动过程中振动受激拉曼散射存在四种固有频率的振动方式，其中 ν_1 振动方式（对应 2917cm^{-1} 拉曼频移）的受激拉曼散射最容易发生，可用于 2.8μm 拉曼激光的产生。2019 年，国防科技大学采用 1540～1560nm 的高峰值功率脉冲泵浦源，泵浦一段长 14.2m 的充有甲烷气体的反谐振空芯光纤，获得了 2796～2863nm 范围内的中红外脉冲光纤激光输出，对应的调谐宽度为 67nm[80]。CO_2 填充空芯石英光纤在 4.3μm 拉曼光纤激光器也得到了应用。CO_2 分子的能级间，选择 ν_0 基态到 $2\nu_1+\nu_3$ 振动态（2000.6nm）的 R（30）吸收线，CO_2 分子可以通过辐射跃迁将 $2\nu_1+\nu_3$ 态转变为 $2\nu_1$ 态，获得 4.3μm 拉曼激光。2019 年，国防科技大学通过自制的 2μm 激光二极管泵浦，在室温下，在 4.3μm 波段获得了高达 82mW 的光功率，此工作为超过 4μm 波长的紧凑和高功率中红外脉冲光纤激光器铺平了道路[80]。

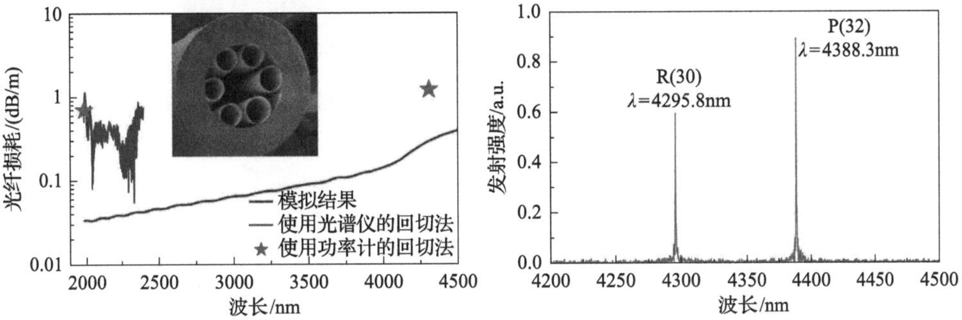

图 5.37　反谐振空芯光纤截面的扫描电子显微照片及损耗谱(黑色为仿真数据；蓝色及红星为截断法测试损耗数据。当泵浦线为 R(30)时，测量的 CO_2 填充激光器的输出光谱。光纤长度为 5m，CO_2 气体压力为 5mbar[80])

5.4.3　基于色散波的中红外皮秒脉冲激光

红移色散波是在双零色散波长光纤中，产生的拉曼孤子在高阶色散的微扰下，孤子向零色散波长的长波处(正常色散区)辐射一部分能量形成的，其能量和波长位置分别由能量守恒和动量守恒所决定，因此红移色散波也是用于产生中红外脉冲激光的有效方法。

通过设计双零色散波长的微结构光纤，可实现了大范围可调谐的中红外高相干红移色散波产生[81]。2015 年，Bart Kuyken 等在双零色散波长的氧化硅基波导中实现了覆盖一个倍频程(1500～3300nm)的高相干超连续谱。2018 年，Guo 等在 *Nature Photonics* 期刊中报道，利用双零色散波长的氮化硅波导作为非线性介质，实现了覆盖 2500～4000μm 的高相干超连续谱，其长波处的光谱展宽机制为红移色散波[82]。

采用氟碲酸盐微结构光纤，一次预制棒端面显微镜照片如图 5.38(a)所示，纤芯被六个花瓣形的空气孔包围，再外边是一种低折射率的包层材料，图 5.38(b)为其端面扫描电子显微镜照片。计算双折射氟碲酸盐微结构光纤中快轴和慢轴传输的 LP_{01} 模式的群速度色散曲线，如图 5.38(c)所示，快轴和慢轴的色散曲线各有两个零色散波长，快轴的两个零色散波长为 1000nm 和 2224nm，慢轴的两个零色散波长分别为 897nm 和 2042nm。根据氟碲酸盐玻璃的非线性折射率($1.4\times10^{-18}m^2/W$)模场面积计算得到的快轴和慢轴中 LP_{01} 模式在 1560nm 处的非

(a) 光纤一次棒端面显微镜照片

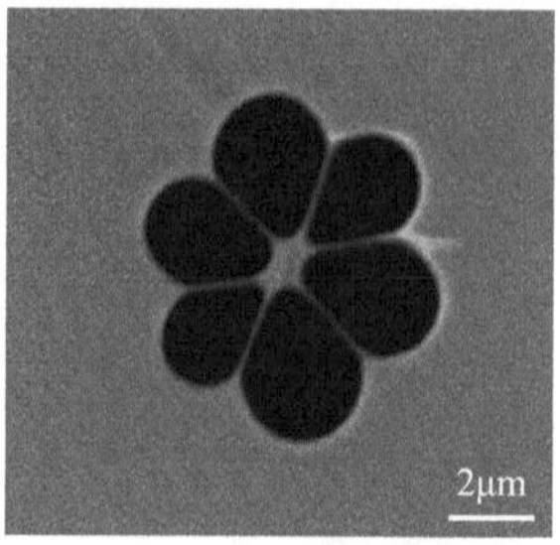

(b) 光纤端面扫描电子显微镜照片

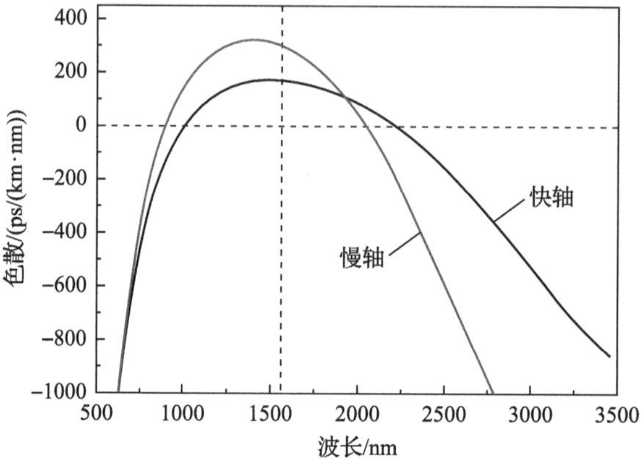

(c) 氟碲酸盐微结构光纤的快轴和慢轴中的LP_{01}模式的群速度色散曲线

图 5.38　氟碲酸盐微结构光纤的相关参数[82]

线性系数为 4451$km^{-1}\cdot W^{-1}$和 5322$km^{-1}\cdot W^{-1}$。为了研究双折射氟碲酸盐微结构光纤在中红外色散波产生方面的应用，采用自制的 1560nm 飞秒光纤激光器作为泵浦源，最窄脉冲宽度为 150fs，重复频率为 50MHz，最大输出功率约为 500mW，单脉冲能量最大为 10nJ。输出的激光经两个非球面透镜耦合进入 5cm 长的双折射氟碲酸盐微结构光纤中，耦合效率约为 20%，激光的偏振态由偏振控制器调节，调节偏振控制器即可选择性激发双折射光纤中的快轴和慢轴[83]。

通过解广义非线性薛定谔方程，在理论上研究了双折射氟碲酸盐微结构光纤中红移色散波的产生过程[84]。在模拟中，使用的群速度色散和非线性系数如前文所述，泵浦激光波长为 1560nm，脉冲宽度为 150fs，最大平均功率为 40.8mW，拉曼响应函数由氟碲酸盐玻璃的拉曼增益谱计算所得。当峰值功率为 6.5kW 的 1560nm 飞秒脉冲泵浦 5cm 长双折射氟碲酸盐微结构光纤快轴时，脉冲的频域演化光谱图如图 5.39(a)所示。可见随着脉冲在光纤中传输，1560nm 激光光谱逐渐展宽，其间发生的非线性过程为自相位调制，在光纤的 0.5cm 处，光谱被展宽至最宽，在高阶非线性和高阶色散的作用下，泵浦脉冲开始劈裂出基阶孤子，孤子在光纤中传输，由于脉冲内拉曼散射的作用，孤子中心波长逐渐向长波长移动，当孤子波长靠近第二个零色散波长时，拉曼感应频移量逐渐变小，在时域表现为孤子相对于泵浦光的滞后速度变慢。在光纤的 0.25cm 处，红移的色散波出现，并沿光纤长度，波长逐渐蓝移，强度被放大，而孤子的能量逐渐被消耗。图 5.39(b)为模拟的双折射氟碲酸盐微结构光纤最终输出信号的频率分辨光学门(frequency-resolved optical gating, FROG)图，中红外色散波的脉冲宽度为 1.2ps。当峰值功率为 4.7kW 的 1560nm 脉冲在 5cm 长双折射氟碲酸盐微结构光纤慢轴传输时，频域演化与泵浦快轴时类似，如图 5.40(a)所示。唯一的区别是泵浦光纤的慢轴时，各种非线性效应发生的位置更早，这主要与光纤慢轴的非线性系数较大有关。图 5.40(b)为模拟的双折射氟碲酸盐微结构光纤慢轴中最终输出光信号的 FROG 图，中红外色散波的脉冲宽度为 1.05ps。

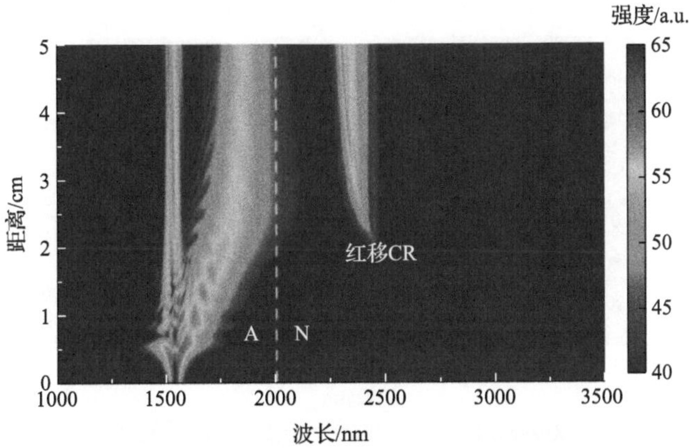

(a) 1560nm飞秒激光在快轴中传输时光纤不同位置处模拟的超连续光谱演化图(A代表反常色散，N代表正常色散)

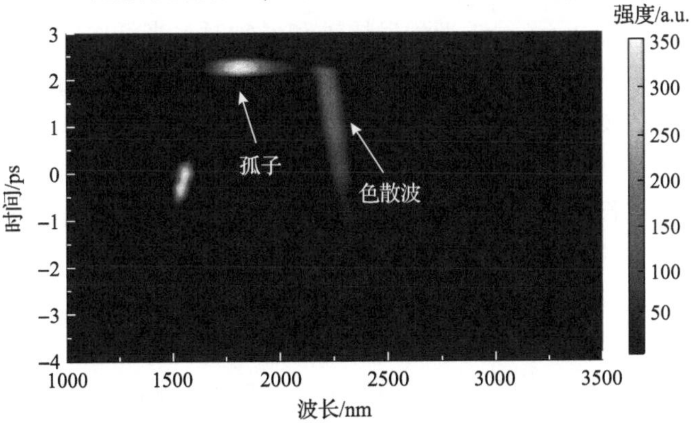

(b) 氟碲酸盐微结构光纤快轴中输出信号的FROG图

图 5.39　峰值功率 6.5kW 时氟碲酸盐光纤产生超连续情况

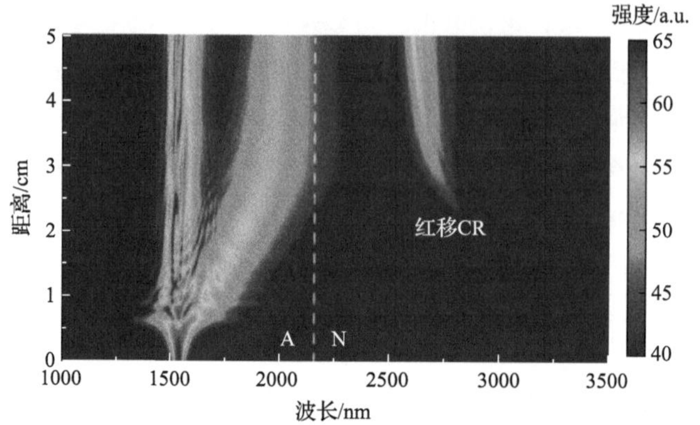

(a) 1560nm飞秒激光在慢轴中传输时光纤不同位置处模拟的超连续光谱演化图

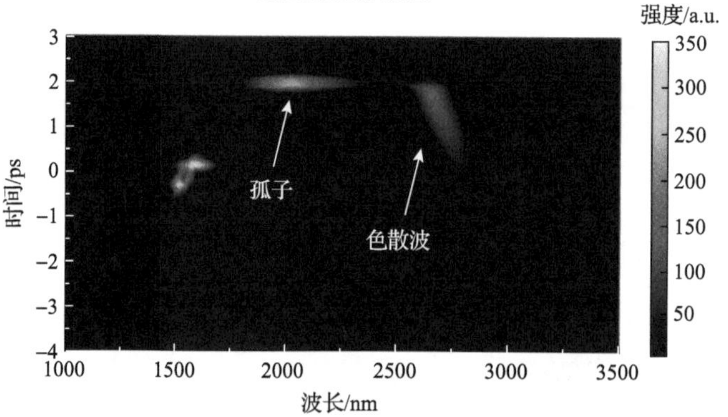

(b) 氟碲酸盐微结构光纤慢轴中输出光信号的FROG图

图 5.40　峰值功率 4.7kW 时氟碲酸盐光纤产生超连续情况

在实例中，1560nm 飞秒激光激发快轴和慢轴时，光纤中输出光谱随 1560nm 飞秒激光平均功率的演化如图 5.41(a)和图 5.42(a)所示。快轴泵浦时，在 5cm 长的双折射氟碲酸盐微结构光纤中，当泵浦功率为 25mW 时，由高阶孤子劈裂效应产生了第一个基阶孤子，之后在脉冲内拉曼散射作用下，拉曼孤子的短波泵浦长波导致孤子中心波长逐渐向长波移动。当泵浦功率增加至 39.9mW 时，第一个孤子遇到光纤中快轴的第二个零色散波长，群速度色散系数 β_2 曲线的斜率为负，此时，孤子自频移抵消效应发生[85]。同时，在光谱上观察到了波长为 2725nm 的红移色散波，继续增加 1560nm 飞秒激光的功率，红移色散波的波长由 2725nm 蓝移至 2680nm，中红外色散波最大输出功率为 0.035mW，转换效率为 0.9%。另外，当泵浦功率为 39.7mW 时，泵浦光处劈出了第二个拉曼孤子，并随功率增加也发生了孤子自频移，光纤中输出的光信号在线性坐标系下的光谱如图 5.41(b)所示。以上实验现象的解释如下：当孤子自频移进入反常色散区的 β_3 小于 0 的范围时，孤子在高阶色散的微扰下向正常色散区以色散波的形式释放一部分能量，由相

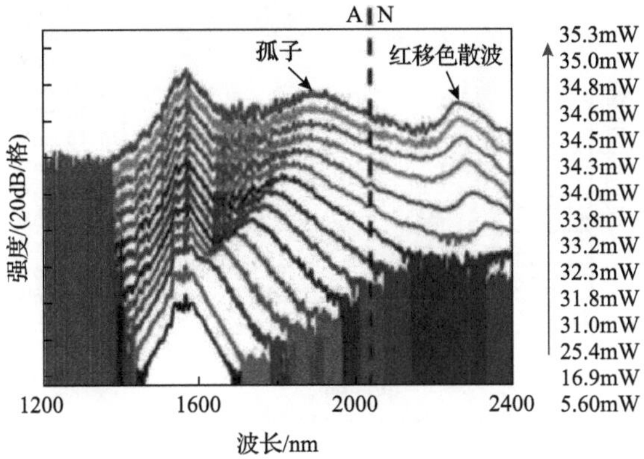

(a) 光纤中输出光谱随1560nm飞秒激光平均功率的演化图

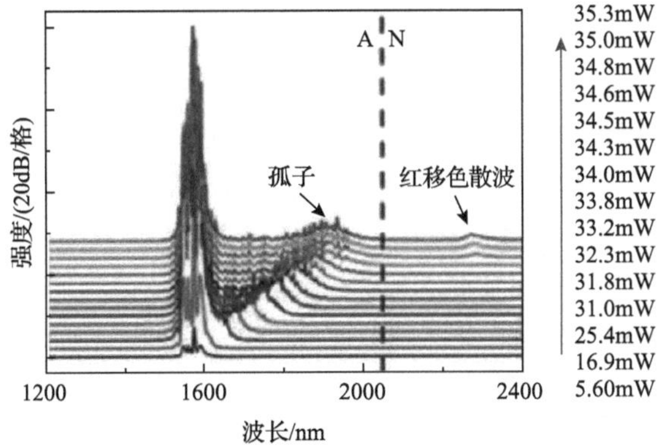

(b) 相应的线性坐标下的输出光谱演化图

图 5.41　使用 1560nm 飞秒激光激发快轴

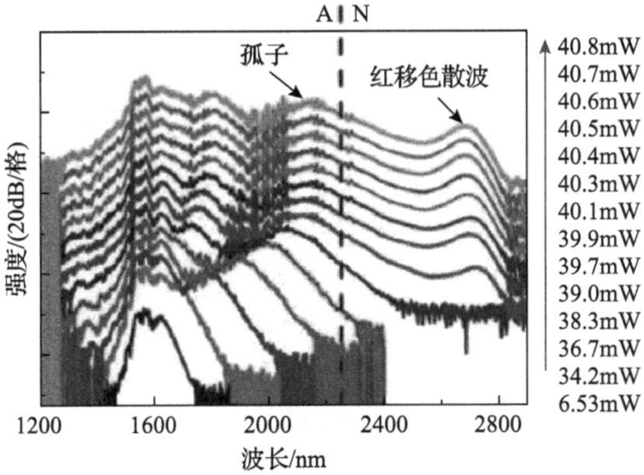

(a) 光纤中输出光谱随1560nm飞秒激光平均功率的演化图

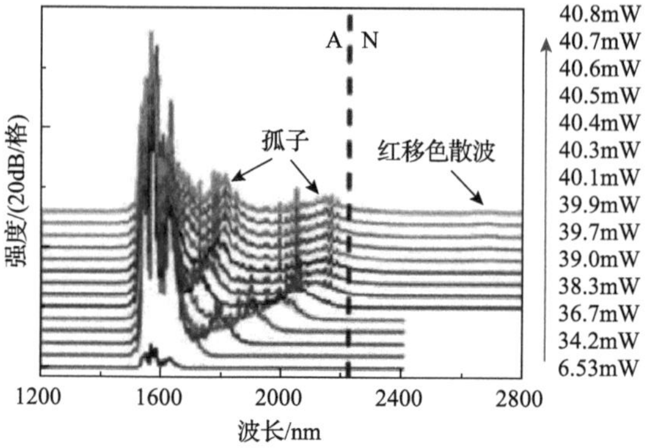

(b) 相应的线性坐标下的输出光谱演化图

图 5.42 使用 1560nm 飞秒激光激发慢轴

位匹配条件$\sum_{n\geqslant 2}^{\infty}\frac{(\omega_{\mathrm{CR}}-\omega_{\mathrm{s}})^2}{n!}\beta_n(\omega_{\mathrm{s}})=\frac{1}{2}\gamma P_{\mathrm{s}}$计算，色散波的波长在第二个零色散波长的右边，根据光子动量守恒原理，当在正常色散区辐射色散波时，拉曼孤子需要更多地进入光纤的反常色散区，表现为孤子自频移的抑制。当这种抑制效应足够强时，孤子自频移效应停止，并且红移的色散波随着泵浦功率继续增加被放大。总之，当 1560nm 泵浦 5cm 长氟碲酸盐微结构光纤的快轴时，可以实现可调谐范围为 2680～2725nm 的中红外色散波。当泵浦慢轴时，发生的现象类似，如图 5.42(a)所示。当泵浦功率为 31mW 时，第一个基阶孤子出现，并且当泵浦功率增加至 34mW 时，在 2400nm 处出现了红移色散波，继续增加泵浦功率红移色散波由 2400nm 蓝移至 2260nm。图 5.42(b)为线性坐标系下光纤中输出光信号的演化趋势，波长为 2260nm 的红移色散波最大输出功率为 0.19mW，转换效率为 2.97%。

然而，在双零色散波长光纤中，红移色散波的波长与光纤的色散曲线有关，当光纤的色散曲线确定时，色散波的波长也随之确定，因此以上结果产生的超连续谱均显示明显的特征峰，光谱不够平坦，限制了在一些领域的实际应用。除此之外，中红外光纤的制备技术不成熟也是限制中红外高相干超连续谱产生的重要原因，当前中红外光纤的基质材料主要为氟化物玻璃(如 ZBLAN)光纤、碲酸盐光纤和硫系光纤，以上玻璃材料的热学性质和化学性质等与近红外光纤(石英光纤)相比存在非常大的差距，尤其是中红外光纤的温度操作范围较窄(仅为几十摄氏度)，使微结构光纤的制备非常困难，很难实现光纤色散曲线的调控。

5.4.4 基于孤子自频移中红外飞秒脉冲激光

孤子自频移效应在实现中红外超短脉冲激光方面，通常采用百飞秒量级的超短脉冲激光在反常色散区泵浦开腔的非线性光纤，在拉曼孤子自频移效应的作用下，激光波长会随着泵浦功率的增加向长波长转化。由于劈裂出的孤子脉冲宽度小于泵浦源的脉冲宽度，光纤中可支持的孤子脉冲为飞秒量级。

随着光纤技术的发展，不同材料的非线性光纤为孤子自频移提供了良好的激发场所，氟化物光纤具有较小的声子能量，提供了较宽的中红外透过窗口，其具有极低的理论损耗，成为除石英光纤外最成熟的商用光纤，已经在中红外脉冲光纤激光器中展现了光谱调谐和拓展的潜力；碲酸盐光纤具有较高的非线性折射率($2\times10^{-18}m^2/W$)以及优秀的抗析晶能力。此外，其抗腐蚀性、机械强度、热损伤阈值等性质都更加优秀，非常适合用于高功率、高能量中红外超短脉冲光源的研发；在中远红外波段，硫系光纤由于具有优良的中远红外(可达 20μm 以上)透过性能、极大的非线性折射率系数($(2\sim20)\times10^{-18}m^2/W$，是石英玻璃材料的 100～1000 倍)，成为目前唯一能实现 3～16μm 红外波段超短脉冲激光输出的非线性光纤，目前已经获得了非常多优异的研究成果；在全光纤化结构方面，锗酸盐光纤是力学性能、热稳定性和材料色散等性质最接近石英光纤的一种非线性介质，目前基于锗酸盐光纤的中红外脉冲光纤激光最易于实现全光纤结构，且整个系统的环境适应性强。本节主要基于锗酸盐光纤从理论仿真到激光器的实现等方面介绍具有全光纤结构的中红外孤子自频移光纤激光器。

为了更清晰地理解飞秒脉冲激光在中红外光纤中传输时，高功率拉曼孤子产生、红移等过程，在理论上通过求解光纤中的非线性薛定谔方程对锗酸盐光纤中 2.8μm 拉曼孤子产生过程进行数值仿真。使用阶跃型高掺杂锗酸盐光纤作为非线性光纤，纤芯中锗酸盐玻璃(GeO_2)的掺杂浓度为 94%(摩尔分数)，色散参量和光纤损耗曲线随波长的变化曲线由图 5.43 给出。光纤的零色散波长约为 1410nm。泵浦波长约为 2μm，对应 Tm^{3+}掺杂光纤激光器的工作波长，此时泵浦波长所在的位置是锗酸盐光纤的反常色散区，二阶色散参量 β_2 约为$-94.5fs^2/mm$。锗酸盐光纤在 1～4μm 波段受限损耗谱如图 5.43(b)所示，锗酸盐光纤在 3.5μm 和 4μm 处的受限损耗分别约为 0.6dB/m 和 1.7dB/m，其传输损耗主要取决于文献[86]中描述的材料损耗，材料损耗在 3.5μm 以上的波长区域急剧增加，在 1～3.5μm 中红外区域的损耗较低。该光纤在 2μm 处的非线性系数约为 $8km^{-1}\cdot W^{-1}$。

2μm 飞秒脉冲激光泵浦产生拉曼孤子的数值仿真如图 5.44 所示，固定输入的 2μm 飞秒脉冲激光的脉冲宽度为 130fs，峰值功率由 0.01kW 逐渐增长到 30kW。可以发现当入射脉冲在锗酸盐光纤中传输时，光纤中强烈的高阶非线性效应会使脉冲劈裂出基阶拉曼孤子，随着峰值功率的进一步增加，劈出的基阶拉曼孤子在脉冲内拉曼散射的作用下，产生的孤子脉冲的中心波长不断向红端频移，最终频移至 2.8μm。

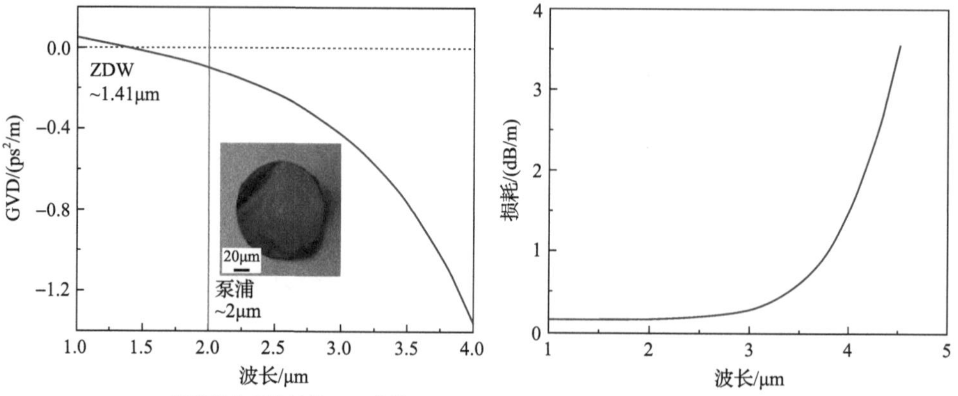

(a) 锗酸盐光纤的计算GVD曲线
(插图为锗酸盐光纤的光学显微镜图像)

(b) 锗酸盐光纤的损耗谱

图 5.43　锗酸盐光纤的参数

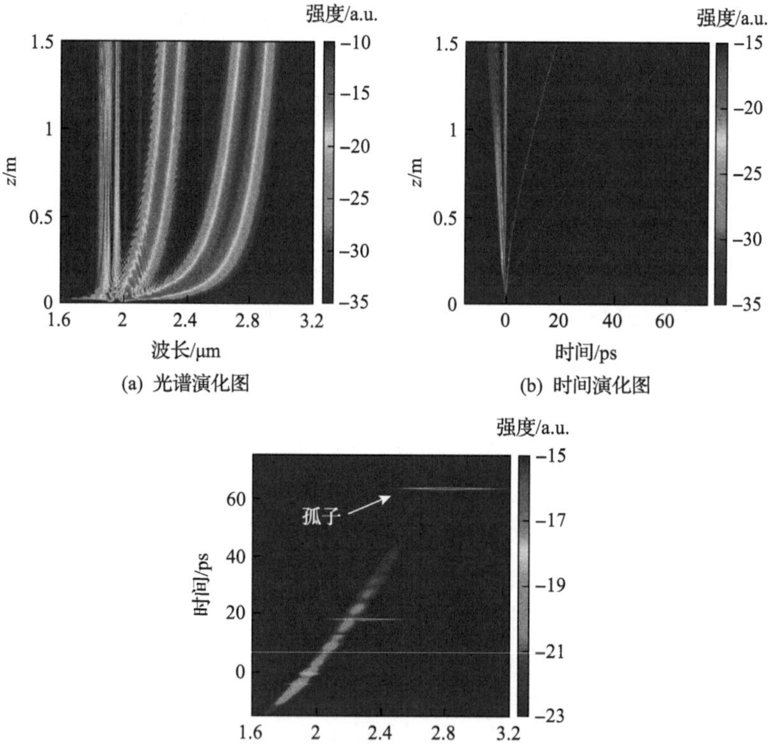

(a) 光谱演化图

(b) 时间演化图

(c) 输出脉冲的FROG图

图 5.44　峰值功率为 30kW 时飞秒脉冲在 1.5m 长的锗酸盐光纤中传播的情况

峰值功率达到 30kW 时，飞秒脉冲在 1.5m 长的锗酸盐光纤中传播的光谱及脉冲宽度随传播长度的演化趋势如图 5.44 所示。当飞秒激光初入射进锗酸盐光纤中时，输入脉冲经过自压缩，导致峰值功率短时间内提升。传播一段距离后，由于在高峰值功率下触发了高阶色散和拉曼效应，发生高阶孤子分裂，并在频域和时域中均出现了红移和走离现象。在时域演化图中，脉冲走离现象是由孤子光谱的红移导致群速度减小造成的。拉曼孤子在时域和频域中都表现为超短脉冲。在 FROG 图中可以看出拉曼孤子为一个无啁啾的 $sech^2$ 脉冲。

在实例中，采用自制全光纤结构的 2μm 超短脉冲作为泵浦源，可提供高于 150kW 的峰值功率，当平均输出功率为 1W 时，其脉冲持续时间为 129fs。采用 1.5m 长的高掺杂锗酸盐光纤作为非线性光纤，与泵浦源尾纤熔接在一起。从图 5.45 中可以观察到，仿真中产生的在锗酸盐光纤经历自压缩后发生了高阶孤子劈裂，产生孤子自频移效应，孤子的中心波长表现出强烈的功率依赖性，并且随着泵浦峰值功率的增加，从 1.96μm 连续调谐到 2.8μm。通过光谱积分的方式计算了第一拉曼孤子的平均输出功率，在中心波长为 2.8μm 的情况下，孤子功率约为 38mW。

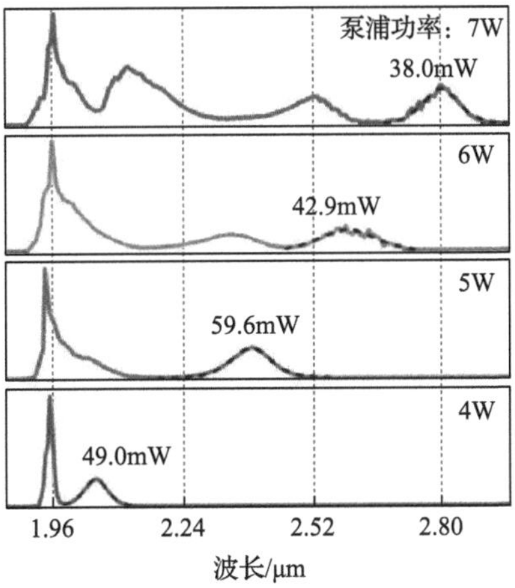

(a) 锗酸盐光纤中的孤子自频移光谱随泵浦功率的演化图

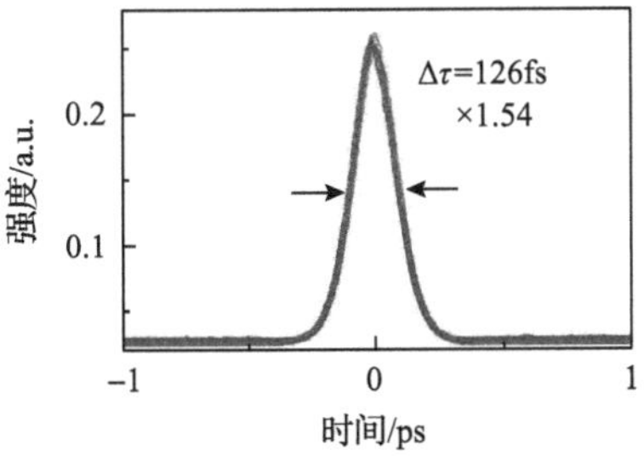

(b) 2.8μm孤子脉冲的自相关轨迹

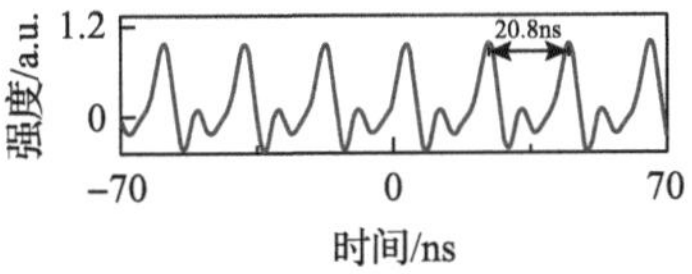

(c) 典型脉冲序列串

图 5.45　锗酸盐光纤孤子频移的情况

2.8μm 脉冲序列的自相关轨迹和典型示波器轨迹绘制在图 5.45(b) 和 (c) 中。采

用 $sech^2$ 模型拟合的脉冲持续时间为 126fs。同时，脉冲重复频率仍为 48.16MHz，与种子激光器相同，说明了锗酸盐光纤中的孤子自频移效应的稳定性和纯净性。

氟化物光纤近年来广泛应用于中红外孤子自频移激光器中。2016 年，美国康奈尔大学通过 1550nm 的高能量飞秒脉冲激光泵浦氟化铟光纤，产生了 2～4.3μm 的调谐孤子，对应能量为 3～120nJ，将拉曼孤子拓展到了 4μm 波段。2021 年，法国利摩日大学 Tiliouine 等针对高峰值功率拉曼孤子设计了一款基于大模场面积氟化物光纤(LMA-ZBLAN)激光系统，得到了 50nJ 能量、90fs 持续时间脉冲高达 2950nm、对应于 500kW 峰值功率的设计。加拿大拉瓦尔大学采用稀土离子掺杂的增益光纤(Er^{3+}: ZBLAN)同时作为放大器和拉曼频移器，在 2.8～3.6μm 可调谐范围内获得 2W 以上平均功率的大能量拉曼孤子，峰值功率也高达 200kW 以上。2022 年，在上述系统后级联小芯径氟铟光纤，进一步增加了光谱的位移，实现了 4.8μm 的拉曼孤子，这是目前基于氟化物光纤获得的最远拉曼孤子，充分激发了光纤的非线性潜能[87]，如图 5.46 所示。

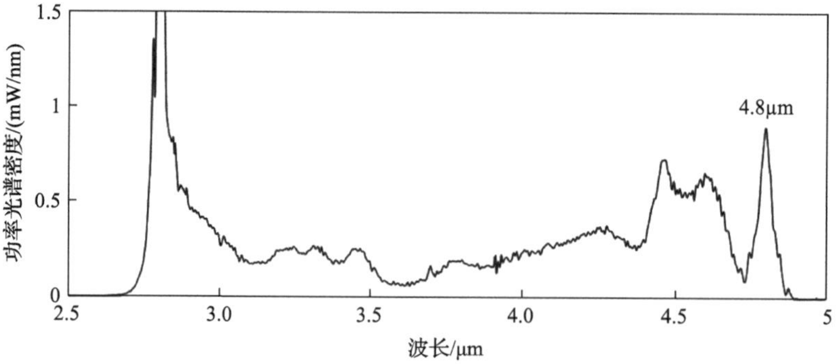

图 5.46 氟化铟光纤中的红移拉曼孤子[87]

在激光器的长时间稳定性方面，氟碲酸盐光纤在目前具有不可代替的地位。吉林大学探索出一种新型的氟碲酸盐光纤，其纤芯和包层材料的组成分别为 TBY(TeO_2-BaF_2-Y_2O_3)和 ACBSMYT(AlF_3-CaF_2-BaF_2-SrF_2-MgF_2-YF_3-TeO_2)，拥有更高的非线性系数、更高的损伤阈值、较宽的光谱透过范围。所以选用氟碲酸盐光纤作为超短脉冲光源后的第一级非线性介质，使拉曼孤子频移到合适波段后级联第二级非线性介质。2018 年，吉林大学采用 1960nm 飞秒光纤激光器泵浦的全固体氟碲酸盐光纤，通过孤子自频移获得 1.96～2.82μm 的可调谐中红外拉曼孤子[88]，如图 5.47 所示。对于 2.82μm 的孤子光源，得到的光光转换效率约为 18%，计算得到的脉冲宽度约为 93fs。利用增益可实现对孤子自频移的调控，并可获得宽调谐、窄脉冲宽度的拉曼孤子激光。

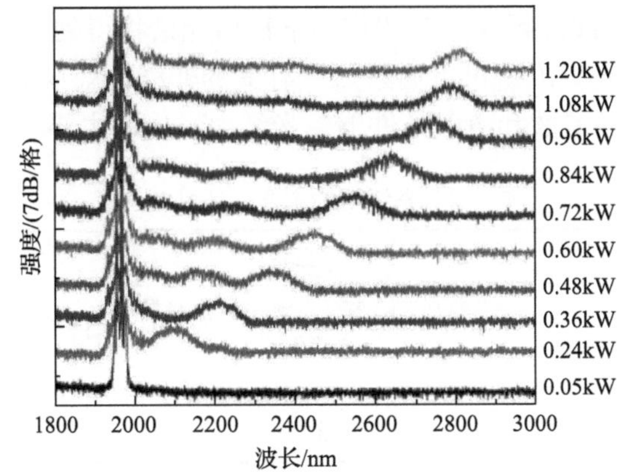

图 5.47　基于氟碲酸盐光纤中孤子自频移[88]

5.5　中红外超连续谱光纤激光器

超连续光纤光源是高峰值功率激光在非线性光纤中传输时，由各种非线性效应和色散特性相互作用使激光光谱展宽而形成的宽带激光光源[89]。由于其具有较宽的光谱范围、较高的亮度以及一定的相干性等特点，而被应用于基础研究、环境监测、医疗及国防领域[90-94]。

5.5.1　超连续谱概述

通常在光纤的反常色散区，超连续谱的产生主要受光孤子产生、拉曼孤子自频移效应、色散波产生和调制不稳定性等非线性效应的影响。当飞秒入射脉冲的峰值功率足够高成为高阶孤子时，其将在入射光纤之后迅速分裂成基阶孤子，同时伴随着色散波产生。而对于持续时间为皮秒、纳秒的光脉冲甚至连续光，反常色散下的调制不稳定效应将会取代光孤子产生率先发生。此时在频域上，入射脉冲会由于四波混频效应产生频率对称的两个甚至多对频率边峰，这种现象在光纤的反常色散区极易被观察到。调制不稳定性在时域上表现为可以将皮秒、纳秒甚至连续激光分裂为一系列超短脉冲，进一步演化为飞秒脉冲开始的非线性过程。当入射激光位于正常色散区时，在光纤内部首先发生自相位调制效应。对于飞秒抽运脉冲，由于其自身光谱比较宽，因而在色散的作用下脉冲将很快被拉宽，导致其峰值功率降低，并减少了进一步非线性效应的发生。当入射脉冲峰值功率非常高时，仅通过自相位调制效应就可以获得输出频谱展宽在一个倍频程以上的超连续谱[95]，这种超连续谱激光的时间相干性非常高，往往被应用在脉冲展宽与压缩的领域。如果此时入射波长比较靠近光纤的零色散波长，则通过自相位调制效应产生的新光谱成分有望越过零色散波长。若入射激光和其他频谱成分同时满足相位匹配条件，在四波混频效应[96]的作用下输出光谱将得到进一步展宽[97]。另外，越过零色散波长的光谱成分可以通过孤子有关的非线性效应进一步红移。表 5.4 给出了不同入射脉冲参数和色散条件下，光纤中发生的主要非线性效应[98]。

表 5.4　光纤中的主要非线性效应

脉冲参数	反常色散区	正常色散区
飞秒脉冲	光孤子产生、孤子自频移效应、色散波产生	自相位调制效应、四波混频效应
皮秒、纳秒脉冲、连续光	调制不稳定性、孤子产生、孤子自频移、色散波产生	自相位调制效应、受激拉曼散射效应

当皮秒、纳秒等长脉冲甚至连续光在正常色散区抽运光纤时，虽然首先发生的仍然是自相位调制效应，但紧接着发生的主导非线性效应是受激拉曼散射效应。不同于反常色散区孤子脉冲产生的拉曼孤子自频移效应，这里的拉曼散射在光谱上表现为与入射频率间隔拉曼频移量的分离频率峰。由于通过受激拉曼散射效应可以获得在稀土掺杂光纤增益带以外波段的激光辐射，因而其被广泛应用于特殊波长的拉曼光纤激光器[99,100]。

针对不同方面的应用对中红外超连续光源的性能要求是不一样的，主要关注其宽光谱、高功率、高相干性、高平坦性等特性。

5.5.2　高功率中红外超连续光源

在军事应用领域，2～5μm 波段覆盖了红外制导导引头的中红外探测器主要的响应波段位置，如制冷型 PbS 探测器（2～2.5μm）、制冷型 InSb 探测器（3.7～4.8μm）或 HgCdTe 探测器（3～5μm），高功率的中红外脉冲光纤激光源可以对装有这些探测器的导引头进行精准高效的干扰。

锗酸盐光纤不仅可以用于获得全光纤结构的中红外调谐脉冲激光器，由于具有较好的抗热击穿性能，也适合于长时间工作的中红外全光纤超连续谱光源。与其他中红外光纤材料的热机械性相比，锗酸盐玻璃具有更高的品质因子（R_s）参数，该参数描述如下[101]：

$$R_s = \frac{\kappa(1-\nu)}{\alpha E}\sigma_F \tag{5.48}$$

式中，κ 为热导率；ν 为泊松比；σ_F 为断裂韧度；α 为热膨胀系数；E 为弹性模量，根据参考文献[102]，相应的参数分别为 59W/（m·K）、0.24、0.6mPa·m$^{1/2}$、5.5×10^{-6}K^{-1}、156GPa。经过计算，锗酸盐玻璃的品质因子为 31.357W/m$^{1/2}$，大于文献[103]所提到的 ZBLAN 光纤、氟碲酸盐光纤。

通过求解广义非线性薛定谔方程，理论上分析基于锗酸盐光纤的超连续谱激光器光谱展宽机制，级联光纤中超连续谱激光的产生过程包括用于产生初始超连续谱生成的 2m 长的单模光纤，以及用于高功率中红外宽带超连续谱产生的 9cm 长的锗酸盐光纤。图 5.48 为锗酸盐光纤中产生的超连续谱。

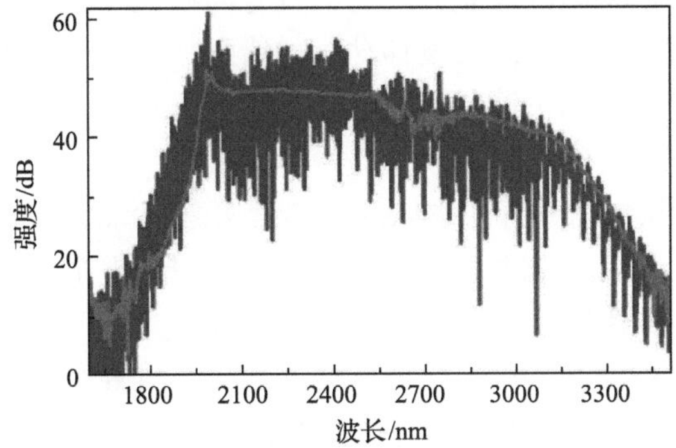

(a) 相同注入泵浦功率下锗酸盐光纤输出的仿真(黑色曲线)和测量(灰色曲线)超连续谱的比较

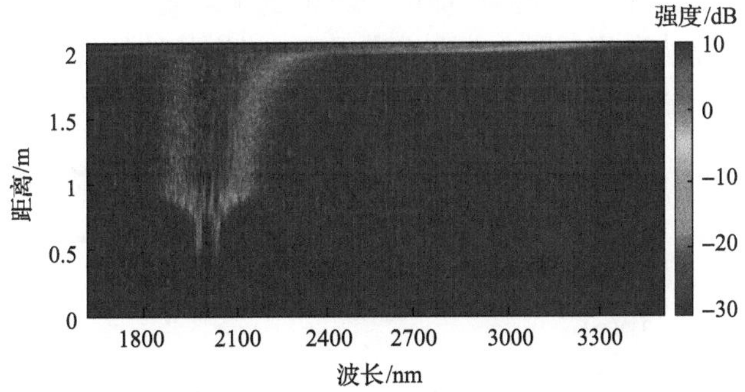

(b) 注入泵浦功率26.5W时锗酸盐光纤中超连续谱

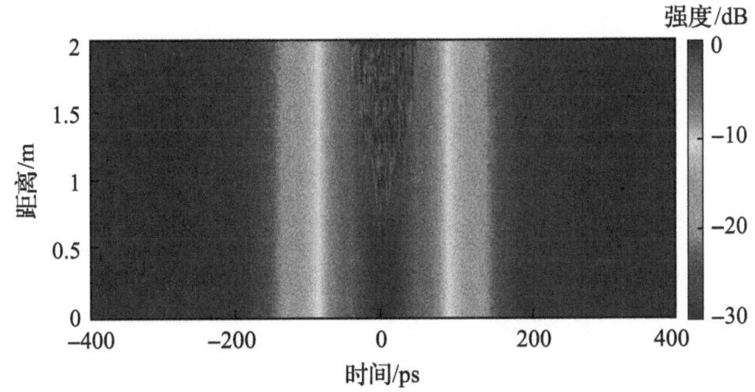

(c) 注入泵浦功率26.5W时锗酸盐光纤中超连续谱及其时间演变

图 5.48　锗酸盐光纤中产生的超连续谱

图 5.48(a)为在放大器泵浦功率为 26.5W 时锗酸盐光纤输出的仿真和测量输

出光谱的对比。仿真结果与仅考虑 LP_{01} 模式下的实验光谱几乎完全匹配。锗酸盐光纤中超连续谱的时域和频域演化过程如图 5.48(b)和(c)所示，随着脉冲在锗酸盐光纤中的初始传播，脉冲形状几乎保持不变。值得注意的是，脉冲在 0.8m 左右的锗酸盐光纤中传输时，强烈的边带对称分布在泵浦波长的两侧，这是由调制不稳定性引起的，它可以将脉冲劈裂为丰富的具有高峰值功率的飞秒孤子脉冲，然后通过孤子自频移效应持续地向长波移动，如锗酸盐光纤末端所示。超连续谱蓝移的物理机制主要是由自相位调制引起的。在数值仿真中，高功率超连续谱激光的红移带宽受到材料损耗的限制。

在应用中，基于锗酸盐光纤的中红外超连续谱激光源的实验装置如图 5.49 所示，包括 2μm 皮秒脉冲激光器和厘米级的锗酸盐光纤。整个光纤激光系统采用直接熔接方式，保证了紧凑的全光纤结构。在中红外激光系统的散热方面，也针对性地进行了改良，增益光纤、单模光纤和锗酸盐光纤放置在水冷铝板上，设置冷却温度至 9℃，以消散热量并提高光转换效率。在激光运行过程中，锗酸盐光纤和单模光纤之间的熔接点处通过吹入液氮冷却的气流进行冷却降温，进一步降低光纤温度。2μm 皮秒脉冲激光器可提供 26.5W 的平均输出功率，自相位调制和调制不稳定性使得脉冲在放大器内发生光谱展宽，光谱长波长处拓展到 2210nm，这有利于激光在锗酸盐光纤中的光谱展宽。图 5.50 为单模光纤后的输出参数。

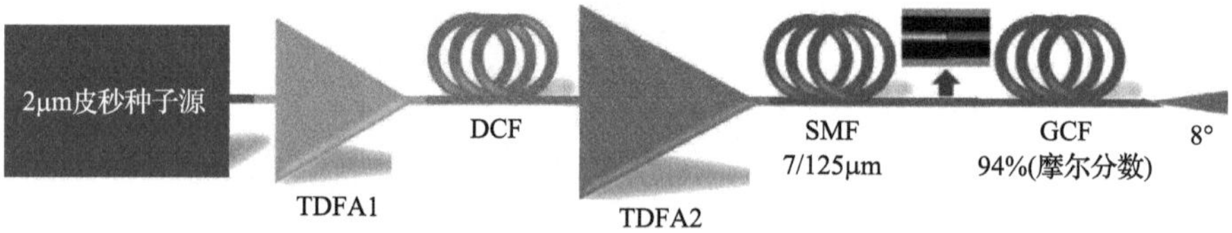

图 5.49　基于锗酸盐光纤的中红外超连续谱激光源的实验装置

TDFA1 指一级掺铥光纤放大器；DCF 指色散补偿光纤；GCF 指掺锗光纤

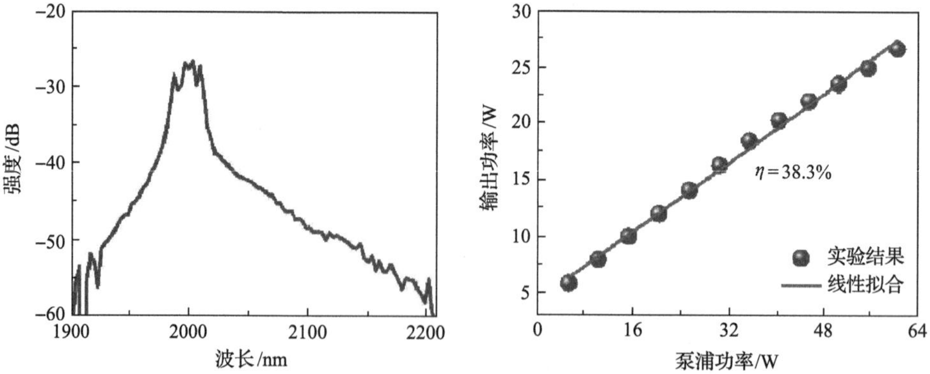

(a) 单模光纤后的输出光谱　(b) 单模光纤后的输出功率

图 5.50　单模光纤后的输出参数

用于超连续谱产生实例中的锗酸盐光纤长度为 9cm，可以减少长波损耗。图 5.51(a)为锗酸盐光纤输出功率随泵浦功率的变化，可以看出，输出功率随注入泵浦功率开始时线性增加，当泵浦功率大于 30W 时，斜效率略微饱和，这一结果是由光谱展宽引起的非线性损耗和锗酸盐光纤中的传播损耗导致的。随着泵浦功率增加到 60W，锗酸盐光纤后的最大输出功率为 21.34W，对应 32.5%的功率斜效率。通过增加放大器的泵浦功率，可以进一步提高平均输出功率。图 5.51(b)为从 9cm 长锗酸盐光纤中测量的对应不同输出功率所对应的输出光谱。平均输出功率放大到 5.99W 时，没有明显的光谱展宽，此时大部分激光能量仍然位于 2μm 波段的信号波长；当输出功率增加到 9.58W 时，调制不稳定性的作用使得激光脉冲进一步分裂为许多脉冲孤子；当泵浦功率增加到 30W 时，超连续谱的长波长处已展宽到 3μm 以上。随着泵浦功率的不断增加，光谱急剧扩展到长波区并逐渐变得平坦。最终在锗酸盐光纤中获得了 1742～3512nm 的宽带超连续谱激光输出，产生的超连续谱激光的 10dB 带宽>1000nm，范围为 1.97～3.04μm，同时可以看到由空间光路中的水分子导致的位于 2.7μm 左右的光谱凹陷。

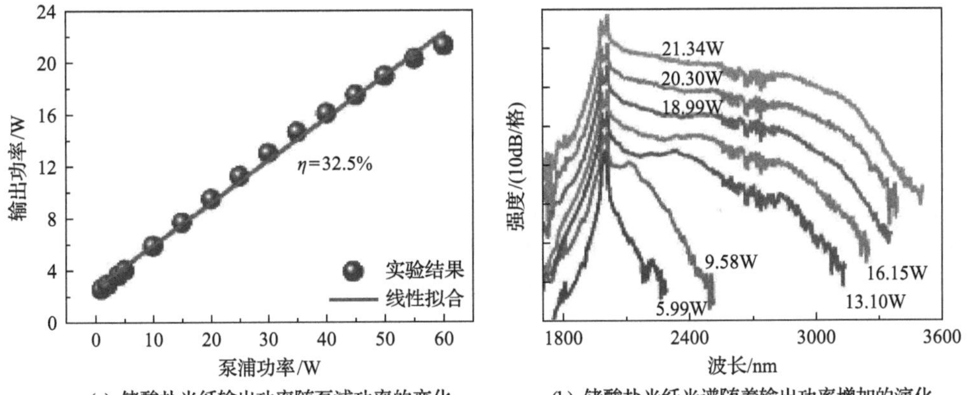

(a) 锗酸盐光纤输出功率随泵浦功率的变化　(b) 锗酸盐光纤光谱随着输出功率增加的演化

图 5.51　锗酸盐光纤中产生的超连续谱

这是目前基于中红外超连续谱激光光源的锗酸盐光纤中获得光谱覆盖 3.5μm 以上的最高平均功率输出。基于更大模场面积的锗酸盐光纤，获得了输出功率为 33.6W、光谱覆盖范围为 1.8～3.0μm 的高功率超连续谱激光源，这一结果是迄今为止基于锗掺杂光纤超连续谱激光源所获得的最高输出功率，该研究推进了高功率、高性能 2～3μm 中红外脉冲光纤激光器的发展。

5.5.3　宽光谱中红外超连续光源

2～5μm 波段覆盖了多种分子特征吸收谱线，使该波段激光成为分子生物学、分子痕迹探测等的理想光源，具有宽光谱特性的中红外超连续光源在该波段发挥了其独特优势和应用价值。锗酸盐光纤、氟化物光纤、碲酸盐光纤、硫系光纤在研制中红外超连续光源方面均有其独特的优点，但是这些软玻璃光纤同时也存在一定的限制。氟化物光纤是研制 2～5μm 中红外超连续光源使用最广泛的非线性光纤[104]，但是存在着对潮湿环境忍耐性较差的缺陷，较差的化学稳定性将会直接影响基于氟化物光纤的中红外光源的长期稳定性和寿命，尤其是当中红外光源在高功率下工作时，光纤内部和端面产生的热量会加速这种水解反应。几乎所有的硫系玻璃都存在着玻璃化转变温度低的缺点，导致其光纤的损伤阈值低，目前基于硫系玻璃实现的中红外超连续光源功率均在百毫瓦量级[105-107]。并且硫系玻璃的材料零色散波长一般大于 4μm，即使通过设计光纤结构也很难将光纤的零色散波长调到成熟的高功率泵浦激光器波长(1.5μm、2μm)附近。因此，硫系光纤不适合研制高功率 2～5μm 中红外超连续光源[108]。随着玻璃制备技术和光纤拉制工艺的发展，将氟化物组分按一定比例与碲酸盐玻璃进行混合而成的一种多组分氟碲酸盐光纤近年来也引起了广泛的关注。

在实例中，使用纤芯直径为 7μm 的氟碲酸盐光纤作为非线性光纤，采用高功率超连续谱激光源进行泵浦，其光谱覆盖氟碲酸盐光纤的正常色散区、零色散波长附近以及反常色散区，因此可以激发丰富的非线性效应。将锗酸盐光纤与 35cm 长、芯径为 7μm 的碲酸盐光纤进行对接耦合，对应不同输出功率所产生的光谱如图 5.52(a)所示，随着输出功率的增加，输出光谱在调制不稳定性、孤子劈裂、孤子自频移的非线性作用下逐渐向长波长方向展宽，同时也可以看到在 2.7μm 处由于水吸收带来的吸收峰。在最大输出功率为 7.2W 时所对应的光谱如图 5.52(b)所示，光谱在碲酸盐光纤中发生极大展宽，光谱展宽范围为 1.1～3.97μm。放大器的展宽光纤较短导致输出功率过早饱和，对应碲酸盐光纤输出功率的斜效率也比较低，为 22.45%。

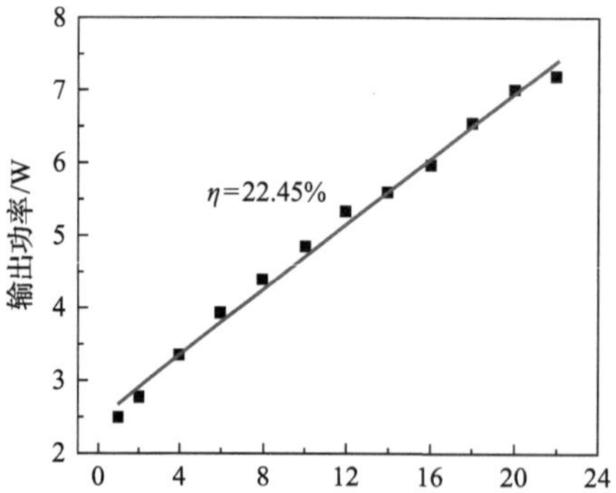

(a) 碲酸盐光纤输出功率随泵浦功率的变化

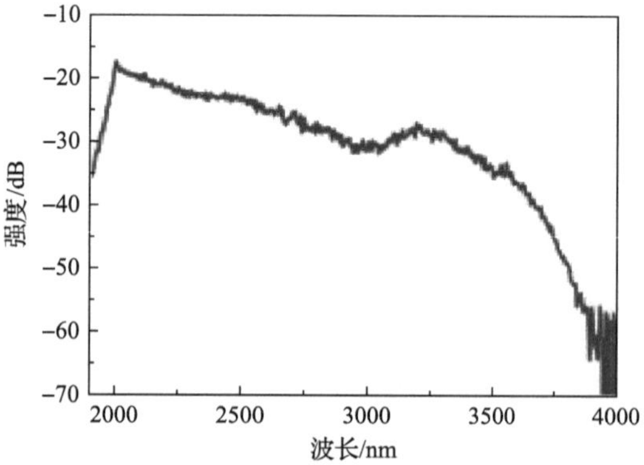

(b) 碲酸盐光纤输出功率为7.2W时对应的光谱

图 5.52　碲酸盐光纤中产生的超连续谱

综上所述，在基于锗酸盐光纤的高功率超连续光源基础上级联氟碲酸盐光纤，获得了平均输出功率为 7.2W、光谱范围覆盖 1.1～3.97μm 的超宽带超连续谱激光输出。

5.5.4 高相干性中红外超连续光源

随着研究的深入，超连续的另一项关键特征，即超连续的相干性引起了研究者的广泛关注[109-111]。人们发现具有较好的时间相干性的超连续光源的时域和频域上叠加噪声的特性限制了其在高精尖应用方面的性能，开展超连续光源相干性提升关键技术的研究非常有意义。

超连续光源的相干性描述的是当一串锁模激光脉冲入射到非线性介质中，相邻脉冲产生的超连续谱中的频率成分是否都具有相同的功率密度，以及相位或在时域内是否都具有相同的强度及相位。超连续光源的相干性主要取决于两个方面，即泵浦激光自身的相干性和由非线性效应引入的相干性劣化机制[112]。一般意义上，由于超连续谱来自泵浦激光光谱的展宽，超连续光源可以继承泵浦激光的相干性。若所使用的激光器具有较好的相干性，则超连续光源的相干性主要与光纤中产生非线性效应有关。为了获得高相干超连续光源，需要从超连续谱产生过程中的噪声引入机制入手，研究各种非线性效应与超连续谱相干性劣化的影响关系。

目前，提升超连续光源相干性的方法主要有以下几种：

(1) 设计非线性光纤的色散曲线，使超连续谱产生完全位于光纤的正常色散区。为了避免超连续谱产生过程中噪声的引入，最直接的办法就是使超连续谱只发生在光纤的正常色散区，此方法也是应用最广泛的高相干超连续谱产生手段。2016 年，Liu 等利用 2.7μm 的光参量振荡器飞秒脉冲泵浦全正色散硫化物光纤，实现了覆盖 2.2～3.3μm 高相干的超连续光源[113]；2018 年，Xing 等利用 2μm 飞秒掺铥光纤激光器泵浦全正色散硫化物光子晶体光纤，获得了波长覆盖 1.6～2.4μm 的高相干超连续光源，且光谱具有较好的线性啁啾，进一步压缩可实现 11fs 的超短脉冲激光输出[114]。然而，在这种情况下，脉冲在光纤的正常色散区泵浦产生的非线性效应较少，通常实现的超连续谱的宽度较窄(<1000nm)，很难实现覆盖多个倍频程的超连续谱。

(2) 使用低峰值功率的百飞秒脉冲激光作为泵浦激光，降低超连续谱产生过程中的高阶孤子劈裂的阶数。在光纤的反常色散区泵浦是获得宽带超连续谱的有效方法，但是此时可能发生的调制不稳定性和高阶孤子劈裂效应将极大地劣化超连续谱的相干性，因此如何抑制或减弱以上效应的发生，是实现宽带高相干超连续谱的关键。Dudley 等通过优化泵浦激光的参数(减小脉冲宽度 T、降低峰值功率 P_0 等)，使得光纤中孤子阶数 N 保持在较小的值，此时产生的整个宽带超连续谱均具有较好的相干性。然而，由于此时孤子阶数 N 较小，整个超连续谱的输出功率也较低[115]。

(3) 色散微管理技术。通过优化泵浦激光参数和非线性光纤群速度色散的方法可以实现高相干超连续谱的产生，但是其带宽和输出功率均存在一定的限制。因此，为了进一步改善高相干超连续谱的各项性质，研究人员提出色散微管理技术，即通过适当地让光纤变细，使色散沿光纤长度方向是不均匀的。Lu 等将 920nm 的 100fs 脉冲入射到 3 段不同光纤中来产生超连续谱，它们是芯径为 2.6μm 的 80cm 长的多孔光纤，芯径为 2.7μm 的 6cm 长的锥形光纤，以及在 1cm 锥形区芯径从 3.3μm 减小到 2.6μm 的 2.3cm 长的光子晶体光纤，结果显示，在芯径沿长度方向减小的色散微管理光纤的情况下，得到的超连续谱的噪声本底最低[116]。

从当前高相干超连续谱产生结果不难发现，通过以上技术手段可以实现高相干超连续谱的产生，但也同时存在相应的不足。尤其是产生的高相干超连续谱的范围仅局限于近红外波段，这主要取决于当前成熟的高相干泵浦激光脉冲的波长大多位于近红外波段，将激光频率由近红外波段转移至中红外且同时保持光源的高相干特性仍然非常困难。除此之外，非线性光纤主要为石英光纤，由于石英光纤在大于 2.5μm 后的材料损耗非常大，无法用于中红外光源的产生[117]。而随着其他波段高相干宽带超连续光源在中红外光频率梳产生、分子指纹谱探测、少周期超短脉冲产生等方面的应用潜力被发掘，探索覆盖短波和中红外波段的高相干宽带超连续谱产生技术势在必行[118-121]，国内多家单位均开展了相关研究。

与近红外高相干超连续谱产生不同，中红外波段的超宽带高相干超连续谱的研究较少，仍然处于起步阶段。目前，对中红外波段超连续光源的研究还仅限于单纯地提升超连续谱带宽或在获得覆盖 1～5μm 带宽的前提下对光源的平均功率进行提升两方面，而忽视了对中红外波段超连续光源相干性的研究。造成这一现象的原因主要来源于高相干中红外超连续谱产生技术不成熟，当前泵浦激光的波长均位于近红外波段，若使激光波长通过非线性频率变换的方式拓展至中红外波段，则通常需要提高激光峰值功率或增大光纤的非线性系数，然而这种方式与超连续谱的相干性保持技术方法相违背。因此，为了实现高相干宽带中红外超连续光源产生，需要重点突破中红外超连续谱产生技术。

本节主要介绍一种基于色散渐变光纤的中红外宽带高相干超连续谱产生技术。图 5.53 为高相干宽带超连续谱产生示意图。在泵浦激光源方面，需采用 2μm 高相干飞秒光纤激光器和放大器；在非线性光纤方面，通过设计和制备色散渐变的拉锥光纤，实现光纤双零色散波长随光纤长度逐渐蓝移；在高相干超连续谱产生方面，控制泵浦激光脉冲的参数和非线性光纤的参数，使超连续展宽的非线性效应主要为相对低阶的拉曼孤子产生，以及红移色散波产生机制，并优化拉锥光纤的纵向色散曲线，使最终超连续谱完全由高相干性的色散波频率成分组成，实现覆盖可见光至中红外波段的高相干超宽带超连续谱产生。

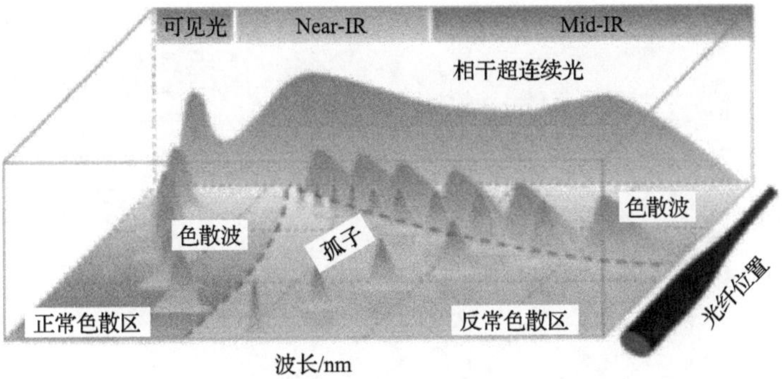

图 5.53　高相干宽带超连续谱产生示意图

了解超连续谱的产生机制和过程，通过求解非线性薛定谔方程研究了 2μm 飞秒脉冲在色散渐变光纤中的演化过程，如图 5.54 所示，可以看出，在 0～2.5cm 范围内，主要发生自相位调制效应，光谱对称展宽，之后在高阶色散的微扰下，飞秒脉冲发生高阶孤子劈裂效应，产生了百飞秒以下的孤子脉冲，孤子脉冲受到脉冲内拉曼散射的影响，中心波长逐渐向长波移动，而同时为了维持孤子的状态，色散渐变光纤中产生宽带高相干超连续谱的原理如图 5.53 所示，由于在未拉锥区域，2μm 波段的泵浦脉冲位于光纤的反常色散区，脉冲在光纤中传输时，会首先发生自相位调制和高阶孤子劈裂，产生多个基阶孤子，进一步孤子脉冲在脉冲内拉曼散射的作用下向长波移动。在拉锥区，光纤的第二个零色散波长随纤芯减小而逐渐蓝移，孤子频移至第二个零色散波长附近时，向零色散波长右侧辐射出色散波，具有较好的相干性。孤子继续在光纤中传输，能量逐渐向零色散波长右侧的正常色散区转移，最终获得完全由高相干性的色散波组成的宽带超连续谱。

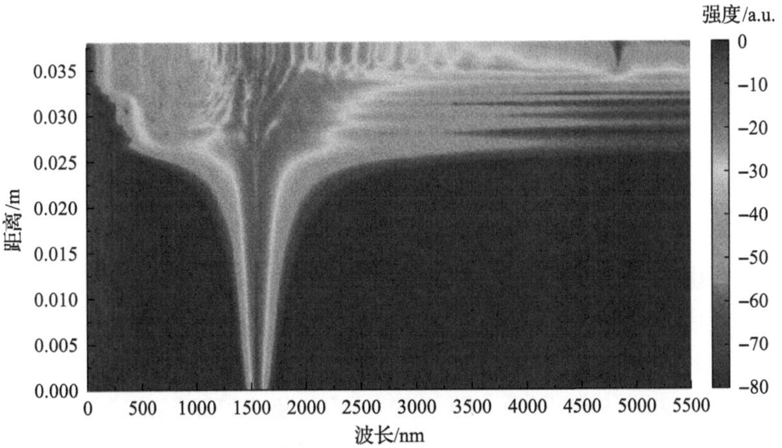

(a) 时域

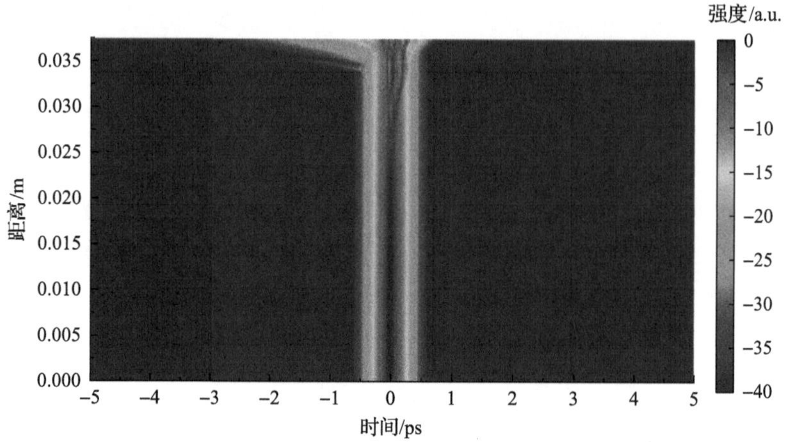

(b) 频域

图 5.54　高相干中红外超连续光源产生

图 5.55 为高相干中红外超连续谱的相干性曲线，横坐标为波长，纵坐标为相干度，相干度为 1 代表光谱完全相干，相干度越低，所获得的宽带超连续谱的相干度在 800～5100nm 范围内几乎全部为 1，表明所获得的宽带超连续光源具有极好的相干性。

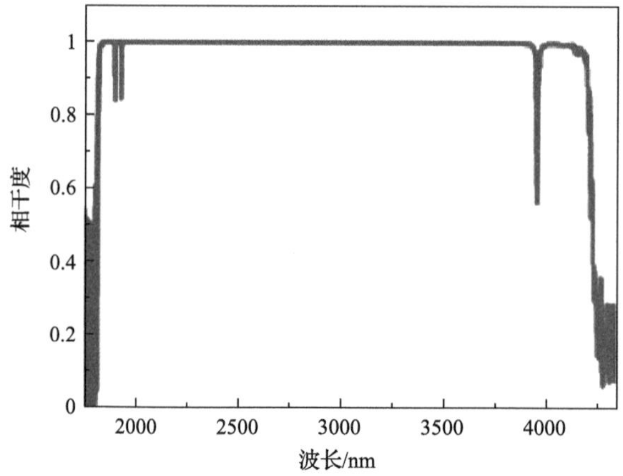

图 5.55　高相干中红外超连续谱的相干性曲线

泵浦光源由平均功率瓦量级、脉冲宽度百飞秒的全光纤 2μm 飞秒激光器构成，可提供脉冲宽度 129fs、平均功率 0.979W 的超短脉冲激光输出。在非线性光纤部分，使用拉锥技术处理高数值孔径的氟碲酸盐光纤获得色散渐变非线性光纤，其光学显微镜照片如图 5.56 所示。图 5.57(a)为拉锥光纤不同位置处的纤芯尺寸分布，初始芯径为 7μm，最细芯径为 1.1μm；图 5.57(b)为使用软件计算的不同芯径的高数值孔径复合光纤的色散特性曲线；图 5.57(c)为光纤中不同位置处 LP_{01} 模式的零色散波长的值，随着纤芯尺寸减小，光纤的第一个零色散波长由 1810nm 逐渐蓝移 1130nm，而第二个零色散波长在芯径为 3.6μm 时出现并继续蓝移至 1602nm；图 5.57(d)为不同纤芯直径下光纤中 LP_{01} 模式的模场面积，随着纤芯直径由 7μm 减小至 1.4μm，模场面积由 21.06μm^2 缩小到 1.738μm^2，1980nm 处的非线性系数由 146.7km^{-1}·W^{-1} 增大至 2261km^{-1}·W^{-1}。

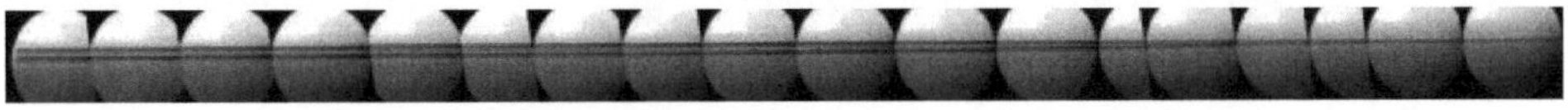

图 5.56 色散渐变高数值孔径氟碲酸盐光纤光学显微镜照片

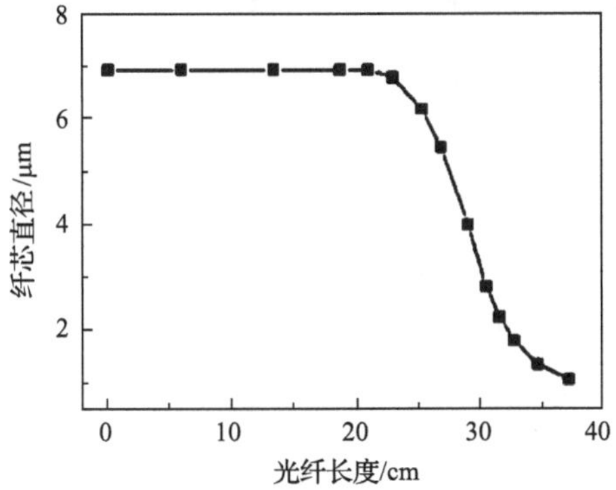

(a) 拉锥光纤不同位置处的纤芯尺寸分布

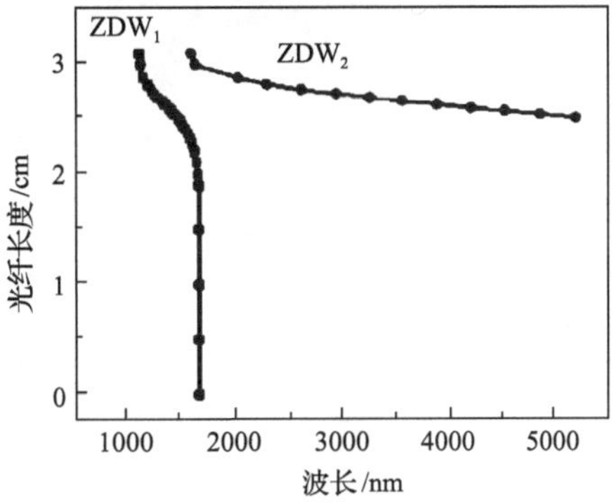

(b) 不同芯径下高数值孔径复合光纤的色散特性曲线

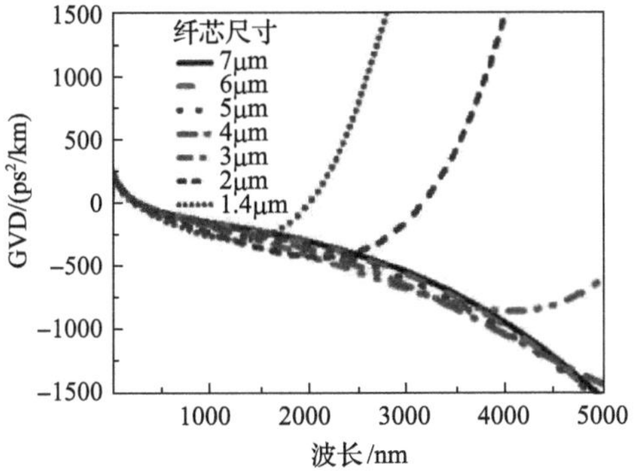

(c) 光纤中不同位置处LP_{01}模式的零色散波长

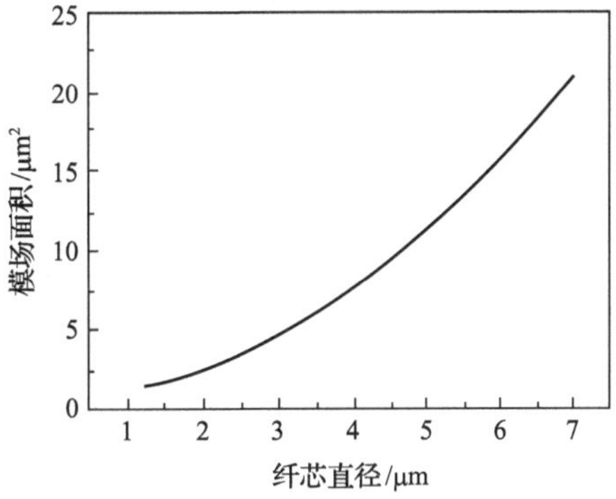

(d) 不同纤芯直径下光纤中LP_{01}模式的模场面积

图 5.57 拉锥光纤的参数

泵浦激光波长位于光纤的反常色散区，当平均泵浦功率由 2mW 增加至 12mW 时，光谱近乎对称展宽，这一阶段展宽机制主要是自相位调制效应，继续增加泵浦功率至 140mW，超连续谱发生急剧展宽，在短波处 706nm 处出现一个单独的发射峰，这是由于孤子自频移过程中辐射出的蓝移的色散波，长波处展宽至

4000nm，展宽机制主要为在未拉锥区的自相位调制、高阶孤子劈裂、孤子自频移以及拉锥区的红移色散波产生等。进一步增加 2μm 激光的功率，孤子的拉曼感应频移量增大，孤子很容易遇到波长更长的第二个零色散波长，继而辐射出更长波长的红移色散波，超连续谱的长波边随功率逐渐拓展至 4200nm。最终在色散渐变的高数值孔径氟碲酸盐光纤中实现了光谱宽度为 600～4200nm 的高相干超连续光源，4270nm 处的凹陷对应于空气中的 CO_2 吸收[122]，图 5.58 为色散渐变高数值孔径氟碲酸盐光纤在最大输出功率时的照片，锥区部分呈现强烈的红色，超连续谱最大输出功率 380mW，光光转换效率约为 30%。

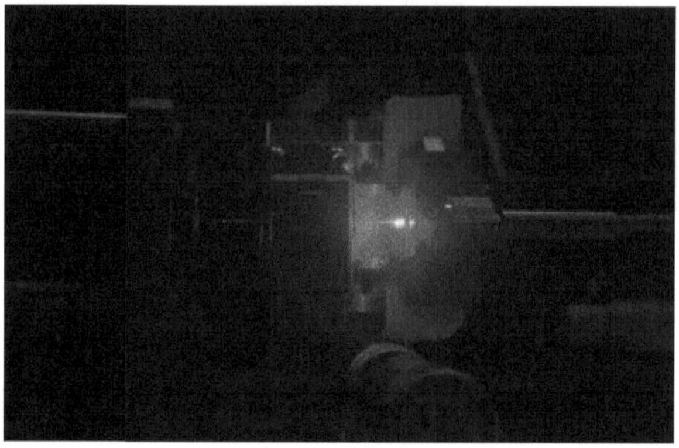

图 5.58　色散渐变高数值孔径氟碲酸盐光纤最大输出功率时的照片[119]

5.5.5　高平坦性中红外超连续光源

迄今为止，国内外对宽波段超连续光源的关注主要在输出功率和带宽方面，对光谱的平坦性的理论和实验研究较少。然而，在医学、成像、计量学等领域的实际应用中，超连续谱的平坦性则变得非常重要，而当前的宽带超连续光源的性能尚不能完全满足应用需求。本节将分别从 1.5μm 超短脉冲光纤激光泵浦源研制、中红外非线性光纤的参数设计与优化、非线性光谱展宽效应的调控等方面系统开展超平坦宽带超连续谱产生的理论和应用研究。

为了实现波长覆盖 1～5μm 的宽波段超连续光源光谱产生，合理地选择超短脉冲激光的波长和脉冲参数是实验的基础。本节综合考虑兼顾超连续谱在短波和长波频率展宽的需求和技术方案，选择设计和搭建 1.5μm 飞秒光纤激光器。

为了更清晰地理解 1.5μm 飞秒脉冲激光在非线性光纤中传输时发生的非线性效应对超连续谱平坦性的影响，需要在理论上通过求解光纤中的非线性薛定谔方程(5.49)超连续谱产生过程进行数值仿真。为研究模间耦合效应对超连续谱的影响，需要对使用的非线性薛定谔方程进行适当的修正：

$$\frac{\partial A}{\partial z}+\beta_1\frac{\partial A}{\partial T}+\frac{\mathrm{i}\beta_2}{2}\frac{\partial^2 A}{\partial T^2}-\frac{\beta_3}{6}\frac{\partial^3 A}{\partial T^3}=\mathrm{i}\gamma\left[|A|^2 A-\frac{\alpha}{2}A+\alpha_1\frac{\partial}{\partial x^2}\left(|A|^2 A|-\alpha_2 A\frac{\partial A|^2}{\partial T}\right)\right] \tag{5.49}$$

图 5.59 为基于色散平坦石英结构非线性光纤的超连续谱光源装置图，其中包括基于啁啾脉冲放大技术的非保偏全光纤结构飞秒激光器以及长度为 50m 的高非线性光纤(high non-linear fiber，HNLF)。实验中使用的 HNLF 为长飞光纤光缆股份有限公司的 NL-1550-Zero 色散平坦光纤。该光纤纤芯包层直径分别为 4μm 和 125μm，在 1550nm 处的标称色散为零，色散斜率低于 0.025ps/(nm^2·km)(β_2=2.48×10^{-5}ps^2/km，β_3=−2×10^{-6}ps^3/km)，非线性系数超过 10km^{-1}·W^{-1}，拉曼增益系数大于 4.8km^{-1}·W^{-1}。

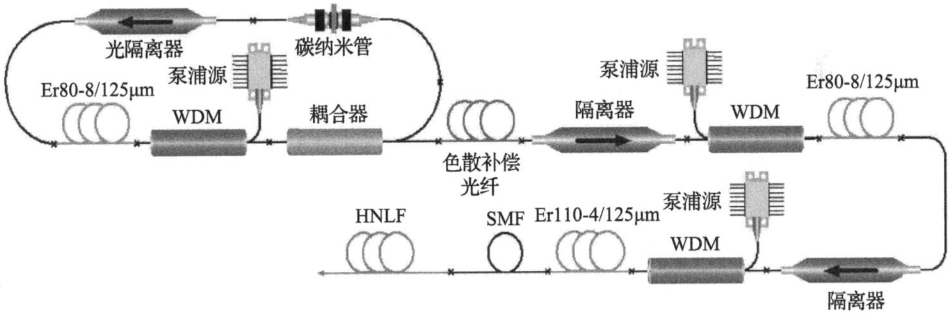

图 5.59　基于色散平坦石英结构非线性光纤的超连续谱光源装置图

超连续谱光源的输出光谱随泵浦飞秒脉冲平均功率的变化如图 5.60(a)所示，随着泵浦光的平均功率从 62.7mW 增加到 145.4mW，超连续谱光源输出光谱逐渐变宽，泵浦波长短波方向的光谱振幅逐渐增大，光谱宽度覆盖了 1100～2300nm。超连续波的产生通常是许多非线性光学过程共同作用的结果，如四波混频、自相位调制和交叉相位调制、受激拉曼散射等。因为泵浦激光器的工作波长位于反常色散区，并且接近 HNLF 的零色散波长。我们认为，导致超连续谱产生的基本机制主要涉及两种不同的物理效应：与泵浦同相匹配的色散波的放大将超连续谱向短波方向展宽，而孤子劈裂和多孤子自频移使超连续谱向长波方向展宽。当泵浦功率较高时，泵浦功率的微小变化不会影响超连续谱的总体光谱形状，因此可以近似地认为，每组中的超连续谱，尤其是相邻的超连续谱的平坦度和带宽，主要受泵浦脉冲宽度的影响。图 5.60(b)显示了超连续谱光源产生的超连续谱输出功率与泵浦激光器的平均功率的关系。随着泵浦功率从 62.7mW 增加到 145.4mW，超连续谱的测量输出功率从 32.7mW 线性增加到 75.2mW，相应的斜效率约为 51.2%，考虑到在实验中锗酸盐光纤和 HNLF 之间的拼接损耗为 60%，转换效率可以计算为 85%。

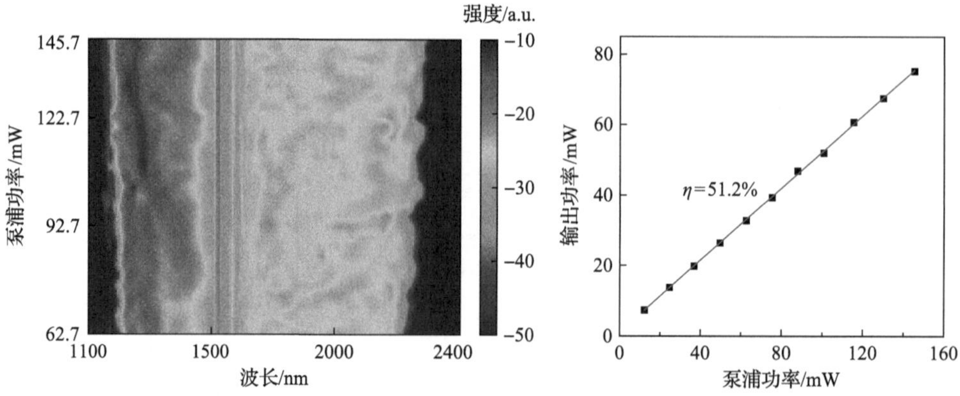

(a) 超连续谱随泵浦功率的变化　　(b) 超连续谱输出功率随泵浦功率变化

图 5.60　基于色散平坦石英结构非线性光纤的超连续谱产生情况

通过比较各组中的超连续谱可以看出，泵浦脉冲宽度对超连续谱带宽的影响并不明显，但对超连续谱平坦度具有显著的影响。通过分析可以看出，当作为泵浦光源的飞秒激光器的脉冲宽度达到极值时，可以获得更平坦的超连续谱。实验中，考虑到超连续谱的平坦度和带宽，使用平均功率为 134.4mW、脉冲宽度 90fs 的泵浦脉冲获得了该装置输出超连续谱的最佳参数，对应的高相干性平坦超连续谱波长覆盖 1197～2242nm，10dB 带宽为 790.2nm，如图 5.61 所示。

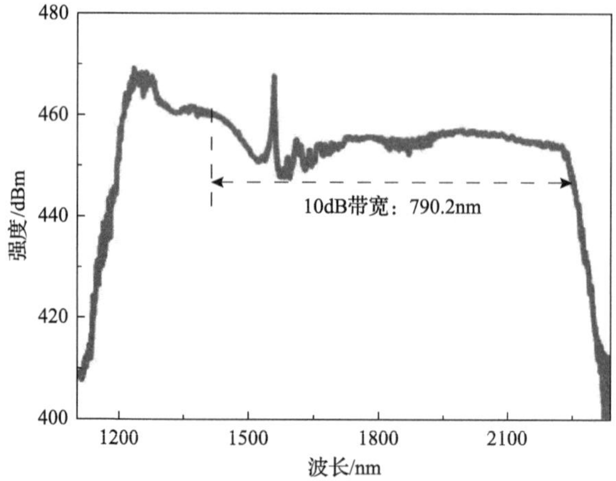

图 5.61　泵浦功率 134.4mW 时超连续谱输出

5.6　中红外脉冲光纤激光器的应用

3～5μm 的中红外波段包含了重要的大气传输窗口以及许多重要分子的吸收

峰(CO_2、N_2O、CH_4、O_3等)，因此该波段的激光器可以被广泛应用于激光通信、大气遥感、环境监测等领域。同时水分子的本征吸收也位于该波段，因此中红外脉冲光纤激光器在作用于生物组织时穿透性小，可以有效减小组织损伤，因此在临床医疗方面具有重要的应用价值。除此之外，响应波段在 3～5μm 的中红外成像探测器已广泛应用于红外制导导弹、红外侦察系统、光电预警系统等，用以对目标的精确打击和战场态势感知，使用该波段的中红外脉冲光纤激光器辐照上述成像探测器可使其致盲失效，因此中红外的激光器在国防方面也具有重要的应用价值。下面详细论述中红外脉冲光纤激光器的典型应用场景。

1. 中红外脉冲光纤激光器在光电对抗中的应用

红外制导是一种当下主流的精确制导技术，其工作原理是将红外成像引导头接收到的红外信号以电信号的方式送达监视系统，经过处理显示出与实际景物相对应的红外图像。红外制导技术具有抗干扰能力强、制导精度高、结构简单、成本低廉等特点，尤其是采用红外制导的精确制导导弹可以实现发射后自动追踪目标而不需要其他操作，真正实现了发射后不管，且能够在多个红外光源中分辨出任务目标，具有极高的抗干扰能力。因此，近年来红外制导技术发展迅速，已广泛用于多种空空导弹、地空导弹、空地导弹等，其中典型的红外制导空空导弹有美国“响尾蛇”AIM-9X 空空导弹、英国先进近距空空导弹(ASRAAM)、以色列“怪蛇”5 空空导弹等[123]，严重威胁着被打击目标的生存能力，如图 5.62 所示。

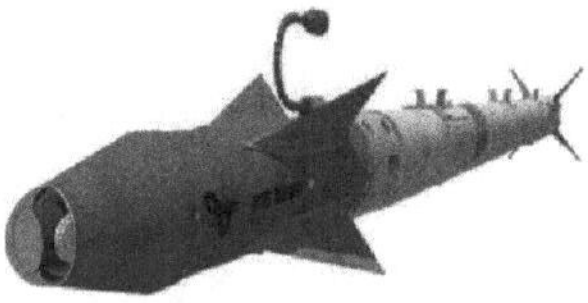
(a) 美国“响尾蛇”AIM-9X空空导弹

(b) 英国先进近距空空导弹

(c) 以色列“怪蛇”5空空导弹

图 5.62　典型的红外制导空空导弹[123]

为了应对以上威胁，国内外各军事强国大力发展光电对抗技术，其主要通过强激光辐照红外制导系统中的成像探测器，使其中的感光元件由于接收到过强的红外信号，而陷入饱和状态并干扰身边的感光元件，导致这部分的图像信号大面积缺失，当入射的红外激光足够强时，整个红外焦平面阵列将会陷入短暂的瘫痪，无法正确识别目标，使得红外探测器的传输图像、通信能力或探测能力下降。

目前中红外光电对抗装备已广泛列装，如图 5.63 所示。其中由美国诺思罗普·格鲁曼(Northrop Grumman)公司开发的复仇女神对抗系统已经实现探测距离 10km、跟踪精度 0.05°的目标。该系统采用窄线宽光源(delicate pulse light，DPL)

泵浦光参量振荡器(OPO)作为光源，实现了 3 波段激光输出，其中 B 波段为 3～5μm，最大功率为 2W，光源质量仅有 4.15kg，目前已经装备美军使用[124]。另一款由 BAE 公司研发的红外对抗系统，泵浦源为 Tm: Ho: YLF 共掺杂激光器，其可产生 3 个波段激光输出，其中 B 波段为 3～5μm，最大功率为 0.5W，系统质量为 13kg，激光器的转化效率为 7%，已装备在美军阿帕奇和黑鹰直升机上，实现实战化应用。在高功率连续光方面，美军主要采用了兆瓦级的大功率化学激光器。2008 年，美国空军成功将一台 DF(氟化氘)化学激光器配备于一架波音 747 上，并进行了空中实验，根据波音 747 的载重进行推算，该激光系统质量在 130～150t，其可产生的激光波长为 3.7～4.3μm。

(a) 直升机尾翼末端的定向红外系统

(b) 美国机载化学激光武器平台KF135-A

(c) 美国商用AN/AAQ 24(V)红外对抗系统

图 5.63　典型中红外对抗装备[124]

当前主流的中波对抗装备所使用的激光器基本为化学激光器或固体激光器，它们的特点是可以获得极好的均匀性和优异的光束质量，同时可获得较高的激光输出，但同时它们的缺点是占用空间较大并需要较高的稳定性，这使得其在机载等小型化作战平台上的应用受到限制。因此，体积重量轻、结构紧凑的中红外脉冲光纤激光器及量子级联激光器成为光电对抗装备新的选择，如图 5.64 所示。例如，美国雷神公司的方案运用了“响尾蛇”AIM-9X 空空导弹的目标指示器，并且整合了“量子级联激光器”模块，这是美国首次对实战化应用 QCL(量子级联激光器)激光器的报道。

除此之外，中红外脉冲光纤激光还可以应用于激光制导领域，其基本原理是在攻击时，先用激光目标指示器对目标发射特定波长的激光束，再发射配有此波长探测器的攻击性弹头，探测器会识别由目标表面反射回来的激光，并控制弹头攻击目标，直至击中目标。由于激光束较好的方向性，激光制导的精度极高，并且由于激光指示器与探测器的协同性，也具有较强的抗干扰能力。现在典型的激光制导导弹有美国“海尔法”导弹 AGM-114[125]、导弹 JAGM 及“响尾蛇”导弹 AIM-9 等。图 5.65 为“海尔法”导弹 AGM-114。

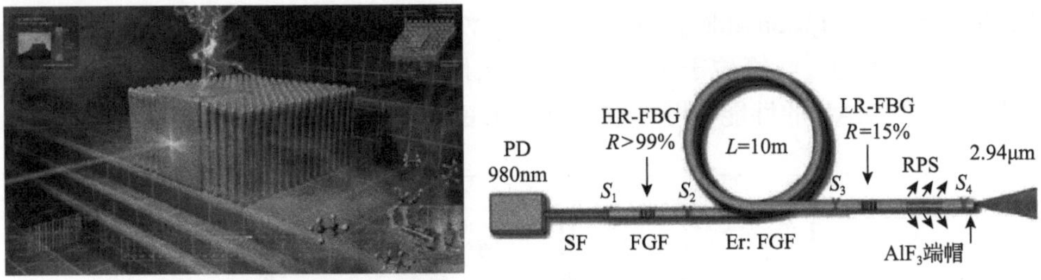

图 5.64　量子级联激光器、Er^{3+}光纤激光器[126]

RPS 指泵浦剥除器，S_i(i=1,2,3,4)指熔点，Er: FGF 指掺铒氟化物光纤，AlF_3 指氟化铝

图 5.65　“海尔法”导弹 AGM-114[125]

2. 中红外脉冲光纤激光器在大气监测中的应用

大气层主要由 78.1%的氮气(N_2)和 20.9%的氧气(O_2)构成，剩下 1%的成分称为痕量气体。尽管其在大气中的占比很低，但在气候环境上却起着重要的作用。其中最重要的痕量气体就是温室气体，主要包含二氧化碳(CO_2)、一氧化二氮(N_2O)、甲烷(CH_4)、水汽和臭氧(O_3)等，温室气体可以引发温室效应，使得全球气候变暖。同时，位于平流层的 O_3 可以吸收紫外线，为生物生存提供屏障。另外重要的痕量气体还有二氧化硫(SO_2)、二氧化氮(NO_2)和氧化氮(NO)等，它们不仅可以来自火山喷发等自然现象，还可以来自机动车尾气排放、燃烧化石燃料等人类活动，对环境气候也有着不可忽视的影响。因此，对痕量气体的精确检测是研究改善环境的必要手段。图 5.66 为中红外大气透射窗中的痕量气体吸收谱线图。

现有的痕量气体检测技术主要包括光化学式气体探测、热磁学式气体探测、化学式气体探测、电化学式气体探测、气相色谱式气体探测等。其中光化学式气体探测相较于其他探测方法由于样品制备不需要现场采样，具有实时、高效、非侵入、快速、灵活的特点，能实现快速现场检测及在线分析。差分吸收激光雷达

(differential absorption lidar，DIAL)就是一种常见的光学式气体探测手段。由于大量痕量气体的吸收峰位于中红外波段，采用中红外波段的激光作为工作光源可以显著提升 DIAL 的性能。图 5.67 为 DIAL 工作原理示意图。

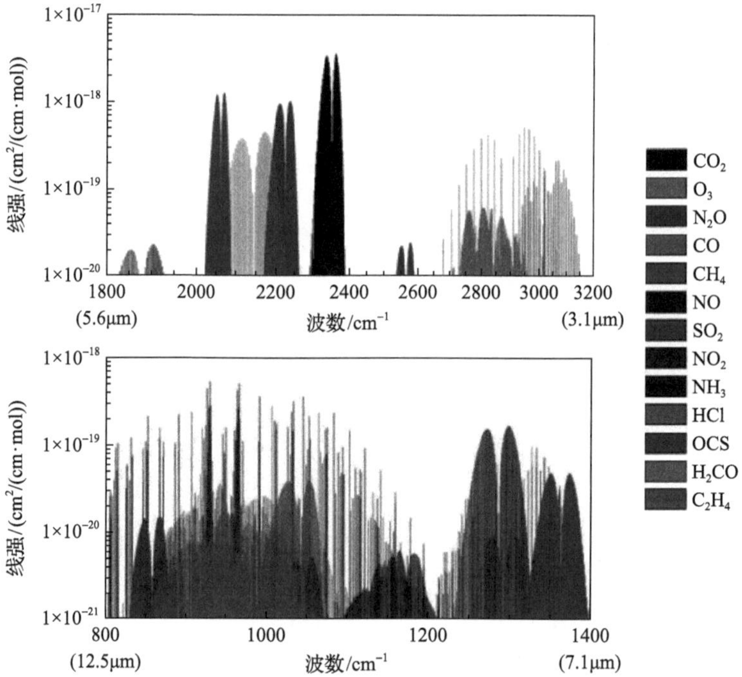

图 5.66　中红外大气透射窗中的痕量气体吸收谱线图[127]

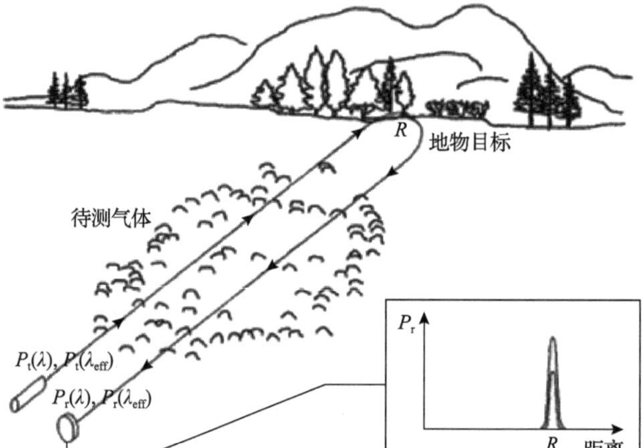

图 5.67　DIAL 工作原理示意图[128]

左侧发射两束相同能量的激光，其中一束激光波长位于目标气体的吸收谱线上，另一束作为参考激光，根据两束激光回波信号的差异探测被测气体中目标气体含量

DIAL 利用了不同气体分子存在不同吸收峰的特征，当气体分子吸收到特定波长的光时，电子会由低能级跃迁到高能级，这些特定的激光波长组成了分子的吸收光谱。由于分子具有不同的原子种类及结构特征，不同气体分子拥有不同的吸收光谱。当发射激光的波长位于目标气体的吸收谱线上时，激光将被强烈吸收，当波长远离吸收谱线或者位于目标气体吸收谱线的边缘时，气体对激光的吸收作用较弱。DIAL 系统利用这一原理，发射两束相同能量的激光，其中一束激光波长位于目标气体的吸收谱线上，另一束作为参考激光，根据两束激光回波信号的差异探测被测气体中目标气体的含量。

20 世纪 90 年代，为了实现中红外波段的气体测定，美国国防部研发了首套中红外 3～5μm 波段的 DIAL 系统，探测距离最远达到 5km，探测灵敏度为 5×10^{-6}m，误差控制在10%以内[129]。到 21 世纪中红外 DIAL 技术得到了长足的发展，各国相继对各类中红外波段 DIAL 系统进行了深入研究。2015 年，加拿大的 Lambert-Girard 等研发了一套 DIAL 系统，系统波长 1.5～3.8μm，激光能量为 15～17.5μJ，激光线宽 10～200nm，该套 DIAL 系统最小探测精度可达 10^{-6}m，但其为了实现较高的重复频率，导致激光能量较弱，使其最远探测距离受到一定影响[130]。2019 年，印度 Veerabuthiran 等研制了一套 DIAL 系统，系统波长 3.0～3.45μm，激光能量 5mJ，激光线宽<7cm^{-1}，最远探测距离可达 1km，实测灵敏度约为 10^{-5}m[131]。

可以看到 DIAL 系统的各项性能与光源参数密不可分，光源的波长、功率、重复频率、线宽等参数决定了 DIAL 系统的探测距离、探测范围、灵敏度等，很大程度上决定了整个系统的性能。因此，发展中红外脉冲光纤激光器在大气监测、环境改善等领域具有重要意义。

3. 中红外脉冲光纤激光器在材料加工中的应用

激光加工由于其加工效率高、加工质量好的特点已经广泛应用于工业生产当中，如激光焊接、激光切割、激光打标等，其原理是利用高能量密度的激光聚焦在物体表面产生的热效应进行加工，但很多材料(如柔性聚合物材料)由于对可见光及近红外波段的激光没有吸收作用或吸收较弱，如何用激光的手段对其进行加工成为难题。图 5.68 为各材料的吸收峰，中红外波段包含了很多非金属材料如塑料的吸收峰，人们发现中红外脉冲光纤激光器对这类材料的加工有着独特的优势。此外，当激光波长与加工材料的吸收峰重叠时，材料将有选择地吸收激光能量，这不仅意味着使用激光加工非金属材料成为可能，而且有着更好的控制精度、控制效率及加工速度，使得中红外脉冲光纤激光器在非金属材料加工领域有着广阔的应用前景。下面结合应用对中红外脉冲光纤激光加工的优势进行具体阐述。

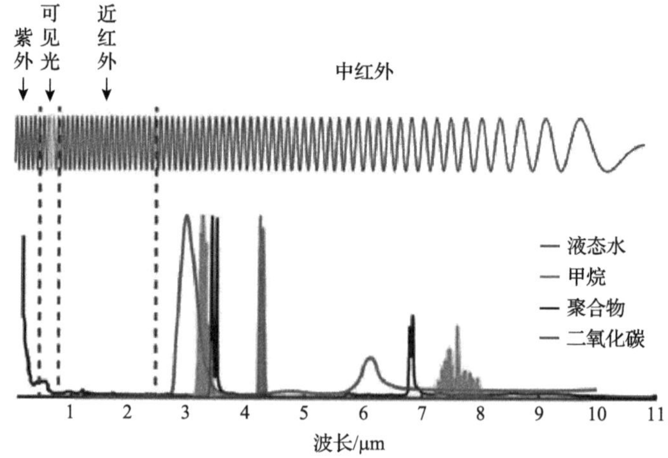

图 5.68　各材料吸收峰[132]

中红外脉冲光纤激光器首先对聚合物处理有着较大优势。聚合物包括 PMMA（聚甲基丙烯酸甲酯）、PET（聚对苯二甲酸乙二醇酯，又称涤纶树脂）、聚酰胺、尼龙-聚酰胺、PLA（聚乳酸）、PC（聚碳酸酯）等，目前 CO_2 激光器已经广泛用于聚合物加工，但由于 CO_2 激光器波长为 9.3～10.6μm，处理精度受到波长和脉冲宽度（一般为微秒量级）的根本限制，只能应用于粗加工。而 3～5μm 波段的中红外脉冲光纤激光具有更短的波长及脉冲持续时间，因此其对聚合物的精确加工有着更大的优势，可以做到精确的聚合物涂层剥离及聚合物表面加工。图 5.69 为脉冲激光器与连续激光器加工示意图。

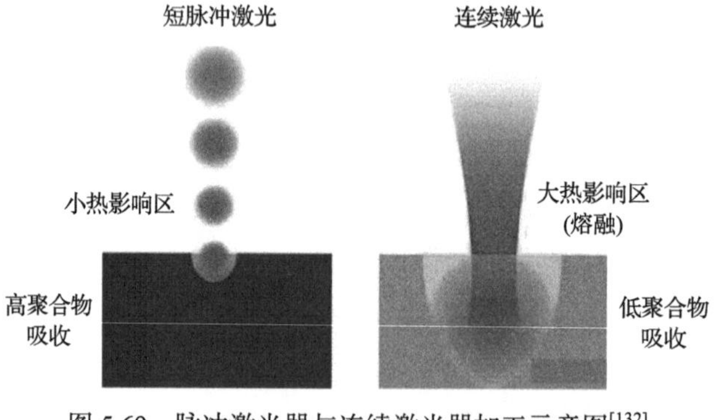

图 5.69　脉冲激光器与连续激光器加工示意图[132]

在现代工业生产中，加工材料的复杂性不断提高，导致对复杂情况下实现精密加工的需求大大提高。在现代通信、微电子医疗等领域，很多待加工材料是由不同材料堆叠而成的，要求加工时实现在处理单一材料时不影响其他材料，以确保不会损坏加工物质。例如，在通信、激光等领域经常用到的光纤器件，经常需要在不损坏光纤功能的情况下对涂覆层进行剥离处理。图 5.70 为玻璃光纤示意图。

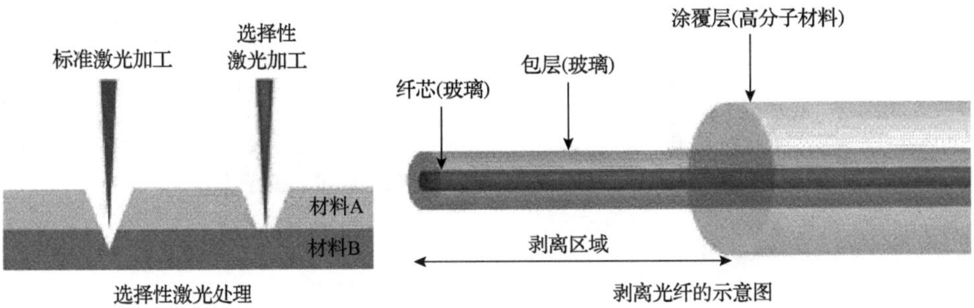

图 5.70　玻璃光纤示意图[132]

光纤由纤芯和包层组成，通常材料都是石英玻璃，外面包裹着由聚合物构成的涂层，起到保护作用。在各种光纤器件的制作过程中，通常需要在不破坏光纤结构的情况下剥离涂覆层，而当前剥离技术(机械钳子或化学溶剂)存在会对光纤造成一定程度的损伤或者无法剥离彻底的问题，导致在后续使用过程中发生燃烧或断裂的现象。虽然 CO_2 激光器可以很容易地使聚合物涂层消融，但会影响聚合物涂层下面的玻璃包层，从而不仅降低光纤的机械强度和稳定性，也可能导致光纤性能发生变化。中红外脉冲光纤激光器发射的激光脉冲可以被聚合物涂层强烈吸收以精确的方式使聚合物消融，这样可以在不影响光纤性能的情况下完成剥离工作，并且这种方法无需清洁措施即可保持干净的边缘，提高了操作效率，也降低了对光纤的二次损害。使用这种技术可以去除各种类型的聚合物，包括难以用标准技术剥离的聚酰胺涂层纤维。激光剥离的聚酰胺纤维如图 5.71 所示。

图 5.71　激光剥离的聚酰胺纤维[132]

中红外脉冲光纤激光器也可以用来对表面波导进行加工。如图 5.72 所示，表面波导可用于温度或压力监测、物质识别、浓度水平检测等。其原理是光信号通过表面波导的过程中会因为外部环境如压力温度等影响发生改变，通过对比分析这种改变就可以复原外部因素的变化情况，对环境状态进行实时监测。而制作波导的一种方法就是增加局部材料的折射率，以材料不同位置存在折射率差的方式形成波导。这就可以通过中红外脉冲光纤激光的辐照实现，这个过程非常快速、精确并且可重复。例如，图中经过激光辐照的灰色区域，由于折射率较高，可以使光线在全反射的作用下定向传播，从而形成表面波导结构。这种制作方法在加工效率、加工精度、加工成本上都有着不小的优势，在该领域有着极大的发展潜力。

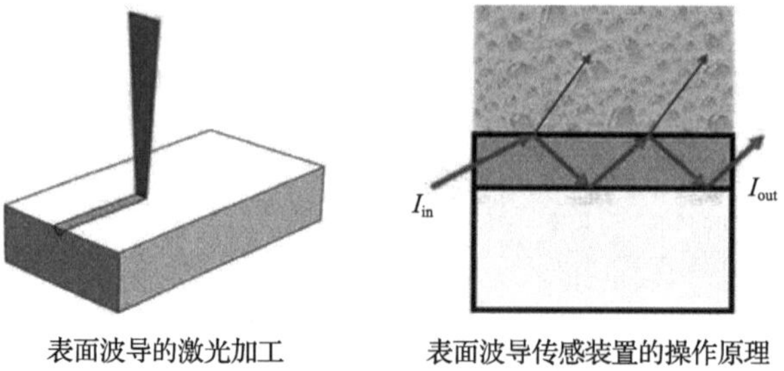

图 5.72　激光加工表面波导示意图[132]

4. 中红外脉冲光纤激光器在医疗中的应用

在我们日常生活中呼出的气体包含了上百种不同的分子，除了占比较大的氮气、氧气、二氧化碳、水，还包括微量的乙醇、一氧化氮、丙酮、氨气等。但正是这些微量的气体分子，与我们的身体状况密切相关，可以反映出我们人体的身体健康情况。例如，甲烷主要产生于肠道微生物，通过检测甲烷含量可以了解肠道菌群环境是否健康；水和半重水分子的浓度比可以用于确定人体中的水占比；氨气、一氧化氮、丙酮可以反映肾衰竭、哮喘及糖尿病的患病情况。

但这些与人体健康相关的气体分子在呼气中占比非常小，每十亿(10^9)个分子中，目标分子可能只有微量的个位数。因此，如何精确地检测到这些微量气体分子的具体浓度，同时实现对多种气体实时检测的功能，是当前呼气分析领域面对的主要困难。由于这些气体分子大多在中红外波段有着吸收峰，中红外光学频率梳成为探测设备的理想光源。

中红外脉冲光纤激光器原理与大气监测相似，都是借助不同分子特有的吸收峰来检测气体分子的种类。但为了追求更高的灵敏度，需要将呼吸样本放在一个高反镜构成的光学谐振腔中，激光在腔内进行几千次反射最后送输出镜输出。在这个过程中激光穿过气体样本被部分吸收，经傅里叶光谱仪探测得到分子吸收谱，最后确定分子种类及浓度。这种方式可以拉长激光与气体分子的作用时间，使极弱的分子信号也能得到极大的增强。然而，单一波长的激光只能对单一种类的分子进行检测，为了实现同时检测多种气体的功能，采用光学频率梳作为工作激光光源。这种激光可以理解为上万个颜色分立的单色激光沿着相同的光路进行传播，每个单色激光称为一个梳齿，这样激光的光谱可以看成由一个个梳齿组成的梳子，这样不同的梳齿会被不同的分子吸收从而实现对不同分子种类的准确区分。同时实现了超灵敏探测、多种类探测、快速探测等功能，满足了多种微量气体分子的精确实时探测需求。这种技术可用于探测由于疾病导致的呼气成分变化，有望为肺炎、哮喘、肾衰竭之类的疾病提供准确且快速的全新诊断手段，为进一步深入揭发内在的病理机制提供前所未有的可能性。

此外，由于 3μm 波段的中红外脉冲光纤激光($3700cm^{-1}$)位于人体组织内水分子的共振吸收带，此波段的超短脉冲激光可以在数微米的入射范围内被人体组织大量吸收，对组织的消融速度远高于对组织造成伤害的热能与声能传递速度，相比传统的手术刀与近红外纳秒激光源，使用中红外超快激光作为手术光源切割创口小、出血量小、愈合速度快，现已被证明是一种极为有效的手术工具。其中较为成熟的应用为激光采血，激光采血是利用 2.94μm 的单脉冲激光作用于采血者手指的滑囊处，由于这个波段处于水的吸收峰上，可以在瞬间达到 1000℃左右的高温，同时作用时间极短(不超过 400μs)，使得表皮组织在极短的时间内熔接、挥发，达成采集血液样本的目的。在这个过程中激光只穿透了表皮而没有伤到神经，所以痛感极小。非接触采血方式还避免了传统针刺采血潜在的交叉感染，是医学临床检验中末梢血样采集方法上的一次革命性突破。欧美及俄罗斯等已将激光采血成功用于临床检验，显现出了其独特的优越性，在血液传染病肆虐的今天，这种采血方法受到了人们的广泛关注和接受。

中红外脉冲激光还可以治疗各种皮肤症状，全面修复皮肤质地，图 5.73 为中红外脉冲光纤激光手术及采血示意图。其原理就是可精确控制去除目标组织的深度，并根据雀斑、色素沉着等对激光吸收能力更强的特点，达到对完好组织近乎零损伤的定点治疗，这种没有伤口的医疗技术为医疗整形领域翻开了新的篇章。

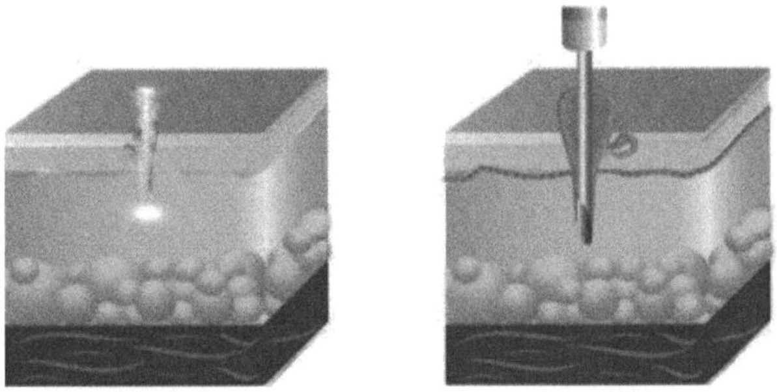

(a) 激光采血　　(b) 有针采血

图 5.73　中红外脉冲光纤激光手术及采血示意图[133]

参 考 文 献

[1] 姜中宏. 新型光功能玻璃[M]. 北京: 化学工业出版社, 2008.
[2] 曹国喜, 胡和方, 干福熹. 含 AlF_3 和 ZrF_4 氟化物玻璃的分相与析晶[J]. 无机材料学报, 2005, (1): 53-58.
[3] 董大奎, 马福定, 吴知方, 等. 氟化镓-铟系统玻璃性质研究[J]. 建筑材料学报, 1998, (3): 53-57.
[4] 曹国喜, 范有余, 胡和方, 等. 含 ZrF_4 氟铝酸盐玻璃研究[J]. 无机材料学报, 2003, (3): 533-539.
[5] 姚传飞. 氟碲酸盐光纤的设计、制备及其在中红外超连续光源方面的应用[D]. 长春: 吉林大学, 2018.
[6] 王丹. 稀土掺杂透红外锗酸盐玻璃的制备及性能研究[D]. 长春: 长春理工大学, 2020.
[7] 戴世勋, 林常规, 沈祥. 红外硫系玻璃及其光子器件[M]. 北京: 科学出版社, 2017.
[8] 硫系化合物玻璃与光子学的未来[EB/OL]. https://zhidao.baidu.com/question/16814576505-12682587. html[2024-3-10].
[9] Kapany N S, Simms R J. Recent developments in infrared fiber optics[J]. Infrared Physics, 1965, 5(2): 69-80.
[10] 贾志旭. 稀土离子掺杂碲酸盐微结构光纤的制备及其光学性能研究[D]. 长春: 吉林大学, 2015.
[11] 廖方兴, 王训四, 聂秋华, 等. 基于挤压技术的Ge-Te-Se低损耗芯包结构光纤的制备及其性能[J]. 光子学报, 2015, 44(10): 88-93.
[12] 吴志建, 彭雪峰. 基于硫系光纤的中红外超连续谱及其相干性研究进展[J]. 激光与光电子学进展, 2023, 60(17): 1700003.
[13] Thorlabs. 氟化物光纤制造 | Inside Thorlabs[EB/OL]. https://www.zhihu.com/zvideo/1546095426268266497[2024-3-10].
[14] Walsh B M, Barnes N P. Comparison of Tm: ZBLAN and Tm: Silica fiber lasers; spectroscopy and tunable pulsed laser operation around 1.9μm[J]. Applied Physics B, 2004, 78(3-4): 325-333.
[15] Allain J Y, Monerie M, Poignant H. Tunable CW lasing around 0.82, 1.48, 1.88 and 2.35μm in thulium-doped fluorozirconate fibre[J]. Electronics Letters, 1989, 25(24): 1660-1662.
[16] Henderson-Sapir O, Jackson S D, Ottaway D J. Versatile and widely tunable mid-infrared erbium doped ZBLAN fiber laser[J]. Optics Letters, 2016, 41(7): 1676-1679.
[17] Li J F, Gomes L, Jackson S D. Numerical modeling of holmium-doped fluoride fiber lasers[J]. IEEE Journal of Quantum Electronics, 2012, 48(5): 596-607.
[18] Gomes L, Fortin V, Bernier M, et al. The basic spectroscopic parameters of Ho^{3+}-doped fluoroindate glass for emission at 3.9μm[J]. Optical Materials, 2016, 60: 618-626.
[19] Gomes L, Librantz A F H, Jackson S D. Energy level decay and excited state absorption processes in dysprosium-doped fluoride glass[J]. Journal of Applied Physics, 2010, 107(5):

053103.

[20] Okhotnikov O G. Fiber Lasers[M]. Weinheim: Wiley-VCH, 2012.

[21] Brierley M C, France P W. Continuous wave lasing at 2.7μm in an erbium-doped fluorozirconate fibre[J]. Electronics Letters, 1988, 24(15): 935-937.

[22] Zhu X S, Jain R. 10-W-level diode-pumped compact 2.78μm ZBLAN fiber laser[J]. Optics Letters, 2007, 32(1): 26-28.

[23] Tokita S, Murakami M, Shimizu S, et al. Liquid-cooled 24W mid-infrared Er: ZBLAN fiber laser[J]. Optics Letters, 2009, 34(20): 3062-3064.

[24] Ozan A Y, Vincent F, Frédéric M, et al. Diode-pumped mid-infrared fiber laser with 50% slope efficiency[J]. Optica, 2017, 4(2): 235-238.

[25] Többen H. CW lasing at 3.45μm in erbium-doped fluorozirconate fibres[J]. Frequenz, 1991, 45(9-10): 250-252 .

[26] Henderson-Sapir O, Munch J, Ottaway D J. Mid-infrared fiber lasers at and beyond 3.5μm using dual-wavelength pumping[J]. Optics Letters, 2014, 39(3): 493-496.

[27] Librantz A F H, Jackson S D, Gomes L, et al. Pump excited state absorption in holmium doped fluoride glass[J]. Journal of Applied Physics, 2008, 103(2): 023105.

[28] Jackson S D. 210mW 2.84μm Ho^{3+}, Pr^{3+}-doped fluoride fibre laser[J]. Electronics Letters, 2003, 39(10): 772-773.

[29] Jackson S D. High-power and highly efficient diode-cladding pumped holmium-doped fluoride fiber laser operating at 2.94microm[J]. Optics Letters, 2009, 34(15): 2327-2329.

[30] Crawford S, Hudson D D, Jackson S D. High-power broadly tunable 3μm fiber laser for the measurement of optical fiber loss[J]. IEEE Photonics Journal, 2015, 7(3): 1-9.

[31] Librantz A F H, Jackson S D, Jagosich F H, et al. Excited state dynamics of the Ho^{3+} ions in holmium singly doped and holmium, praseodymium-codoped fluoride glasses[J]. Journal of Applied Physics, 2007, 101(12): 123111.

[32] Carbonnier C, Tobben H, Unrau U B. Room temperature CW fibre laser at 3.22μm[J]. Electronics Letters, 1998, 34(9): 893-894.

[33] Schneider J. Fluoride fibre laser operating at 3.9μm[J]. Electronics Letters, 1995, 31(15): 1250-1251.

[34] Schneider J, Carbonnier C, Unrau U B. Characterization of a Ho^{3+}-doped fluoride fiber laser with a 3.9μm emission wavelength[J]. Applied Optics, 1997, 36(33): 8595-8600.

[35] Maes F, Fortin V, Poulain S, et al. Room-temperature fiber laser at 3.92μm[J]. Optica, 2018, 5(7): 761-764.

[36] Jackson S D. Continuous wave 2.9μm dysprosium doped fluoride fiber laser[J]. Applied Physics Letters, 2003, 83(7): 1316-1318.

[37] Tsang Y H, El-Taher A E, King T A, et al. Efficient 2.96μm dysprosium-doped fluoride fibre

laser pumped with a Nd:YAG laser operating at 1.3μm[J]. Optics Express, 2006, 14(2): 678-685.

[38] Majewski M R, Woodward R I, Jackson S D. Dysprosium-doped ZBLAN fiber laser tunable from 2.8μm to 3.4μm, pumped at 1.7μm[J]. Optics Letters, 2018, 43(5): 971-974.

[39] Majewski M R, Jackson S D. Highly efficient mid-infrared dysprosium fiber laser[J]. Optics Letters, 2016, 41(10): 2173-2176.

[40] Majewski M R, Jackson S D. Tunable dysprosium laser[J]. Optics Letters, 2016, 41(19): 4496-4498.

[41] Maiewski M R, Jackson S D. Efficient in-band pumped Dy:ZBLAN mid-infrared fiber laser[C]. Photonics and Fiber Technology, 2016: AM2C.2.

[42] Aydin Y O, Fortin V, Vallée R, et al. Towards power scaling of 2.8μm fiber lasers[J]. Optics Letters, 2018, 43(18): 4542-4545.

[43] Wei K H, Chen T, Jiang P P, et al. Fiber laser pumped high powermid-infrared laser with picosecond pulse bunch output[J]. Optics Express, 2013, 21(21): 25364.

[44] Többen H. Room temperature CW fibre laser at 3.5μm in Er^{3+}-doped ZBLAN glass[J]. Electronics Letters, 1992, 28(14): 1361-1362.

[45] Henderson-Sapir O, Malouf A, Bawden N, et al. Recent advances in 3.5μm erbium-doped mid-infrared fiber lasers[J]. IEEE Journal of Selected Topics in Quantum Electronics, 2016, 23(3): 6-14.

[46] Malouf A, Henderson-Sapir O, Gorjan M, et al. Numerical modeling of 3.5μm dual wavelength pumped erbium-doped mid-infrared fiber lasers[J]. IEEE Journal of Quantum Electronics, 2016, 52(11): 1-12.

[47] Henderson-Sapir O, Munch J, Ottaway D J. New energy-transfer upconversion process in $Er^{(3+)}$: ZBLAN mid-infrared fiber lasers[J]. Optics Express, 2016, 24(7): 6869-6883.

[48] Maes F, Fortin V, Bernierm, et al. Quenching of 3.4μm dual-wavelength pumped erbium doped fiber lasers[J]. IEEE Journal of Quantum Electronics, 2017, 53(2): 1-8.

[49] Pollnau M, Graf T, Balmer J E, et al. Explanation of the cw operation of the Er^{3+} 3-μm crystal laser[J]. Physical Review A, 1994, 49(5): 3990-3996.

[50] Marcuse D. Loss analysis of single-mode fiber splices[J]. The Bell System Technical Journal, 1977, 56(5): 703-718.

[51] 张思远. 稀土离子的光谱学: 光谱性质和光谱理论[M]. 北京: 科学出版社, 2008.

[52] Guo C Y, Lin J P, Tang Z Y, et al. Theoretical analysis of ESA-enhanced 2.8μm lasing in Er-doped ZBLAN fiber lasers[J]. Journal of Lightwave Technology, 2022, 40(13): 4397-4414.

[53] Huang Y D, Mortier M, Auzel F. Stark level analysis for Er^{3+}-doped ZBLAN glass[J]. Optical Materials, 2001, 17(4): 501-511.

[54] Gorjan M, Marincek M, Copic M. Role of interionic processes in the efficiency and operation of erbium-doped fluoride fiber lasers[J]. IEEE Journal of Quantum Electronics, 2011, 47(2):

262-273.

[55] Layne C B, Lowdermilk W H, Weberm J. Multiphonon relaxation of rare-earth ions in oxide glasses[J]. Physical Review B, 1977, 16(1): 10-20.

[56] Sujecki S. An efficient algorithm for steady state analysis of fibre lasers operating under cascade pumping scheme[J]. International Journal of Electronics and Telecommunications, 2014, 60(2): 143-149.

[57] 王络, 姚传飞, 李平雪, 等. 用于 3.5μm 双波长泵浦 Er: ZBLAN 光纤激光器快速仿真的算法优化研究[J]. 中国激光, 2021, 48(11): 1101004.

[58] Pollnau M, Jackson S D. Energy recycling versus lifetime quenching in erbium-doped 3μm fiber lasers[J]. IEEE Journal of Quantum Electronics, 2002, 38(2): 162-169.

[59] Li J F, Jackson S D. Numerical modeling and optimization of diode pumped heavily-erbium-doped fluoride fiber lasers[J]. IEEE Journal of Quantum Electronics, 2012, 48(4): 454-464.

[60] Li X H, Huang X W, Hu X C, et al. Recent progress on mid-infrared pulsed fiber lasers and the applications[J]. Optics & Laser Technology, 2023, 158: 108898.

[61] Li J F, Luo H Y, Liu Y, et al.Modeling and optimization of cascaded erbium and holmium doped fluoride fiber lasers[J]. IEEE Journal of Selected Topics in Quantum Electronics, 2014, 20(5): 15-28.

[62] Agrawal G P. Applications of Nonlinear Fiber Optics[M]. 2nd ed. Pittsburgh: Academic Press, 2007.

[63] Agrawal G P. Nonlinear Fiber Optics[M]. 5th ed. Oxford: Academic Press, 2013.

[64] 张志刚. 飞秒激光技术[M]. 北京: 科学出版社, 2011.

[65] Duval S, Bernier M, Fortin V, et al. Femtosecond fiber lasers reach the mid-infrared[J]. Optica, 2015, 2(7): 623-626.

[66] Zhao K, Chen Z L, Zhou X F, et al. (6+1)×1 fiber combiner based on thermally expanded core technique for high power amplifiers[C]. International Society for Optics and Photonics, 2015: 1-5.

[67] Keller U, Miller D A B, Boyd G D, et al. Solid-state low-loss intracavity saturable absorber for Nd: YLF lasers: An antiresonant semiconductor Fabry-Perot saturable absorber[J]. Optics Letters, 1992, 17(7): 505-507.

[68] Zhao K, Chang X L, Chen Z L, et al. Fabrication of high-efficiency pump and signal combiner based on a thermally expanded core technique[J]. Optics & Laser Technology, 2015, 75: 1-5.

[69] 张斌. 光谱可控的可见光超连续谱与中红外超连续谱产生研究[D]. 长沙: 国防科技大学, 2012.

[70] 贾志旭, 郭晓慧, 焦亚东, 等. 基于特种玻璃光纤的中红外拉曼激光器研究进展[J]. 中国激光, 2022, 49(1): 0101004.

[71] Gordon J P. Theory of the soliton self-frequency shift[J]. Optics Letters, 1986, 11(10): 662-664.

[72] Stark S, Biancalana F, Podlipensky A, et al. Nonlinear wavelength conversion in photonic

crystal fibers with three zero-dispersion points[J]. Physical Review A, 2011, 83(2): 3818-3824.

[73] 陈海寰, 陈子伦, 周旋风, 等. 双零色散波长光子晶体光纤中产生超连续谱的数值模拟[J]. 中国激光, 2012, 39(s2): 050021.

[74] Mussot A, Beaugeois M, Bouazaoui M, et al. Tailoring CW supercontinuum generation in microstructured fibers With two-zero dispersion wavelengths[J]. Optics Express, 2007, 15(18): 11553-11563.

[75] Agrawal G P. Nonlinear Fiber Optics[M]. 5th ed. Oxford: Academic Press, 2013.

[76] Bernier M, Fortin V, Caron N, et al. Mid-infrared chalcogenide glass Raman fiber laser[J]. Optics Letters, 2013, 38(2): 127-129.

[77] Bernier M, Fortin V, Amraoui M, et al. 3.77μm fiber laser based on cascaded Raman gain in a chalcogenide glass fiber[J]. Optics Letters, 2014, 39(7): 2052-2055.

[78] Peng X F, Zhang P Q,Wang X S, et al. Modeling and simulation of a mid IR 4.3μm Raman laser in chalcogenide glass fibers[J]. OSA Continuum, 2019, 2(8): 2281-2292.

[79] Astapovichm S, Gladyshev A V, Khudyakov M M, et al.Watt-level nanosecond 4.42μm Raman laser based on silica fiber[J]. IEEE Photonics Technology Letters, 2018, 31(1): 78-81.

[80] Cui Y L, Huang W, Wang Z F, et al. 4.3μm fiber laser in CO_2-filled hollow-core silica fibers[J]. Optica, 2019, 6(8): 951-954.

[81] Skryabin D V, Luan F, Knight J C, et al. Soliton self-frequency shift cancellation in photonic crystal fibers[J]. Science, 2003, 301(5640): 1705-1708.

[82] Guo H R, Herkommer C, Billat A, et al. Mid-infrared frequency comb via coherent dispersive wave generation in silicon nitride nanophotonic waveguides[J]. Nature Photonics, 2018, 12(6): 330-335.

[83] Zhou Q, Zhu Q P, Liu Y X, et al. Thirring optical solitons in birefringent fibers with spatio-temporal dispersion and Kerr law nonlinearity[J]. Laser Physics, 2015, 25(1): 015402.

[84] Dudley J M, Genty G, Coen S. Supercontinuum generation in photonic crystal fiber[J]. Reviews of Modern Physics, 2006, 78(4): 1135-1184.

[85] Akhmediev N, Karlsson M. Cherenkov radiation emitted by solitons in optical fibers[J]. Physical Review A: Atomic Molecular and Optical Physics, 1995, 51(3): 2602-2607.

[86] Sakaguchi S, Todoroki S. Optical properties of GeO_2 glass and optical fibers[J]. Applied Optics, 1997, 36(27): 6809-6814.

[87] Gauthier J C, Olivier M, Paradis P, et al. Femtosecond tunable solitons up to 4.8μm using soliton self-frequency shift in an InF_3 fiber[J]. Scientific Reports, 2022, 12(1): 15898.

[88] Li Z R, Li N, Yao C F, et al. Tunable mid-infrared Raman soliton generation from 1.96 to 2.82μm in an all-solid fluorotellurite fiber[J]. AIP Advances, 2018, 8(11): 115001.

[89] Li Z R, Jia Z X, Yao C F, et al. 22.7W mid-infrared supercontinuum generation in fluorotellurite fibers[J]. Optics Letters, 2020, 45(7): 1882-1885.

[90] Moselund P M, Petersen C, Dupont S, et al. Supercontinuum: Broad as a lamp, bright as a laser, now in the mid-infrared[C]. Laser Technology for Defense and Security VIII, 2012: 1-6.

[91] Ruehl A, Martin M J, Cossel K C, et al. Ultrabroadband coherent supercontinuum frequency comb[J]. Physical Review A, 2011, 84(1): 011806.

[92] Cézard N, Canat G, Dobroc A, et al. Fast and wideband supercontinuum absorption spectroscopy in the mid-IR range[C]. Laser Applications to Chemical, Security and Environmental Analysis, 2014: 1-5.

[93] Nishizawa N, Chen Y, Hsiung P, et al. Real-time, ultrahigh-resolution, optical coherence tomography with an all-fiber, femtosecond fiber laser continuum at 1.5microm[J]. Optics Letters, 2004, 29(24): 2846-2848.

[94] Thapa R, Rhonehouse D, Nguyen D, et al. Mid-IR supercontinuum generation in ultra-low loss, dispersion-zero shifted tellurite glass fiber with extended coverage beyond 4.5μm[C]. Technologies for Optical Countermeasures X and High-Power Lasers, 2013: 1-4.

[95] Heidt A M. Novel coherent supercontinuum light sources based on all-normal dispersion fibers[D]. Stellenbosch: University of Stellenbosch, 2011.

[96] Coen S, Chau A H L, Leonhardt R, et al. Supercontinuum generation by stimulated Raman scattering and parametric four-wave mixing in photonic crystal fibers[J]. Journal of the Optical Society of America B: Optical Physics, 2002, 19(4): 753-764.

[97] Cheng T L, Zhang L, Xue X J, et al. Broadband cascaded four-wave mixing and supercontinuum generation in a tellurite micro structured optical fiber pumped at 2μm[J]. Optics Express, 2015, 23(4): 4125-4134.

[98] Alexander V V, Kulkarni O P, Kumar M, et al. Modulation instability initiated high power all-fiber supercontinuum lasers and their applications[J]. Optical Fiber Technology, 2012, 18(5): 349-374.

[99] Zhang L, Jiang H W, Cui S Z, et al. Versatile Raman fiber laser for sodium laser guide star[J]. Laser & Photonics Reviews, 2014, 8(6): 889-895.

[100] Jiang H W, Zhang L, Feng Y. Silica-based fiber Raman laser at >2.4μm[J]. Optics Letters, 2015, 40(14): 3249-3252.

[101] Campbell J H, Suratwala T I. Nd-doped phosphate glasses for high-energy/high-peak-power lasers[J]. Journal of Non-Crystalline Solids, 2000, 263: 318-341.

[102] Lemaitre P. Fracture toughness of germanium determined with the vickers indentation technique[J]. Journal of Materials Science Letters, 1988, 7(8): 895-896.

[103] Yao C F, Jia Z X, Li Z R, et al. High-power mid-infrared supercontinuum laser source using fluorotellurite fiber[J]. Optica, 2018, 5(10): 1264-1270.

[104] Xia C N, Kumar M, Kulkarni O P, et al. Mid-infrared supercontinuum generation to 4.5μm in ZBLAN fluoride fibers by nanosecond diode pumping[J]. Optics Letters, 2006, 31(17): 2553-2555.

[105] Zakery A, Elliott S R. Optical properties and applications of chalcogenide glasses: A review[J].

Journal of Non-Crystalline Solids, 2003, 330(1-3): 1-12.

[106] Zha Y L,Waldman M M, Arnold C B. A review on solution processing of chalcogenide glasses for optical components[J]. Optical Materials Express, 2013, 3(9): 1259-1272.

[107] Sanghera J S, Brandon Shaw L, Aggarwal I D. Chalcogenide glass-fiber-based mid-IR sources and applications[J]. IEEE Journal of Selected Topics in Quantum Electronics, 2009, 15(1): 114-119.

[108] Lonergan J, Smith C, Mcclane D, et al. Thermophysical properties and conduction mechanisms in As_xSe_{1-x} chalcogenide glasses ranging from x=0.2 to 0.5[J]. Journal of Applied Physics, 2016, 120(14): 31-41.

[109] Kawanishi S, Takara H, Morioka T, et al. 200Gbit/s, 100km time-division-multiplexed optical transmission using supercontinuum pulses with prescaled PLL timing extraction and all-optical demultiplexing[J]. Electronics Letters, 1995, 31(10):816-817.

[110] Cheung C S, Daniel J M O, Tokurakawa M, et al. High resolution Fourier domain optical coherence tomography in the 2μm wavelength range using a broadband supercontinuum source[J]. Optics Express, 2015, 23(3): 1992-2001.

[111] Cundiff S T, Ye J. Colloquium: Femtosecond optical frequency combs[J]. Reviews of Modern Physics, 2003, 75(1): 325.

[112] 靳爱军. 超连续谱光源相干特性研究[D]. 长沙: 国防科技大学, 2011.

[113] Liu L, Cheng T L, Nagasaka K, et al. Coherent mid-infrared supercontinuum generation in all-solid chalcogenide microstructured fibers with all-normal dispersion[J]. Opticics Letters, 2016, 41(2): 392-395.

[114] Xing S D, Kharitonov S, Hu J Q, et al. Linearly chirped mid-infrared supercontinuum in all-normal-dispersion chalcogenide photonic crystal fibers[J]. Optics Express, 2018, 26(15): 19627-19636.

[115] Frosz M H. Validation of input-noise model for simulations of supercontinuum generation and rogue waves[J]. Optics Express, 2010, 18(14): 14778-14787.

[116] Lu F, Knox W H. Low noise wavelength conversion of femtosecond pulses with dispersion micro-managed holey fibers[J]. Optics Express, 2005, 13(20): 8172-8178.

[117] Fujino S, Morinaga K. Material dispersion and its compositional parameter of oxide glasses[J]. Journal of Non-Crystalline Solids, 1997, 222(4): 316-320.

[118] Schliesser A, Picqué N, Hänsch T W. Mid-infrared frequency combs[J]. Nature Photonics, 2012, 6(7), 440-449.

[119] Nguyen-The Q, Matsuura M, Kishi N. WDM-to-OTDM conversion using supercontinuum generation in a highly nonlinear fiber[J]. IEEE Photonics Technology Letters, 2014, 26: 1882-1885.

[120] Dupont S, Petersen C, Thøgersen J, et al. IR microscopy utilizing intense supercontinuum light

source[J]. Optics Express, 2012, 20(5): 4887-4892.

[121] Yasui T, Saneyoshi E, Araki T. Asynchronous optical sampling terahertz time-domain spectroscopy for ultrahigh spectral resolution and rapid data acquisition[J]. Applied Physics Letters, 2005, 87: 061101.

[122] Jia Z X, Yao C F, Jia S J, et al. Supercontinuum generation covering the entire 0.4-5μm transmission window in a tapered ultra-high numerical aperture all-solid fluorotellurite fiber[J]. Laser Physics Letters, 2018, 15(2): 025102.

[123] 马晓平, 赵良玉. 红外导引头关键技术国内外研究现状综述[J]. 航空兵器, 2018, (3): 3-10.

[124] 杨俊彦, 公发全, 刘锐, 等. 中红外激光在光电对抗领域的应用及进展[J]. 飞控与探测, 2020, (6): 34-42.

[125] AGM-114 地狱火[EB/OL]. https://baike.baidu.com/item/AGM-114%E5%9C%B0%E7%8B%B1%E7%81%AB/15767681?fr=ge_ala[2024-10-20].

[126] Berggren J, Kihlen R G. Model for simulation of IR countermeasure effect on IR-seeker/missile[C]. The International Society for Optical Engineering, 2004: 72-83.

[127] 于亚军. 基于中红外激光吸收光谱的痕量气体检测理论和技术研究[D]. 武汉: 武汉大学, 2018.

[128] 尹世荣. 差分吸收激光雷达建模仿真及其信息处理算法的研究[D]. 成都: 电子科技大学, 2007.

[129] Flamant C N, Schwemmer G K, Korb C L, et al. Pressure measurements using an airborne differential absorption lidar. Part I: Analysis of the systematic error sources[J]. Journal of Atmospheric and Oceanic Technology, 1999, 16(5): 561-574.

[130] Lambert-Girard S, Allard M, Piché M, et al. Differential optical absorption spectroscopy lidar for mid-infrared gaseous measurements[J]. Applied Optics, 2015, 54(7): 1647-1656.

[131] Veerabuthiran S, Razdan A K, Jindal M K, et al. Open field testing of mid IR DIAL for remote detection of thiodiglycol vapor plumes in the topographic target configuration[J]. Sensors and Actuators B: Chemical, 2019, 298: 126833.1-126833.7.

[132] 维尔克斯光电. 中红外脉冲光纤激光器的应用特点和加工优势[EB/OL]. https://baijiahao.baidu.com/s?id= 1719378955478408439&wfr=spider&for=pc[2024-5-10].

[133] 新浪. 中国企业自主研发: 无针激光采血仪重新定义采血方式[EB/OL]. http://k.sina.com.cn/article_5647528159_1509e70df001007oth.html[2024-5-10].